专利申请文件撰写指导丛书

机械领域专利申请文件的撰写与审查

第5版

张荣彦 / 著

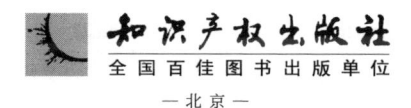

知识产权出版社
全国百佳图书出版单位
— 北京 —

图书在版编目（CIP）数据

机械领域专利申请文件的撰写与审查/张荣彦著. —5 版. —北京：知识产权出版社，2024.7
ISBN 978-7-5130-9202-9

Ⅰ.①机… Ⅱ.①张… Ⅲ.①机械—专利申请—中国 Ⅳ.①G306.3

中国国家版本馆 CIP 数据核字（2024）第 027780 号

内容提要

本书集作者毕生心血，基于作者 30 多年的专利审查及研究工作经验，详细地介绍了专利申请文件撰写的基础知识，并对专利审查过程中遇到的问题进行了深入分析，又加入了作者对《专利法》相关核心"新颖性""创造性"等问题的最新思考。此外，本书还有大量与专利申请文件撰写和专利审查有关的案例介绍，以期达到理论与实践的完美结合，使读者深刻领会本书的要义。

读者对象：专利相关从业人士。

责任编辑：卢海鹰　王瑞璞　　　　　责任校对：潘凤越
封面设计：棋　锋　　　　　　　　　责任印制：刘译文

专利申请文件撰写指导丛书

机械领域专利申请文件的撰写与审查（第 5 版）

张荣彦　著

出版发行：知识产权出版社 有限责任公司	网　　址：http://www.ipph.cn
社　　址：北京市海淀区气象路 50 号院	邮　　编：100081
责编电话：010-82000860 转 8116	责编邮箱：wangruipu@cnipr.com
发行电话：010-82000860 转 8101/8102	发行传真：010-82000893/82005070/82000270
印　　刷：三河市国英印务有限公司	经　　销：新华书店、各大网上书店及相关专业书店
开　　本：720mm×1000mm　1/16	印　　张：29.25
版　　次：2024 年 7 月第 1 版	印　　次：2024 年 7 月第 1 次印刷
字　　数：542 千字	定　　价：150.00 元
ISBN 978-7-5130-9202-9	

出版权专有　侵权必究
如有印装质量问题，本社负责调换。

作者简介

1946 年　生于山东青岛。

1965～1970 年　就读于华东纺织工学院（现东华大学）化学纤维专业。

1970～1983 年　在北京维尼纶厂研究所从事维尼纶改性研究，任该项目负责人。

1983 年　经招聘考试进入（原）中国专利局工作。

1983～1988 年　在（原）中国专利局审查一部从事 IPC 专利分类工作。

1988～1998 年　在（原）中国专利局机械审查部从事实质审查工作，任审查八处处长。

1998 年　调入国家知识产权局专利复审委员会[1]工作，从事专利复审、无效的审查工作，自 2004 年起在专利复审委员会研究处工作。

自 1983 年来，撰写与专利有关的学术论文 60 余篇，除《机械领域专利申请文件的撰写与审查》一书外，还参与了《发明和实用新型专利申请文件撰写案例剖析》《专利复审委员会案例诠释——创造性》《行政执法和司法人员知识产权读本》等书撰写工作。

1997 年　被破格评为一级审查员（专利审查研究员）。

---

[1] 根据 2018 年 11 月国家知识产权局机构改革方案，"专利复审委员会"更名为"专利局复审和无效审理部"。——编辑注

2005 年　被评为正部（司）级专利审查研究员。

2006 年　从专利复审委员会退休。

2006～2014 年　在北京信慧永光知识产权代理有限责任公司任专利代理人及顾问。

● 主要培训及业务经历

1991～2002 年　多次在国外接受知识产权业务培训或参加国际业务研讨会，其中包括：（1）世界知识产权组织（WIPO）在日内瓦组织的培训；（2）瑞典专利局组织的审查员培训（3 个月）；（3）由国家知识产权局与欧洲专利局共同组织、在欧洲专利局进行的培训及审查业务研讨会（先后共计 4 次，其中 1 次担任中英文翻译）。

1998～2006 年　多次参加全国专利代理人资格考试考前培训班授课。

2005 年　赴香港讲授专利申请文件撰写的课程。

2007～2014 年　多次在国内知识产权培训班授课（涉及全国及省、部委或企业）；处理国内外重要专利宣告无效请求案件数十起、专利侵权诉讼案件 10 余起；为国内外客户作专利侵权分析、提供参考意见 20 余次。

2007～2016 年　先后担任国内 6 家重点企业的知识产权顾问。

2012 年 11 月　受邀参加日本早稻田大学国际学术研讨会并发表演讲。

2006 年至今　先后在华科知识产权司法鉴定评估中心、北京国威知识产权司法鉴定评估中心任司法鉴定人员，承担专利侵权鉴定案件、侵犯商业秘密鉴定案件若干起。

第 5 版出版说明

由于本书案例时间跨度较大，相应引用条文内容涉及历次修改的《专利法》及其实施细则。为方便读者阅读，针对与现行《专利法》及其实施细则（即 2020 年版《专利法》及 2023 年版《专利法实施细则》）不一致的条文内容，均标明了相应的修改年份；未标明的，其内容与现行规定相同。

第 5 版前言

本书自 1997 年第 1 版出版至今已经 26 年了。或许是巧合，本书的每一次再版都伴随着笔者工作岗位的变动。从专利局专利实质审查部到专利复审委员会，再从专利复审委员会到专利代理公司，三个岗位的工作性质和内容都发生了很大的变化，这就促使笔者不断学习新知识并思考更多的问题。工作内容的改变也为本书的再版提供了新的素材。

第 4 版出版时笔者已经离职 5 年，至今又过去了 5 年。这 10 年间，除了参与北京国威知识产权司法鉴定评估中心的鉴定工作，未再直接参与专利案件的审理或代理工作。尽管如此，笔者对专利业务还是难以割舍。其间未曾中断与业内朋友的业务交流，更未停止过对专利问题的思考，在《中国专利与商标》及《中国知识产权》杂志上也断断续续发表过一些文章。在这些文章中，笔者既对多年来曾经思考过的问题作了再思考，也对新遇到的问题进行了一些分析。其中包括《对"同样的发明创造"的几点看法》《"功能性特征"之我见》《关于"效果特征"的思考——对〈专利审查指南 2023〉有关规定的讨论》《对"新颖性"问题的再思考》《关于"创造性"的讨论》《从"电池外壳"案看"功能性特征"的定义及解释》《关于"克服技术偏见"的疑问及其思考》《权利要求中技术特征的"解读"与"解释"》《"专业思维"与"专利思维"》等文章。

"新颖性""创造性""功能性特征""同样的发明创造""说明书对权利要求的解释"等始终是业内朋友关注的话题，也是笔者从业至今不断在思考的法律问题。以上文章都与这些话题相关，借第 5 版出版之际，笔者将其纳入本书第四章中，使得本书第 5 版显著增加了就法律层面对《专利法》有关问题进行讨论的内容。

其中的前 5 篇系笔者在梳理本书先前内容的基础上又加入了一些新的观点，从而比较系统全面地阐述了笔者对《专利法》中"新颖性""创造性""功能性特征""同样的发明创造"以及"说明书对权利要求的解释"等重要法律概念的理解，也是本书第 5 版补充内容中的重点。后 4 篇则源于这些年笔者与朋友讨论案件后的思考。上述文章发表前，《中国知识产权》杂志社的外审专家曾对其中的几篇文章提出过审稿意见。

《从"电池外壳"案看"功能性特征"的定义及解释》的评审意见：

本文从一具体案例入手，较深入地探讨了《专利法》第59条在"功能性特征"司法解释中的实务问题。这是行业永远的热点和难点，也是律师创造性工作的空间所在，符合读者期待。

作者考虑问题的深度明显超过了业内同仁的通常理解范畴。虽然作者的观点暂时还是一家之言，但足以抛砖引玉，引起行业的再思考和头脑风暴。

因此，本文学术性强，对读者的启发比较大，对行业具有较大参考价值。

《对"新颖性"问题的再思考》的评审意见：

本文对"新颖性"的内涵与其在中国《专利法》中的发展进行了系统梳理，令人有耳目一新之感。业内绝大多数人没有考虑过，或者没有考虑得如此深入。

本文不仅对立法工作具有参考价值，对专利代理实务同样具有启发性。

《"功能性特征"之我见》的评审意见：

"功能性特征"可导致专利保护范围产生争议，这是永恒话题，是永远的热点和难点。本文非常详细、极其专业地梳理了"功能性特征"的前世今生，是学习《专利法》的好教材。

《关于"效果特征"的思考对〈专利审查指南2023〉有关规定的讨论》的评审意见：

关于专利权利要求书中的"效果特征"，本文进行了深入的中欧比较研究，指出"效果特征"和"功能性特征"并不完全是同一概念的不同表述，而这一直是被行业同仁所混淆的。

作者潜心研究，没有花国家一分钱的"经费"，却提出了行业中长期被忽视的核心问题，必须点赞！这样的专家非常罕见。

即使国家立项、拨巨款对此进行研究，能够如此用心的课题组成员也不会多！本文对完善我国专利制度具有重要参考价值，建议尽快发表！

《关于"创造性"的讨论》的评审意见：

关于发明的"创造性"在近年来的专利行政案件中，是争议的重点和热点。以往，同仁常常认为：法本身可能没有问题，只是在司法过程中不同的人理解不同。本文打破了这种陈旧的印象，直指立法层面存在的误区。这才是司法中争议不断的根源所在。因此，本文对促进我国《专利法》的完善可能产生推动作用，具有重大参考价值。本文应当尽快发表。

业内专家对上述文章的肯定是对笔者的激励。"一家之言"及"抛砖引玉"表达了笔者撰写上述文章的初衷；"引起行业的再思考和头脑风暴"实属笔者求之不得的结果。笔者期待读者的批评和指正。

第 5 版前言

提出问题和独立思考是笔者在读书时养成的习惯。在欧洲专利局及瑞典专利局的几次业务培训经历更使这种习惯得以延续和强化。由于听课时总是提出问题，笔者便获得了"Mister Question"的雅号。在讨论问题时勇于发表一些不同意见，也曾得到指导老师及主办方的赞许。这些经历除了使笔者感叹于国外专利审查员治学严谨、顺服真理的科学态度，也深感专利领域知识之丰厚，值得深入学习和研究。

在学习期间，笔者接触到《欧洲专利局审查指南》。从1474年威尼斯专利法诞生算起，专利制度在欧洲已经有500多年的历史。《欧洲专利局审查指南》是意、德、英、法等国家多年实践经验的积累，在欧洲专利局被审查员称为"圣经"。随着对其内容的不断学习，笔者也对之越来越感"兴趣"。工作中每逢遇到专利法方面的困惑，往往会从《欧洲专利局审查指南》中寻求答案。

以上的"习惯"和"兴趣"在本书的第5版中也得以体现，具体包括以下几方面：

一是本书包含了若干与主流观点相左的内容，例如针对我国《专利审查指南》中某些规定所发表的不同意见、对人民法院司法解释中某些规定的困惑、对人民法院某些司法判决发表的看法，以及对《专利法》第二十二条"新颖性"和"创造性"及第九条"同样的发明创造"所发表的个人观点并提出的修改建议等。这些观点虽有"出格"之嫌，但就学术讨论而言并不为过。

二是在讨论问题时引用了诸多《欧洲专利局审查指南》的有关规定。我国《专利法》基本上是参照《欧洲专利公约》制定的，《专利审查指南》也是以《欧洲专利局审查指南》为蓝本制定的。基于这种渊源关系，遇到疑问时追根溯源，对照一下《欧洲专利局审查指南》的相关规定，无疑会加深或改变我们对一些问题的理解，故这种参照也是合乎情理的。

本书第1版只有17万字，第4版时已是55万字。字数的增加固然体现了内容的丰富，但也难免内容的重复。为了便于阅读，第5版在增加新内容的同时也对笔者认为不太重要的内容进行了删除，以期总字数与第4版相当。

本书历经26年，能够出到第5版实属不易。现今笔者已经"垂垂老矣"，是为本书画上句号的时候了。

笔者自1983年踏入专利行业，迄今已经整整41年了。这本书伴随着笔者一路走来，恰似前行中留下的一行脚印。感谢知识产权出版社及责任编辑为此书付出的辛勤劳动。感谢读者的关爱，使此书的生命得以延续至今。

谨以此书献给多年来一直给予笔者帮助和支持的业内朋友们。

2024 年 5 月

第4版前言

承蒙读者的关注和出版社的信任,本书得以第4次全面修订出版。

笔者1983年进入(原)中国专利局工作,2006年从国家知识产权局专利复审委员会退休,在国家知识产权局工作了23年。其间,先后从事过IPC专利分类、发明专利申请初步审查、机械领域发明专利申请实质审查、专利复审以及无效宣告请求案件的审理工作。

笔者在(原)中国专利局机械审查部工作的10年中,审理了数百件发明专利申请。面对形形色色的案件,笔者一方面有机会了解申请人在撰写专利申请文件时经常出现的问题,另一方面还遇到了若干与法律适用相关的问题,因此不得不对《专利法》的一些重要概念作进一步探究。这段工作经历为本书的撰写积累了一部分素材。

自1998年进入专利复审委员会工作以后,工作性质和内容都发生了改变。面对双方当事人,笔者思考问题的角度也有所不同。案件的复杂化扩大了视野,不得不对若干新的概念和法律问题作进一步思考。本书第三章、第四章❶多与笔者在专利复审委员会的工作内容有关,是本书的重点。

2006年退休之后,笔者又在专利代理公司从事了8年的专利代理工作。其间,主要负责代理该公司的专利无效宣告请求案件以及专利侵权诉讼案件,同时承担了公司新老代理人的培训及业务提高工作。

2015年,由于一些原因,笔者脱离了专利代理人的队伍。人虽然离队了,但心却依旧,笔者始终还在关注着专利界的一些热点问题。本书第三章第五部分第(二十三)至第(二十五)节就是近一二年内完成的。

《机械领域专利申请文件的撰写与审查》一书的初版在1996年。1994年,(原)专利文献出版社拟组织机械审查部、电子审查部、化学审查部及物理审查部四个实审部以各审查部的名义撰写一套《专利申请文件的撰写与审查》系

---

❶ 第5版将此章章序和内容作了重新调整。

列丛书。机械审查部相应组织了一个写作组,负责《机械领域专利申请文件的撰写与审查》一书的编写工作,笔者当时是该写作组的一员。由于各方面的原因,各审查部的撰写工作进展都不顺利。后(原)专利文献出版社决定以作者个人的名义出版该丛书,文责自负。

在此背景下,笔者承担了《机械领域专利申请文件的撰写与审查》一书的撰写工作。由于本书是以个人名义撰写的,书中的内容仅代表笔者个人观点。"文责自负"便于笔者畅所欲言,把自己的观点和盘托出,而一己之见又难免存在观点片面甚至谬误之处。基于此,本书的内容,尤其是第三章的"问题讨论"部分,仅供参考,谬误之处还望读者指正。

本书分为四章,第一章、第二章涉及专利申请文件的撰写、修改及审查过程中对审查意见通知书的答复。除依据对《专利法》和《专利审查指南2010》的有关规定作出正面解释之外,还着重介绍了申请人在撰写专利申请文件时经常出现的问题。这些问题都是在笔者过往10年专利审查工作中所遇到的,正是本书的一个特色。笔者相信,正反两方面的分析将有助于读者对相关问题的理解。

第三章、第四章涉及专利审查过程中有关问题的讨论以及案例分析。该部分内容纯属个人观点表述。内容涉及面较广,既有对个别案例的分析,也有对若干案例所反映法律问题的探讨。对于某些法律问题的探讨,笔者心怀忐忑,只当作抛砖引玉。但至少发现问题、提出问题,引起相关人士的关注和思索也不失为一件好事。既然是探讨,就难免发表一些与现行法律、法规、部门规章以及人民法院判决意见相左的观点。笔者相信在法律平等、学术自由的氛围下,不同的观点是可以被包容的。

本书第1版、第2版、第3版的修订时间均间隔了数年。随着工作经验的积累,笔者不断有一些新的感悟,故在本书的第2版、第3版中对第三章、第四章的内容先后作过一些补充;其间,《专利法》《专利法实施细则》以及审查指南曾作过若干修改。据此,本书第一章、第二章的内容也作了适应性修改。在第4版中,除了个别文字上的修改,对第三章的内容又进行了补充,将笔者近年来的一些文章和观点纳入其中。

值得欣慰的是,笔者书中所陈述的一些观点已经获得有关方面认可。例如对"本领域技术人员"定义所提出的修正意见早已为司法解释及审查指南所采纳,就"新颖性"定义所提出的疑问及修改意见也在2008年《专利法》修改时得到体现。第三章的内容大多曾以论文的形式在期刊上发表,其中有2篇[1]曾

---

[1] 该2篇论文标题为《"所属技术领域的技术人员"及其在专利审查中的作用》以及《从一案例看专利申请文件的撰写、审批及其对后续程序的影响》。

先后获得全国知识产权论文竞赛的一等奖，其观点得到业界的认可。例如《"多余指定"与"禁止反悔"》一文的发表，对人民法院采用"禁止反悔"原则就产生了影响。第四章的案例剖析部分曾先后在《中国知识产权报》上刊登。本书将这些文章汇总在一起可以系统地阐明笔者的观点，供读者参考。

本书第4版新增加的内容包括：

插入第二章之三的"（六）案例评析——审查意见通知书的答复及权利要求书的修改"。

插入第三章之五的"（二十二）一封律师函引发的思考""（二十三）关于独立权利要求的引用问题""（二十四）'功能性限定'的使用与解释"以及"（二十五）《欧洲专利局审查指南》中的'功能性特征'及其对我们的启示"。

插入第四章之二的2件专利申请案例剖析以及该章之三的6个有关"创造性"的案例评析［即（十）至（十五）］。

权利要求中"功能性限定"的使用及解释是笔者多年来一直关注的问题。2012~2014年曾先后在《中国专利与商标》杂志上发表3篇有关文章，上述"（二十四）'功能性限定'的使用与解释"对这3篇文章的内容进行了概括。"（二十五）《欧洲专利局审查指南》中的'功能性特征'及其对我们的启示"则是近来刚完成的1篇文章，对如何从根本上解决"功能性限定"使用中所存在的问题提出了个人的见解。

在此，非常感谢中国专利与商标杂志社多年来为笔者提供了一个发表意见的平台。1993~2018年，笔者在《中国专利与商标》共发表了31篇文章，现将其目录附在文后，供感兴趣的读者查对。

本书与其说是"书"，不如说是笔者的一份"工作总结"。人无完人，本书也难免存在瑕疵甚至错误，水平所限，敬请读者谅解。本书谨将个人的一己之见呈献给各位，敬请指正。

2018年8月

第3版前言

本书自第2版到现在已过去5年多,其间情况又发生了很多变化。一是《专利法》于2008年进行了第三次修改,这次修改较前两次修改涉及的内容更多;二是笔者于2006年从专利复审委员会退休,到北京信慧永光知识产权代理有限责任公司从事专利代理工作。

为适应《专利法》及《专利法实施细则》的修改,笔者根据修改后的《专利法》及《专利法实施细则》对本书个别内容又作了适应性修改,并使之与所引用的《专利审查指南2010》内容相协调。

自2007年起至今,笔者从事专利代理工作已经4年多了。这几年主要参与一些专利权无效宣告请求案件和专利侵权诉讼案件的代理工作。除此之外,还在北京信慧永光知识产权代理有限责任公司参与一些专利申请案件的分析和指导工作,承担了该公司内部人员的业务培训工作以及对准备参加全国专利代理人资格考试人员的授课工作。

这些年的专利代理工作使我从另一个角度对专利申请文件的撰写、审查又有了若干新的认识,通过处理一些具体案件,对《专利法》的理解也有所加深。在本书第3版的修改中,笔者力图将这些新的认识体现出来。为此,除了对本书的全部内容作了审阅和修订,还增加了一些新的内容。例如,将笔者在这5年当中发表的一部分论文编入本书第三章第五部分。其中包括:谈权利要求书中的"撰写失误"——兼评专利复审委员会的"第121816号无效审查决定"、专利复审程序中的"举证原则"、对一件美国发明专利无效请求案的剖析——兼谈"权利要求中技术特征的认定"、从一件美国专利纠纷看权利要求中的"功能性限定"以及关于"现有技术抗辩"等。

除此之外,为了适应2008年《专利法》的修改,笔者对本书第三章第五部分中关于"新颖性"及"二次授权"问题的讨论作了进一步修改。这两个部分内容都与2008年《专利法》的修改动因有密切的相关性,涉及《专利法》修改的背景。与2008年修改的《专利法》相比,所讨论的内容虽然已经过时,但读者阅读其内容或许对《专利法》修改的起因有所了解，从而加深对《专利法》相关条款的理解。

本书自出版以后，即被列为全国专利代理人资格考试的重要备考参考书。笔者曾不断收到来自各方面人士的电话和信件，对本书的特点给予肯定，这使笔者备感欣慰。

2009年，笔者以该书为基本教材，对北京信慧永光知识产权代理有限公司人员进行了为期半年的培训。其中10人参加了2009年全国专利代理人资格考试，有4人通过考试，取得专利代理人资格，另有2人"专利代理实务"科目的考试分数过线。这一方面是对笔者的一种激励，另一方面也促使笔者更认真地对本书作进一步修改。

笔者虽已退休，但对专利工作仍心怀热情，愿继续为我国的专利事业献出微薄的力量。借本书的第三次修改出版之机，与同行们作进一步的交流。同时也诚心希望得到广大读者的批评和指正。

2011年7月

第 2 版前言

本书自出版至今已经有 10 年了。10 年来，笔者不断得到读者反馈的信息，其中既包括专利申请人和一般读者，也包括专利代理人和专利审查员。读者对本书的内容及其特色予以肯定，这使笔者感到十分欣慰，并对该书的再版充满信心。为了回报读者，笔者在再版前对本书又作了认真、全面的修改，力图将对读者的感激之心体现于对本书的修改再版之中。

这些年来，情况发生了很多变化。一是《专利法》于 2000 年进行了第二次修改，第二次修改后的《专利法实施细则》对申请文件的撰写作了新的规定，例如说明书由原来的八部分改为五部分等。为此，笔者根据第二次修改后的《专利法》及《专利法实施细则》的新规定对专利申请文件的撰写部分作了适应性修改。二是笔者自 1998 年，即从国家知识产权局专利局机械发明审查部调入国家知识产权局专利复审委员会工作以来，参与了大量专利无效案件和专利复审案件的审查。通过对专利无效案件和专利复审案件的审查，笔者对如何撰写专利申请文件、如何进行初步审查和实质审查以及如何理解《专利法》的有关规定有了许多新的认识。

10 年中，笔者结合专利审查工作又撰写了 20 余篇学术论文，分别发表在《中国专利与商标》《中国知识产权报》《中国专利代理》以及国家知识产权局内部的《审查业务通讯》等报刊上。这些论文除了引起国内专利界同行的兴趣和重视，还受到了日本专利界同行的关注。借此书修改再版之际，笔者从中选取了 10 篇，经修改后作为与"专利审查"相关的内容编入本书的第三章。如同本书第 1 版前言所述，本书的第三章是对专利审查中某些问题的讨论，仅代表笔者本人的学术观点，希望以此与感兴趣的读者进行沟通和交流。笔者相信，这种讨论将有助于各类读者对《专利法》有关问题的理解。

本书自出版以后，许多准备参加全国专利代理人资格考试的备考人员将本书作为参考书，2006 年又被列为全国专利代理人资格考试备考用书的 6 本参考书之一。为了对这部分读者提供更多的帮助，本书除了保留 1996 年全国专利代理人资格考试的试题分析，在其他部分也尽可能增加了与专利代理人考试有关的内容，例如对历年考试中某些试题的分析以及考试中应当注意的问题等。

对专利申请的复审及对专利权的无效审查，往往更能反映出专利申请文件撰写及专利审查中存在的一些问题。出于此种考虑，在本书的第四章增加了"复审及无效案例评析"部分，精选了专利复审及无效程序中6个比较具有典型性的案例进行介绍和评析。在这些案例中，有的案例在专利复审委员会作出决定之后又经历了人民法院的一审和二审程序，走完了行政审查和司法审查的全过程，其中不乏各种观点的冲突。不同观点的对比分析，将有助于对相关问题的理解。这部分内容的引入，使本书"审查"的概念较第1版扩大了，即除了专利的初审、实审，还包含了专利的复审和无效。

还需要说明的一点是，本书虽然定名为"机械领域"，但如第1版前言所述，本书对其他技术领域的读者也是适用的。据此，借再版的机会在本书"复审及无效案例评析"部分选取了一个化学领域的复审案例。之所以增加该案例是出于以下两点考虑：一是按照目前《专利法》所设定的程序，对于专利复审委员会作出的复审决定，原审查部门的审查员是没有任何争辩或上诉机会的，只能服从专利复审委员会的决定。这样，对双方有争议的问题难以通过法定程序来得到确认和解决。作者希望通过程序外讨论的形式对有关问题发表一些看法，以取得对一些重要问题的共识。二是该案恰与笔者大学所学的专业相关，毕业后笔者曾从事聚乙烯醇纤维改性的研究工作多年，对该案的有关技术尚有一点了解，有一点发言权。该案例的引入就使本书的实际内容进一步突破"机械领域"的限定了。

为了使本书继续保持"快餐"的特色，在增加上述内容的同时，也删除了原书中的一部分内容，其原则是在不影响本书主要内容的前提下尽量为读者节省一点阅读时间。

笔者即将退休，在退休之前能够看到本书的再版感到十分欣慰。笔者十分珍惜这次再版的机会，借此机会，尽可能将自己在国家知识产权局专利局工作26年以来的经验和体会汇集于此书中，但其中难免有欠缺甚至错误之处，望得到广大读者的批评指正。退休之后，笔者将与广大专利工作者一起，继续为我国的专利事业努力工作。

2006年3月

第1版前言

自1985年《专利法》在我国开始实施，至今已有11个年头了。截止到1995年底，中国专利局已经受理了522 574件专利申请，其中发明和实用新型专利申请为456 924件。从这个数字我们可以看出，在这短短的10年中，"中国专利"这张白纸已经被画上了丰富多彩的图画。通过这522 574件专利申请，无论是发明人、代理人还是审查员，都吸取了自己的经验，增长了才干。人类不断地从中总结经验，这将有利于今后的发展。正是基于这一点，笔者动手撰写了此书。

笔者是一名从事专利审查工作的审查员，在整个专利制度中，专利审查只是其中的一个环节，作为一名审查员，又只是该环节中的一分子，从这个意义上讲，书中的一些观点势必会带有一些局限性或片面性，不妥之处，诚望有识之士给予指正。

本书定名为《机械领域专利申请文件的撰写与审查》，对此作以下三点说明。

（1）所谓的"机械领域"宜作广义的理解。它是相对于化学和电子领域而言的，后者在申请文件的撰写及审查中都存在一些与其技术领域有关的特殊性，本书将避开这些特殊性，所述的"机械领域"是针对这些特殊性而言的，并不局限于《国际专利分类表》中有关"机械"的类别。

（2）所谓的"专利申请文件"应包括发明专利申请和实用新型专利申请两大类。在《专利法》和《专利法实施细则》中，有关专利申请及审查的条款，除个别条款作了区别性的规定（例如《专利法》第二十二条第三款有关创造性的规定、《专利法实施细则》第三十九条有关实用新型必须提交附图的规定等）之外，绝大多数条款都是二者皆适用的。因此，本书有关申请文件撰写的内容，应既适用于发明专利申请，又适用于实用新型专利申请，而涉及"审查"的内容，则既有二者共同的部分，又有相区别的部分。

（3）对专利申请文件的审查包括对其形式缺陷的审查和实质性缺陷的审查

两个方面，前者的审查原则与专利申请文件撰写的原则是一致的，只是视角不同而已，属于一个问题的两个方面。因此，在讨论专利审查的问题时，对形式方面的缺陷就不再赘述了。至于对实质性缺陷（如新颖性、创造性、实用性、单一性等）的审查，其审查原则在中国专利局制定的《审查指南》中已作了全面详尽的规定，本书也不打算对此作系统、全面的论述。本书的第三章取名为"专利审查中有关问题的讨论"，其中既包括笔者在审查实践中的一些心得体会，也包括一些对国外审查原则的介绍，将它们以"讨论"的形式写出来，以期与同行们沟通和交流。在专利审查过程中，只有《专利法》及《专利法实施细则》以及中国专利局制定的《审查指南》才能作为审查的依据。因此，无论是国外的审查经验还是个人的心得体会，仅供大家参考，这些观点在审查过程中不具任何约束力。

有关专利申请文件的撰写及审查的书已出版了许多。本书的特点：一是侧重于机械领域，具有一定的专业性；二是避免面面俱到，仅抓住"撰写"和"审查"中的一些重点问题进行说明和讨论，将这本小册子以"快餐"的形式奉献给对这类问题感兴趣的读者。

本书共分四章。第一章为专利申请文件的撰写，主要讨论了说明书和权利要求书的撰写问题。第二章为对审查意见通知书的答复及对申请文件的修改，该章根据审查员的审查实践对申请人或代理人在实质审查过程中的答复和修改提出一些建议。这两章可能更适合申请人或代理人阅读。第三章为对专利审查中某些问题的讨论。如上所述，该章只能代表笔者个人的观点，对于申请人及代理人来说，提供作为参考；而对于审查员来说，则是把问题提出来以便进一步讨论，笔者愿起到抛砖引玉的作用。第四章为与撰写及审查有关的案例及分析，其中包括实用新型申请文件撰写的示例以及发明专利申请案例剖析。此外还收录了1996年专利代理人资格考试中有关机械领域专利申请文件撰写部分的试题，并结合试题对有关问题作重点分析，该部分可供申请人和欲取得专利代理人资格者参考。

1996 年 10 月

目　　录

第一章　专利申请文件的撰写 … 1
一、说明书的撰写 … 2
（一）发明或者实用新型的名称 … 2
（二）发明或者实用新型所属技术领域 … 4
（三）发明或者实用新型的背景技术 … 4
（四）发明或者实用新型的发明内容 … 7
（五）有附图的应当有图面说明 … 12
（六）实现发明或者实用新型的具体实施方式 … 13
（七）说明书附图 … 14
二、权利要求书的撰写 … 16
（一）撰写权利要求书应注意的几个问题 … 17
（二）实际申请案中经常出现的问题 … 26
三、递交专利申请前后应当注意的几个问题 … 41
（一）正确选择专利申请的种类 … 41
（二）保密与检索 … 48
（三）充分利用"国内优先权" … 50

第二章　对审查意见通知书的答复及申请文件的修改 … 55
一、对实用新型专利申请审查意见通知书的答复 … 55
二、对发明专利申请审查意见通知书的答复 … 57
三、在审查过程中对申请文件的修改 … 59
（一）背景技术的修改 … 60
（二）发明目的的修改 … 60
（三）对技术方案的修改 … 63
（四）对权利要求书的修改 … 65
（五）修改时应注意的其他问题 … 67

· 1 ·

（六）案例评析——审查意见通知书的答复及权利要求书的修改 ……… 67

第三章　与撰写及审查有关的案例剖析 …………………………………… 84
一、对两件发明专利申请案的剖析 ……………………………………… 84
　　（一）无接口 F4 玻纤环形带的制造工艺 …………………………… 84
　　（二）密封装置 ………………………………………………………… 100
二、复审及无效宣告案例评析 …………………………………………… 119
　　（一）预应力钢捻线的防锈涂膜形成加工方法及其装置——
　　　　　"技术特征"的认定及权利要求书的撰写 …………………… 119
　　（二）棕纤维弹性材料及生产方法——关于"修改超范围"及
　　　　　"公开不充分"的问题 …………………………………………… 125
　　（三）多功能浴室取暖器——关于说明书是否"清楚"的问题 …… 129
　　（四）自动支票打字机——如何理解现有技术给出的"启示" …… 133
　　（五）固结山体滑动面提高抗滑力的施工方法——
　　　　　关于"功能性限定"问题 ………………………………………… 139
　　（六）多功能多路阀——关于"实用性" …………………………… 142
　　（七）新型可逆反击锤式破碎机——说明书"清楚、完整"的
　　　　　标准是"能够实现" ……………………………………………… 146
　　（八）圆编针织机的伸梭片——关于"修改超范围" ……………… 149
　　（九）滚轮——权利要求书以说明书为依据 ……………………… 152
　　（十）接咀机切纸轮——"创造性"的判断原则 …………………… 157
　　（十一）采用有桩外壳的压缩机装置——关于"现有技术"的启示 … 163
　　（十二）一种微风吊扇的吊杆——对比文件的"技术领域"问题 … 168
　　（十三）一种无纺布成型机——具有相同功能的"已知手段的
　　　　　等效替换"不具有创造性 ………………………………………… 172
　　（十四）电动车辆用电机防水结构——附图的解读与
　　　　　"现有技术"内容 ………………………………………………… 175
　　（十五）合股管——权利要求"进一步限定"的作用 ……………… 179
三、从专利代理师资格考试看专利申请文件的撰写 …………………… 182
　　（一）试　题 ………………………………………………………… 182
　　（二）试题分析 ……………………………………………………… 189

第四章　专利审查中有关问题的讨论 …………………………………… 196
一、关于创造性 …………………………………………………………… 196
　　（一）欧洲专利局在判断创造性方面的一些观点 ………………… 197

（二）布莱恩表与创造性的判断 ·················· 200
　　（三）判断发明的创造性的两种思路 ················ 201
　　（四）"商业上的成功"与创造性 ·················· 205
　　（五）关于实用新型专利创造性的判断 ··············· 206
二、关于单一性 ····························· 217
　　（一）发明目的与"单一性" ···················· 218
　　（二）特定技术特征与区别技术特征 ················ 220
三、与专利审查及专利保护有关问题的讨论 ··············· 221
　　（一）"所属技术领域的技术人员"及其在专利审查中的作用 ····· 221
　　（二）发明与发明构思 ······················· 226
　　（三）权利要求书中否定式用语的使用问题 ············· 230
　　（四）"多余限定"与"禁止反悔" ················· 235
　　（五）权利要求书中"技术特征"的认定之一 ············ 239
　　（六）权利要求书中"技术特征"的认定之二 ············ 245
　　（七）合同与技术公开 ······················· 253
　　（八）关于"出版物公开"的几个问题 ··············· 261
　　（九）从一无效案件看《专利法》所称的"技术方案" ······· 268
　　（十）专利案件中当事人"自认"的问题 ·············· 273
　　（十一）谈权利要求中的"必要技术特征" ············· 282
　　（十二）"车把手"专利侵权案剖析 ················ 290
　　（十三）专利复审程序中的"举证原则" ·············· 296
　　（十四）对一件美国发明专利无效请求案的剖析——
　　　　　　兼谈"权利要求中技术特征的认定" ············ 305
　　（十五）从一件美国专利纠纷看权利要求中的"功能性限定" ······· 307
　　（十六）从一案例看专利申请文件的撰写、审查及其对
　　　　　　后续程序的影响 ····················· 312
　　（十七）一封律师函引发的思考 ··················· 321
　　（十八）关于独立权利要求的引用问题 ··············· 327
　　（十九）"功能性特征"之我见 ··················· 337
　　（二十）关于"克服技术偏见"的疑问及其思考 ·········· 370
　　（二十一）"专业思维"与"专利思维" ··············· 377
　　（二十二）对"同样的发明创造"的几点看法 ············ 384
　　（二十三）权利要求中技术特征的"解读"与"解释" ········ 393

(二十四) 对"新颖性"问题的再思考 ………………………………… 403

(二十五) 关于"效果特征"的思考——对《专利审查指南2023》
有关规定的讨论 ……………………………………………… 412

(二十六) 关于"创造性"的讨论——兼议《专利法》
第二十二条第三款 …………………………………………… 420

附　录 …………………………………………………………………… 429

一、"一种长金属管局部扩径装置"说明书 …………………………… 429

二、"汽缸串联四冲程往复式活塞内燃机"说明书 …………………… 433

三、"眼药水溶液和使该溶液防腐的方法"说明书 …………………… 435

作品列表 ………………………………………………………………… 444

第一章 专利申请文件的撰写

申请人如果想让自己的一项发明创造在中国获得专利权，首先需向国家知识产权局专利局提出专利申请。在申请时申请人除了提交请求书，还需要提交说明书、权利要求书及说明书摘要等文件，实用新型专利申请还必须提交附图。

在上述申请文件中，说明书和权利要求书是两份最为重要的文件。说明书应当清楚、完整地记载该发明创造的内容，使本领域技术人员凭借说明书所公开的内容即可实施该发明创造。它既是一份供社会公众阅读的技术资料，同时又是专利权利要求书撰写的依据和基础，是专利审查的主要内容之一。权利要求书则是一份重要的法律文件。它以技术特征的形式对发明创造进行了概括，划定了申请人所寻求的专利保护范围，是专利审查的重点。

说明书所公开的内容及权利要求书的撰写方式将直接影响该专利申请能否被授予专利权，以及专利被授权之后能否经历专利无效宣告程序的考验。

本章将重点围绕说明书和权利要求书的撰写问题进行讨论。其中，除对《专利法》《专利法实施细则》及《专利审查指南2023》中的相关规定作必要的介绍和解释之外，将重点结合笔者多年在专利审查中所遇到的一些具体案例，对在说明书和权利要求书撰写过程中经常出现的问题进行分析和归纳，以反面教材的形式提供给读者，以期从正反两个方面将《专利法》有关"说明书及权利要求书撰写"的基本要求讲述清楚。

读者在阅读本章内容的基础上，再参考本书其他章节与专利申请文件撰写相关的内容，就可以对如何撰写说明书及权利要求书有一个大致的了解。

在我国，发明与实用新型虽属两种不同类型的专利，但就其申请文件的撰写而言，要求基本是相同的。《专利法》及《专利法实施细则》中涉及申请文件撰写的条款，绝大多数既适用于发明专利申请，也适用于实用新型专利申请，除非个别之处另有说明。因此，本章内容既适用于发明专利申请，也适用于实用新型专利申请。

但是，由于实用新型专利从申请到审批直至授权，在程序及实体方面与发明专利相比又存在若干区别，加之在机械领域中，实用新型专利申请所占的比例又相当大，故在本章第三部分专门对实用新型与发明专利申请之间的区别进行了说明，供申请人选择专利保护类型时参考。

一、说明书的撰写

在《专利法》及《专利法实施细则》中，与说明书撰写有关的主要条款是《专利法》第二十六条第三款和《专利法实施细则》第二十条。

《专利法》第二十六条第三款规定："说明书应当对发明或者实用新型作出清楚、完整的说明，以所属技术领域的技术人员能够实现为准；必要的时候，应当有附图……"

简言之，一份撰写合格的专利说明书所公开的技术内容应当满足"清楚""完整""能够实现"这三个基本条件。这也是《专利法》对专利说明书撰写提出的一个最基本的要求。如果不符合这三点基本要求，专利申请将不会被授予专利权，即使被授予专利权（例如，在某些实用新型专利中，由于实用新型专利授权之前只进行初步审查，难免存在或隐含此类缺陷），日后也面临该专利权被宣告无效的风险。

《专利法实施细则》第二十条，对说明书的撰写方式和顺序作了具体规定。一般情况下，说明书应当按照该条款所规定的顺序和方式，分成五个主要部分依次进行撰写。

下面将以"清楚、完整、能够实现"这三点要求为标准，分别对发明或者实用新型名称以及说明书的主要部分的撰写进行解释和说明。

（一）发明或者实用新型的名称

根据《专利审查指南2023》的规定，发明或者实用新型的名称应当清楚、简要、全面地反映出其主题和类型，应采用所属技术领域通用的技术术语。在实际申请案中，经常出现如下问题。

1. 发明名称中的技术主题与权利要求所保护的主题不相适应

例如，权利要求书中包含了"产品"和"制造该产品的方法"两项独立权利要求，即该发明涉及"产品"和"方法"两个技术主题，而发明名称中仅写入其中的一个主题，两者不相适应。此时应将"产品"和"方法"均写入发明名称中。

2. 名称中使用人名、地名、商标及其商业性宣传用语

在发明名称中不得使用人名、地名、商标、型号或商品名称，或者使用商业性宣传用语。在一件发明专利申请案中［详见本书第四章第三部分的"（三）权利要求书中否定式用语的使用问题"中案例4-7，读者可参照阅读］，申请人公开了一种内燃机活塞用的活塞环。为了提高活塞环的密封性能，申请人将活塞环的端面接口设计成多阶多列复式搭口。申请人将发明名称写为"一种具有胡氏搭口的高效密封环"，其中的"胡氏搭口"是以申请人的姓氏命名的，这种"胡氏搭口"的定义并未得到该技术领域的普遍认可。所谓的"高效"，也属于一种宣传性用语，缺乏具体、明确的技术含义。因此，"胡氏搭口"和"高效"都应从发明名称中删除。

3. 对技术主题的概括不适度

仍以上述"活塞环"的专利申请为例，就其发明名称所概括的程度而言，有以下几种方式可供选择：

（1）一种密封装置；
（2）一种供活塞装置使用的活塞环；
（3）一种具有多阶多列复式搭口的活塞环。

若选用（1）作为发明名称，显然概括得过于上位。"密封装置"仅仅道出了该装置的功能，既未说明该"密封装置"用于何处，也未指明该"密封装置"的类型，限定不够具体。

名称（3）在指明该发明所涉及产品（活塞环）的同时，还包含了该发明对现有技术作出贡献的技术特征——"多阶多列复式搭口"，即发明本身的技术内容。这种概括方式过于具体，有可能导致其他矛盾的出现。

例如，根据《专利审查指南2023》的规定，独立权利要求的前序部分应写明发明或者实用新型要求保护的主题名称。故一般情况下，独立权利要求的第一句话应与发明名称相适应。如果以（3）作为发明名称，其独立权利要求的第一句话中势必包含有"多阶多列复式搭口"这一区别技术特征。即"一种具有多阶多列复式搭口的活塞环……其特征在于该活塞环具有多阶多列复式搭口"，从而造成"前序部分"与"特征部分"的混淆。

将上述3种概括方式进行比较，选择其中的（2）作为其发明名称比较合适。它既包含了该发明所涉及产品的种类（活塞环），又指明了该产品的应用领域（供活塞装置使用），使读者通过发明名称即可对该发明有一个适当的定位。由于其中并未写入该发明的有关技术特征，故将其用于独立权利要求的第一句话也不会产生上述矛盾。

（二）发明或者实用新型所属技术领域

《专利审查指南2023》中指出：发明和实用新型的技术领域应当是要求保护的发明或者实用新型技术方案所属或者直接应用的具体技术领域，而不是上位的或者相邻的技术领域，也不是发明或者实用新型本身。（参见《专利审查指南2023》第二部分第二章第2.2.2节。）

"技术领域"概括的原则与"发明名称"概括的原则相似。同样以上述的"活塞环"专利申请为例，该发明所涉及的技术领域可以是：

(1) 内燃机技术领域；
(2) 内燃机的汽缸；
(3) 内燃机汽缸的活塞环；
(4) 带有多阶多列复式搭口的活塞环。

根据《专利审查指南2023》的上述规定以及对该发明内容的具体分析，将其所属技术领域定为（3），即"内燃机汽缸的活塞环"比较合适，它既不是"上位的或者相邻的技术领域"，也不是"发明或者实用新型本身"。

（三）发明或者实用新型的背景技术

说明书中所引用的背景技术既可以来自专利文件，也可以来自非专利文件；既可以是申请日以前已经公开的"现有技术"，也可以是申请日尚未公开的技术，例如，记载在该申请人在先提出的专利申请中、但尚未被公开的技术，或者是其他尚处于保密状态的技术。

在我国1985年制定的《专利法实施细则》中，其第十八条第二款第（三）项内容为："……写明对发明或者实用新型的理解、检索、审查有参考作用的现有技术……"而在1992年修改的《专利法实施细则》中，将其中的"现有技术"修改为"有用的背景技术"。很显然，"背景技术"的范围要大于"现有技术"的范围，这种修改就意味着除了已经被公知公用的现有技术，申请人还可以将与其发明相关、但尚未公开的技术内容写作说明书的背景技术。

为了进一步理解"背景技术"与"现有技术"之间的区别，不妨借用一个实际案例。

一件发明专利说明书中的背景技术部分记载了如下内容："目前，有人为了开发一种营养丰富的肉脂渣食品，选用猪的肌肉，用沸腾的食油炸熟，再加压榨出熟肉中的油脂……"

一位请求人以该专利不具备创造性为由对其提出无效宣告请求。在专利复审委员会❶作出的无效宣告审查决定中，合议组在缺少具体证据支持的情况下，直接将该专利说明书所记载的上述内容视为专利权人自认的现有技术，并将该技术内容与另一篇对比文件所公开的技术内容相结合，得出该专利不具备创造性的审查结论。

该案合议组作出上述认定的理由是："专利权人在撰写说明书时已经确认其上记载的背景技术属于申请日之前的现有技术，专利申请文件属于正式的法律文件，专利权人不能随意反悔。"

专利权人对复审委员会的上述决定不服，遂向人民法院提起行政诉讼。人民法院经审理，撤销了专利复审委员会的无效审查决定。

人民法院认为："相关法律法规并未规定背景技术应记载的必须是申请日以前已经公开的现有技术。故在背景技术没有给出引证文件的情况下，不能确认背景技术部分记载的技术方案已经进入能够为公众获得的状态，也不能仅仅因为专利权人将该技术记载在说明书背景技术部分即认定该技术为现有技术。专利复审委员会将没有引证文件也没有其他证据证明本专利说明书背景技术部分记载的技术方案在申请日前已为公众所知的情况下，将该背景技术认定为现有技术没有事实和法律依据，其基于此对本专利进行的创造性审查亦是错误的。"

实践中，上述错误的认定方式在专利局的实质审查过程中也时有发生，应当引以为戒。

背景技术作为一项发明创造的基础，往往包含有若干与该发明创造有关的技术内容。申请人在撰写说明书时，由于各种原因有可能未将这些与发明有关的内容明确写入说明书中，从而使本领域技术人员仅凭说明书所公开的内容尚无法实现该发明。

举例来说，一件专利申请 A 是对现有技术 B 的改进，在专利申请 A 的说明书中，申请人并未将其技术方案充分公开，其中所缺少的技术内容却被明确记载在现有技术 B 中。此时，只要现有技术 B 属于已公开的技术，而且申请人在背景技术部分对现有技术 B 的出处给予了明确的指明，本领域技术人员以专利申请 A 的说明书为基础，借助于所指明的现有技术 B 所公开的内容就可实现该发明。这时，仍可认为申请人对其发明作了充分公开。在后续的审查过程中，

---

❶ 根据 2018 年 11 月国家知识产权局机构改革方案，"专利复审委员会"更名为"专利局复审和无效审理部"。——编辑注

申请人也可以将现有技术 B 中的某些相关内容补入说明书中，不视为超出原始公开的范围。反之，如果申请人在背景技术部分并未指明现有技术 B 的出处，或者现有技术 B 属于一种申请日前未被公众所知的技术，则仅凭申请人在说明书中所公开的技术内容，本领域的普通技术人员很可能无法实施该发明，从而将导致说明书公开不充分的严重后果。由此可见，申请人在介绍背景技术的同时，还应当具体指明该背景技术的出处，这不仅能方便社会公众的查阅，也有利于申请人自己。在现有的专利申请中，不少申请人忽略了对相关技术的引证或对其出处的指明。

在《专利审查指南 2023》第二部分第二章第 2.2.3 节对背景技术中的引证文件提出了以下要求：

"（1）引证文件应当是公开出版物，除纸件形式外，还包括电子出版物等形式。

"（2）所引证的非专利文件和外国专利文件的公开日应当在本申请的申请日之前；所引证的中国专利文件的公开日不能晚于本申请的公开日。

"（3）引证外国专利或非专利文件的，应当以所引证文件公布或发表时的原文所使用的文字写明引证文件的出处以及相关信息，必要时给出中文译文，并将译文放置在括号内。

"如果引证文件满足上述要求，则认为该申请说明书中记载了所引证文件中的内容。……"

在此，有两点提请特别注意：

（1）上述第（2）项规定——如果所引用的文件属于中国专利文件，该文件的公开日必须不晚于新申请的公开日；如果所引用的文件属于非专利文件或外国专利文件，该文件的公开日必须在新申请的申请日之前。

（2）《专利审查指南 2023》第二部分第二章第 2.2.6 节同时作了如下规定："应当注意的是，为了方便专利审查，也为了帮助公众更直接地理解发明或者实用新型，对于那些就满足专利法第二十六条第三款的要求而言必不可少的内容，不能采用引证其他文件的方式撰写，而应当将其具体内容写入说明书。"

"背景技术"的撰写经常出现下列问题。

1. 出现贬低他人的语言

申请人在描述背景技术时，难免会涉及某项技术或某种产品所存在的缺陷。但这种分析和评述应当客观、公正、实事求是，从技术角度进行评价，不得有贬低他人之嫌。

例如，一件发明专利申请涉及一种"纸浆浓度自动控制仪"，在其说明书的背景技术部分，申请人以国内某厂所生产的一种同类产品作为现有技术。在对该产品的结构方进行分析之后，申请人写道："该产品在使用中调整时间长，可靠性差，精密度低，故障率极高。"这种缺少具体技术数据支持的评价，实际上构成了对该产品的诋毁，难免导致一些不必要的法律纠纷。

2. 对背景技术的了解和描述不准确、不客观

如果申请人在递交专利申请之前，未对其申请专利的技术方案进行系统全面的检索，而仅仅凭借自己主观的认识来评价背景技术，则很容易使所撰写的背景技术与客观实际不符。对于发明专利申请来说，尽管在实质审查过程中，申请人可以根据审查员所检索到的最相关的对比文件对该部分进行修改，但是以原背景技术为基础对发明内容所作的公开却不能作相应修改了。

如果对背景技术的认定不够客观，在撰写专利申请文件时，则有可能导致两种不良后果：

一是将现有技术的水平认定得过高。为了确保获得专利权，将过多的技术特征写入独立权利要求中，从而使保护范围变小。

二是将现有技术的水平认定得过低。在说明书中未对某些必要的技术特征进行公开，而是作为技术秘密隐藏了起来，使已公开的技术方案不具备创造性。

仍以上述"活塞环"的申请为例，在进行专利申请之前，申请人并未对专利文献作全面检索，仅仅以《内燃机的理论与设计》一书所记载的内容为依据，认为现有技术中活塞环的接口方式仅有直角接口、斜接口以及轴向阶梯接口等几种形式，从而认定采用多阶多列复式搭口是其对现有技术的贡献，便以此为依据撰写了权利要求书。在实质审查过程中，审查员检索到了若干篇具有多阶多列复式搭口的对比文件，因此，使该申请独立权利要求丧失了新颖性。如若在进行专利申请之前，申请人进行一次全面的检索，尽可能准确地掌握现有技术的状况，则会掌握更多的主动权；或者在说明书中公开更多的区别技术特征，加大与现有技术的差别，增加被授权的可能性；或者索性放弃该专利申请，避免造成不必要的浪费（该案申请的是 PCT 国际申请，申请费远远多于国内申请费用）。

在专利制度历史比较长的国家，例如在瑞典（专利制度已建立 200 余年），95% 的申请人在递交专利申请之前，都进行过全面检索。这也许是人们在经历了一些曲折之后所积累的一种经验。

（四）发明或者实用新型的发明内容

该部分实际上是由 1992 年修改的《专利法实施细则》第十八条中的第

（四）项、第（五）项、第（六）项三项合并而成的。目前《专利法实施细则》第二十条的规定与《专利合作条约》（PCT）的有关规定相一致。

说明书"发明内容"部分包括三项内容，分别是"发明或者实用新型所要解决的技术问题""解决其技术问题采用的技术方案""发明和实用新型的有益效果"。

1. 发明或者实用新型所要解决的技术问题

该内容与1992年修改的《专利法实施细则》第十八条第一款第（四）项"发明或者实用新型的目的"相对应，只不过将"发明或者实用新型的目的"改成了"发明或者实用新型所要解决的技术问题"。《专利审查指南2023》第二部分第二章第2.2.4节明确规定："发明或者实用新型的所要解决的技术问题，是指发明或者实用新型要解决的现有技术中存在的技术问题。发明或者实用新型专利申请公开的技术方案应当能够解决这些技术问题。"所以，在说明书中无论是写作"发明目的"还是写作"要解决的技术问题"，内容是一样的，只不过是把"目的"落实到"技术问题"上。撰写该部分时经常出现的问题有以下几个方面。

（1）对要解决的技术问题或发明目的未作正面、直接的描述

在叙述完背景技术之后，许多申请人往往用"本发明（实用新型）的目的在于克服上述现有技术中所存在的缺点"作为其发明目的。《专利审查指南2023》第二部分第二章第2.2.4节规定，申请人应当"用正面的、尽可能简洁的语言客观而有根据地反映发明或者实用新型要解决的技术问题"。如果对"现有技术中所存在的缺点"未作出具体的、技术性的评价，仅以上述方式来描述其发明目的，将不符合要求，因为它既不是一种正面描述方式，也未落实到具体的技术问题上。

（2）与权利要求书中所要求保护的技术主题不相适应

如同对发明名称的概括一样，当权利要求书中涉及两个或更多的技术主题（例如，"产品"和"制造该产品的方法"）时，"要解决的技术问题"应涉及所有要求保护的技术主题，而不能仅仅涉及其中的一个（例如，"产品"或"制造该产品的方法"）。这种情况在原始递交的说明书中有可能出现，但更多的是在实质审查过程中，在对权利要求书的内容进行了修改之后，说明书"要解决的技术问题"部分却未作相应修改。

（3）用结构特征代替"要解决的技术问题"

一件发明涉及对某产品结构的改进，申请人将这种结构的变化作为发明"要解决的技术问题"来描述，例如"本发明的目的在于提供一种带有多阶多列

复式搭口的活塞环"。这种描述方式是对结构的描述，不属于对要解决技术问题的描述。

（4）对多个"要解决的技术问题"归纳不恰当

《专利法》第三十一条中规定："属于一个总的发明构思的两项以上的发明或者实用新型，可以作为一件申请提出。"这样，在一件专利申请中就有可能包含着多项发明。

举一个简单的例子。如果现有技术中的水杯都是不带盖而且不带把手的。一位发明人为了提高水杯的保温性能，设计出一种带盖的杯子；为了便于手持，防止烫手，又在杯体上加了一个把手。这种既带盖又带把手的杯子实际上包含了两项发明内容，一项发明的目的在于保温，另一项发明的目的在于方便手持。当把这两项发明作为一件专利申请提出时，"要解决的技术问题"有两种撰写方式。

一种方式是将要解决的技术问题写作："本发明所要解决的技术问题是提高水杯的保温性能，同时使杯子便于手持，防止烫手。"很显然，要解决该技术问题，其独立权利要求中必须同时包括杯盖和把手这两个技术特征，将独立权利要求写作："一种水杯，它包括一个杯体，其特征在于它还带有一个杯盖和一个把手。"此时，其保护范围仅限于既带杯盖又带把手的杯子。

另一种方式是将要解决的技术问题写作："本发明的主要目的在于提高水杯的保温性能。本发明的另一个目的在于使该杯子便于手持，防止烫手。"即将两个发明目的单独进行说明，而且第二个目的从属于第一个目的。这时，该发明独立权利要求可以写："一种水杯，它包括一个杯体，其特征在于它还带有一个杯盖。"以该权利要求为基础，还可以写出另一项从属权利要求："如权利要求1所述的水杯，其特征在于它还带有一个把手。"

这时，独立权利要求的保护范围为"带杯盖的水杯"，其保护范围显然要大于第一种方式的独立权利要求。而从属权利要求虽然包含了另一项发明，但由于是独立权利要求的从属权利要求，二者之间不存在"单一性"（见本书第四章第二部分）的问题。而且只要独立权利要求具有创造性，从属权利要求也具有创造性。

但是应当清楚，无论采用上述哪一种撰写方式，"带把的杯子"这一项发明都是以"带盖的杯子"为基础的，即"带把的杯子"不能单独受到保护。上述写法的好处是可以将二者作为一件专利申请提出，节省一些费用；不利之处则是保护范围受到限制。如果想获得最大的保护范围，则应当将二者作为两件专利申请提出：一件申请保护"带盖的杯子"，另一件申请保护"带把的杯子"。

以上的例子是为了便于说明问题而杜撰出来的，但类似的情况在实际申请案中确实是经常出现的。如果一件专利申请包含了多项发明，解决了多个技术问题，则在撰写发明目的时要根据现有技术的状况及所要保护的范围对发明目的进行区分，分清主次，切忌混作一谈。根据《专利法实施细则》第二十三条的规定，独立权利要求应当记载解决技术问题的必要技术特征。所以，"要解决的技术问题"越多，独立权利要求中所包含的必要技术特征也将越多，其保护范围必然变小。

在美国的专利申请文件中，申请人往往在其发明目的部分罗列出若干个甚至十几个发明目的，这些发明目的又分别对应于说明书中的具体实施例以及权利要求书中的各项权利要求。笔者认为，对于一项技术内容比较丰富而所有的内容又都是围绕同一发明点展开的发明来说，这种撰写方式似乎还是值得借鉴的，因为它不仅有助于人们对说明书中所公开的诸多技术方案的理解，同时又使权利要求书中的各权利要求与其各自的发明目的相互对应。

当然，如果在原始的申请文件中申请人未将某个发明目的明确提出，而该发明目的已经又客观隐含在其所公开的技术方案中，则在日后修改说明书时，申请人还可以将这类发明目的补入说明书中。下面以一个实际申请案为例。

在一件名为"造纸白水分离新工艺和设备"的发明专利申请案中，申请人提出的发明目的是："提供一种分离效果好、回收纸浆新鲜、回收清水清洁、操作简易的造纸白水分离的新工艺和设备。"其独立权利要求1为："一种从造纸工业白水中回收纤维、填料和清水的工艺，其特征是：包括化学絮聚剂的溶解和定量配给，脉冲流量的产生，均匀配水，凝聚沉降，回收浆和清水的输送。"

经检索，发现采用化学絮聚剂对造纸白水进行凝聚沉降并配以搅拌的处理工艺已属现有技术，所述的发明目的——保持回收浆的新鲜及回收水的清洁也已由该现有技术的方案实现。

但从说明书所公开的技术内容看，该发明与现有技术的一个重要区别在于它采用了一种脉冲式供水的技术方案，即"将白水和化学絮聚剂配量后通进脉冲室产生脉冲流量，再从配水管中均匀而又有规律地间歇喷下"。

现有技术中，为使白水均匀分布在整个分离器截面上，喷水管的孔眼不能开得太大，但孔眼太小又容易被堵塞。如果白水以脉冲的形式流出，则将有利于保持孔眼的通畅。这种技术方案与技术效果之间的关系是合乎逻辑的，能够为本领域的技术人员所接受。因此，采用脉冲式供水的技术便构成了该专利申请与现有技术间的主要区别。与该技术方案相对应的发明目的或技术效果便是"防止喷水管的堵塞"。该发明目的或技术效果虽然在原始说明书中未明确写明，但确实隐含在该技术方案中，而且很容易被本领域的普通技术人员所理解。所以，申请人可以用该发明目的取代原来的发明目的，从而构成一个区别于现有技术的技术方案。当然，如果申请人在原始申请时就将该发明目的明确写入说明书中，就更好了。

2. 解决其技术问题采取的技术方案

一件发明或者实用新型专利申请的核心内容是在其说明书中所公开的技术方案，而该项内容又是对该技术方案的概括。一般情况下，该技术方案部分的用语应当与独立权利要求的用语相适应，即以发明或者实用新型必要技术特征总和的形式对发明或实用新型进行概述，必要时，可以对其附加技术特征进行说明。

应当注意的是，如果一件专利申请中包含有几项发明或者几项实用新型，则应当对每项发明或者实用新型的技术方案分别予以说明。撰写该部分时，首先要做到与权利要求书中各独立权利要求的内容"相适应"，其次要考虑与从属权利要求"相适应"。

在实际申请中经常出现的问题包括以下几个方面。

（1）不是直接描述构成发明或实用新型的必要技术特征，而是采用"本发明（实用新型）的技术方案如同权利要求1所描述的那样"一类的语句，从而违反了《专利法实施细则》第二十条的规定（……发明或者实用新型说明书中不得使用"如权利要求……所述的……"一类引用语）。

（2）与权利要求书中的内容不相适应。如果权利要求书中包含了多个独立权利要求，则意味着该专利申请包含着多项发明，无论这些发明是同类的（例如都涉及某种"产品"）还是不同类的（例如分别涉及"产品"和"制造该产品的方法"），在"技术方案"部分都应对各项发明分别进行概括。仅对其中的一项发明或实用新型进行概括将不符合要求。

实践中，为了避免出现与权利要求不相适应的问题，一种比较稳妥的方式便是将权利要求书的内容全部复制到该部分。但复制时需要进行改写，例如，将"其特征在于""如××权利要求所述的"之类权利要求书中的用语删除掉，改为说明书所使用的语言。

（3）所公开的技术方案缺少实现其发明目的的必要技术特征。以一件发明专利申请案为例，该专利申请涉及一种供热压加工用的垫板纸的制造方法，申请人在说明书中写道："制造出合格的热压垫板纸，应控制好以下5点：①针叶木浆的打浆度和湿重；②针叶木浆与麦草浆的配比；③适宜的化学助剂；④压榨压力和适宜的压榨辊中高；⑤纸板的均匀性。"而在技术方案部分，申请人仅对其中的①和②进行了公开，即仅限定了针叶木浆的打浆度为 10°SR～30°SR，湿重为 3～10g，以及浆料配比为针叶木浆 50%～90%、未漂麦草浆 10%～50%，而对其余的 3 个技术特征却未作任何具体说明，以至于本领域普通技术人员无法实施该发明，也无法实现其发明目的。由于在说明书的其他部分申请人也都未曾对其余的 3 个技术特征作详细说明，故该发明只能被视为一项未完成的发明，其主要缺陷是公开不充分。

3. 发明或者实用新型的有益效果

有益的效果是由构成发明或者实用新型的技术特征必然产生的，又是判断发明是否具有"突出的实质性特点和显著的进步"、实用新型是否具有"实质性特点和进步"的重要依据。申请人应充分重视对该部分内容的撰写。

有些技术效果是明显隐含在技术方案中的，即由技术特征必然产生的。例如前面所举的有关"脉冲液流"的例子，采用脉冲式液流，必然会产生对喷淋孔的脉动式冲击，而这种冲击将有利于孔眼的疏通，这对本领域普通技术人员来说是不言而喻的。有些情况则不然。例如，一件有关某产品制造方法的发明，采用了若干有别于现有技术的工艺参数。如果申请人不对所取得的技术效果进行阐明，则本技术领域的普通技术人员往往很难依据这些工艺参数将其效果直接推断出来，尤其是当该工艺参数取得了意想不到的技术效果时，更是如此。

有关"产品"的发明也一样。例如，对于采用多阶多列复式搭口的活塞环，从其结构形式上可以知晓其密封性能将优于斜接口的活塞环，但其密封效果究竟提高多少，还需通过其他一些数据，例如汽缸的节油率才能反映出来。如果申请人将有关的测试数据写明，则有利于社会公众或审查员对该发明的全面理解和评价。

不少申请人在原始申请文件中忽略了对其技术效果的描述，在实质审查过程中，直到审查员对其技术效果提出质疑时，才将有关数据提供出来，并希望对原说明书进行补充、修改。由于技术效果是发明的一个重要组成部分，对于那些不能通过技术方案直接推断出的效果，一般是不允许在申请日之后再补入说明书中的，而只能提供给审查员作为参考，其结果往往会导致申请人的损失。

有关案例请参看本书第二章第三部分"（二）发明目的的修改"之案例 2-4。

（五）有附图的应当有图面说明

凡是有附图的，在说明书中都应当对附图的名称、图示的内容作简要说明。附图不止一幅的，应当对所有附图作出图面说明。例如，一件发明名称为"纸浆过滤装置"的专利申请，其说明书包括四幅附图，其图面说明可以按照如下方式撰写：

图 1 是本发明纸浆过滤装置的主视图；

图 2 是图 1 所示的过滤装置的侧视图；

图 3 是图 2 中的 A 向视图；

图 4 是图 1 中 B－B 剖视图。

（图略）

为了便于对照和阅读，该部分还可以对附图中具体零部件标号与名称之间的对应关系加以说明。这样做也有利于克服说明书与附图标号不一一对应的缺陷。

根据《专利法实施细则》第二十条的规定，附图说明部分属于说明书一个独立的组成部分，应当自成一段。虽然有的申请人也在说明书中对各幅附图作了说明，但它们分散于说明书的不同部分，缺少集中说明。这种形式上的缺陷应予以避免。

（六）实现发明或者实用新型的具体实施方式

这部分内容是说明书的重要组成部分，简称"实施例"。它对说明书的"充分公开"以及对权利要求的"支持"和"解释"都具有重要作用。

说明书中"发明内容"部分是对权利要求内容的概括，而具体实施方式则应对权利要求书中所述的技术方案予以具体说明，以满足《专利法》第二十六条第三款、第四款的要求——对发明或者实用新型作出清楚、完整的说明，使本领域技术人员能够实现，同时为权利要求书的保护范围提供依据和作出解释。

当一个实施例足以支持权利要求所概括的技术方案时，该部分可只给出一个实施例；当权利要求覆盖的保护范围较宽，例如采用了"上位概念"或"功能性特征"对某技术内容进行概括时，则应当给出多个实施例，以支持要求保护的范围。

如果发明或实用新型的技术方案比较简单，在"技术方案"部分已经对该发明或实用新型作出了清楚、完整的说明，则该部分也可以省略。如果发明或实用新型涉及一种产品，则应当（结合附图）对该产品的构成以及各部分之间的配合关系作具体说明。如果发明涉及一种方法，则应写明其具体的步骤、参数等与实施该方法有关的内容。

对于现有技术中已知的，而且为本领域普通技术人员所公知的技术内容，可以不作详细的描述，但对于该发明或实用新型区别于现有技术的内容，则应当作详细的描述，以所属技术领域的普通技术人员能够实现该技术方案为准。

以上也是《专利审查指南 2023》对实施例部分撰写所提出的一些基本要求。在实际申请案中经常出现的形式错误有以下几个方面。

1. 对附图中标号所示明的零部件的描述不完全

根据《专利法实施细则》第二十一条第二款的规定，发明或者实用新型说明书文字部分中未提及的附图标记不得在附图中出现，附图中未出现的附图标记不得在说明书文字部分中提及。也就是说，说明书中与附图有关的文字部分应当与附图有一一对应的关系。在实际申请案中，经常出现二者不对应的情况。例如说明书中出现的标号在附图中找不到或者附图中存在的标号在说明书中未作说明，都会影响阅读者对其技术内容的理解。

根据笔者的审查经验，避免出现这种错误的一种最简单、有效的方法就是在完成说明书的撰写和附图的绘制之后，将说明书中写有附图标号的部分与附图对照一遍。例如，在阅读说明书时，文字部分每出现一个部件标号，便在附图中用笔将该标号圈起，最后，如果文字部分的所有标号都在附图中可以找到，同时附图中所有的标号都被用笔圈起，则说明二者一一对应。采用这种方式很容易发现问题之所在。

2. 说明书中出现的附图标记或符号加有括号

与权利要求书不同，说明书中的附图标记或符号不应加括号。

以上按照《专利法实施细则》第二十条所列的顺序，对说明书的五个组成部分应如何撰写，以及在撰写中经常出现的问题分别作了简要的说明。申请人如果对以上各点予以充分注意，就可以撰写出一份形式上基本合乎《专利法》及《专利法实施细则》有关要求的发明或者实用新型的专利说明书。

当然，撰写出一份基本上符合要求的专利说明书是一回事，而撰写出一份高质量的专利说明书又是另一回事。要想写出一份高质量的专利说明书，撰写人员不仅需要了解《专利法》《专利法实施细则》的有关规定，而且需要对发明的技术内容有透彻的理解，并在理解的基础上，启发、引导申请人对发明内容作进一步扩展，以扩大专利的保护范围或为防备他人的侵权设置一些障碍。

撰写人员最好对申请人提供的实施例具有适度扩展的能力。这样才可能在发明人所提供的技术方案基础上进一步丰富发明创造的内容，为申请人争取更大、更合理的保护范围。

（七）说明书附图

对于发明专利申请，视具体的技术内容，申请人可以提交附图，也可以不提交附图。但对于实用新型专利申请，依照《专利法实施细则》第四十四条以及《专利审查指南2023》第五部分第三章第2.1节有关"受理条件"的规定，申请人在递交专利申请文件时，必须提交附图。

《专利法实施细则》第二十一条对所提交的发明或实用新型的附图作了一些具体规定，其中包括：应当按照"图1、图2……"顺序编号排列等。此外，还应注意附图标记与说明书文字部分的对应关系以及附图中除必需的词语外，不应当含有其他注释等具体事项。

附图作为一种工程技术语言，对于机械领域的专利申请尤为重要。但专利申请文件中的说明书附图又不同于常规的机械制图，是一种示意图，可以是结构图或流程图或逻辑框图等。附图的作用在于配合说明书的文字部分，更清楚地展示产品或设备的构成及其相互之间的配合关系。所谓的示意图并不意味着它可以是一种草图。该附图必须用制图工具和黑色墨水按制图规范绘制，周围不得使用框线，图形线条和引出线应均匀清晰，不得使用铅笔、圆珠笔、色笔绘制，图上不得着色，而且结构框图、逻辑框图、工艺流程图应当在其框内给出必要的文字和符号，框内的文字必须打字或用仿宋体、楷体书写工整、清晰。（详见《专利审查指南2023》第一部分第二章第7.3节。）

在申请人所递交的说明书附图中，经常出现下列问题：

（1）在同一个附图序号下绘有两幅或两幅以上的附图，例如将一个产品的三向视图或两个独立部件的示意图编排在同一附图序号下；

（2）在不同的附图中，同一标号代表不同的部件，或者同一部件用不同的标号表示；

（3）与说明书文字部分所述的附图标记缺少一一对应关系；

（4）附图中存在不必要的文字说明。

在结束说明书的撰写要求之前，再对说明书摘要的撰写作简要说明。

在申请发明或实用新型专利时应当提交的四份专利申请文件中，说明书摘要属于一种情报性的文件，对于专利保护的内容不构成影响。说明书摘要记载的内容不属于该申请原始公开的内容，即日后不能以说明书摘要作为权利要求书或说明书修改的依据。根据《专利法》第三十三条的规定，只有原始说明书和权利要求书才可以作为修改的依据，其中并不包括说明书摘要。但是，说明书摘要对于技术文献的收藏、交流以及公众的阅读和查找有着十分重要的作用。国家知识产权局定期向许多国家或组织提供的有关中国专利申请的英文信息，仅限于对说明书摘要的译文。从这个意义上讲，撰写好说明书摘要又是一件十分重要的事情。

《专利法实施细则》第二十六条规定："说明书摘要应当写明发明或者实用

新型专利申请所公开内容的概要，即写明发明或者实用新型的名称和所属技术领域，并清楚地反映所要解决的技术问题、解决该问题的技术方案的要点以及主要用途。……有附图的专利申请，还应当在请求书中指定一幅最能说明该发明或者实用新型技术特征的说明书附图作为摘要附图。摘要中不得使用商业性宣传用语。"在我国的专利申请案中，为数不少的专利申请对说明书摘要的撰写不符合《专利法实施细则》的上述规定，有的文字部分超长，有的缺少必要的组成部分。要想充分发挥摘要的信息作用，提高我国专利文献在国际上的地位，应当重视对说明书摘要的撰写。

二、权利要求书的撰写

在《专利法》中，与权利要求书有关的条款主要是第二十六条第四款和第六十四条第一款。前者旨在说明权利要求书的作用及功能，即"权利要求书应当以说明书为依据，限定要求专利保护的范围"；而后者则阐明了发明或者实用新型的保护范围与权利要求书、说明书及附图之间的关系，即"发明或者实用新型专利权的保护范围以其权利要求的内容为准，说明书及附图可以用于解释权利要求的内容"。

权利要求书是专利申请文件中一份最重要的文件，界定了专利权人的专利保护范围。为了使该文件的撰写格式趋于规范和统一，在《专利法实施细则》中对权利要求书的撰写作出了若干具体规定。其中，最为相关的是《专利法实施细则》第二十二条至第二十五条。根据《专利法实施细则》的这四条规定，发明或者实用新型的权利要求书应当以技术特征的形式，清楚并简要地表述请求保护的范围。

一般情况下，独立权利要求应当划分为前序部分和特征部分。独立权利要求应当记载为实现发明或者实用新型目的的全部必要技术特征。而从属权利要求则包括引用部分和限定部分，借助于限定部分对所引用的独立权利要求作进一步限定。

值得说明的是，对于《专利法实施细则》第二十二条至第二十五条的其他规定，虽然其中有些内容属于对权利要求撰写形式方面提出的要求，但根据《专利法》及《专利法实施细则》的其他规定，如果实用新型专利申请文件的撰写不符合，则该申请文件在初步审查过程中将被驳回。对于发明专利申请来说，如果其权利要求书撰写得不清楚或独立权利要求中缺少必要技术特征，则在实质审查过程中也将被驳回。而且根据《专利法实施细则》第六十九条的规定，如果独立权利要求"缺少解决技术问题的必要技术特征"，即使已经被授予了专利权，在无效宣告请求程序中也可以被宣告无效。所以，无论是发明专利申请还是实用新型专利申请，确保权利要求书的撰写符合《专利法实施细则》第二十二条至第二十五条的有关规定就显得尤为重要，申请人和专利代理师[1]对此应予以充分重视。

以下将结合《专利法》及《专利法实施细则》的有关规定，以及《专利审查指南2023》所作的解释，对撰写权利要求书时应注意的问题以及实际申请案中经常出现的问题作具体说明。

（一）撰写权利要求书应注意的几个问题

1. 正确理解权利要求书与说明书之间的关系

权利要求书与说明书分属于两份独立的申请文件，二者间的关系既是彼此独立的，又是相互联系的。就申请文件的撰写而言，说明书旨在对发明或者实用新型的技术方案作充分公开，为权利要求书的撰写提供一个基础；而权利要求书则是以说明书为依据，以技术特征的形式简明地描述出要求专利保护的范围。

在处理专利侵权纠纷的案件时，发明或者实用新型专利权的保护范围以其权利要求的内容为准，说明书及附图只可以用来解释权利要求。对于申请人和专利代理师来说，正确理解说明书与权利要求书二者之间这种相辅相成的关系十分重要。

2. 权利要求书应当以说明书为依据

由于权利要求是以技术特征的形式来对要求保护的技术方案进行限定的，为了使其保护范围不超出说明书所公开的范围，即以说明书为依据，或者说得到说明书的支持，至少应当满足以下两个方面的要求：

一是确保在权利要求中出现的所有技术特征，均在说明书中予以明确记载，或者本领域普通技术人员能从说明书中直接导出，否则将视为权利要求书未以说明书为依据。

二是确保权利要求中所记载的每一个技术特征概括的范围与说明书公开的程度相一致。

为了使权利要求书更为简明，其中所记载的技术特征有时会采用一种上位化的概念。例如，在权利要求中可以用"定位连接"这一技术特征对说明书实

---

[1] 根据2018年修订的《专利代理条例》，自2019年3月起"专利代理人"更名为"专利代理师"，相应地，"全国专利代理人考试"更名为"专利代理师资格考试"。故本书对特指往年情况，使用"专利代理人""全国专利代理人考试"，其余均使用新名称，特此说明。——编辑注

施例中所公开的螺接、焊接、铆接等连接方式进行概括。但这种上位化的概括应当适度。概括的范围太小固然会导致其保护范围的缩小，但如果概括的范围过大，例如说明书中仅公开了"螺接"这一种连接方式，而在权利要求书中却将该技术特征上位化，写作"定位连接"（既包括活动连接，又包括固定连接），或者用一种功能性的语言替代说明书中所公开的仅一种具体配合关系，有可能都将导致说明书"不支持"权利要求书的后果。

值得注意的是，对于权利要求书应当以说明书为依据，《专利审查指南2023》第二部分第二章第3.2.1节中还作了如下规定：

"但是权利要求的技术方案在说明书中存在一致性的表述，并不意味着权利要求必然得到说明书的支持。只有当所属技术领域的技术人员能够从说明书充分公开的内容中得到或概括得出该项权利要求所要求保护的技术方案时，记载该技术方案的权利要求才被认为得到了说明书的支持。"

这就要求权利要求中所述的技术方案必须在说明书中充分公开，否则也视为权利要求得不到说明书的支持，不符合《专利法》第二十六条第四款的规定。

3. 正确处理独立权利要求与从属权利要求间的关系

如前面所述，在撰写专利申请文件时，如果未经过系统、全面检索，申请人对现有技术的认识往往带有很强的主观性，则以这种认识为基础来确定权利要求的保护范围，难免将保护范围书写得过宽或者过窄。

对于实用新型专利来说，在国家知识产权局专利局授权之前的初步审查过程中，并不进行现有技术的检索及实质性审查。如果申请人在权利要求书中将保护范围划定不当，即使专利申请被授予了专利权，在后续的无效程序以及侵权纠纷中，都可能给权利人带来麻烦。对于发明专利来说，虽然在授权前的实质审查过程中，审查员对现有技术的状态进行了全面检索，但无论就其深度还是广度而言，检索结果一般也具有一定的局限性。所以，即使对于经过实质审查而授予专利权的发明专利，在日后仍将面临社会公众的进一步审查。

根据《专利法实施细则》第五十七条的规定，在发明专利申请进入实质审查程序之后，申请人对权利要求书的主动修改是有时间和次数限制的。在收到审查员的"第一次审查意见通知书"而得知审查员的检索结果时，申请人已经失去了对其权利要求书进行主动修改的机会。这就意味着对于原先保护范围过小的权利要求，申请人也不能作扩大性修改了。

为了使撰写出的权利要求书既具有最大的保护范围，同时又在该最大保护范围遭到威胁或破坏时有退守的余地，在充分了解现有技术的基础上，首先在独立权利要求中划定一个最大的保护范围，然后用从属权利要求作进一步限定，由此形成一种保护范围上宽下窄"倒置宝塔"式的权利要求书。

独立权利要求应当**在能实现其发明目的以及与现有技术相比具有实质性区别（创造性）的前提下**包含有尽可能少的技术特征，以便获得最大的保护范围；而从属权利要求则应当通过添加附加技术特征或者对所引用权利要求的某些技术特征作进一步限定的方式，加大其限定的技术方案与现有技术之间的区别，在面临无效宣告的挑战时，可起到多道防线的作用。

不少申请人未能正确发挥独立权利要求与从属权利要求的作用。如果在独立权利要求中写入了与实现发明目的不相关的技术特征，则必然导致其保护范围的缩小，也未能发挥其从属权利要求的作用；如果独立权利要求包含的技术特征太少，虽然其保护范围变宽了，但有可能使该技术方案不能实现其发明目的，或者失去新颖性或创造性。

比较好的撰写方式是在独立权利要求中仅写入那些与实现其发明目的有关的必要技术特征，而在其从属权利要求中再作进一步限定。为了便于在无效宣告程序中对权利要求书进行修改，建议将说明书所公开的技术方案中有价值的技术特征尽可能依次写入从属权利要求中，从而使一个从属权利要求能够包含其最佳实施例的全部主要技术特征。

在此，笔者还想结合《专利审查指南2023》的有关规定对从属权利要求书的重要性作些说明。

虽然《专利法实施细则》第七十三条明确规定，在无效宣告程序中专利权人可以修改其权利要求书，其原则是不得扩大原专利的保护范围。但在国家知识产权局制定的《专利审查指南2023》中，又对权利人的修改权限作了进一步限定，凡是未记载在原权利要求书中的内容，即使在原始说明书中有所记载，也不能作为权利要求修改的依据。（参见《专利审查指南2023》第四部分第三章第4.6.1节。）这就使专利权人在无效宣告程序中对权利要求书的修改大受限制。

在当初撰写权利要求书时，如果申请人未将一些在说明书中所记载有价值的技术特征写入权利要求书内，按照《专利审查指南2023》的上述规定，在无效宣告程序中，一旦原独立权利要求面临被宣告无效的危险，专利权人则只能在原权利要求书所包含的内容范围内以删除或合并的方式进行修改，而无法将说明书记载的技术内容补入权利要求书中，这对专利权人来说是极为不利的。就此而言，申请人应当倍加重视从属权利要求的撰写。

基于以上的分析可以看出，对于一份质量较高的权利要求书，其独立权利要求应当在确保该技术方案具有专利性的基础上，写入尽可能少的技术特征，在能得到说明书支持的情况下，可以采用上位概念对具体的技术特征进行概括，以便获得最大的保护范围；而其从属权利要求则应采用增加技术特征或对某些技术特征进一步限定的方式，将说明书中所记载的有价值的技术方案（技术特征）均写入内。这样既可为权利要求提供一个最大的保护范围，又可为之提供一个足够的退守余地，这在日后的无效宣告程序中是十分有益的。

关于权利要求书的撰写要点，概括起来就是要抓好权利要求书的"两头"：

一头是独立权利要求，要确保保护范围尽可能大。具体说就是在确保实现发明目的、与现有技术相比具有创造性的前提下，独立权利要求中所记载的技术特征应当尽可能少。

另一头是确保其某一项从属权利要求中，将说明书中所记载的优选实施例或最佳实施例包含在内。可以不将此实施例作为一个完整的技术方案完整地记载在一项从属权利要求当中，但至少也应当将其相关的技术特征分别记载在权利要求书中，确保该技术方案能够通过技术特征合并的方式从诸多从属权利要求中得出。举例来说，如果说明书中的实施例包含 A、B、C、D 四个技术特征，除了将该四个技术特征写入一项权利要求中，还可以将它们分别写入不同从属权利要求中，为日后权利要求的合并打下基础。

在无效宣告程序中，专利权人可以将两项或者两项以上相互无从属关系，但从属于同一独立权利要求的权利要求进行合并。在此情况下，所合并的从属权利要求的技术特征组合在一起形成新的权利要求。

4. 正确划分独立权利要求的前序部分和特征部分

根据《专利法实施细则》第二十四条的规定，发明或者实用新型的独立权利要求应当包括前序部分和特征部分。其前序部分应写入该发明或者实用新型与最接近现有技术共有的必要技术特征；特征部分则应写入发明或者实用新型区别于最接近现有技术的技术特征。这也就是所谓的"以一篇对比文件为依据对独立权利要求进行划界"。

"划界"所依据的对比文件应当是一篇，而且是一篇与该发明或者实用新型在技术上最接近的对比文件。所谓"最接近"是指二者应属于相同的技术领域，而且具有最多的共同技术特征。值得注意的是，有的对比文件虽然包含很多与该发明或者实用新型相同的技术特征，但二者之间不属于同一个技术领域，这种对比文件不能作为"划界"的依据。

在"划界"之前，通常首先要将实现该发明或者实用新型目的的全部必要技术特征写入独立权利要求中，然后将它们与一篇最接近的对比文件进行对比，看哪些技术特征已被包含在该对比文件之中，将被包含在该对比文件中的技术特征写入前序部分，其余特征写入特征部分（即"其特征在于"之后）。一般情况下，这种划分是比较容易完成的，因为对于绝大多数的技术特征来说，一部分属于被该对比文件覆盖的，另一部分属于未被该对比文件覆盖的，比较容易区分。但如果少数技术特征涉及一个范围，而这个范围仅有一部分被该对比文件覆盖时，如何正确地划分前序部分和特征部分就显得有些困难。我们不妨以1996年全国专利代理人资格考试中机械专业试题为例（可参阅本书第三章第三部分），加以具体分析，并谈谈笔者的具体建议。

该试题的案例涉及一种磁化防垢除污器，用于对管道中的水进行磁化处理。该磁化防垢除污器的技术特征之一是"在管道周围放置至少两对永磁磁块"。所谓"至少两对"就意味着包括两对或两对以上这两种情况。而在一篇最接近的对比文件中，同样也采用了永磁磁块，但其数量仅为两对。这时，就出现了磁块数量这个技术特征局部被现有技术覆盖的问题，应如何对永磁磁块的数量这一技术特征进行划界呢？

第一种做法是将"至少两对永磁磁块"这一技术特征完整地写入权利要求1的前序部分，理由是"两对永磁磁块"这一特征已被对比文件公开。

第二种做法是将"至少两对永磁磁块"这一技术特征完整地写入权利要求1的特征部分，理由是"至少两对永磁磁块"与"两对永磁磁块"的范围不同，应属于不同的技术特征。

第三种做法是在权利要求1中不写入该技术特征，将其写入在后的从属权利要求中，因为不论将其写入前序部分还是写入特征部分都不是很妥当。

"划界"的目的在于区分与现有技术相同和不相同的技术特征，既然"至少两对永磁磁块"中既含有与现有技术相同的部分，又含有与现有技术不相同的部分，所以无论将该技术特征完整地放置在前序部分还是特征部分都不合适，第一、第二种做法都欠妥。至于第三种做法，实际上是回避了上述矛盾的存在。由于"至少两对永磁磁块"是该发明的一个必要技术特征，不写入独立权利要求显然不符合《专利法实施细则》第二十三条的有关规定。

由于"至少两对"包含着"两对"和"两对以上"这两部分内容，我们不妨将"至少两对永磁磁块"拆作两部分，一部分是被对此文件所公开的"两对永磁磁块"，另一部分是在两对永磁磁块之外再附加的永磁磁块。这样，权利要求书就可以采用如下三种方式来描述该技术特征。

方式1：

将被对比文件覆盖的"两对永磁磁块"写入权利要求1的前序部分，而将

"两对以上的永磁磁块"写入从属权利要求中,即:

1. 一种磁化防垢除污器,它包括一根管道和设置在管道外表面相对两侧的两对永磁磁块……,其特征在于:还包括……

2. 如权利要求1所述的磁化防垢除污器,其特征在于:所述的永磁磁块的数量为两对以上……

这样,权利要求1包含了"两对永磁磁块"的技术方案,而权利要求2包含了"两对以上的永磁磁块"的技术方案。

方式2:

将独立权利要求1写作:

1. 一种磁化防垢除污器,它包括一根管道和设置在管道外表面相对两侧的两对永磁磁块……,其特征在于:除所述的两对永磁磁块之外,还可以设置一对或多对永磁磁块……

由于"还可以"是一种供选择的方式,所以这种描述方式既包含了两对永磁磁块的情形,又包含了两对以上永磁磁块的情形,与"至少两对永磁磁块"是等范围的,同时又体现了与现有技术之间的区别,正确地实现了"划界"。

如果永磁磁块的数量并非该磁化防垢除污器的一个必要技术特征,也可以在独立权利要求1中仅写入"永磁磁块",而不对其数量进行限定。

方式3:

1. 一种磁化防垢除污器,它包括一根管道和设置在管道外表面相对两侧的永磁磁块……,其特征在于:还包括……

2. 如权利要求1所述的磁化防垢除污器,其特征在于:所述的永磁磁块的数量为两对或两对以上……

当然,一项独立权利要求的保护范围是由其全部技术特征进行限定的,某一技术特征出现在前序部分还是特征部分并不会给保护范围造成影响。正确地"划界"只不过是便于区分该发明或实用新型对现有技术所作的贡献。

5. 正确运用功能性限定 [可参照本书第四章第三部分中"(十九)'功能性限定'之我见"的讨论]

一项"产品发明"的权利要求中一般应当采用该产品的结构特征进行限定,但是也不排除采用结构特征以外的方式对该产品进行限定。对于一个机械装置来说,其中某一部件的一种运动方式往往可以借助于多种技术手段来实现。在有些情况下,用功能性限定可能比采用结构限定的方式更为简明、清楚,这时功能性限定不仅是允许的,而且是十分必要的。

例如,要想让一个部件A在水平面内作往复运动,至少可以采用如下三种方式来实现。

（1）将部件 A 放置在一个支架上，再将该支架放置在一个水平设置的齿条上，借助于支架下方的齿轮使其在齿条上运动，从而实现部件 A 的水平运动。

（2）将部件 A 放置在一个支架上，再将该支架放置在一水平设置的燕尾槽上，借助于支架下方的燕尾块使其在燕尾槽内运动，从而实现部件 A 的水平运动。

（3）将部件 A 与一个活塞杆相连接，通过活塞杆的往复运动直接带动部件 A 的运动。

如果上述三种运动方式是一件专利申请中的三个实施例，要想对这三种技术方案均予以保护，在撰写权利要求书时可以采用如下的撰写方式。

（1）将上述三个实施例的具体结构分别写入权利要求书中。采用这种撰写方式可能要写出三个不同的独立权利要求，此时所面临的问题是：①三项独立权利要求之间由于缺少"相同或者相应的特定技术特征"而不具备"单一性"。②保护范围受到限制——仅限于这三种具体技术方案。

（2）采用功能性限定的方式撰写，在权利要求中用"使部件 A 在水平面内作往复运动"这种功能性语言对上述三个实施例进行概括。由于这种概括是以说明书中的三个实施例为基础的，所以能够得到说明书的支持。此外，在现有技术中除了上述三种实施方式可能还存在其他公知的实施方式，采用这种撰写方式的保护范围显然要大于第一种撰写方式。

在 2004 年全国专利代理人资格考试中，有一道关于权利要求书撰写的考题，涉及一种防止幼童使用的打火机。该发明提供了两个打火机的实施例。面对这两个实施例，如何撰写出一份合乎要求的权利要求书，既能够将全部发明内容包含在内，又不违反"单一性"的规定，具体说就是应该如何撰写独立权利要求，不少考生感到束手无策。

实际上考生只要掌握以下三点，就很容易完成其独立权利要求的撰写。①正确理解发明所涉及的两种打火机及对比文件中打火机的结构及原理。②找出发明中的两种打火机之间的共同点及其与对比文件中打火机的区别点。③懂得产品的权利要求除了可以用结构特征进行限定，还可以采用其他方式进行限定，例如功能性限定或方法限定。

下面首先对该发明的两个实施例及对比文件中的打火机作简单介绍。对比文件中的打火机（如图 1-1 所示），在操作时需要向外侧轮（20）施加一个斜向的外力（F1）［与水平转轴（33）成斜角］。在该斜向力的作用下，外侧轮在作旋转运动的同时还沿着水平转轴向内作水平滑动，以便使外侧轮的内侧面与内侧轮（30）的外侧面相接触，当作用力（F1）足够大时，便可使摩擦轮（10）随外侧轮（20）一起旋转而产生打火。

  该发明的第一个实施例（如图1-2和图1-3所示），在操作时向按压轮（10）施加的是一垂直径向力（与转轴垂直），受该力的作用，按压轮（10）在旋转的同时还沿着按压轮的径向朝火花轮（7）移动，当按压作用力足够大时，按压轮的内侧面便可与火花轮的圆周表面N贴紧，借助于两者之间的摩擦力使火花轮随按压轮一起旋转，从而产生打火。

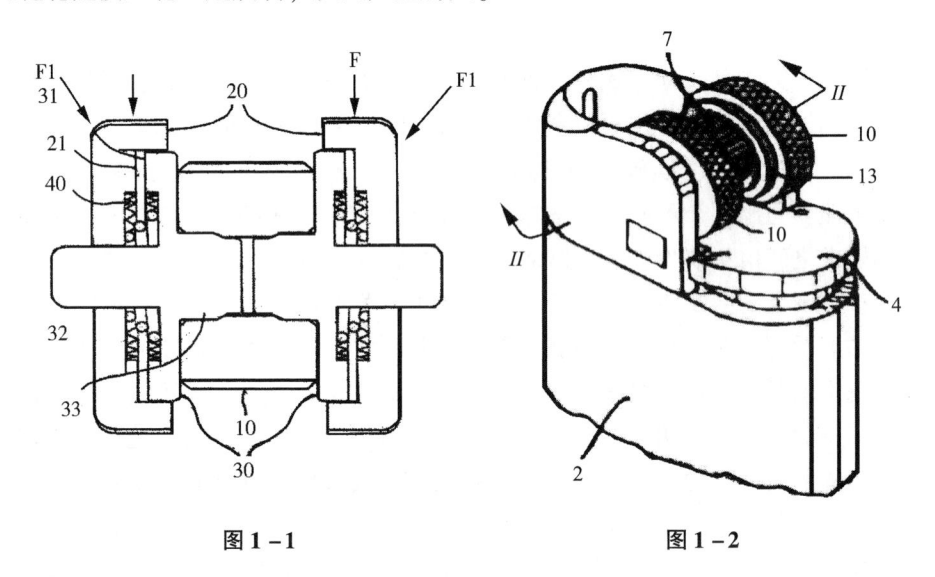

图1-1   图1-2

  该发明的第二个实施例（如图1-4所示），在操作时向按压轮（10）施加的也是一垂直径向力，但由于斜面（10e）的存在，按压轮（10）在径向力的作用下，除了作旋转运动还将沿着斜面（10e）作轴向移动，即按压轮（10）在旋转的同时还可以逐渐将火花轮的两个纵向侧面（7a）夹紧，当对按压轮施加的径向作用力足够大时，便可以使火花轮随按压轮一起旋转，从而产生打火。

  上述三种打火机都属于防止儿童使用的安全性打火机。这三种打火机实现安全性的原理是相同的：打火机的按压轮与火花轮平时是相互分离的，按压轮可以自由转动。转动按压轮时，如果作用力不够大，即使拨动了按压轮，也无法带动火花轮旋转而产生火花，从而避免产生火花；只有当作用在按压轮上的力足够大时，才能借助于摩擦力将按压轮的转动传递给火花轮，实现打火。

图 1-3　　　　　　　　　图 1-4

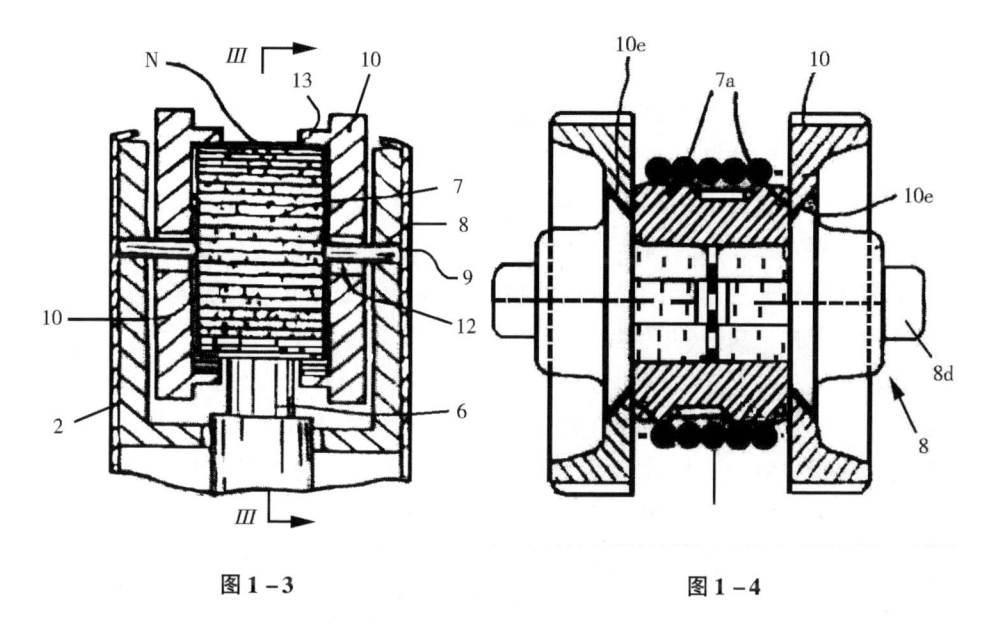

上述三种打火机的具体结构及作用方式却存在如下差别。

(1) 对比文件中的打火机，为了使外侧轮与内侧轮贴紧，必须对外侧轮 (20) 施加一个斜向力 (F1)；借助于弹簧的作用，外侧轮 (20) 与内侧轮 (30) 平时保持分离状态，当斜向力 (F1) 足够大时，可以将外侧轮的转动传递给内侧轮 (30)，进而带动摩擦轮 (10) 转动；其摩擦面是内侧轮 (30) 的外侧面 (31) 与外侧轮 (20) 的内侧面 (21)。

(2) 第一个实施例中的打火机，其施力方向是径向的；摩擦面是火花轮 (7) 的圆周表面，施力时按压轮 (10) 的内侧面与火花轮 (7) 的外侧面相接触。

(3) 第二个实施例中的打火机，其施力方向也是径向的；虽然其摩擦面是火花轮 (7) 的两个纵向侧面 (7a)，但促使按压轮作水平移动的方式却不同于对比文件，它借助于斜面 (10e) 使按压轮 (10) 作轴向移动，从而使按压轮 (10) 的内侧面与火花轮 (7) 的外侧面相接触。

在撰写权利要求时，要想把该发明所公开的两个实施例的技术方案均写入权利要求书中予以保护，存在两种可供选择的方式。

(1) 以打火机的结构特征为基础撰写两项独立权利要求，即将两个实施例的具体结构分别写入各自的独立权利要求中。由于两个实施例的具体结构不同，故采用这种方式很难找出两者之间"相同或者相应的特定技术特征"，使两项独立权利要求之间满足"单一性"的要求。

（2）将两个实施例写入同一项权利要求中，这时就需要满足以下两个条件：①两个实施例之间存在的共同技术特征；②与对比文件相比，该共同技术特征的存在可以为该技术方案带来创造性。

通过以上的比较可以看出，要想从结构特征入手找出一个或一些区别技术特征，使之同时满足上述两个条件是比较困难的，这时就应当考虑是否还可以通过其他撰写方式来同时满足上述两个条件。因为我们知道，在撰写"产品发明"的权利要求时，除了可以采用结构特征直接限定的方式，还可以选择上位概念概括的方式、功能性限定的方式以及方法限定的方式。

通过以上对两个实施例的分析不难看出，相对于对比文件而言，两个实施例之间存在一个很重要的共同之处：在对打火机进行操作时，对按压轮所施加的都是一个径向力。这与对比文件中的斜向力相比，不仅可以构成明显的区别，而且可以带来新的技术效果（例如操作方便、结构简单等）。分析到此，应当说上面所列出的撰写独立权利要求应当具备的三个条件基本上都能够满足了，其独立权利要求的撰写水到渠成——只要将"当对按压轮施加一个径向力时，便可带动火花轮转动"作为区别技术特征写入权利要求1中，即可满足该试题的基本要求。

（二）实际申请案中经常出现的问题

1. 独立权利要求中缺少必要的技术特征

《专利法实施细则》第二十三条第二款规定："独立权利要求应当从整体上反映发明或者实用新型的技术方案，记载解决技术问题的必要技术特征。"根据该规定，独立权利要求应当涉及一项完整的技术方案，即应当包含实现该技术方案的全部必要技术特征。由于一项发明创造往往包含若干与现有技术相同的技术特征，所以在撰写独立权利要求时，在独立权利要求的前序部分仅需要写明那些与所解决的技术问题密切相关的已知技术特征。例如，一项涉及照相机的发明，其改进仅在于照相机的布帘式快门，其权利要求的前序部分只要写出"一种照相机，包括布帘式快门……"就可以了，而其他已知特征，如镜头、取景窗等可以不写入前序部分。但是，这种省略并不意味着这些技术特征在独立权利要求所涉及的技术方案中不存在。应当注意，如果申请人将这些省略的技术特征写入该独立权利要求的从属权利要求中，则是不允许的。

例如，将上述照相机的从属权利要求写作："2. 如权利要求1所述的照相机，其特征在于它还包括一个镜头。"如果所述的镜头就是现有技术中的普通镜头，而且该镜头是组成一架照相机的必要部件，则将镜头写入从属权利要求中就意味着其独立权利要求中的照相机可以不包括镜头,这种不包括镜头的照相机显然是无法操作的,不能构成一个完整的技术方案。这时,申请人应当将"镜头"写入独立权利要求中去,或者将该从属权利要求删除。

在一般情况下,"缺少必要的技术特征"主要是针对发明目的而言的。虽然有时独立权利要求中所记载的技术特征能构成一个完整的技术方案,但该技术方案却不能实现或完全实现申请人在说明书中所提出的发明目的。

例如,有一件关于造纸机用刮刀的发明专利申请,在说明书的发明目的部分,申请人写道:"本发明的目的是提出一种关于刮刀基本结构的新设计,解决现有技术中存在的问题,做到既可提高辊面刮净率,又能保护辊面;刮刀片线压力可调并能稳定保持,一套刮刀机构能适应各种材质刀片和辊面的要求;在刮刀运行工作时,既有刮净作用,又有预防被刮物附着辊面的作用,提高刮净率。"在随后的发明技术方案部分又明确提出,"本发明是通过三部分技术措施实现的,即装配多个刮刀片、采用液体浸润辊面以及附加加压抬刀装置"。

而在权利要求 1 中,申请人仅写入了"多个刮刀片"这一技术特征,其余两个技术特征分别写入两个从属权利要求 2 和 3 中。此时,虽然权利要求 1 也能构成一个完整的技术方案,但由于不能全部实现所述的发明目的,仍被视为缺少必要的技术特征,申请人只有将权利要求 2 和 3 的有关技术特征并入权利要求 1 中,才能使之与其主观确立的发明目的相适应。也许有人会说,申请人可以重新修改其发明目的及说明书的相应部分,使之与权利要求 1 相适应。这种做法固然是可行的,但基于专利审查中的"请求原则",审查员一般不会主动作此建议。

2. 写入了与发明目的无关的技术特征

与上述情况相反,有的申请人在其独立权利要求中写入了若干与其发明目的无关的技术特征,形成了所谓的"多余限定"或"多余指定",从而导致保护范围的缩小。

例如,一件发明专利申请涉及一种保温砖,其砖体由发泡材料构成。该发明的目的在于提高保温砖的保温性能,所采用的技术方案是沿砖体的一个方向开设若干按一定形式排列的孔眼。在说明书中,申请人还同时指明,为了防止保温砖擦伤手以及加大砖缝的结合力,应将该保温砖的边缘制成圆弧形。在撰写权利要求书时,申请人将"圆弧形边缘"这一技术特征也写入了独立权利要求中。这种独立权利要求实际上意味着,申请人要求保护的保温砖除了具有特殊排列的孔眼,还必须具有圆弧形的边缘。而该发明的主要发明点在于通过采用特殊排列方式的孔眼提高保温砖的保温性能,实际上只要采用了这种特殊的排列方式,不管砖体边缘的形状如何,都可实现其发明目的。将"圆弧形边缘"写入独立权利要求中,便为他人无偿使用申请人的技术成果提供了机会,因为根据侵权判定中的"全面覆盖"原则,他人只要不将砖体的边缘制成圆弧形,就可避免侵权。这对申请人来说显然是一种损失。

如果申请人将"圆弧形边缘"这一技术特征不写入独立权利要求中,而将其放在该独立权利要求下的一项从属权利要求中,便可避免上述缺陷,既可使独立权利要求有最大的保护范围,又可通过从属权利要求对带圆弧形边缘的保温砖进行保护。

3. 要求保护的技术主题选择不当

对于一件发明专利申请,在说明书中申请人公开了一种具有特殊过渡曲线的阶梯轴。在现有技术中用于大型旋转系统的阶梯轴,其过渡曲线多为圆弧线或双曲率圆弧线,具有这种过渡曲线的阶梯轴运行时容易产生应力集中而导致轴的破坏的问题。

申请人为了解决应力集中问题,设计出了一种具有新型过渡曲线的阶梯轴。该曲线为流线形,可以用一组数学式予以表达。这本是一项很好的发明,但申请人却将发明的技术主题定为"阶梯轴过渡曲线的设计方法",并将权利要求写作:

阶梯轴过渡曲线的设计方法,其特征是过渡曲线采用流线形,其方程为:

$$\begin{cases} x = 2a\pi + a\ (V - \tanh V) \\ r = \sqrt[a]{\dfrac{2}{\pi+2}} \left(\operatorname{sech} V + \dfrac{\pi}{2} \right)^{\frac{1}{2}} \end{cases}, 0 \leq V < \infty$$

其中:a——切点坐标;

V——计算参数(流速);

x、r——轴的轴向、径向坐标。

如此撰写的权利要求,保护的是一种设计方法。而设计方法不同于加工方法或操作方法,它本身属于一种智力活动的过程。将该发明的技术主题定为"设计方法",一是有可能因涉及"智力活动的规则和方法"而被排除在专利保护范围之外;二是即使不将其视为智力活动的方法,对这种"设计方法"的保护也是很困难的。试想,如果他人模拟申请人的产品生产出一种相同的阶梯轴,究竟算侵权还是不算侵权?所以,这种权利要求即使被授权,在日后只能带来一系列争议和麻烦,给申请人带来不必要的损失。

其实,只要将该发明的技术主题定为"一种阶梯轴"或"一种阶梯轴的制造方法",上述问题就都不复存在了。由于该案说明书中已对这种阶梯轴的基本结构予以公开，申请人完全可以将权利要求 1 改写为：

一种具有过渡曲线的阶梯轴，其特征在于该过渡曲线为流线形，该曲线的数学方程式为：

$$\begin{cases} x = \dfrac{2a}{\pi + a}(V - \tanh V) \\ r = \sqrt[a]{\dfrac{2}{\pi + 2}}\left(\operatorname{sech} V + \dfrac{\pi}{2}\right), \ 0 < V < \infty \end{cases}。$$

之所以会出现上述问题，究其原因，恐怕主要与发明人所从事的职业有关。一名机械设计人员，往往将其成果视为一种新的设计方法；而一名机械加工人员，又往往容易将之视为一种新的加工方法，这些观念与专利保护的概念是格格不入的。正是出于这个原因，才需要专利代理师在发明人与专利审查员之间架起一座桥梁。专利代理师，一方面应尽可能全面、清楚地理解发明人的发明内容；另一方面应根据《专利法》的规定为申请人选择一种最恰当的保护方案，最大限度地保护发明人的利益。

受职业或工作性质的影响，发明人一旦完成了一项发明，在申请专利时很容易将要求保护的对象仅局限于其最终产品上，而忽视了对整个发明构思的保护。举例来说，某发明人针对现有技术中某些水泵壳体组装困难的问题设计出了一种整体式泵壳。由于该厂的最终产品是水泵而不是泵壳，在申请专利时，申请人便将保护的技术主题确定为"一种具有整体式泵壳的水泵"。在其独立权利要求中，除写入了该整体式泵壳的结构特征之外，还记载了泵轴、叶轮、端面密封件等必要的技术特征，而且这些技术特征都仅仅局限于某种特殊水泵的具体结构形式。这样，申请人受到保护的将仅仅是这种特定的水泵。

实际上，发明人对现有技术所作的贡献应当是整体式泵壳，该特定的水泵只不过是其应用之一。除此之外，这种整体式泵壳显然还适用于其他种类的流体泵，例如泥浆泵。由于申请人未对该泵壳本身进行保护，故如果有人将这种整体式泵壳用于其他泵，将不会构成专利侵权。这便为他人无偿使用发明人的智力成果提供了方便，对发明人来说也是一种损失。如果申请人将保护的主题选定为"整体式泵壳"，即将第一项独立权利要求写成"一种整体式泵壳"，再用另一项独立权利要求对采用这种整体式泵壳的水泵进行保护，便可以全面有效地对其发明构思实现保护。

虽说"发明创造"与"专利"二者之间有着密不可分的联系，但二者之间又存在着重大的区别，后者除了包含前者的技术内容，还具有法律方面的特点。对此发明人应务必有一个清楚的认识。国外一些大公司在申请专利时，对要求保护的技术主题往往考虑得很周全。例如美国一家大的造纸机械公司发明了一种新式的造纸机用的纸浆筛，该纸浆筛由若干可更换的筛选单元组成，而每个筛选单元又包括一种新式筛板，发明人所作的主要贡献在于改进了筛板的结构。在撰写权利要求书时，申请人将筛板、筛选单元和纸浆筛分别写为三项不同的独立权利要求，从而在一件专利申请中同时保护了三项具有相同发明构思的发明，使其发明构思受到最大范围的保护。

当然，这种扩展也不是无限的，具有相同发明构思的一组发明可以作为一件专利申请提出，但这一组发明是否都具有专利性还有待于审查员的判断，有关内容可参照第三章的有关论述。重要的问题在于，申请人首先应当有这种全面保护的意识，同时知道如何撰写权利要求书来实现对各项发明的保护。

4. 对技术特征的描述方式不当

"产品"和"方法"属于专利保护的两类不同性质的技术主题。应当用结构特征对"产品"进行限定，而用工艺步骤及工艺条件对"方法"进行限定，这是申请人在撰写权利要求书时应当遵循的一个基本原则。

在一般情况下，"产品"与"方法"或者"结构特征"与"工艺特征"是比较容易区分的。但在有些情况下，由于描述的方式不同，很可能其技术方案性质的转移，给申请人带来不利的后果。例如，一种叠层产品，涉及一层金属板与一层塑料涂层的复合，如果写作"表面上具有塑料涂层的金属板"，其涉及的是一种产品；而如果写作"在金属板上涂复一层塑料涂层"，则涉及的是一种工艺方法。

在一些专利申请案中，申请人往往忽略了这两类描述方式的细微差别，导致了技术主题或者技术特征性质上的变化，进而影响了该技术主题的可保护性（例如将一件实用新型的权利要求写成了"方法"的权利要求），而这种问题实际上是可以避免的。

5. 从属权利要求的引用关系不当

从属权利要求在引用关系上出现的问题一般反映为以下两个方面。

（1）不符合《专利法实施细则》第二十五条第二款的规定。按照该规定，引用两项以上权利要求的多项从属权利要求，不得作为另一项多项从属权利要求的基础。在此应着重说明的是，除了注意避免明显的"多项从属引用问题"，还应注意避免一种隐含的"多项从属引用问题"。

例如，权利要求3是对权利要求1或2的引用，权利要求4是对权利要求3的引用，由于权利要求3是一项多项引用的从属权利要求，虽然权利要求4仅引用了权利要求3，但实际上也隐含了对权利要求1或2的引用，故称为"一种隐含的多项从属权利要求"。此时，权利要求4也不能作为另一项多项从属权利要求的基础，如果权利要求 5 引用权利要求 1 或 4，也视为违反了《专利法实施细则》第二十五条第二款的规定。

(2) 造成技术内容方面的矛盾。例如，有一件关于滑动轴瓦生产方法的专利申请，该生产方法涉及一个压力加工的步骤，说明书中公开了卧式摆动碾压和立式摆动碾压两种压力加工方式。在权利要求书中，申请人将卧式摆动碾压这一技术特征写入了权利要求 2 中，将立式摆动碾压这一技术特征写入了权利要求 3 中，而在其后的又一个从属权利要求中，对权利要求 2 和 3 同时进行了引用。写作："如权利要求 2 或 3 所述的滑动轴瓦的生产方法，其特征在于所述的碾压方式可以采用摆碾头向下施压的方式，也可以采用油缸上举式推压的方式。"该从属权利要求的附加技术特征仅涉及摆头垂直方向的运动，显然只能用于立式摆动碾压，而不能用于卧式摆动辗压，所以该权利要求对权利要求 2 的引用造成了技术内容方面的矛盾。这种由于引用不当而造成的矛盾现象，有时比较容易发现，有时则需要将相关的技术特征进行叠加才能发现。

在一件有关钢丝绳生产方法的国外专利申请案中，申请人提供了一种新的生产方法，其中包括使每次编入钢丝绳绞合点的每股钢丝都带有一附加长度，而附加长度的大小与该钢丝所在的层次相对应。为了提高钢丝绳的质量，在每股钢丝被编入绞合点之前，需对上述附加长度的钢丝进行预成型处理，即将其预先弯制成一定的弧形。根据说明书所提供的方案，这种预成型可以借助一些狭孔、梭芯或梭边将其拉弯，也可以采用扭曲的方式使其变弯。针对这一技术方案，申请人提出了如下的几个权利要求：

（权利要求 1 和 2 从略）

3. 按照权利要求 1 或 2 所述的方法，其特征在于：每次输入到其绞合点的钢丝均具有一附加长度，它与各钢丝所处的层次相对应。

4. 按照权利要求 3 所述的方法，其特征在于：附加长度的输送都是通过把与附加长度相对应的一股钢丝预先成型来进行的。

5. 按照权利要求 4 所述的方法，其特征在于：钢丝的预先成型是通过在狭孔、梭芯或梭边上加以弯曲来进行的。

6. 按照权利要求 4 或 5 所述的方法，其特征是钢丝的预先成型是通过扭力方法来进行的。

其中，权利要求 5 涉及一种拉弯变形，权利要求 6 则涉及一种扭曲弯形，两种方法是并列关系。二者之间可以相互取代，或者相叠加，但不能相互限定，否则将导致技术上的矛盾。权利要求 6 对权利要求 5 的引用可能出现两种结果：一种是作进一步限定，这显然是不可能的；另一种是相互叠加，即在拉弯之后再作扭曲弯形。而这种技术方案在说明书中却未予公开，因此，权利要求6对权利要求5的引用也是不适当的。

所以，无论在撰写权利要求书时还是在审查权利要求书时，除了对"多项从属"的引用问题予以注意，还应注意将引用与被引用的权利要求之间进行技术方案的叠加，看其是否合乎逻辑。只要这样做了，上述的问题完全可以发现和避免。

6. 对技术特征进行多重限定使保护范围不确定

在审查权利要求书时，经常发现某些申请人在一些权利要求中使用"最好""优选"一类词语，对该权利要求中某一技术特征作进一步限定，从而使同一权利要求中出现了多个保护范围，造成保护范围不清楚。例如，在一项有关造纸机压辊的权利要求中，申请人写道：

如权利要求1所述的压辊，其特征在于辊子基体区内各组分所占的比例为：钨70%～88%，最好是80%；钴7%～13%，最好是10%；铬4%～10%，最好是4%～5%；碳4%～8%，最好是5%。

这种撰写方式将使每种组分都具有两个不同的选择范围，从而使保护范围变得不清楚。《专利审查指南2023》已明确规定：权利要求中不得出现"例如""最好是""尤其是""必要时"等类似用词。申请人如果想对某技术特征作进一步限定，应将其写入另一个从属权利要求中。

7. 不适当地使用功能性语言或上位概念［可参照本书第四章第三部分"(十九)'功能性特征'之我见"］

在权利要求书中，并非不可以使用功能性语言，但它们的使用必须恰当。根据《专利审查指南2023》第二部分第二章第3.2.1节的规定，只有当某一技术特征无法用结构特征来限定，或者技术特征用结构特征限定不如用功能或效果特征来限定更为清楚，而且该功能或者效果能通过说明书中充分规定的实验或者操作直接和肯定的验证时，使用功能或者效果特征来限定发明才是允许的。为了便于对上述规定的理解，我们不妨首先分析以下三个具体例子。

【案例1-1】

一件实用新型专利申请涉及一种香烟盒的结构。该香烟盒包括一个可放置20支香烟的腔室，由于市场上香烟的长短和粗细都具有不同的规格，该腔室的设计尺寸就会根据香烟的规格有所不同。在说明书中，申请人分别针对几种不同规格的香烟设计了不同尺寸和构形的腔室，在权利要求书中，申请人对香烟的腔室进行了如下限定："该腔室的尺寸可以容纳20支香烟"，用其"效果"代替了对具体尺寸的描述。这种"效果特征"的限定符合《专利审查指南

2023》的上述规定，应当是允许的。

【案例1-2】

一件发明专利申请涉及一种造纸机压辊，其权利要求1和2分别写作：

1. 一种可控偏转辊，它包括：一个管形辊，一根从管壳中通过的固定轴，在轴和辊壳之间，有安装在轴上的密封件，其特征在于上述密封件具有特定的形状，可把辊壳内表面上承载的流体通过密封件引入压力腔加压。

2. 如权利要求1所述的可控偏转辊，其特征在于所述的密封件在压力腔的前沿侧有一块突唇，它与辊壳的内表面成滑动接触。

从说明书中可以得知，权利要求2所述的技术方案是实现对压力腔加压的唯一实施例。也就是说，权利要求1中所述的"有特定的形状，可把辊壳内表面上承载的流体通过密封件引入压力腔加压"这一功能性的技术特征，实际上就是权利要求2中所述的"有一块突唇，它与辊壳的内表面成滑动接触"这种具体结构形式所产生的一种功能，此时，在权利要求1中使用这种功能性限定的目的显然是扩大其保护范围，这是不允许的。

【案例1-3】

一件发明专利申请涉及一种对黏土进行稳定化的方法。在权利要求书中有如下两个权利要求：

1. 一种稳定黏土的方法，该方法包括：通过所说的井孔，向地下砂岩层中注入水溶液，该水溶液由水、硅酸钾和一种或多种钾盐组成，溶于水溶液中的硅酸钾的量足以有效地使所说的细颗粒长期对由不同离子组成的水溶液具有相对不敏感性，从而防止砂岩层的渗透率的降低。

6. 根据权利要求1所述的方法，其中溶于所述的水溶液中的硅酸钾的浓度为0.1%～30%。

根据说明书所公开的技术内容，将硅酸钾的浓度定为0.1%～30%是唯一的选择方案。如果硅酸钾的浓度可根据不同的地质条件而有所变化，申请人在说明书中至少应对此予以说明，并根据不同的地质条件给出几种不同的实施例。这时，采用权利要求1中"溶于水溶液中的硅酸钾的量足以有效地使所说的颗粒长期对不同离子组成的水溶液具有相对不敏感性"这一功能性的限定才能得到说明书的支持，以此为前提，采用权利要求1的这种功能性限定方式才是妥当的，能够被接受。

在权利要求书中使用上位概念的原则也是如此，如果所使用的上位概念能够得到说明书中所公开若干个实施例的支持，则这种使用可以被允许，否则就不能被允许。例如，为了对一个装置中某部件的移动区间进行限制，申请人在说明书中公开了若干个实施例,其中包括采用机械式限位开关、光电探测装置等,这些装置结构不同,原理不同,但功能是相同的,它们之间的相互替代对本领域普通技术人员来说是显而易见的。这时,在权利要求书中,用"限位装置"这一上位概念来对各种具体的实施方式进行概括,应当是允许的。但是,如果根据该设备的特殊结构或用途,只能采用光电探测装置进行限位,本领域技术人员想不到还可以用其他方式来替代,这时,所谓的"限位装置"就是指"光电探测装置",权利要求书中只能采用"光电探测装置"而不能采用其上位概念——"限位装置"。

为了对"功能性语言"及"上位概念"的使用问题有更进一步的理解,不妨再分析如下一个具体案例。

在一件纸页断裂检测装置的发明专利申请案中,申请人为了提高造纸生产过程中纸页断裂检测装置的可靠性,设计出了一种新型的纸页断裂检测装置。它能自动鉴别由于人工正常操作所引起的烘缸真空度的变化与机械故障而导致的真空度变化,从而保证正确无误地进行探测和事故处理。该申请的几个有关权利要求如下:

1. 一种检测造纸机烘干部纸页断裂的装置,该装置包括:一个用于检测烘干部真空滚筒内真空度的真空传感器,该传感器只检测该真空滚筒内由纸页断裂而引起的真空度的突然变化,而不检测由于操作者的操作所引起的真空度相当缓慢地变化;以及一个与该传感器相连接的部件,该部件在该传感器测出所述真空度的突然变化时响应该传感器而使该断裂的纸页改道到该传感器下游的废纸槽内,该部件的设置是为了防止断裂纸页继续缠绕在烘干部的一个烘缸上。

……

5. 如权利要求1所述的纸页断裂检测装置,其特征在于对该传感器的调整应使在烘干部的正常操作期间当不断裂的纸页连续通过烘干部时,所述传感器的输出为零;而当一个纸页发生断裂时,则产生另一个正比于该真空滚筒内由纸页断裂引起的真空度变化的信号。

6. 如权利要求5所述的纸页断裂检测装置,其特征在于当纸页断裂后出现一个新的稳态条件时,所述另一个输出信号衰减到零;该另一个输出信号只产生于真空度变化的时间常数相当小的情况下。

7. 如权利要求6所述的纸页断裂检测装置,其特征在于该时间常数是在1毫秒至3秒范围内。

8. 如权利要求1所述的纸页断裂检测装置,其特征在于所述与传感器相连的部件包括:

一个横向切断纸幅的切断器；

一个位于该切断器下方用于收集切断纸幅的废纸槽。

在上述权利要求1中，所述的"突然变化"与"相当缓慢地变化"都属于一种不清楚的限定，凭借这类不清楚的技术特征无法界定一个准确的保护范围。权利要求1中所述的"部件"则属于一种上位概念，它的功能就是防止切断的纸幅继续缠绕在烘缸上。在现有技术中，具有这种功能的部件是多种多样的。

根据说明书及权利要求5~8的描述，不难看出，所谓的"相当缓慢地变化"与"突然变化"是有一个明确的区分点的，这就是"1毫秒至3秒"的变化范围。而所谓的"与传感器相连的部件"实际上就是一个切断器和一个废纸槽，这些都是说明书中所公开的唯一的技术方案。申请人之所以采用功能性语言和上位概念对技术方案进行描述，其目的不外乎想扩大其保护范围。然而，这种扩展并不能得到说明书的支持，因此不能被允许。

最后要说明的一点是，对于已经写入权利要求书中的功能性技术特征，应当如何确定其所涵盖的保护范围，目前尚存在不同的观点。

《专利审查指南2023》第二部分第二章第3.2.1节中的规定是："对于权利要求中所包含的功能性限定的技术特征，应当理解为覆盖了所有能够实现所述功能的实施方式。"

而2009年12月28日颁布的《最高人民法院关于审理侵犯专利权纠纷案件应用法律若干问题的解释》（法释〔2009〕21号）（以下简称《法释2009》）第四条规定："对于权利要求中以功能或者效果表述的技术特征，人民法院应当结合说明书和附图描述的该功能或者效果的具体实施方式及其等同的实施方式，确定该技术特征的内容。"于是就产生了如下的结果：在国家知识产权局审批专利的过程中，功能性限定的技术特征被认作"覆盖了所有能够实现所述功能的实施方式"；而在人民法院审理专利侵权案件时，同样的功能性限定的技术特征则被认作仅包括"说明书和附图描述的该功能的具体实施方式及其等同的实施方式"。这种差异对于专利权人来说显然是不公平的。

8. 使用不确定的词语致使保护范围不清楚

在权利要求中使用某些含义不确定的词语，导致保护范围的不清楚。《专利审查指南2023》中明确规定，权利要求中不得使用含义不确定的词语，如"厚""薄""强""弱""高温""高压""很宽范围"等，除非这种用词在特定领域中具有公认的确切含义。

由于一项权利要求的保护范围是由诸技术特征来限定的，如果某技术特征的含义不清楚，势必造成整个保护范围的不清楚。以"长纤维"和"短纤维"

这两个概念为例，从一般意义上来理解，这两个概念只具有相对的含义。但在化纤行业中，长纤维一般指连续卷绕的长丝，而短纤维则指经切断的具有一定长度规格的纤维（如长度为 35~75 毫米）。在造纸行业中，"长纤维"与"短纤维"又以另一种概念被使用，以纤维的某一长度为界，大于该长度的称为长纤维，小于该长度的称为短纤维。如果一件专利申请涉及化学纤维制造工艺，其权利要求书中采用了"长纤维"的概念，这一概念的含义对从事化纤制造的人员来说是很清楚的，具有公认的标准，可以使用。反之，如果某专利申请既不涉及造纸，也不涉及化学纤维，在其相关的技术领域中对"长纤维""短纤维"不存在一种公认的具体标准，则在权利要求书中采用"长纤维"就会造成保护范围的不清楚。

又如，在一项有关"玻璃熔融方法"的权利要求中含有如下技术特征：

采用浓相气力输送的方法将高热值、低灰分、低灰熔点、低硫、低钒的含碳固体燃料的粉料直接喷入玻璃熔窑内燃烧熔制玻璃。

其中的"浓相气力输送""高热值、低灰分、低灰熔点、低硫、低钒"均属于不确定用语。"浓相气力输送"是相对于"稀相气力输送"而言的，虽然在冶金、炉窑技术领域中经常被使用，但两者之间缺乏明确的界限；"高热值、低灰分、低灰熔点、低硫、低钒"中的"高"和"低"之间也缺乏明确标准。这类用语在日常生活中，甚至某些技术文件中都可以使用，但权利要求书作为一份法律文件，这类用语绝对不能够在其中使用。这类界限不清楚的限定出现于权利要求中，势必造成保护范围的不清楚，给日后专利侵权的判定带来困难。

9. 在权利要求书中使用否定式用语

在一般情况下，对权利要求中的某些技术特征进行描述时，应采用正面描述的方式，尽量避免采用反面的否定式描述方式。

在机械领域中，很多专利申请都是对现有技术中某种产品结构的改进，有的是增加某个部件或减少某个部件，有的则是用一种结构代替另一种结构。沿用发明人的思路，很容易将其发明的发明点落实在与现有技术的区别上。例如，现有技术在某种装置中采用了某一元件，申请人采用了另一种结构形式而取代了该元件，则将该发明定义为"不带××元件的××结构"，并将其写入权利要求之中。在日常生活中，采用这种排除式或否定式的描述方式对一项发明进行定义，以便与现有技术明显区别开来，一般是可以接受的。但权利要求书作为一份具有确定含义的法律文件，如果采用这类否定式用语进行限定，也会导致保护范围的不清楚，甚至可能造成对申请人自己不利的后果。本书第四章的第三部分将结合专利审查对该问题作具体分析，在此不再作详细讨论。

10. 独立权利要求中仅写明了结构部件而缺少各部件间的配合关系

按照性质划分，权利要求有两种基本类型，即"物"的权利要求和"活动"的权利要求。前者包括产品和设备，后者包括方法和用途。对于物的权利要求，除了应写明构成该物的结构部件，还应写明结构部件间的配合关系，否则就不能构成一件产品或设备，而形成了零部件的堆积。

例如，一项有关造纸机筛板加工装置的专利申请，其独立权利要求被写作：

一种筛选纸浆用的筛板加工装置，其特征在于：由床身、工作台、龙门架、刀架、刀杆、装有多电极的刀头、油池和电源组成。

该权利要求仅仅限定了该加工装置的主要组成部件，从中看不出任何两个部件之间的位置及动作关系，无法构成一种加工装置，因此该权利要求不是一种完整的技术方案。这种权利要求所保护的范围，只能视为一种具有上述这些组成部件的堆积体，既不具备任何具体的结构形式，也不具备任何技术功能，因此是毫无意义的。只有对各部件之间的连接关系及其动作方式作必要限定，才能构成一台可动作的设备，即一个完整的技术方案。

11. 技术特征与所限定的技术主题不符

如上所述，权利要求包括"产品"的权利要求和"方法"的权利要求两大类。就技术特征而言，也可以分为结构特征和工艺特征两大类。对于产品的权利要求，一般应当用产品的结构特征进行描述；对于方法的权利要求，则一般应当用工艺过程、操作条件、步骤或流程等技术特征加以描述。在实际申请案中，经常出现上述两类技术特征与技术主题之间的混淆，或用方法的工艺特征来限定产品，或用产品的结构特征来限定方法。例如：

一件发明专利申请涉及一种用吹模法制造聚酯（PET）塑料瓶的装置和方法。采用该方法和装置，可以使塑料瓶的底部在吹制过程中经历纵、横两个方向的拉伸作用，从而改变瓶子底部的微晶结构，减小各向异性，提高瓶体的强度。在权利要求书中，申请人除了要求保护该方法和装置，同时还要求对该产品——PET塑料瓶本身进行保护，并撰写了下述一个有关产品的独立权利要求：

一种用吹模法制成的瓶子，用于容纳含二氧化碳的饮料，它是由聚对苯二甲酸乙二酯（PET）材料制成的，它具有一瓶颈、一个管状体和一曲面的耐压部，其特征在于：一个整体的、双轴向拉伸的、单一厚度的环状裙部在瓶子的底部沿垂直方向形成，所述的裙部位于管状体外径的径向范围以内，并沿管状体的中心轴线延伸。

与现有技术中的普通PET塑料瓶相比，上述权利要求中唯一未被覆盖的技术特征就是"双轴向拉伸"。而"双轴向拉伸"又是一个工艺特征，可以用该工艺特征来限定该塑料瓶的制造方法，但不能直接用来对瓶子进行限定。

就整个发明而言，"双轴向拉伸"是其发明的核心所在。正是由于采用了"双轴向拉伸"的方法，制瓶装置才能得到相应改进，也正是由于采用了"双轴向拉伸"的方法，塑料瓶的内在性能才有了提高。无论对实施该方法的"装置"，还是对该方法所生产的"瓶子"，"双轴向拉伸"无疑是使它们发生变化的诱因，但不能将之视为它们本身的技术特征。

采用"双轴向拉伸"的方法，势必造成瓶子底部微观结构的变化，进而引起其力学性能及相关参数的变化。一般情况下，对于产品的权利要求，通常应当用产品的结构特征来描述。特殊情况下，当产品中的某个技术特征无法用结构特征进行清楚的表征时，允许借助物理或化学参数表征。只有当无法用结构特征并且也不能用参数特征进行清楚的表征时，才允许借助于方法特征表征。

根据《专利法》第十一条的规定，对一种可以延及由该方法直接获得的产品。也就是说，申请人即使不对该瓶子本身进行保护，而仅仅保护瓶子的生产方法，则采用上述方法制得的瓶子也在专利保护范围之内。对"方法"的保护实际上已经将"双轴向拉伸"这一发明点包含在内了，只不过"方法"的保护范围与"产品"的保护范围有所不同。

以上重点讨论了用"方法"限定"产品"的情况，反过来，在权利要求书中用"产品"（或设备）限定"方法"的情况也是屡有发生的。

在一件"苎麻芳纶环形无接头带生产新工艺"的发明专利申请中，申请人提出了如下的权利要求：

1. 苎麻芳纶环形无接头带生产新工艺，其特征在于该工艺方法包括：

（1）捻成纱线的芳纶丝与苎麻纱并捻，经络筒、整经、化学处理程序制成经纱；

（2）芳纶丝经捻纱、捻线程序制成纬纱；

（3）经纱和纬纱一起经机织、缝口程序制成无接头带（卷烟带）；

（4）无接头带（卷烟带）经化学处理、定型整理程序制成卷烟带成品。

2. 如权利要求1所述的苎麻芳纶环形无接头带生产新工艺，其特征在于：机织是在剑杆与锁边相结合的西德万机柏纺织机械公司生产的BWE852型织带机上完成的，定型整理是在该公司生产的72100型定型机上完成的。

3. 如权利要求2所述的苎麻芳纶环形无接头带生产新工艺，其特征在于：卷烟带定型温度为140℃，定型时间为3分钟。

在权利要求2中，申请人用"设备"对"工艺方法"进行了限定，这显然不符合《专利审查指南 2023》的有关规定。如果该设备的某些结构特征产生了某特定的工艺条件，而该工艺条件正是该方法所需要的，譬如说 72100 型定型机可以提供一种较高的压力，则应当将该设备所产生的该工艺条件，例如将所产生的压力参数作为技术特征来对"定型整理"作进一步限定，而不能用设备直接进行限定。

12. 从属权利要求引用的技术主题有误

从属权利要求是对所引用的独立权利要求或从属权利要求进一步的限定。根据《专利法实施细则》第二十五条的规定，在其引用部分应"写明引用的权利要求的编号及其主题名称"。所述的"主题名称"一般就是所引用的权利要求第一句话中所涉及的技术主题。当从属权利要求进一步限定的部分是该技术主题的某一部分时，申请人可能会将该相关部分视为该从属权利要求的限定对象。

例如，权利要求 1 涉及一种自行车，权利要求 2 是权利要求 1 的从属权利要求，其中只是对该自行车中的车轮作了进一步限定。此时，权利要求 2 应写作"如权利要求 1 所述的自行车，其特征在于：其车轮为……"，而不应写作"如权利要求 1 所述的自行车轮，其特征在于该车轮为……"，否则权利要求 1 和权利要求 2 的保护客体就发生了变化，违反了《专利法实施细则》的上述规定。

13. 从属权利要求"限定部分"的技术特征与所引用的权利要求不符

为了便于理解，仍以自行车为例，其权利要求书如下：

1. 一种自行车，它包括车架和车轮，其特征在于它的车轮是由橡胶制成的。

2. 如权利要求 1 所述的自行车，其特征在于其橡胶轮胎中衬有帘子线。

3. 如权利要求 1 或 2 所述的自行车，其特征在于所述的帘子线为黏胶长丝。

此时，权利要求 3 对权利要求 1 进行引用就不适当。因为在权利要求 1 中并不包含"帘子线"这一技术特征，"帘子线"这一技术特征仅出现于权利要求 2 中。"黏胶长丝"是对"帘子线"的进一步限定，显然，权利要求 3 不可以限定权利要求 1。

14. 方法的独立权利要求引用多个涉及产品的权利要求［可参照本书第四章第三部分中"（十八）关于独立权利要求的引用问题"］

当一项发明专利申请包含两项或两项以上的发明时，其权利要求书中往往也包含两项或两项以上的独立权利要求。为了体现各项发明之间在技术上的关联性，在后的独立权利要求往往要对在先的独立权利要求进行引用。例如：

权利要求 1 是一项关于某种产品的独立权利要求。

权利要求 2 是权利要求 1 的从属权利要求。

权利要求 3 是有关该产品的制造方法的独立权利要求。

在撰写权利要求 3 时，为了体现该方法与该产品在技术上的关联性，其第一句话往往要对该产品进行引用，例如写作"如权利要求 1 所述的产品的制造方法……"，这种引用关系是允许的。但是如果写作"如权利要求 1 或 2 所述的产品的制造方法……"，则是不允许的，因为，采用这种引用关系往往使后面的技术特征很难处理。

仍以上述的"自行车"为例，其权利要求 1~3 涉及一种自行车的结构。如果再附加一个权利要求 4，涉及该自行车的制造方法，构成第二项独立权利要求。若将权利要求 4 写作："如权利要求 1 或 2 或 3 所述的自行车的制造方法……"，则在其技术特征部分，是否应当写入"在橡胶中衬入帘子线"这一技术特征呢？如果写入，会与权利要求 1 不相对应，因为在权利要求 1 中并不涉及帘子线这一结构特征；如果不写，则又与权利要求 2 和 3 不相对应，使权利要求 4 对权利要求 2 和 3 的引用毫无意义。

正确的做法应是仅对一项有关产品的独立权利要求进行引用。例如，将权利要求 4 写作："如权利要求 1 所述的自行车的制造方法……"，而在其后续的从属权利要求中再结合其他权利要求的结构特征分别对其相应的方法特征作进一步限定。

15. 忽略了对可以保护的技术主题的保护

同一个发明构思往往可以产生几项发明。以上述"双轴向拉伸"的塑料瓶为例，"双轴向拉伸"这一发明构思，不仅涉及塑料瓶的"加工方法"，还可能涉及实现该方法的"装置"以及由该方法所生产的"产品"，申请人应尽可能对有可能保护的所有主题进行保护。

当发明人完成了一项有关生产某产品的方法的发明时，还应当考虑一下由该方法所生产出的产品是否有可能获得保护。在有些情况下，实现对产品的保护比实现对方法的保护更为重要。当用一种新的工艺方法来生产一种已知的产品时，这种新生产出的产品除了具有原来已知产品的一些固有特征，受新加工方法的影响，往往带有一些与原已知产品不同的特征。申请人要善于辨认这些区别特征的存在，并用这些特征对产品作进一步的限定，从而实现对该产品的保护。

一件发明专利申请涉及了一种以锯末为原料制造双面光纤维板的方法。所制得的纤维板在结构、组成以及力学性能上与现有技术中的同类纤维板基本一样，但由于所采用的方法及装置有别于现有技术，所以其纤维板的两面均呈光滑面，而现有技术中的纤维板则仅有一面光滑。起初，申请人忽略了"双面光"这一重要的技术特征，认为无法对产品进行保护，而仅仅要求保护其制造方法。实际上只要抓住"双面光"这一重要的技术特征，便可对该纤维板的结构进行限定，从而撰写出一个有关纤维板产品的独立权利要求。

如果一项发明创造涉及一个机械装置的零部件或一个操作单元，则除了考虑对该零部件或操作单元进行保护，还要考虑对其所应用的装置进行保护，并且举一反三，尽量扩大其保护面。

16. 权利要求中标点符号的使用错误

根据《专利审查指南2023》的规定，每一项权利要求只允许在其结尾使用句号；权利要求中的技术特征可以引用说明书附图中相应的标记，以帮助理解权利要求所记载的技术方案。但是，这些标记应当用括号括起来；以及除附图标记或者其他必要情形必须使用括号外，权利要求中应当尽量避免使用括号。（参见《专利审查指南2023》第二部分第二章第3.2.2节及第3.3节。）

这都是一些很具体很明确的规定，在实际申请案中，不符合上述规定的情况却屡屡发生。对于专利申请案来讲，申请人的上述错误可以在审查员指明之后予以改正，其后果只是拖延了审查程序而已，但对于参加专利代理师资格考试来说，如果忽略了这些明确的规定而发生错误，则可能就没有改正的机会了。

三、递交专利申请前后应当注意的几个问题

以上对发明或者实用新型说明书及权利要求书的撰写方式以及在撰写过程中经常出现的问题进行了分析，在本章的最后，还想就申请人在递交专利申请前后应当注意的几个问题谈几点看法，以供申请人参考。

（一）正确选择专利申请的种类

当发明人完成了一项发明，准备向国家知识产权局专利局提出专利申请时，往往会面临着一种选择：申请哪种专利？发明还是实用新型？正确的选择来自正确的判断，而正确的判断则有赖于对客观实际的全面、正确了解。为此，以下内容将就发明专利申请与实用新型专利申请在提交专利申请的过程中，国家知识产权局专利局所进行的专利审查以及后续的法律程序中存在的若干差别进行分析对比，以利于申请人全面考虑，合理取舍，正确选定对自己所完成发明的保护方式。

1. 保护客体的差异

就专利的保护客体而言，发明专利保护的范围最宽。原则上说，凡不违反

《专利法》第五条及第二十五条规定的，都可以申请发明专利。实用新型专利的保护范围则比较窄，根据《专利法》第二条第三款的规定，实用新型只包括对产品的形状、构造或其结合所提出的适于实用的新的技术方案。具体说，实用新型所保护的对象是产品的形状及构造。据此，一切有关"方法"的发明、产品的"用途"的发明都不能申请实用新型专利，只能申请发明专利。

何谓"产品的结构"？《专利审查指南2023》第一部分第二章第6.2.2节对此作了如下规定。

产品的构造可以是机械构造，也可以是线路构造。机械构造是指构成产品的零部件的相对位置关系、连接关系和必要的机械配合关系等；线路构造是指构成产品的元器件之间的确定的连接关系。

复合层可以认为是产品的构造，产品的渗碳层、氧化层等属于复合层结构。

物质的分子结构、组分、金相结构等不属于实用新型专利给予保护的产品的构造。例如，仅改变焊条药皮成分的电焊条不属于实用新型专利保护的客体。

应当注意的是：

（1）权利要求中可以包含已知材料的名称，即可以将现有技术中的已知材料应用于具有形状、构造的产品上，例如复合木地板、塑料杯、记忆合金制成的心脏导管支架等，不属于对材料本身提出的改进。

（2）如果权利要求中既包含形状、构造特征，又包含对材料本身提出的改进，则不属于实用新型专利保护的客体。例如，一种菱形药片，其特征在于，该药片是由20%的A组分、40%的B组分及40%的C组分构成的。由于该权利要求包含了对材料本身提出的改进，因而不属于实用新型专利保护的客体。

2. 保护期限不同

根据《专利法》第四十二条的规定，发明专利权的期限为20年，实用新型专利的期限为10年，均自申请日起计算。也就是说，实用新型专利的保护期限仅为发明专利保护期限的一半。

此外，二者开始受到专利保护时间的早晚也有所不同。我们知道，一项专利申请只有在被授予专利权之后才能正式受到专利保护。在我国，一项符合要求的实用新型专利申请自申请日后大约1年就可被授予专利权；而一项发明专利申请，自申请日起18个月被公开之后仅仅能够享受"临时保护"，即《专利法》第十三条所规定的："发明专利申请公布后，申请人可以要求实施其发明的单位或者个人支付适当的费用"，发明专利申请的授权时间一般要等2~3年的时间。

3. 申请文件的差别

根据《专利法实施细则》第四十四条的规定，发明专利申请的受理条件是必须向国家知识产权局提交请求书、说明书、权利要求书；而实用新型专利申请除此之外还必须提交附图。

4. 审查程序方面的差异

虽然从申请文件的撰写要求上看，实用新型与发明专利申请之间不存在任何差别，在授予专利权实质性要求方面（例如"三性"，即新颖性、创造性和实用性），两者的要求也基本相同（仅"创造性"的要求存在差异）。但由于实用新型专利申请在国家知识产权局专利局授予专利权之前只进行初步审查，而该初步审查既不包括对相关现有技术的检索，也不涉及若干实质性条款的全面审查，所以实用新型专利申请比发明专利申请更容易获得授权。

为了提高实用新型专利的授权质量，在2010年修改的《专利法实施细则》中，对实用新型专利申请初步审查的范围进行了调整，即对实用新型专利申请的初步审查还包含了"明显不符合《专利法》第二条第三款、第二十二条第二款、第四款、第二十六条第三款、第四款、第三十一条第一款、第三十三条"的内容。这些条款虽然涉及一些实质性内容，但其中"明显"一词的限定，使实用新型专利申请的初步审查与发明专利申请的实质性审查之间还是存在若干差别。具体说，在对实用新型的说明书进行审查时，强调对实用新型的目的、方案和效果、所属技术领域、现有技术状态以及实施例的审查，并且重点放在其目的、方案和效果的一致性方面，也就是《专利审查指南2023》所规定的说明书的审查内容应能够最低限度地保证实用新型技术方案的清楚完整性。

在对实用新型权利要求书的审查中，着重审查权利要求是否写明实用新型的技术特征、权利要求的内容是否与说明书相对应，以及撰写格式方面是否符合一些基本要求，例如独立权利要求、从属权利要求应包括两个组成部分以及它们之间的引用关系是否正确等。至于权利要求的保护范围概括得是否恰当，独立权利要求是否记载了实现该实用新型的全部必要技术特征，独立权利要求的划界是否正确，是否具有新颖性、实用性等实质性要求，仅涉及对"明显"缺陷的审查，而不作全面审查。

由于实用新型申请在初步审查过程中并不对现有技术进行检索，也不对其权利要求作全面的"三性"判断，所以即使实用新型被授予了专利权，其基础仍是不稳定的。要想使实用新型专利权能够经得起日后各法律程序的考验，就更需要申请人（代理人）在申请之前进行必要的检索，并将权利要求书撰写得尽量完善一些，留有充分的修改余地。

发明专利申请在国家知识产权局专利局经历的程序比较复杂。在国家知识产权局专利局受理了发明专利申请之后，先要经过一次初步审查，初步审查合格之后，一般在自申请日（或优先权日）算起18个月予以公开（除非有提前公开请求）。申请人如果想获得专利权，则必须向国家知识产权局专利局递交实质审查请求并缴纳实质审查费。根据申请人的实质审查请求，在发明专利申请被公开之后，国家知识产权局专利局才能启动实质审查程序，经实质审查没有发现驳回理由的，方能被授予专利权。

对发明专利申请的实质审查包括对其形式方面缺陷的审查及实质性缺陷的全面审查。无论是审查的广度还是深度，都要高于对实用新型专利申请的审查。在对发明专利申请进行实质审查的过程中，审查员要对相关的现有技术作全面检索，并以此为基础对各项权利要求的新颖性和创造性进行判断。一项发明专利申请自申请至授权一般需要2年或更长的时间。所以，一件发明专利的技术含量一般要高于实用新型专利，其授权之后的法律稳定性也远远高于实用新型专利。根据有关统计，前些年在无效宣告程序中，实用新型专利被无效（或部分无效）的比例约为发明专利的2倍。

5. 创造性标准不同

实用新型多涉及一些小发明，在我国虽然也称为专利，但如上所述由于其授权之前未经过实质审查，故可靠性比较差。在授权之后的无效宣告程序中，即使需要依法对其进行实质审查，实用新型创造性的标准也低于发明专利创造性的标准。《专利法》第二十二条第三款规定："创造性，是指与现有技术相比，该发明具有突出的实质性特点和显著的进步，该实用新型有实质性特点和进步。"所以，发明专利与实用新型专利相比，根本区别在于二者的创造性标准不同，前者要具有"突出的实质性特点和显著的进步"，而后者只需具有"实质性特点和进步"。

6. 可合案申请的范围不同

《专利法》第三十一条第一款规定："一件发明或者实用新型专利申请应当限于一项发明或者实用新型。属于一个总的发明构思的两项以上的发明或者实用新型，可以作为一件申请提出。"这就是说，一件发明专利申请或实用新型专利申请通常只能包括一项发明或实用新型，但属于同一发明构思的多项发明或实用新型可以在一件申请中合案提出。

由于发明与实用新型的保护范围不同，所以它们进行合案申请的范围也就有所区别。对于一项发明专利申请来说，属于同一发明构思的产品、制造该产品的方法及其设备三项内容都可以进行合案申请，而实用新型的合案范围仅限于"不能包括在一项权利要求内的两项以上的产品独立权利要求",因为"方法"不受实用新型专利的保护。

7. 申请日之后主动修改的机会不同

申请人在向国家知识产权局专利局提出专利申请之后,很可能需要对原提交的专利申请文件进行主动修改。根据《专利法实施细则》第五十七条的规定,发明专利申请人有两次主动修改的机会:一次是在提出实质审查请求时,另一次是在收到国家知识产权局专利局发出的发明专利申请进入实质审查阶段通知书之日起的3个月内;而实用新型专利申请人却只有一次主动修改的机会,即自申请日起2个月内。

8. 专利申请的费用不同

表1-1是发明专利及实用新型专利在申请、审批及授权后所需费用的对照表,可以作为申请人选择申请类种时的一个参考因素。

表1-1 发明和实用新型各种费用的对照

序号	费用名称	发明专利(元)	实用新型专利(元)
1	申请费	950	500
2	维持费	300/年	—
3	审查费	2500	—
4	复审费	1000	300
5	无效宣告请求费	3000	1500
6	强制许可请求费	300	200
7	专利登记费	255	205
8	年费(部分) 1~3年 4~6年 4~5年	900/年 1200/年 —	600/年 — 900/年

注:该费用为若干年前的标准,以实际发生时实施的标准为准。

9. 奖励不同

根据《专利法实施细则》第九十三条的规定,专利权被授予后,专利权的持有单位应当对发明人或者设计人发给奖金。一项发明专利的奖金最低不少于4000元;一项实用新型专利的奖金最低不少于1500元。

10. 在侵权纠纷中的地位不同

针对实用新型专利与发明专利的专利纠纷案件,《最高人民法院关于审理专利纠纷案件适用法律问题的若干规定》（法释〔2020〕8 号）第四条作出了如下规定："对申请日在 2009 年 10 月 1 日前（不含该日）的实用新型专利提起侵犯专利权诉讼，原告可以出具由国务院专利行政部门作出的检索报告；对申请日在 2009 年 10 月 1 日以后的实用新型或者外观设计专利提起侵犯专利权诉讼，原告可以出具由国务院专利行政部门作出的专利权评价报告。根据案件审理需要，人民法院可以要求原告提交检索报告或者专利权评价报告。原告无正当理由不提交的，人民法院可以裁定中止诉讼或者判令原告承担可能的不利后果。侵犯实用新型、外观设计专利权纠纷案件的被告请求中止诉讼的，应当在答辩期内对原告的专利权提出宣告无效的请求。"

第五条规定："人民法院受理的侵犯实用新型、外观设计专利权纠纷案件，被告在答辩期间内请求宣告该项专利权无效的，人民法院应当中止诉讼，但具备下列情形之一的，可以不中止诉讼：（一）原告出具的检索报告或者专利权评价报告未发现导致实用新型或者外观设计专利权无效的事由的；（二）被告提供的证据足以证明其使用的技术已经公知的；（三）被告请求宣告该项专利权无效所提供的证据或者依据的理由明显不充分的；（四）人民法院认为不应当中止诉讼的其他情形。"第六条规定："人民法院受理的侵犯实用新型、外观设计专利权纠纷案件，被告在答辩期间届满后请求宣告该项专利权无效的，人民法院不应当中止诉讼，但经审查认为有必要中止诉讼的除外。"第七条规定："人民法院受理的侵犯发明专利权纠纷案件或者经国务院专利行政部门审查维持专利权的侵犯实用新型、外观设计专利权纠纷案件，被告在答辩期间内请求宣告该项专利权无效的，人民法院可以不中止诉讼。"

由此可见，由于实用新型专利未经过实质审查，其法律稳定性较低，故人民法院在处理实用新型专利侵权纠纷时可以酌情中止案件的审理，等待宣告专利权无效请求的结果。而发明专利由于经过实质审查，其法律稳定性较高，故在受理侵犯发明专利权纠纷案件时，人民法院可以不中止诉讼。

以上从十个方面分别对申请实用新型专利与发明专利的区别，或者说其利弊关系进行了分析对比。概括起来，对于机械领域的发明创造，实用新型专利提供了一种很好的保护途径。申请实用新型专利具有费用低、审批周期短、容易获得专利权等优点。但其缺点是保护期短，保护范围有限，法律状态不稳定，由于其授权标准低于发明专利，又未经过实质审查，故技术可靠性较差，在技术转让的过程中，显然不能与发明专利同日而语。

考虑到申请实用新型与发明专利的利弊关系，有的申请人采取了两种专利同时申请的方式，以便充分利用两者有利的一面，避开不利的一面，这当然也不失为一种策略。

《专利法实施细则》第四十七条第二款和第三款规定："同一申请人在同日（指申请日）对同样的发明创造既申请实用新型专利又申请发明专利的，应当在申请日分别说明对同样的发明创造已申请了另一专利；未作说明的，依照专利法第九条第一款关于同样的发明创造只能授予一项专利权的规定处理。国务院专利行政部门公告授予实用新型专利权，应当公告申请人已依照本条第二款的规定同时申请了发明专利的说明。"

《专利审查指南2023》第二部分第三章第6.2.2节对其操作方式作了进一步规定："对于同一申请人同日（仅指申请日）对同样的发明创造既申请实用新型又申请发明专利的，在先获得的实用新型专利权尚未终止，并且申请人在申请时分别作出说明的，除通过修改发明专利申请外，还可以通过放弃实用新型专利权避免重复授权。因此，在对上述发明专利申请进行审查的过程中，如果该发明专利申请符合授予专利权的其他条件，应当通知申请人进行选择或者修改，申请人选择放弃已经授予的实用新型专利权的，应当在答复审查意见通知书时附交放弃实用新型专利权的书面声明。此时，对那件符合授权条件、尚未授权的发明专利申请，应当发出授权通知书，并将放弃上述实用新型专利权的书面声明转至有关审查部门，由专利局予以登记和公告，公告上注明上述实用新型专利权自公告授予发明专利权之日起终止。"

也就是说，如果申请人就同一发明创造提交的两件专利申请中的一件已被授权，则在尚未授权的申请符合授予专利权的其他条件时，审查员应通知申请人进行修改或者选择。此时，申请人可以通过修改权利要求书的方式使两者的保护范围有所区别，既属于不同的发明，也可以放弃其已经获得的专利权或撤回其尚未被授权的申请，以避免重复授权。

据此，申请人可以就同一项发明创造在同一日分别申请实用新型专利与发明专利，实用新型可能很快就被授权，申请人可尽早行使其专利权。当发明专利申请有可能被批准时，申请人可以作择一的选择，根据具体情况放弃其中的一项，这样便具有很大的主动性。即使其发明专利申请不能被批准，例如不符合发明创造性的要求，仍不影响其实用新型专利权的存在。

特别应当注意的是，就同样的发明创造既申请实用新型专利又申请发明专利的，其申请日必须是"同日"。否则，其在先申请就可能影响其在后申请的新颖性。这是因为在2008年修改的《专利法》第二十二条中，"他人"一词已经从"抵触申请"中被删除了。这就意味着申请人本人的在先申请也可以影响其在后申请的新颖性。这一点是2008年《专利法》修改的重要内容之一，切勿忽视。

(二) 保密与检索

1. 递交专利申请前后的保密

递交专利申请之前，申请人应当对其发明创造的内容注意保密。在经历了若干年的专利实践之后，无论对申请人还是代理人来说，已初步具有这一意识。由于我国采用的是先申请制，"两个以上的申请人分别就同样的发明创造申请专利的，专利权授予最先申请的人"（《专利法》第九条第二款），所以如果申请人不注意保密工作，在申请日之前即将有关技术内容泄露出去，其后果轻则使该专利申请丧失新颖性，重则可能使他人（例如竞争对手）抢先申请专利。这样不仅自己的技术不能获得合法的保护，而且一旦他人的专利申请获得专利权，自己甚至可能沦为专利侵权的被告。这种情况在实践中屡见不鲜，原因就是申请人缺乏这方面的常识。

笔者在此想对相关人士进一言：如果你开发了一项有价值的技术，而该技术又难以保密，最好的选择是尽快将其申请专利。如果该技术能够获得专利权，则可以获得合法的保护；即使不能获得专利权，也可以借助于专利公开的方式避免他人对该技术形成垄断，日后不致沦为专利侵权的被告。

对于申请日至公开日（公告日）之间这段时间的保密问题，有些申请人也缺乏足够的认识。申请日的获得并不意味着专利权的获得，因此也不意味着具有排他权。虽然，根据《专利法》第九条的规定，在先获得了申请日，可以将他人就同样发明获得专利的可能性排除在外。但根据《专利法》第二十二条第二款的规定，倘若他人在你的申请日与公开（公告）日之间就类似的发明申请了专利，则你的专利申请只能用来评判他人申请的新颖性，而不能用来评判他人申请的创造性。也就是说，假若有人在你的专利申请公开（公告）之前，得知了你的专利申请的内容，并对之稍加改动，使之与你的专利申请相比具有新颖性，然后向国家知识产权局专利局递交该申请，尽管他的申请日在你之后，而且与你的专利申请内容差别不大（仅为"新颖性"层面的差别），但他仍然有可能获得专利权，从而共同分享你的专利成果。

针对你的专利申请作出具有创造性的改进是比较困难的，因为对于发明专利来说，这种改进需要具有"突出的实质性特点和显著进步"，即使对于实用新型专利来说，也需具有"实质性特点和进步"。而新颖性的获得，无论对于发明专利申请还是对于实用新型专利申请来说都是比较容易做到的。基于这一点，申请人在自己的专利申请公开（公告）之前，仍要注意对其技术内容的保密，同样，国家知识产权局的工作人员对申请人公开之前的专利申请承担着保密责任。

《专利法》第二十四条对申请日之前6个月内公开而不丧失新颖性的情形作了具体规定，其中包括在中国政府主办或者承认的国际展览会（指《国际展览会公约》规定的在国际展览局注册或者由其认可的国际展览会）上的展出、在规定的学术会议或者技术会议上的首次发表，以及他人未经申请人同意而泄露其内容。这些情况仅仅能使该申请免于新颖性的破坏，但仍然难以避免他人仅靠新颖性就可分享专利成果的情况。对于这些在先公开，申请人也必须有清醒的认识。

2. 产品试制、试销阶段的保密协议问题

在原国家知识产权局专利复审委员会受理的无效宣告请求案中，为数不少的案件涉及其专利产品在申请日之前制造、销售或使用的问题，尤其在《专利法》实施的初期。

一件产品的开发和研制往往要经历一个试制、试销（用）的阶段。如果一个发明构思已经成熟，剩余的仅是一些技术细节问题，不妨在适当的时机优先申请专利。如果在申请专利之前必须进行试制或试用，则应注意该过程的保密问题，承担试制或试用的人员必须承担保密义务，最好立下具有法律效力的字据，作为凭证。《专利审查指南2023》第二部分第三章第2.1节明确规定，处于保密状态的技术内容由于公众不能得知，因此不属于现有技术，所谓保密状态，不仅包括受保密协议约束的情形，还包括社会观念或者商业习惯上被认为应当承担保密义务的情形，即默契的保密情形。

至今，已有不少专利权人在这些环节上发生了疏漏，导致专利权的丧失。这种教训应为后人所记取。

3. 专利申请之前的检索

在说明书的撰写部分，已经概括说明了检索对撰写专利申请文件以及最终获得专利权的重要影响。在此，有必要对检索问题的重要性再作进一步分析。

对于有些发明创造，在课题选定及技术路线选择前申请人已经进行了必要的检索，对现有技术的状态已经有了大致的了解，其技术方案有可能就是针对某项最新现有技术所作的改进。即使如此，在该发明基本完成之后、在申请专利之前，现有技术的状态仍有可能又发生了新的变化。根据具体情况，再作一些必要的补充检索仍是十分必要的。因为专利审查时所检索的范围，将包括申请日之前的全部现有技术。对于大多数发明创造或者专利申请，发明人往往是根据自己片面接触到的现有技术提出一项新的技术方案，而这种主观片面认定的现有技术往往与客观存在的现有技术之间存在一定的差距，只有通过全面检索才能对接触到的技术方案与现有技术之间的差别有一个客观的认识。只有以这种客观、正确的认识为基础，才能对所公开的技术内容把握一个恰到好处的程度，将保护范围划定得最为合理。

有些申请人在将发明创造向社会公开的同时，还希望将一些技术诀窍（know-how）适当地保留起来。这时，事先作全面检索就显得尤为重要。这些试图保留起来的技术诀窍，往往涉及一种实现该发明的最佳技术方案，即缺少这部分技术特征，发明也能够被实现，增加这部分技术特征，该发明的技术效果会更好。将这种技术诀窍保留起来的前提应是：即使不公开这种技术诀窍，其发明目的也能实现，而且与现有技术相比，仍具有创造性。而作出这种正确判断的基础自然是对现有技术的状况有客观、真实的了解，而这只有通过全面检索才能实现。

由于错误地评价了现有技术，将某些应当公开的技术内容隐藏起来未予公开，以致使其专利申请不具备创造性的实际案例也是时有发生的。由于在递交专利申请之后，申请人对申请文件的修改不能超出原始说明书和权利要求书所公开的范围，日后申请人已不可能将这些未公开的技术诀窍补入说明书和权利要求书中，其结果只能是后悔和遗憾。

随着信息时代的到来，检索的手段已越来越多元化，越来越方便。在专利申请之前，充分利用一切可能的手段，对现有技术作一次全面的检索，不仅对申请人有益，而且对提高我国专利申请的整体水平和申请质量，从而提高科研工作的起点都将有重大的影响。

（三）充分利用"国内优先权"

按照1984年制定的《专利法》，"优先权"仅适用于国外申请，也就是说，任何一个《保护工业产权巴黎公约》（以下简称《巴黎公约》）缔约国的申请人在一个缔约国第一次提出专利申请之后，在12个月之内又向国务院专利行政部门就相同主题提出专利申请时，他将享有一种申请日优先的权利，即把在第一个缔约国提出申请之日看作在中国的申请日。国外申请人如果在向中国提出的专利申请中对原专利申请进行了补充修改，则可享受部分优先权，即未修改的部分享有优先权，修改的部分按实际申请日考虑，这种"优先权"的规定无疑是十分有利于申请人的。然而，由于这种优先权仅适用于国外申请案，势必造成我国国民与外国公民的不平等。于是，在1992年修改《专利法》时，加入了"国内优先权"的内容，即"申请人自发明或者实用新型在中国第一次提出专利申请之日起十二个月内，又向专利局就相同主题提出专利申请的，可以享受优先权"。

任何一项发明创造，总要经历一个从构思到实现，然后再加以完善的过程。考虑到"申请日"在整个专利申请、审查过程中的重要作用，申请人总是希望尽快将自己的发明创造申请专利，以获得一个尽早的申请日。在初次提交的专利申请文件中很可能存在若干缺陷，或者在申请日之后发明人又对该发明创造作出了进一步的完善，就需要对原专利申请的内容作进一步修改、补充，"国内优先权"恰好适应了申请人的这种需要。

根据《专利法实施细则》第三十五条的有关规定，享受国内优先权时必须注意以下几个问题。

（1）已经要求过外国或本国优先权，或者已经被批准授予专利权，或者按规定进行过分案处理的在先申请，不能作为要求本国优先权的基础。

（2）申请人要求本国优先权的，其在先申请自后一申请提出之日即被视为撤回。

（3）优先权是针对一个完整的技术方案或一项完整的权利要求而言的，并非对某个或某些技术特征而言。换句话说，一项权利要求如果想享受在先申请的优先权，那么该权利要求中的全部技术特征必须均在在先申请（即优先权文本）中公开。如果一项权利要求中包含了优先权文本中未记载的技术特征，而且该技术特征又不是本领域普通技术人员可以从该优先权文本中直接地、毫无疑义地得出的话，该权利要求就不能享受优先权。这一点对于要求优先权的专利申请来说极为重要，它往往容易被忽视或误解。为了加深对此问题的理解，下面列举一个实际案例。

一件有关香烟盒的发明专利，其权利要求 1 为：

1. 翻盖式包装盒，由卡纸板一类的可折材料制成，基本为长方体，主要用来收存由内层包装材料（锡箔）包装的成组卷烟，具有盒体和翻盖（3），后者与前者的后壁为折叶式连接，而且在关闭时包盖住与盒体连接的领口（22）；其特征在于盒体（10）、翻盖（11）和领口（22）的（垂直）纵向棱边（26，27；28，29；30）皆制成圆弧状，且弯曲部位的半径与一支卷烟的半径大体一致。（参见图 1-5）

一位请求人对该专利提出无效宣告请求，所依据的主要证据是一份美国外观设计（证据1）。该外观设计的公开日为 1985 年 7 月 2 日，早于该专利的申请日 1986 年 4 月 29 日，其形状如图 1-6 所示。

图 1-5　　　　　　　　图 1-6

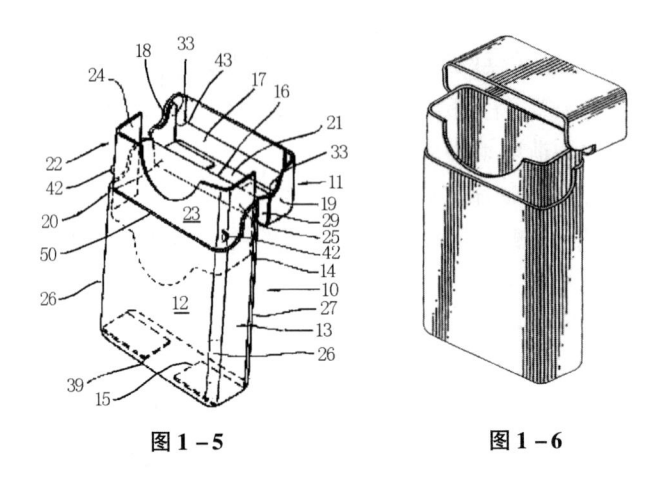

对比图 1-5 和图 1-6 可以看出，两者的形状和结构基本相同。但对于证据 1 是否可以用作宣告该专利无效的合法证据，双方当事人表示了不同的观点。专利权人认为：虽然该专利的申请日晚于证据 1 的公开日，但由于该专利享受优先权，且其优先权日（1985 年 4 月 29 日）早于证据 1 的公开日，故证据 1 不能用来评价该专利的新颖性和创造性；请求人则认为享受优先权的权利要求中的每一个技术特征必须"明确"地被原始申请所公开，由于该专利权利要求 1 中的"领口（22）"未被明确记载在优先权文本中（该优先权文本涉及一种香烟盒的制备方法，其说明书中未记载香烟盒的结构，但其附图中公开了该香烟盒的展开图形，如图 1-7 所示），故该专利权利要求 1 不能享受优先权。

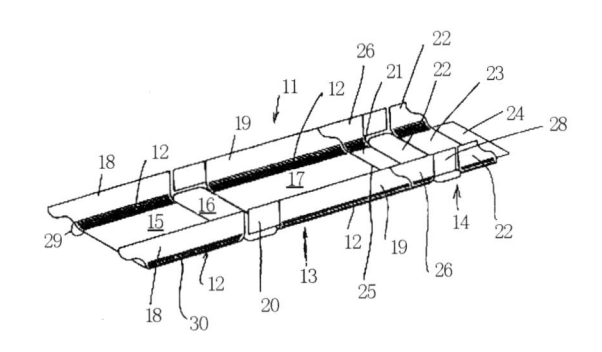

图 1-7

就该专利的权利要求 1 可以享受优先权的理由，专利权人在其"意见陈述书"中表示了以下意见：

"从在先的优先权文本中可以显而易见地得出在后的权利要求 1 的技术方

案""领口不是新的技术特征,而是公知的",本领域普通技术人员在阅读了优先权文本之后,"无须进一步创造性劳动,即可得出在后申请的权利要求 1 的技术方案",因此,该专利的权利要求 1 可以享受优先权。

专利复审委员会该案合议组的意见是:

根据《巴黎公约》第 4 条 H 款的规定,要求优先权的权利要求中的技术特征应当明确地被在先申请所公开(Priority may not be refused on the ground that certain elements of the invention for which priority is claimed do not appear among the claims formulated in the application in the country of origin, provided that the application documents as a whole specifically disclose such elements.);我国《专利法》第二十九条第一款也规定,要求优先权的申请与在先申请必须具有"相同主题"。

《专利审查指南 2023》第二部分第三章第 4.1.2 节对"相同主题"作了如下解释,即相同主题的发明或者实用新型,是指技术领域、所要解决的技术问题和技术方案实质上相同,预期的效果相同的发明或者实用新型。《专利审查指南 2023》第二部分第八章第 4.6.2 节中又规定:"如果在先申请对上述技术方案中某一或者某些技术特征只作了笼统或者含糊的阐述,甚至仅仅只有暗示,而要求优先权的申请增加了对这一或者这些技术特征的详细叙述,以致所属技术领域的技术人员认为该技术方案不能从在先申请中直接和毫无疑义地得出,则该在先申请不能作为在后申请要求优先权的基础。"

将上述《专利审查指南 2023》对"相同主题"的解释与《专利审查指南 2010》对"新颖性"的解释(同样的发明或者实用新型,是指技术领域、所要解决的技术问题和技术方案实质上相同,预期的效果相同的发明或者实用新型。判断新颖性时,应当以此作为判断相同的发明或者实用新型的标准)相比较可以看出,"相同主题"与新颖性审查中所称的"同样的发明或者实用新型"属于同一个概念。所以,根据《专利法》的规定,确定是否可以享受优先权的标准应当采用新颖性的标准,而并非创造性的标准。

专利权人以评价创造性的标准作为确定是否享受优先权的标准,显然与《专利法》的上述规定不符。由于该专利的权利要求 1 中"领口"这一技术特征在优先权文本中未被明确记载,而且该技术特征是所属技术领域的技术人员不能从在先申请中直接和毫无疑义地得出的,其原因是:该香烟包装盒所包装的是"由内层包装材料(锡箔)包装的成组卷烟",即使不采用"领口",借助于内层包装材料该包装盒也可以实现包装香烟的功能,故采用"领口"对于香烟包装盒而言并非唯一的选择。根据《巴黎公约》及我国《专利法》的上述规定,该专利的权利要求 1 不能享受优先权。证据 1 的公开日在该专利的申请日之前，可以作为该专利的现有技术。

专利权人不服专利复审委员会作出的无效审查决定，遂向北京市第一中级人民法院起诉。经人民法院两次传唤专利权人均未到庭，专利复审委员会的上述审查决定生效。

申请人或专利代理师应当从上述案例中吸取一个重要教训：享受优先权的权利要求，其整体技术方案一定要在优先权文本中有所体现，否则该"优先权要求"无效。

第二章 对审查意见通知书的答复及申请文件的修改

无论是对于实用新型专利申请还是对于发明专利申请，专利审查中一般都存在审查员与申请人相互交流的机会，除非该专利申请一次审查通过。一般情况下，只要审查员认为该专利申请存在缺陷（形式方面或实质方面），在最后作出审查决定之前，都会将审查意见以通知书的形式书面通知申请人。

依照"听证原则"，申请人至少有一次修改或陈述意见的机会。审查员与申请人之间的这种意见交流对于该专利申请能否被授权会有至关重要的影响，申请人对此应予以高度重视。本章将就与该过程有关的一些问题谈谈个人看法，以供申请人和专利代理师参考。

一、对实用新型专利申请审查意见通知书的答复

在实用新型专利申请进入初步审查程序之后，申请人可能收到来自国家知识产权局专利局的各种通知书或决定，其中包括：

（1）授予实用新型专利权通知书；
（2）驳回决定；
（3）视为撤回通知书；
（4）审查意见通知书；
（5）补正通知书；

(6) 第×次补正通知书；

(7) 审查通知书；

(8) 会晤通知书；

(9) 会晤记录；

(10) 通知书附页；

(11) 优先权请求审查通知书。

当申请人收到"授予实用新型专利权通知书"时，说明所申请的实用新型专利经初步审查合格，即将被授予专利权。此时，申请人应根据国家知识产权局专利局所附的通知依法办理登记手续。

如果申请人收到一份"驳回决定"，说明其实用新型专利申请已被国家知识产权局专利局驳回。此时应当注意以下两点。

(1) 仔细阅读"驳回理由"部分的内容，看看所述的理由是否合乎《专利法》及《专利法实施细则》的有关规定，并特别注意审查员所列出的驳回理由是否在作出此驳回决定之前已通知过申请人，并给申请人至少一次陈述意见的机会。

根据《专利法实施细则》第五十条第二款的规定，国务院专利行政部门应当将审查意见通知申请人，要求其在指定期限内陈述意见或者补正；申请人期满未答复的，其申请被视为撤回。申请人陈述意见或者补正后，国务院专利行政部门仍然认为不符合前款所列各项规定的，应当予以驳回。如果在收到"驳回决定"之前，申请人未曾接到国家知识产权局专利局的任何通知，也没有任何机会针对驳回理由陈述意见，则这种"驳回决定"与《专利法实施细则》的上述规定不符，存在程序方面的缺陷。

(2) 申请人如果对驳回决定不服，仍有请求再次审理的机会，即可以在收到驳回决定之日起3个月内，向国家知识产权局专利局复审和无效审理部请求复审。如果对专利局复审和无效审理部作出的决定不服，还可以向人民法院起诉。

如果申请人收到的是其他类通知书，则应详细阅读通知书的各项有关内容，按照审查员的意见在指定期限内对申请文件进行修改，或者针对审查员的审查意见陈述意见。在这些通知书中，最常见到的通知书是补正通知书和审查意见通知书。

在补正通知书中，审查员依据《专利法实施细则》第五十条的规定，要求申请人对申请文件进行补正。审查员一般通过在"补正通知书"中画"√"的形式指出申请文件中所存在的缺陷。申请人应依照通知书内容进行补正，期满未答复的，其申请被视为撤回。

在申请人陈述意见或补正后，国家知识产权局专利局仍然认为不符合规定的，该申请将被驳回。如果不同意审查员的审查意见，申请人应在指定期限内用"意见陈述书"的形式陈述自己的看法。如果申请人收到审查员的一份审查意见通知书，这就意味着该专利申请存在被驳回的可能。如果申请人不同意审查员的意见，也应采用"意见陈述书"的形式陈述其意见，逾期不陈述意见的，专利申请将被视为撤回。如果所陈述的意见不成立，专利申请将被驳回。

申请人在对申请文件进行修改时应当注意，所作的修改不得超出原始说明书及权利要求书所公开的范围，而且这些修改应仅限于审查员要求修改的部分。如前所述，根据《专利法实施细则》第五十七条的规定，实用新型专利申请人的主动修改机会只有一次，即自申请日起 2 个月之内。当实用新型专利申请进入初步审查程序之时，该期限一般都已超过，也就是说，在实用新型专利申请的初审过程中，申请人已经失去了主动修改申请文件的机会。

总而言之，在实用新型专利申请的整个初步审查过程中，只要审查员认为该实用新型专利申请中存在不合乎《专利法》及《专利法实施细则》的规定之处，申请人至少有一次修改或陈述意见的机会。申请人如果不同意审查员的审查意见，可以陈述其理由，在陈述理由的过程中应当以《专利法》、《专利法实施细则》和《专利审查指南 2023》的有关条款和规定为依据，通过摆事实、讲道理的方式据理力争。陈述意见是申请人在专利审批过程中的权利，切不可轻易放弃。

二、对发明专利申请审查意见通知书的答复

在发明专利申请人收到国家知识产权局专利局授予发明专利权通知书或驳回决定之前，还可能收到如下一些通知书：

（1）第一次审查意见通知书；
（2）提交资料通知书；
（3）第×次审查意见通知书；
（4）会晤通知书。

发明专利申请人在接到上述通知书后，除了如对待实用新型通知书那样，认真阅读、分析审查员的意见，进行必要的修改或陈述意见之外，还需要注意以下几点。

（1）如果在申请日之后曾经向国家知识产权局专利局递交过修改文件，应查看一下该修改文件是否被审查员认定合法，审查所依据的文件是否包含了合

法的修改文件。

(2) 查看所引用对比文件的公开日（或抵触申请的申请日）是否在该专利申请日之前，即这些对比文件的使用是否符合《专利法》第二十二条的规定。

(3) 通过审查员对"第一次审查意见通知书"中第 7 栏有关内容的选择以及正文部分的审查意见，申请人基本上可以了解到审查员对该专利申请前景所持的态度。如果有授权前景，则应按照审查员在通知书正文中所陈述的审查意见对申请文件逐一进行修改或答复；如果针对某一条审查意见既不进行修改，也不陈述意见，轻者将延长审查周期，重者有可能导致驳回。例如，审查员在审查意见通知书中指明权利要求书的撰写不符合《专利法实施细则》第二十三条第二款的规定，即权利要求书缺少实现发明目的的必要技术特征，要求申请人作相应修改，而申请人拒不修改，也不陈述意见，审查员则可以驳回该申请。

(4) 对发明专利申请的审查属于实质性审查，其中涉及对专利"三性"问题的判断。"三性"中创造性的判断标准属于一个比较模糊的问题，对同一个案情，不同的审查员有可能得出不同的结论。审查员在具体评判某一技术方案的创造性时，往往要综合其发明目的、技术构成和技术效果三个方面进行考虑。由于考虑的因素多，再加上"见仁见智"等主观因素的影响，审查员的观点发生变化的可能性也就增大了。

当申请人得知审查员欲以不具备创造性为由驳回其专利申请时，切不可灰心丧气，应当仔细分析审查员所提供的对比文件和审查员的审查意见，依据该专利申请与对比文件之间在目的、构成及效果三方面的差异，据理力争。当被审查的权利要求书被否定之后，申请人还可以考虑是否有可能将说明书中记载的某些技术内容补入权利要求书中，对其作进一步限定，使之具有创造性。

在审查实践中，对于不少申请案，正是在申请人陈述意见之后审查员改变观点的。一般情况下，当审查员对该发明的创造性持怀疑态度时，有时会先以否定的态度向申请人发出审查意见通知书，迫使申请人对某些问题作进一步解释和说明，其目的是想进一步听取申请人的意见。在此情况下，如果放弃了陈述意见的机会，自然是很不明智的。

(5) 充分利用会晤和实际考察的机会。由于审查员分管的技术领域比较宽，对某些申请案的具体技术并非十分熟悉，如果申请人能利用会晤或邀请审查员实地考察的机会，使审查员对其发明有更深入、客观的了解，则有可能使审查员的判断更为客观、正确。尤其对一些技术内容比较复杂而撰写质量又不高的专利申请，会晤或考察会使审查员对该发明有更全面、准确的了解。

(6) 申请人在陈述意见时，应考虑到所陈述的意见在以后可能产生的各种后果。在专利审查阶段，为了证明其发明具有创造性，申请人往往要竭尽全力，千方百计地强调其发明与现有技术之间的差别，强调各个技术特征所带来的显著技术效果。而在侵权诉讼阶段，专利权人，为了扩大自己的保护范围，往往将某些技术方案说成是自己发明的等同方案，甚至将独立权利要求中的某些技术特征解释为"非必要技术特征"。可以理解这种趋利避害的倾向，但应当注意的是，在专利审查过程中，申请人的一切书面意见都将被记录在案，并将对以后的法律程序产生影响。也就是说，在从申请到授权以至专利权终止的整个法律程序中，申请人对某个问题的认定是不可以随意改变的，应符合"禁止反悔"原则。

例如，在专利审查过程中，为了证明某技术方案的创造性，申请人特别强调了某技术特征的重要性，强调了它所带来的技术效果。而在侵权诉讼中，面对涉嫌侵权人未采用该技术特征的事实，专利权人（原申请人）又宣称该技术特征属于该发明的非必要技术特征，不应构成对该发明的限定；或者将专利审查阶段已经放弃的技术方案在专利侵权诉讼中又重新捡起。这些做法显然不符合"禁止反悔"原则。因此，申请人的任何意见陈述都应实事求是，保持始终如一的态度。此问题在本书第四章第三部分中"（四）'多余限定'与'禁止反悔'"将结合具体案例作进一步论述。

三、在审查过程中对申请文件的修改

如前所述，国家知识产权局专利局对实用新型专利申请所进行的审查是一种初步审查，是依据《专利法实施细则》第五十条第一款第（二）项规定进行的。由于初步审查并不涉及检索和全面的"三性"判断，所以在审查过程中的修改多涉及形式方面的缺陷。一般情况下，申请人只要正确理解审查员的意图，适时、适当地对申请文件作出修改即可。

而发明专利申请，在获得专利权之前要经历初步审查和实质审查两个阶段。即一项发明专利申请，只有在国家知识产权局专利局依照《专利法实施细则》第五十条第一款第（一）项规定初步审查合格之后才能被公布，而且只有在经实质审查之后，符合《专利法》及《专利法实施细则》的有关规定，才有可能被授予专利权。在发明专利申请的实质审查过程中，审查员要进行全面检索，并对申请文件的形式缺陷及实质缺陷进行全面审查，所涉及的内容较多，审查的周期也比较长。一般情况下，往往要经过1~2次审查意见通知之后才能结案。下面将针对申请人在发明专利申请实质审查过程中修改申请文件时应注意的几个问题谈几点看法。

（一）背景技术的修改

在实质审查过程中，申请人对背景技术的修改一般是根据审查员的要求进行修改的，例如，将审查员检索到的与该发明专利申请最为接近的现在技术写入背景技术。

对于原始说明书中所引用的背景技术是已被公开的和未被公开的这两种不同情况，申请人的修改权限应有所不同。对于前者，申请人的修改余地要大些；而对于后者，此后的修改只能在原公开的范围内进行。由于背景技术对发明目的的提出以及构成发明技术方案的一些细节都有重要的影响，而且说明书又对权利要求书起到解释作用，因此"背景技术"的描述对发明专利申请的实际保护范围也会产生影响。如前所述，对于申请日之前未公开且未写入原始申请文件中的背景技术内容，申请人不得补入说明书中。举例来说，某申请所引用的背景技术包括A、B、C三个技术特征，在该申请的说明书中，申请人仅引用了其中的技术特征A，如果该背景技术属于一种未公开的技术，则申请人日后不得将技术特征B和C补入说明书中，否则将构成超范围的修改；反之，如果该背景技术是一种已公开的技术，而且申请人在说明书中已对该技术的出处给予了明确指示，申请人则可以根据该技术对说明书作适度的补充修改。

（二）发明目的的修改

一件发明或实用新型专利说明书的发明目的可以来自以下两个方面。

一是来源于说明书的第二部分，即对背景技术中所存在技术问题的分析，由背景技术中所存在的缺陷导出该发明或者实用新型的发明目的。这是基于申请人对现有技术的主观认定而得出的。

二是来源于该发明或实用新型所采用的技术方案本身。这种发明目的隐含在技术方案之中。所谓的"发明目的"与"解决的技术问题"实质上是一样的，只是称谓不同而已。发明目的与技术方案中某个技术特征或某些技术特征的组合是密切相关的，针对不同的对比文件可以归纳出不同的区别技术特征，从而归纳出不同的发明目的，这种发明目的是客观存在的。在采用"问题-方案"法判断发明或实用新型的创造性时，一般采用这种归纳方式。关于这一问题，本书第四章将有专门论述。

如果对发明目的的修改是依据背景技术中所存在的问题而进行的，则应考虑该"问题"是否属于申请日之前的公知范畴。换句话说，如果所依据的背景技术是一种未公开的技术，而且在原始说明书中又未对该"问题"作任何披露,则这种"问题"不能作为修改发明目的的依据。如果对发明目的的修改是依据该发明或实用新型的技术方案进行的,或者说根据技术方案中的某个技术特征归纳出来的,则应考虑这种发明目的的认定能否为本领域的普通技术人员所理解和接受。下文将通过案例的形式对该问题作进一步说明。

【案例2-1】

一件发明名称为"造纸白水分离新工艺和设备"的专利申请,其具体技术内容在本书第一章之一的"(四)发明或实用新型的发明内容"中已作介绍,在此不再重复。由于在本领域的普通技术人员看来,"脉冲式供水"与"防止喷水管堵塞"之间存在必然的因果关系,因此,在修改申请文件的过程中,申请人将"防止喷水管堵塞"作为一个新的发明目的提出是允许的。

【案例2-2】

一件发明名称为"多层纸形成装置"的国外申请案,在说明书中申请人将发明目的写作"本发明就是为了解决上述先有技术所存在的问题而提出来的",至于要解决什么问题、达到什么目的,未作任何正面说明。

在权利要求书中申请人提出了3项权利要求,经检索,其权利要求1和2均不具备新颖性,其权利要求3被写作:

3. 根据权利要求1所述的多层纸形成装置,其特征在于:设置一成形辊和一伏辊,使它们以可脱离的方式支撑着环形毛毯,并且设置毛毯辊,使之在上述短网间可沿上、下方向变更位置进行支撑,并通过将所述的环形毛毯托起而使之与上游部的短网单元解除结合。

根据检索的结果,权利要求3所述的技术方案具有新颖性。但该技术方案究竟要解决什么问题,带来了什么技术效果,申请人必须给出明确的说明,否则会影响审查员对其创造性的判断。

就权利要求3所公开的技术方案看,由于设置了可上下移动的毛毯辊,客观上具有一种可以使环形毛毯与短网单元相脱离的作用,这种结构与效果之间的关联性对于造纸行业的普通技术人员来讲是很容易理解的。而且,在说明书背景技术部分,申请人在分析现有技术中所存在的问题时曾经提到"由于毛毯直接卷挂在短网部上,所以短网更换很困难"。在此情况下,申请人将"便于更换短网"作为该发明专利申请的发明目的不仅是可以被允许的,而且是必要的。

【案例2-3】

在一件有关长颈瓶盖子的外国专利申请中,申请人针对现有技术中长颈瓶盖子密封性不良的问题设计出一种新式盖子。该盖子被永久性地装在容器上，只要简单地转动盖子的外部，就可将容器打开或关闭。该瓶盖的基本构造如图2-1所示。

其权利要求1如下：

1. 一种用于长颈瓶、管状容器和类似容器的具有环形外壳的盖子，其特征在于，外壳（5）可转动地安装在容器（1）上，有用来防止所述外壳轴向滑动的装置（4），并且所说的外壳通过滑动装置与钟形帽（11）相连，所说的钟形帽（11）本身通过螺旋装置（10）与容器（1）的护套（8）或颈（2）相连，所说的钟形帽（11）有一颈部，该颈部的壁构成一个开口，该开口用来接收与容器相连的帽塞。

经检索，审查员发现了一篇与该发明专利申请密切相关的对比文件。该对比文件中的瓶盖与该发明的瓶盖属于相同的技术领域，其结构及功能也基本相同，对比文件中的瓶如图2-2所示。

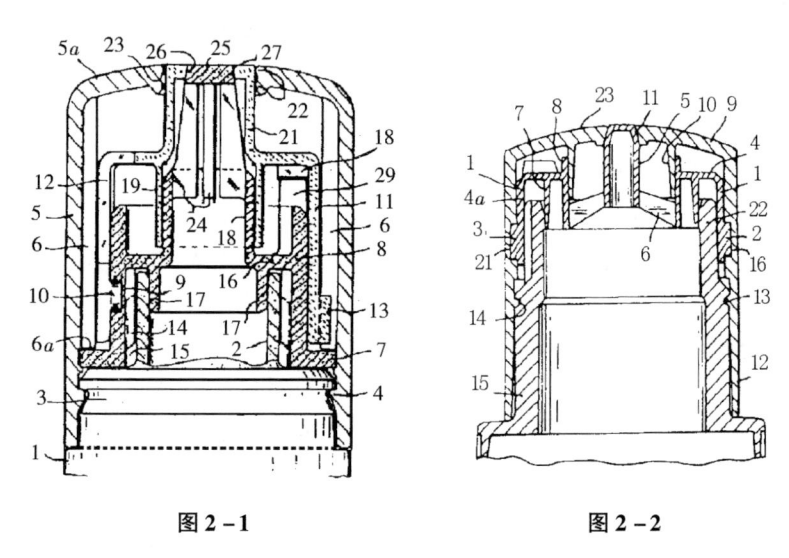

图2-1

图2-2

将图2-1和图2-2进行对比可以看出，该发明专利申请权利要求1所述的主要技术特征都已被对比文件所覆盖，对比文件中的瓶盖也具有可转动地安装在容器上的外壳（9）、一防止外壳轴向滑动的装置（13），其阀帽（1）在构造和功能方面都相当于该发明专利申请的钟形帽（11），而且也是通过一滑动装置（8、10）与外壳相连，当外壳旋转时，借助于外壳（9）上的槽（16）及阀帽上的凸台（2）使阀帽上下运动，实现对开口部分（11）的启闭。尽管该发明专利申请的瓶盖在结构上与对比文件存在若干差别，但无论着眼于说明书所公开的技术内容还是该结构可能产生的实际效果，均无法客观地得出新的发明目的。即使申请人以对比文件为基础对权利要求1作进一步限定，突出二者在结构方面的差异，由于缺乏明显的技术效果，或者说没解决具体的技术问题，该技术方案不具备创造性。该案的申请人在接到审查员的审查意见通知书后，未作进一步答复，该申请被视为撤回。

【案例 2-4】

一件发明专利申请涉及一种鞋垫。该鞋垫由合成泡沫塑料制成，其中含有物质 X 和 Y，物质 X 是一种已知的着色剂，物质 Y 是一种除臭剂。在原始说明书中，申请人未明确提出该发明专利申请的发明目的。

在审查过程中，申请人对说明书中的发明目的作如下修改：

本发明的目的在于生产一种鞋垫。该鞋垫是柔软且富有弹性的，而且具有悦人的外观及气味。

由于"柔软且富有弹性"是合成泡沫塑料的一种属性，着色剂 X 的使用必然使之具有悦人的外观，而除臭剂 Y 的使用必然使之具有悦人的气味。因此，上述发明目的实际上是隐含在其技术方案之中的，这种修改应当被允许。

但是，如果申请人将发明目的写作：

本发明的目的在于生产一种鞋垫，该鞋垫可以防治脚气。

这种修改不能被允许。因为根据一般常识，无论泡沫塑料，还是作为着色剂的物质 X 或作为除臭剂的物质 Y，都不具有防治脚气的功能。这种技术效果或发明目的不是直接可以从原始申请中推出的。如果某人发现上述物质中的一种物质确实具有防治脚气的作用，则这种发现本身就可以构成一件应用发明，就具有创造性。因此，这种修改应被视作超出了原始说明书公开的范围。

(三) 对技术方案的修改

说明书中的技术方案部分作为发明专利申请的核心内容，在一般情况下是不允许进行修改补充的。但是，这也不是绝对的。在不违反《专利法》第三十三条的前提下，申请人有时仍可能对该部分进行修改或补充，但前提应是"不得超出原说明书和权利要求书记载的范围"。而"原说明书和权利要求书记载的范围"应当理解为既包括原说明书和权利要求书文字记载的内容，还包括根据该文字记载的内容以及说明书附图可以直接、毫无疑义地确定的内容。[可查看本章第三部分中"(六) 案例评析——审查意见通知书的答复及权利要求书的修改"。]

如何判断修改是否超出原始说明书和权利要求书记载的范围，其中一条很重要的原则就是应以本领域普通技术人员为判断主体，对相关的技术事实作全面客观的分析。不妨借助于以下两个实例来予以说明。

【案例 2 – 5】

一件专利申请涉及一种锤子，其改进之处在于采用了一种特殊结构的锤头。在原始说明书中，申请人仅对该锤头部分的结构特征进行了描述，而未提及锤柄部分。该发明专利申请的主题是一种锤子，为了更清楚地限定该发明，申请人对说明书进行了修改，补入了锤柄部分。只要所补入的锤柄是现有技术中普通的锤柄，锤柄与锤头之间的结合也是采用通用的方式，这种修改补充应当被允许。因为对于普通技术人员来说，一个锤子必须有锤柄才能使用，这一点很明显，不带锤柄的锤子才是不同寻常的，所以这种修改补充是在情理之中的。它的补入可以使该发明的技术方案更为清楚，并不会导致保护范围的扩大。

【案例 2 – 6】

一件专利申请涉及一种保温砖，如图 2 – 3 所示，该保温砖具有以下 3 个技术特征：

(1) 侧面设有多排孔眼；
(2) 相邻的两行孔位置交错排列；
(3) 孔中填有发泡聚乙烯塑料。

申请人在修改说明书时，加入了如下的技术特征：

(4) 孔的底部是封闭的。

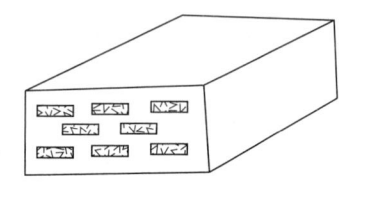

图 2 – 3

如果从原始说明书及权利要求书中找不到可以支持该技术特征的记载，则这种修改补充是不允许的。如果从原始说明书或权利要求书中能够找到支持该技术特征的依据，例如，从说明书的某一附图中能够看出该保温砖的底部是封闭的，即使说明书中未作专门的文字性说明，这种补充也是允许的。但是，这并不意味着在说明书附图中所公开的任何技术特征都可以作为修改的依据。例如，某些技术特征仅仅是通过对附图的测量而得到的，比如孔眼的长宽之比，这类技术特征不能作为修改补充的依据。

如果在说明书中，申请人引用了若干篇对比文件，但未具体指明该申请与对比文件之间的联系，此时，即使所引用对比文件中的某一篇文件 A 包含其保温砖的底部是封闭的这种结构形式，则也并不意味着绝对可以将该技术特征 (4) 补入说明书中去。如果申请人在原始说明书中提到"孔的形式如对比文件 A 所述"，而且对比文件 A 所公开的所有孔眼都是封闭的，则允许技术特征 (4) 的补入。因为在这种情况下，"孔的底部是封闭的"是"孔的形式如对比文件 A 所述"这句话的唯一解释。

(四) 对权利要求书的修改

在一件发明专利申请的实质审查过程中，申请人可能需要对原始提交的权利要求书进行一次或多次修改。在这些修改中，一类是应审查员的要求进行的，例如根据审查员所检索到的相关对比文件，对权利要求进行删除、合并、划界，以及对某个技术特征修改、补充等。这类修改往往是在申请具有授权前景的情况下进行的，申请人一般应按照审查员的具体要求进行修改。另一类是根据审查员所提供的对比文件申请人不得不进行的。这种修改往往是在接到审查员的"第一次审查意见通知书"之后，发现原有的权利要求将被驳回或者发现原权利要求书撰写得不够完善，申请人需要对保护范围作进一步限定或改动时进行的。这时，申请人应特别注意"修改不得超出原说明书和权利要求书记载的范围"的问题。以下仅从两个方面对权利要求书的修改是否超范围的问题作些简单分析。

1. **关于增加新的技术主题**

在一件发明专利申请的权利要求书中，申请人仅仅要求保护一种产品的制造方法，而未对产品本身请求保护，但在说明书中，申请人在对制造方法进行说明的同时已将该产品的主要结构交代清楚，例如前面所提到的阶梯轴的过渡曲线结构、无接口聚四氟乙烯环形带的带芯结构，以及双面光纤维板的表面形态等，这些主要结构特征足以对该产品作出清楚完整的限定。这时，如果存在主动修改的机会，将产品作为新的保护主题补入权利要求书中应当是允许的。

反之亦然，如果原权利要求书的保护对象仅涉及一种产品，而有关该产品的制造方法已在说明书中公开或者隐含在产品的结构特征内，申请人利用主动修改的时机，将该方法写入权利要求书中进行保护，只要不违反"单一性"的有关规定，也应被允许。

2. **关于技术特征的重新组合**

一项权利要求实际上就是对一个技术方案的概括。根据《专利法》第二十六条第四款关于"权利要求书应当以说明书为依据，清楚、简要地限定要求专利保护的范围"的规定，每项权利要求所记载的技术方案都应得到说明书的支持。所谓"支持"，不仅局限于字句的一致性上，更重要的是应体现在技术方案的一致性上。例如，在修改权利要求书时，有时需要对某些技术特征进行重新组合。对于重新组合后的权利要求是否能得到说明书的支持、这种修改是否在原始说明书公开的范围之内等问题，要依据具体情况作具体分析。

在一件专利申请的说明书中，申请人给出了若干个实施例，但并未指明这些实施例之间的相互关系，在一般情况下是不允许将一个实施例的某些技术特征与其他实施例进行组合的。因为这种组合往往导致一种新技术方案的产生。尽管这种新的技术方案中的每个技术特征在说明书中都已被公开，但它们之间的组合方式也可能构成一项新发明的重要内容，只要说明书中未对这种组合方式予以说明，这种修改就不能被允许。

在有些情况下，申请人还希望将某些技术特征从某一技术方案中单独分离出来，加入另一权利要求中。这在一般情况下也不能被允许，除非这种分离和组合已被记载在原始说明书中，或者对于本领域的普通技术人员来说是很自然的，很容易理解的。以下述的两项权利要求为例。

1. 一种装置，它被支撑在高度可调的几个支撑腿上。
2. 如权利要求1所述的装置，其特征在于：
（a）所述的腿是由套管组成的；
（b）套管可由固定螺丝进行固定。

如果权利要求1不能被授予专利权，申请人对权利要求1进行了修改，将权利要求2中的技术特征（a）加入权利要求1中，从而使权利要求2中的技术特征（a）和（b）相分离。按照欧洲专利局的观点，即使这种分离与组合在说明书中未予记载，但只要这种变化在本技术领域的普通技术人员看来是可行的，这种修改也是允许的。因为根据常识，套管的固定方式是多种多样的。反之，如果技术特征（a）与（b）总是组合在一起使用的，本技术领域的普通技术人员，对二者的分离表示惊异，则上述的修改就不能被允许。

以上的修改是指在实质审查程序中对发明专利申请文件的修改。专利申请一旦被驳回，进入复审程序之后，专利申请文件的修改余地就受到限制。《专利审查指南2023》第四部分第二章第4.2节作出如下规定：

"根据专利法实施细则第六十六条的规定，复审请求人对申请文件的修改应当仅限于消除驳回决定或者合议组指出的缺陷。下列情形通常不符合上述规定：

"（1）修改后的权利要求相对于驳回决定针对的权利要求扩大了保护范围。

"（2）将与驳回决定针对的权利要求所限定的技术方案缺乏单一性的技术方案作为修改后的权利要求。

"（3）改变权利要求的类型或者增加权利要求。

"（4）针对驳回决定指出的缺陷未涉及的权利要求或者说明书进行修改。但修改明显文字错误，或者修改与驳回决定所指出缺陷性质相同的缺陷的情形除外。"

根据上述规定，在复审程序中，改变权利要求的类型（例如由"方法"改为"产品")或者增加权利要求的数量都是不允许的。

(五) 修改时应注意的其他问题

《专利法实施细则》第五十八条规定:"发明或者实用新型专利申请的说明书或者权利要求书的修改部分,除个别文字修改或者增删外,应当按照规定格式提交替换页。"为了便于审查员辨认修改的内容,申请人在递交替换页的同时,最好同时递交一张修改部分的对照表,或者递交一份在原申请文件上进行修改的复印件,这将有利于审查工作的进行。

发明的技术效果部分一般不允许补充修改。为了便于审查员对该技术作全面客观的了解和评价,申请人可以借助"意见陈述书"的形式对某些技术性能进行补充介绍,例如该产品的有关测试数据、使用性能等。这些信息可供审查员在判断创造性时作为参考。在实质审查过程中这些材料能否被使用,或者在多大程度上被使用,由审查员根据案情进行取舍。但对于申请人来说,如果在当初撰写申请文件时将这部分内容遗漏了,这仍不失为一次弥补的机会。

(六) 案例评析——审查意见通知书的答复及权利要求书的修改

在专利申请文件的审查过程中,申请人一般会收到国家知识产权局专利局审查员的一次或多次审查意见通知书(Official Action,OA)。如何答复审查员的审查意见通知书并且对申请文件作出恰当的修改,对于专利申请最终能否获得专利权至关重要。

经审查,如果审查员认为该专利申请具有授权前景,但尚存在某些形式方面的缺陷,则会在通知书中指明该缺陷,并要求申请人在指定的期限内予以修改。此时如果申请人按照审查员的要求对申请文件进行修改,使之符合《专利法》的有关规定,则该申请将会被授予专利权。

经审查,如果审查员认为该专利申请存在实质性缺陷,例如要求保护的技术方案在说明书中未得到充分公开,致使本领域技术人员无法实施该技术方案,或者要求保护的技术方案与审查员所检索到的现有技术相比不具有新颖性或创造性,则审查员会告知申请人该专利申请将会被驳回并说明理由,要求申请人在规定的时间内对该审查意见作出意见陈述或者对申请文件作出进一步修改。收到这种审查意见通知书,申请人务必针对审查员欲驳回的理由详细陈述意见,在需要时对申请文件作出相应的修改。如果申请人逾期不答复或答复意见及其修改仍然满足不了要求,则该专利申请将会被驳回。

在陈述意见之前,申请人首先要认真阅读和理解审查意见通知书以及所引用对比文件的内容，分析审查员对该申请及对比文件的理解是否正确，其驳回的理由是否符合《专利法》的有关规定。由于《专利审查指南2023》是《专利法》的细化，属于部门规章，所以审查员驳回的理由除引用《专利法》的相关条款之外，通常还会引用《专利审查指南2023》的有关规定。

受若干客观因素及主观因素的影响，审查员对申请文件或对比文件的理解有可能存在错误，法律适用也不一定得当。有些时候审查员的驳回意见甚至可能是一种审查策略，通过类似"火力侦察"的方式知晓申请人的观点。这都需要申请人针对审查员的意见作出澄清和解释。陈述意见时应当引用《专利审查指南2023》中的相关规定，通过说理、争辩来改变审查员的观点。与审查员的意见交流是一个听证的过程，意见陈述是否到位将直接影响该申请的走向和结果，申请人一定要把握好该机会。

在答复审查意见通知书的过程中有时会遇到与审查员无法沟通的情况，即使申请人把问题分析透了也无法改变审查员的观点，这实属无奈。"谋事在人，成事在天"，把事实讲清楚、把道理说透，至于结局如何只能顺其自然了。一旦申请被驳回，申请人还可以借助其后的复审程序及行政诉讼程序寻求救济。当然申请人都不希望走到这一步，最好在审查程序中将问题解决。

以下以两个发明专利申请案为例，围绕对审查意见通知书的答复以及权利要求书的修改问题作进一步讨论。为了便于对比，选取了两个案情比较相似的案例，它们都涉及对说明书附图的解读，但两个案例的结局却并不相同。

【案例2-7】多级旋风吸尘器❶

一件发明专利申请，涉及一种家用吸尘器。在家用吸尘器中，采用旋风分离的原理对地面的颗粒物进行抽吸和分离已经属于现有技术，将多级旋风分离技术用于家用吸尘器在该申请人的在先专利申请中也已经被公开。该申请只是对现有技术中多级旋风吸尘器的整体结构作了改进，其目的是使吸尘器的结构更加紧凑。

为便于阅读和理解，现将其专利说明书、说明书附图以及权利要求书引述如下。

---

❶ 为还原案例的真实情况，本书中案例部分所引用的法律法规等均为案例当时生效的版本，特此说明。

说 明 书

多级旋风吸尘器

技术领域

本发明涉及一种多级旋风吸尘器，特别是卧式多级旋风吸尘器。

背景技术

现有技术中的卧式多级旋风吸尘器包括构成外观造型面的机体外壳、集尘分离尘桶、具有吸尘口的外接吸尘器管，集尘分离尘桶包括进气口和出气口，进气口与外接吸尘器管相连通形成进气通道，外接吸尘器管环绕在机体外壳的外部，此种结构的旋风吸尘器需要较大的空间。同时，由于管接头设置在底座的外面，导致产品的外观面造型不雅观，且由于进气通道设置在底座的外部，导致结构不紧密，用户容易弄破管接头从而影响旋风吸尘器的进风效果。

发明内容

本发明目的就是克服现有技术的不足而提供一种外形美观且结构紧密的多级旋风吸尘器。

为了达到上述发明目的，本发明的技术方案为：一种多级旋风吸尘器，包括构成外观造型面的机体外壳、多级旋风分离机构构成的集尘分离尘桶、设置于所述的机体外壳内的真空源、具有吸尘口与出尘口的外接吸尘器管，所述的集尘分离尘桶包括至少一个进气口和至少一个出气口，所述的进气口与所述的外接吸尘器管相连通形成进气通道，所述的真空源用于产生进入所述的进气通道的工作气流，所述的进气通道至少部分设置在所述的机体外壳内部。

所述的集尘分离尘桶包括上游旋风分离装置和复数个下游旋风分离装置。

在所述的外接吸尘器管与所述的进气口之间连通有进气管，所述的进气管至少部分设置在所述的机体外壳内部。

所述的进气通道由所述的外接吸尘器管和所述的进气管组成。

所述的机体外壳包括所述的集尘分离尘桶和用于容纳所述的真空源的底座，所述的进气通道设置在所述的底座内部。

所述的进气通道是所述的出尘口与所述的集尘分离尘桶的进气口之间的一段通道。

由于上述技术方案的运用，本发明与现有技术相比具有下列优点：由于将进气通道至少部分设置在所述的机体外壳内部，因此产品的外形雅观而且使得整个旋风吸尘器结构紧凑。

附图说明

附图1为本发明旋风吸尘器的结构分解图；

附图2为本发明旋风吸尘器的俯视图；

附图3为附图2中A－A方向剖视图；

其中：1. 集尘分离尘桶；2. 进气口；3. 出气口；4. 机体外壳；5. 外接吸尘器管；6. 吸尘口；7. 进气通道；8. 底座；9. 底座上盖；10. 底座下盖；11. 真空源；12. 进气管；13. 滚轮；14. 上游旋风分离装置；15. 下游旋风分离装置；16. 出尘口。

具体实施方式

下面将结合附图对本发明优选实施方案进行详细说明。

附图1至附图3所示的多级旋风吸尘器，包括构成外观造型面的机体外壳4，所述的机体外壳4包括多级旋风分离机构构成的集尘分离尘桶1和底座8。

所述的集尘分离尘桶1包括上游旋风分离装置14和复数个下游旋风分离装置15，且所述的集尘分离尘桶1包括一个进气口2和一个出气口3。

所述的底座8由底座上盖9和底座下盖10扣合而成，在所述的底座8内部设有真空源11。

具有吸尘口6与出尘口16的外接吸尘器管5部分设置在所述的底座下盖10上，在所述的外接吸尘器管5与所述的进气口2之间连通有进气管12，所述的进气管12设置在所述的底座8的内部，所述的外接吸尘器管5和所述的进气管12与所述的进气口2相连通形成进气通道7，故所述的进气通道7设置在所述的底座8的内部。

所述的真空源11用于产生进入所述的进气通道7的工作气流。

所述的底座下盖10上设有滚轮13，使得整个旋风吸尘器能在待清洁表面移动。

下面结合附图3说明本发明的工作原理。

当多级旋风吸尘器处在工作状态下，所述的滚轮13在待清洁表面移动，所述的真空源11为所述的进气通道7提供工作气流，夹在灰尘的气流从所述的外接吸尘器管5的吸尘口6进入所述的进气通道7，气流经过所述的进气管12到达所述的集尘分离尘桶1的进气口2从而进入所述的集尘分离尘桶1进行灰尘分离，上游旋风分离装置14对较大颗粒的灰尘进行分离，夹杂细小颗粒灰尘的气流进入所述的下游旋风分离装置15进一步分离，最后干净的空气从所述的出气口3排放出去。

由于所述的进气通道7由所述的外接吸尘器管5和进气管12组成，当需要倒掉所述的集尘分离尘桶1的灰尘时，只需取下所述的集尘分离尘桶1就可将灰尘倒掉。

权利要求书

1. 一种多级旋风吸尘器，包括构成外观造型面的机体外壳（4）、多级旋风分离机构构成的集尘分离尘桶（1）、设置于所述的机体外壳（4）内的真空源（11）、具有吸尘口（6）和出尘口（16）的外接吸尘器管（5），所述的集尘分离尘桶（1）包括至少一个进气口（2）和至少一个出气口（3），所述的进气口（2）与所述的外接吸尘器管（5）相连通形成进气通道（7），所述的真空源（11）用于产生进入所述的进气通道（7）的工作气流，其特征在于：所述的进气通道（7）至少部分设置在所述的机体外壳（4）内部。

2. 根据权利要求1所述的多级旋风吸尘器，其特征在于：所述的集尘分离尘桶（1）包括上游旋风分离装置（14）和复数个下游旋风分离装置（15）。

3. 根据权利要求1所述的多级旋风吸尘器，其特征在于：在所述的外接吸尘器管（5）与所述的进气口（2）之间连通有进气管（12），所述的进气管（12）至少部分设置在所述的机体外壳（4）内部。

4. 根据权利要求3所述的多级旋风吸尘器，其特征在于：所述的进气通道（7）由所述的外接吸尘器管（5）和所述的进气管（12）组成。

5. 根据权利要求1所述的多级旋风吸尘器，其特征在于：所述的机体外壳（4）包括所述的集尘分离尘桶（1）和用于容纳所述的真空源（11）的底座（8），所述的进气通道（7）设置在所述的底座（8）内部。

6. 根据权利要求1所述的多级旋风吸尘器，其特征在于：所述的进气通道（7）是所述的出尘口（16）与所述的集尘分离尘桶（1）的进气口（2）之间的一段通道。

说明书附图

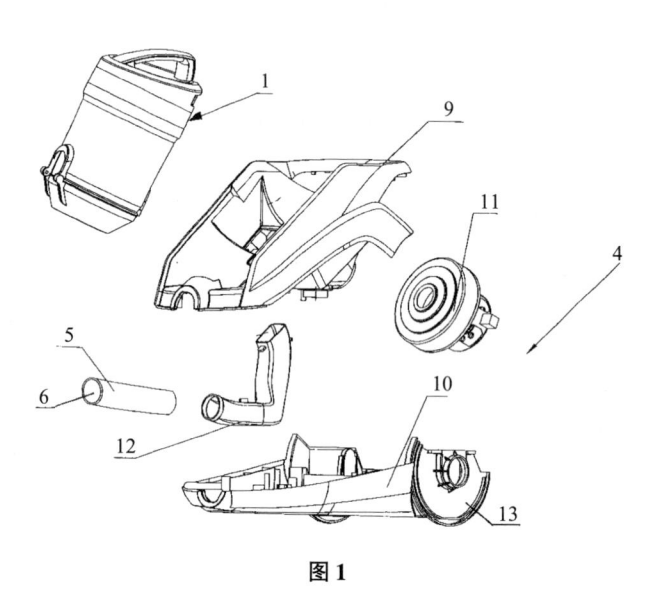

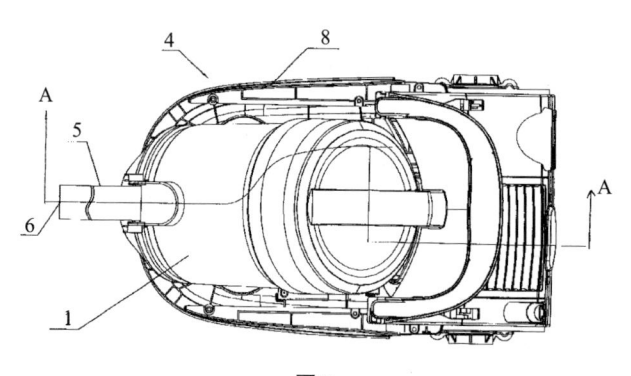

图 1

图 2

图 3

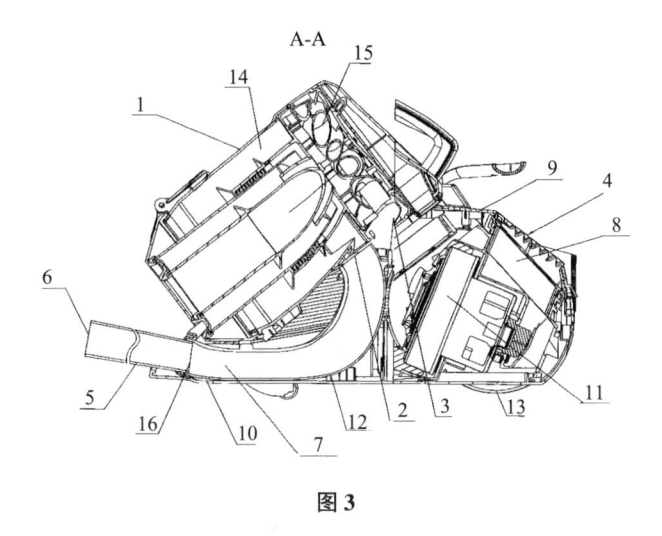

从该申请的权利要求 1 可以看出：该申请涉及一种多级旋风吸尘器，其与现有技术的主要区别是：所述的进气通道（7）至少部分设置在所述的机体外壳（4）内部。

在实审阶段，审查员在"第一次审查意见通知书"中针对上述权利要求书引用了两篇对比文件。对比文件 1 涉及一种单级的旋风吸尘器（见图 2-4），其吸尘管的一部分位于其壳体的内部；对比文件 2 是该申请人的一件在先专利申请，在该申请中采用了两级旋风分离的技术（见图 2-5）。

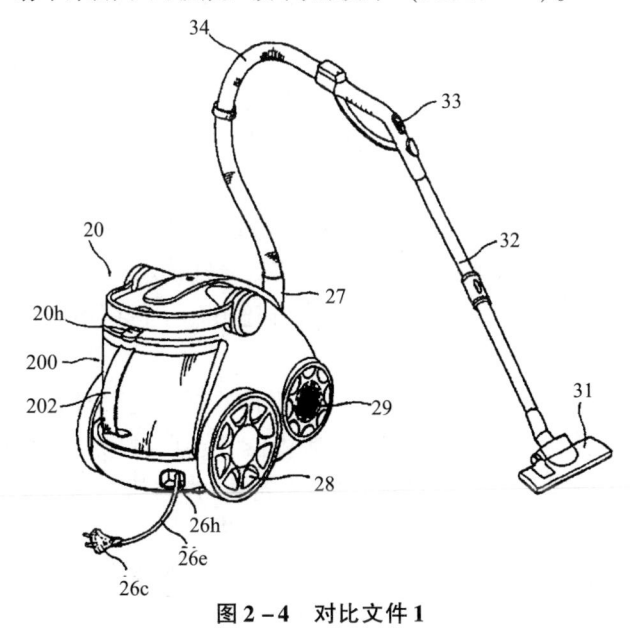

图 2-4 对比文件 1

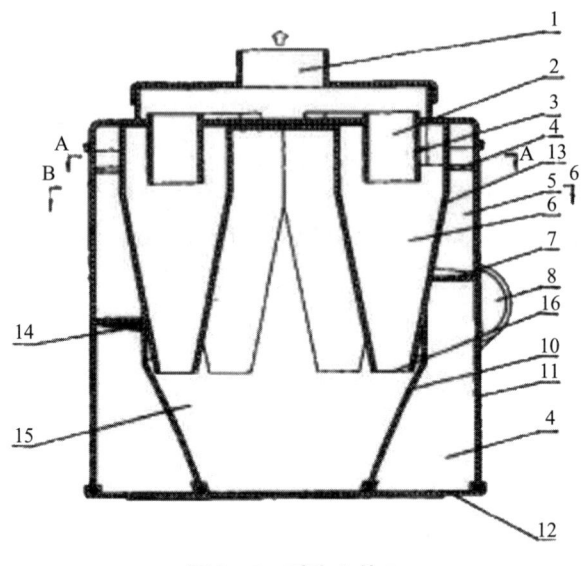

图 2-5 对比文件 2

审查员认为：上述权利要求 1 与对比文件 1 相比，除了"多级旋风分离"这一技术特征未被公开，其余技术特征均已经被公开；而"多级旋风分离"这一技术特征在对比文件 2 中已经被公开。将对比文件 2 的技术直接用于对比文件 1，即可与得出权利要求 1 所述的技术方案，故权利要求 1 不具备创造性。权利要求 2~6 的附加技术特征也已经被对比文件 1 和 2 公开，该申请拟予以驳回。

对照上述权利要求书，审查员的上述审查意见无疑是正确的，原权利要求 1~6 相对于对比文件 1 和 2 不具备创造性。此时，申请人需要以原始公开的内容（原说明书及其附图）为依据，找出该申请与对比文件之间的区别技术特征，并分析该技术特征所带来的技术效果。如果与对比文件相比，该区别技术特征的确带来了一定的技术效果，则应当将该区别技术特征写入权利要求 1 中，对权利要求书作出修改。同时，在"意见陈述书"中阐明修改后的权利要求与对比文件相比具有创造性的理由。

通过该申请的说明书可以得知，其发明目的是"克服现有技术的不足而提供一种外形美观且结构紧密的多级旋风吸尘器"，但权利要求 1 中的"所述的进气通道（7）至少部分设置在所述的机体外壳（4）内部"并非实现该发明目的关键。

由于该申请说明书的文字部分撰写过于简单，既未对该多级旋风吸尘器的某些重要技术特征加以具体描述，也未明确说明其技术效果与其技术方案之间的关系，故仅凭说明书文字记载的内容，尚找不出有别于该两份对比文件的区别技术特征。但是，说明书附图作为说明书的一部分，却明确公开了若干说明书文字部分未记载的技术内容。

申请人认为该申请的主要改进在于"将旋风分离器以倾斜的方式放置在机体中"。这一点虽然未明确记载在说明书的文字部分中，但充分体现在说明书附图中。故在答复审查意见通知书的"意见陈述书"中以说明书附图为依据向审查员陈述了如下意见。

（1）从说明书附图 3 中可以明显看出所述的旋风分离器以倾斜的方式被放置在机体外壳（4）的上表面，而且其轴心线与机体外壳（4）水平底面的夹角大致为 45 度。

（2）结合对比文件 2 的附图可以看出，由于每一级分离器都需要占用一段轴向尺寸，所以多级旋风分离器的轴向尺寸一般要大于单级旋风分离器。如果将多级旋风分离器垂直放置在机体外壳上，势必带来整体高度过高的问题。

（3）将旋风分离器以倾斜的方式放置在机体外壳（4）的上表面，使其轴心线与机体外壳（4）水平底面的夹角大致为 45 度，可以有效地降低多级旋风分离装置的高度，使吸尘器的结构更加紧凑、合理。这种倾斜放置的方式是申请人的一种创新，克服了旋风分离器必须垂直放置的偏见。事实证明在气流高速旋转的情况下，倾斜放置并不影响该吸尘器的分离效果。

申请人同时对权利要求进行了修改，将"所述的旋风分离器以倾斜的方式被放置在机体外壳（4）的上表面，其轴心线与机体外壳（4）水平底面的夹角大致为 45 度"的技术特征写入权利要求 1 中。

对此，审查员在"二通"中表示了如下审查意见：

权利要求 1 中所补入的"所述的旋风分离器以倾斜的方式被放置在机体外壳（4）的上表面，其轴心线与机体外壳（4）水平底面的夹角大致为 45 度"这一技术特征在说明书中未予记载，故该修改超出原始说明书所记载的范围，不能被接受。

针对审查员的该审查意见，申请人在"第二次意见陈述书"中进一步陈述了如下意见：

对于权利要求 1 中所补入的内容，虽然说明书的文字部分缺少明确的记载，但说明书附图是说明书的一部分，属于原说明书记载的范围。根据《专利审查指南 2010》的有关规定，本领域技术人员通过阅读说明书附图可以直接、毫无疑义地确定的技术内容也属于原始公开的内容，并引用了《专利审查指南 2010》的有关规定作为依据。

《专利审查指南2010》第二部分第八章第5.2.1.1节（修改的内容与范围）明确规定："原说明书和权利要求书记载的范围包括原说明书和权利要求书文字记载的内容和根据原说明书和权利要求书文字记载的内容以及说明书附图能直接地、毫无疑义地确定的内容。"

"所述的旋风分离器以倾斜的方式被放置在机体外壳（4）的上表面"这一技术特征属于本领域技术人员通过附图3一目了然、可以直接、毫无疑义地确定的内容，故应当属于原始公开的内容，可以作为修改权利要求的依据。

《专利审查指南2010》还明确规定，"通过测量附图得出的尺寸参数技术特征"不能作为修改依据。由于"其轴心线与机体外壳（4）水平底面的夹角大致为45度"这一技术特征涉及了具体角度，属于目测或通过"测量附图得出的尺寸参数"，不能作为修改依据，故申请人将其从所补入的技术特征中去除。

借助会晤程序，申请人依据《专利审查指南2010》的规定，进一步向审查员详细陈述了修改后权利要求书能够得到说明书及其附图支持的理由。通过充分交流，审查员最终接受了申请人的修改意见——将"该集尘分离尘桶（1）倾斜放置在机体外壳（4）的上表面"写入权利要求1，并要求依据附图对集尘分离尘桶的放置位置作进一步限定。

授权文本的权利要求1如下：

一种多级旋风吸尘器，包括机体外壳（4）、集尘分离尘桶（1）、进气管（12）和真空源（11），所述真空源（11）和进气管（12）均设置于机体外壳（4）的内部，进气管（12）的两端分别为吸尘口和出尘口，所述的集尘分离尘桶（1）设置在机体外壳（4）的外部，它包括一个进气口（2）和一个出气口（3），该集尘分离尘桶（1）的进气口（2）与进气管（12）的出尘口相连接，该集尘分离尘桶（1）的出气口（3）与真空源（11）相连通，其特征在于：所述的集尘分离尘桶（1）为多级旋风分离器，该集尘分离尘桶（1）倾斜放置在机体外壳（4）的上表面并位于真空源（11）的前部，集尘分离尘桶（1）的上端朝向靠近机体外壳（4）内的真空源（11）的方向，集尘分离尘桶（1）的下端远离所述的真空源（11），使所述的进气管（12）位于集尘分离尘桶（1）的下方，所述进气口（2）位于集尘分离尘桶（1）靠近机体外壳（4）的侧壁上，所述出气口（3）位于集尘分离尘桶（1）所述进气口（2）的上方。

在上述权利要求1中：①申请人按照审查员的要求以对比文件1作为最接近的现有技术进行了划界；②除了加入"该集尘分离尘桶（1）倾斜放置在机体外壳（4）的上表面"这一重要技术特征，还对该集尘分离尘桶（1）在吸尘器中的具体位置以及连接方式进行了限定；③虽然新加入的某些技术特征在原始说明书的文字部分未明确记载,但均属于通过说明书附图能直接地、毫无疑义地确定的内容,故可以作为权利要求书修改的依据;④"该集尘分离尘桶(1)倾斜放置在机体外壳(4)的上表面"这一技术特征与"使得整个旋风吸尘器结构紧凑"之间具有必然的因果关系,后者属于前者隐含的技术效果,这对于本领域技术人员来说是很容易理解的。该技术特征是实现其发明目的的必要技术特征,还是区别于对比文件1和2的技术特征。对于本领域技术人员来说,在对比文件1和2未给出相关教导及启示的情况下,权利要求1所作的改进具有"非显而易见"性,故权利要求1具有创造性。

【案例 2-8】一种多晶硅生产中使用的硅芯

该案例涉及一种多晶硅生产过程中使用的硅芯。在该申请的说明书中公开了以下内容。

硅芯是生产多晶硅装置中的一个重要部件,硅芯组件一般由两根硅芯搭接组合而成。现有技术在搭接硅芯组件时,通常使用的硅芯为直径8mm左右的实心圆硅芯或用硅锭经线切割形成的10mm×10mm的方硅芯作为硅芯。在多晶硅的还原反应过程中,生成的硅不断沉积在每根硅芯的表面,随着硅芯表面积的不断加大,反应气体分子对沉积面(硅芯表面)的碰撞机会和数量也会随之增加。因此在搭接硅芯组件时,所使用硅芯的直径越大,多晶硅的生长效率也越高。

大直径的实心硅芯固然可以提高还原过程的生产率,但其拉制却存在生产效率低的问题。硅芯的直径越大,其拉制也越加困难。此外,采用大直径的实心硅芯还存在不便运输、搭接后击穿难度大等问题。

针对上述现有技术中硅芯所存在的不足,本发明提供了一种新型硅芯。

该硅芯属于一种组合式硅芯,即每根硅芯都是由若干相互并列、在硅芯的横截面内均匀分布的硅条组合而成。各硅条之间留有间隙,以便还原炉中的反应气体从硅条之间穿过。由于该硅芯是由多根硅条组合而成,故组合后的硅芯其横截面形状既不同于传统的实心结构的实心硅芯,也不同于该申请人在先专利申请中所公开的空心结构的空心硅芯,其横截面既非实心,也非空心。附图显示了该申请每根硅芯横截面的形状,在说明书及权利要求书中称之为"半空心"结构的硅芯。

如图1所示,该硅芯(3)是由若干硅条(2、5、6)组合而成的,组成硅芯的硅条可以是平板硅条,也可以是具有异形横截面的硅条,例如"L"硅条或圆弧形硅条(5),还可以是圆柱形硅条(6)。

由多根竖硅条组合而成的柱形硅芯其横截面可以为圆形或多边形(如图1所示)。

对于横截面积一定的硅芯而言，采用本发明这种组合式半空心硅芯可以获得更大的表面积。在还原炉中硅芯与反应气体的接触机会就加大，反应气体分子对沉积面（硅芯表面）的碰撞机会和数量也会随之增加。硅芯的表面积愈大则沉积的多晶硅量也愈多，多晶硅的生长效率也随之提高。

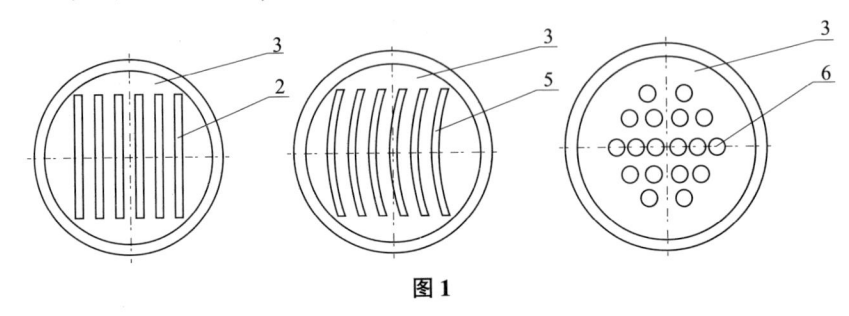

图1

以上附图表示了该申请单根柱形硅芯（3）的横截面状态，硅条（2、5、6）被固定在硅条固定座上，组合后构成了单根硅芯（3）。

图2-6表示了现有技术中实心硅芯及空心硅芯的横截面。

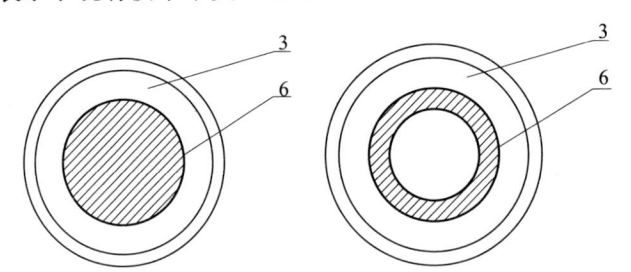

图2-6 现有技术中实心硅芯及空心硅芯的横截面

该申请的权利要求1~5为：

1. 一种多晶硅生产中使用的硅芯，其特征在于：该硅芯由多根竖硅条拼合而成，各竖硅条相互并列并留有间隙，拼合后的硅芯为半空心的柱形硅芯。

2. 如权利要求1所述的硅芯，其特征在于：所述竖硅条为平板硅条（2）。

3. 如权利要求1所述的硅芯，其特征在于：所述竖硅条的横截面为"L"形硅条（4）。

4. 如权利要求1所述的硅芯，其特征在于：所述竖硅条的横截面为圆弧形硅条（5）。

5. 如权利要求1所述的硅芯，其特征在于：所述竖硅条为圆柱形硅条（6）。

审查员在实审过程中提供了如下对比文件，参见图2-7。

(54) 发明名称

一种增加多晶硅还原炉里硅芯根数的方法及装置

(57) 摘要

本发明公开了一种增加多晶硅还原炉里硅芯根数的方法及装置。多晶硅生产是利用三氯氢硅与氢气在还原炉内的硅芯表面上发生化学反应后生成的,因此生产量与硅芯的表面积有关,硅芯表面积大的,参加反应的面积就大,生产速度就快。现有还原炉里的每个石墨电极上只有1根硅芯,而本发明是每个石墨电极上可以有2~8根硅芯,因此,表面积就大,从而可以改变多晶硅生产慢的不利局面。

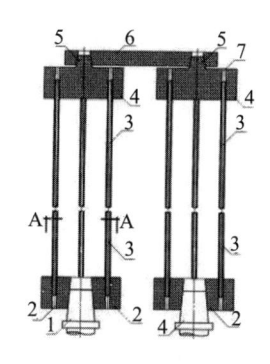

图2-7 对比文件

图2-8所示的是该对比文件中由2~8根硅芯(3)组合而成的硅芯组件(2)的横截面状态,标号3为硅芯,其中心部分的虚线圆环是用于安装电极的锥形体(6)的投影。

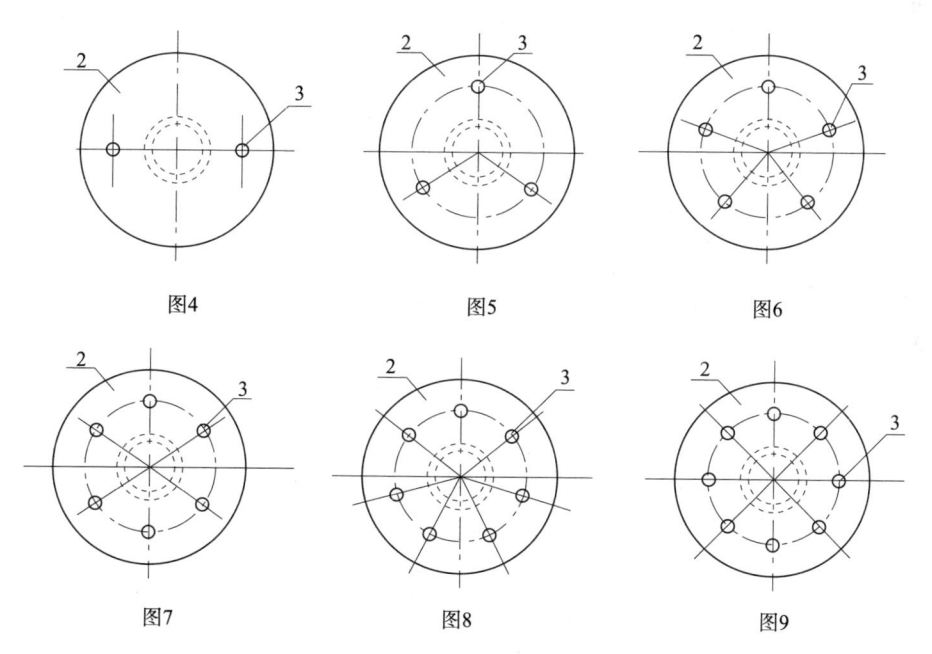

图2-8 对比文件中多种硅芯组件的横截面

审查员在"第一次审查意见通知书"中认为:

对比文件公开了一种多晶硅生产中使用的硅芯,在石墨电极(2)中心孔周围有2~8个锥形小孔(7),每个小孔里装一根硅芯(3),该硅芯即相当于权利要求1的竖硅条;硅芯(3)相互并列且留有间隙,拼合后的硅芯为半空心的柱形结构。由此可见，对比文件1已经公开了该权利要求1的全部技术特征，故权利要求1不具有新颖性。

针对审查员的"第一次审查意见通知书"，申请人以"意见陈述书"的形式向审查员陈述了权利要求1与该对比文件之间的区别。

申请人认为：

本申请的权利要求1与审查员提供的对比文件1相比存在实质性区别。虽然该对比文件中的硅芯也是组合式硅芯，但组合后的硅芯属于空心结构，而并非"半空心"结构。故权利要求1中的"拼合后的硅芯为半空心的柱形硅芯"这一技术特征并未被对比文件1所公开，审查员的认定与事实不符。

(1) 对于"半空心"这一概念，在该申请的说明书已经作出了说明："本发明的硅芯由若干相互并列排置的竖硅条组合而成，各竖硅条之间留有间隙，便于还原炉中的反应气体从硅条之间穿过。组合后的硅芯横截面既不同于传统的实心结构的硅芯，也不同于美国GT太阳能公司的200780015406.5号专利以及本申请人于2016年1月6日提交的申请号为201610002833.0的专利申请所公开的空心结构硅芯，在此称为'半空心结构'的柱形硅芯。"

(2) 所谓"半空心"，顾名思义即"半空半实"，或者说其"心"部既有硅条，但又未被硅条填充满，硅条之间存在空隙。以实心硅芯和空心硅芯作为对比，本领域技术人员很容易理解其技术含义。

(3) 除此之外，该申请的说明书附图也对"半空心"的结构特征作出了明确的解释，通过附图可以清楚地看出，不仅柱形硅芯的外周设置有硅条，柱形硅芯的中间部分也设有竖硅条，内外竖硅条相互并列并留有间隙。这是本领域技术人员阅读附图后可以明确无误地理解的内容。

为了进一步向审查员说明"半空心"的含义，申请人还援引了《辞海》中对"半"、"空"以及"心"所作的解释。

《辞海》的解释如下：

半　不完全，如半旧；半开半掩。

空　中无所有。如：空手；空心。

心　中央；内部。如：掌心；江心；空心；实心。

综合《辞海》的上述解释，"半空心"应当理解为"内部不是全空的，既非实心，也非空心"。

据此，申请人认为：

借助于说明书、说明书附图以及《辞海》的有关解释，本领域技术人员完全可以清楚地理解"半空心"的技术含义，即硅芯的内部也填充有硅条，但并未完全被填充满。

为了进一步体现"半空心"的结构特点，与对比文件划清界限，申请人在修改权利要求书时，将"硅芯的内部也设有竖硅条"这一技术特征加入了权利要求1中。该内容虽然没有明确记载在说明书文字部分中，但属于从说明书附图中可以直接地、毫无意义地看出的内容。依据《专利审查指南2010》的规定，该修改并未超出原始公开的范围。

修改后的权利要求1为：

1. 一种多晶硅生产中使用的柱形硅芯，该柱形硅芯由多根竖硅条拼合而成，该柱形硅芯横截面的形状为圆形或多边形，其特征在于：硅芯的内部也设有竖硅条，各竖硅条相互并列并留有间隙，拼合后的硅芯为"半空心"的柱形硅芯。

在"意见陈述书"中申请人还以说明书为依据进一步说明了这种"半空心"硅芯所产生的技术效果。

现有技术中的空心硅芯，在还原炉中其沉积面仅限于硅芯的外表面。对比文件中组合式空心硅芯的沉积面仅限于位于横截面外周的硅条的外表面，由于硅芯的心部是空的，未设置硅条，所以硅晶体无法在硅芯的内部沉积。采用本申请"半空心"结构的柱形硅芯，在还原反应过程中，由于硅芯的整个横截面都设有硅条，而且硅条之间存在间隙，故硅晶体会在每根硅条的外表面进行沉积，从而使硅条之间的间隙逐渐被填充，最终会形成实心或近似实心的结构。其多晶硅的生成率要远大于现有技术中的实心硅芯及空心硅芯（包括对比文件的硅芯）。

针对申请人的意见陈述及修改后的权利要求1，审查员在"第二次审查意见通知书"中认为：

（1）修改后的权利要求1中增加了"硅芯内部也设有竖硅条"。该技术特征未记载在原申请文件中，不能从原申请文件中直接地、毫无意义地确定。因此，修改超出了原说明书和权利要求书记载的范围，不符合《专利法》第三十三条的规定。

（2）如果将柱形硅芯边缘具有连续结构，而内部中空理解为"空心"结构，其边缘具有不连续结构就可以理解为"半空心"结构，如对比文件1附图5-9所示，多个竖硅条围成圆形，硅条之间具有空隙，由此导致整个柱形硅芯边缘不连续，属于半空心的范畴。因此该特征已经被对比文件1公开。

申请人不认同审查员的上述观点，申请人认为：

（1）"硅芯内部也设有竖硅条"这一技术特征，虽然未明确记载在说明书的文字部分,但从其说明书附图中任何人都可以直接地、毫无意义地看出。审查员所作的认定("其不能从原申请文件中直接地、毫无意义地确定")忽略了附图所提供的信息,不符合《专利审查指南2010》的有关规定,即原说明书和权利要求书记载的范围包括原说明书和权利要求书文字记载的内容与根据原说明书和权利要求书文字记载的内容以及说明书附图能直接地、毫无疑义地确定的内容。

(2)对于柱形硅芯而言,"边缘"与"心部"涉及硅芯的两个不同部位。"空心"与"半空心"都是针对心部而言的。硅芯的边缘"连续"与否与其心部的"空"与"半空"没有必然的联系——连续的边缘既可以是空心的,也可以是半空心的;不连续的边缘既可以是空心的,也可以是半空心的。权利要求1所限定的是硅芯的心部而并非边缘,因此不同意审查员将对比文件中的硅芯视为"半空心"的观点。权利要求1中的"半空心"结构并未被对比文件公开。

尽管审查员对申请人引用申请文件附图所公开的内容提出反对意见,但审查员在引用对比文件时,却将从附图中看到而说明书文字部分未记载的内容与该申请进行了对比:"第一次审查意见通知书"中的一个重要意见——"硅芯(3)相互并列且留有间隙,拼合后的硅芯为半空心的柱形结构。由此可见,对比文件1已经公开了该权利要求1的全部技术特征",就是从对比文件附图中解读出的内容,而在其说明书的文字部分没有记载。只不过审查员在引用时没弄清"空心"与"半空心"概念的区别。

虽然申请人多次引用《专利审查指南2010》的有关规定与审查员进行沟通,但均不能说服审查员,审查员坚持认为:①申请人对权利要求1的上述修改超范围;②对比文件已经公开了"半空心"的结构。

分析和对比上述两个案例,笔者有如下感想。

两个案例都涉及专利审查过程中对权利要求书的修改是否超范围的问题,而且都与说明书附图所公开的内容有关。根据《专利法》的有关规定,申请人对权利要求书的修改不得超出原始公开的范围。由于说明书附图也属于原始公开内容的一部分,故可以作为权利要求修改的依据。根据《专利审查指南2010》的规定,凡本领域技术人员通过附图可以直接地、毫无疑义地得知的内容都属于原始公开的内容,可以作为专利文件修改的依据。正因为如此,在上述两个案例中,审查员在解读对比文件时都引用了从对比文件的附图中所读取的内容,而这些内容在说明书的文字部分并没有明确记载。

附图是一种工程语言,在机械领域附图的作用尤为重要。我国《专利法》

明确规定实用新型专利申请必须提交附图；美国专利文件中始终将附图放在说明书文字部分的前面，以便于读者对专利文件的理解和检索。20 世纪末在建立电子数据库之前，我国审查员在进行专利检索时，主要依靠各国专利文献的纸件进行检索，面对数百份国外文献，审查员一般首先会查看专利文件的附图，根据附图所公开的信息作大致判断，然后对照说明书文字作进一步理解。可见，附图的作用贯穿专利审查的诸多环节。

在审查过程中，审查员在判断修改是否超范围时，如果只认可说明书文字部分所记载的内容，而拒不接受附图毫无疑义公开的内容，则显然有悖于《专利法》及《专利审查指南 2010》的规定。换句话说，如果对说明书附图所公开的内容采取一味拒绝的态度，那么《专利审查指南 2010》的上述规定就是多余的了。对于审查员来说，这种做法固然可以避免犯"修改超范围"的错误，但却是以损害专利申请人的利益为代价的。

对于审查员与申请人之间的关系，欧洲专利局的一位老审查员曾经说过：在专利审查过程中审查员要作申请人的朋友，而不是作申请人的敌人；审查员的任务是帮助申请人获得专利权，而不是阻止申请人获得专利权。这种说法体现了一种社会公平的理念和普世价值，值得我们审查员深思和借鉴。

根据《专利法》的规定，对于审查阶段被驳回的专利申请，申请人如果不服审查决定，还可以提出复审请求。复审程序以及后续的行政诉讼程序对于申请人来说是一种救济。对于审查员来说，这些程序无疑是对其滥用职权的一种制约。

第三章 与撰写及审查有关的案例剖析

一、对两件发明专利申请案的剖析

（一）无接口 F4 玻纤环形带的制造工艺

[原申请文件]

权 利 要 求 书

1. 一种无接口 F4 玻纤环形带的制造工艺，其特征在于：该工艺过程如下：

（a）平纹玻纤圆筒布的编织：以无碱60支或160支玻纤纱为原料在编织机上编织成厚度为 0.10～0.27 毫米的、规格为 16×18～16×22 的平纹玻纤圆筒布；

（b）脱蜡处理：将上述圆筒布在高温炉内温度控制在 300℃～360℃ 之间以行程速度 2 厘米/秒送进炉内进行脱蜡；

（c）分切：按宽度 300～1500 毫米进行分切；

（d）F4 预制液浸渍及烘干：将分切后的平纹玻纤圆筒布放在两个直径相等、中心距平行的可转动的不锈钢辊上进行涨紧，控制周长尺寸，温度控制在 120℃～180℃，圆筒布的行程线速度为 0.1～0.5 厘米/秒，浸渍次数为 4～6 圈的周长，同时烘干；

（e）高温烧结成型：卸去 F4 预制液，将设备温度调整到 320℃～380℃，行程线速度为0.5厘米/秒，烧结时间控制在2分钟内；

（f）分切：取下烧结后的F4玻纤制品，按需要带宽进行分切。

2. 如权利要求1所述的无接口F4玻纤环形带的制造工艺，其特征在于：所述的F4预制液的投料比：用固体含量为60%的F4分散乳液加蒸馏水20%~25%稀释后以5/10000的比例加入OBS，即制成F4预制液。

3. 如权利要求1或2所述的无接口F4玻纤环形带的制造工艺，其特征在于：分切后的平纹玻纤圆筒布在进行F4预制液浸渍前利用相同的设备进行硅橡胶溶液浸渍，设备温度控制在80℃~160℃，圆筒布旋转的行程线速度为0.2~0.5厘米/秒，浸渍次数为1圈的周长，并同时烘干。

4. 如权利要求3所述的无接口F4玻纤环形带的制造工艺，其特征在于：所述的硅橡胶溶液的投料比：将50%含量的硅橡胶、二甲苯溶剂再添加二甲苯使浓度降到10%~15%，即制得硅橡胶溶液。

5. 如权利要求1所述的无接口F4玻纤环形带的制造工艺，其特征在于：脱蜡处理的最佳温度为340℃。

6. 如权利要求1所述的无接口F4玻纤环形带的制造工艺，其特征在于：高温烧结的最佳温度为360℃。

说 明 书

无接口 F4 玻纤环形带的制造工艺[1]❶

本发明涉及无接口环形带的制造工艺。[2]

F4 玻纤环形带是封口机热合封口必不可少的传动带。随着包装业的发展,多功能自动封口机的工作任务越来越繁重,因此它迫切需要高寿命、耐高温的传动带,而有接口的环形带在接口处易伸长,最终断裂,且不耐高温,当温度达到 220℃ ~250℃使用 5 分钟后就出现磨损而断裂现象,因此提供一种无接口 F4 玻纤环形带是封口行业的迫切需求,过去由于没有合理的制造工艺,无接口 F4 玻纤环形带的制造一直是空白。[3]

本发明的任务是针对现有技术的不足而提供一种合理、成熟的制造工艺和由此工艺而制得的一种高寿命、耐高温的无接口 F4 玻纤环形带。[4]

本发明所述的无接口 F4 玻纤环形带的制造工艺是:

(a) 平纹玻纤圆筒布的编织:以无碱 60 支或 160 支玻纤纱为原料在编织机上编织成厚度为 0.10 ~0.27 毫米的、规格为 16×18 ~16×22 的平纹玻纤圆筒布;

(b) 脱蜡处理:将上述圆筒布在高温炉内温度控制在 300℃ ~360℃之间以行程速度 2 厘米/秒送进炉内进行脱蜡;

(c) 分切:按宽度 300 ~1500 毫米进行分切;

(d) F4 预制液浸渍及烘干:将分切后的平纹玻纤圆筒布放在两个直径相等、中心距平行的可转动的不锈钢辊上进行涨紧,控制周长尺寸,温度控制在 120℃ ~180℃,圆筒布的行程线速度为 0.1 ~0.5 厘米/秒,浸渍次数为 4 ~6 圈的周长,同时烘干;

(e) 高温烧结成型:卸去 F4 预制液,将设备温度调整到 320℃ ~380℃,行程线速度为 0.5 厘米/秒,烧结时间控制在 2 分钟内;

(f) 分切:取下烧结后的 F4 玻纤制品,按需要进行分切。

按上述工艺制得的圆筒布是 F4 玻纤环形带。[5]

如果在浸渍 F4 溶液前先进行硅橡胶溶液浸渍,利用相同的设备,将设备温度控制在 80℃ ~160℃,圆筒布旋转的行程速度为 0.2 ~0.5 厘米/秒,浸渍次数为 1 圈周长,并同时烘干,其他工艺同前,那么制得的圆筒布为 F4 硅玻纤环形带。F4 硅玻纤环形带比 F4 玻纤环形带弹性好,不管怎样扭转都不会产生断裂

---

❶ 对于该说明书中的上角标,后文作者给出了相应的说明。

现象。

硅橡胶溶液的投料配比：将 50% 含量的硅橡胶、二甲苯溶剂（市场购得）再添加二甲苯使浓度降到 10%~15%，即制得硅橡胶溶液，预先配制待用。

F4 预制液的投料配比：用固体含量为 60% 的 F4 分散乳液（市场购得）加蒸馏水 20%~25% 稀释后以 5/10000 的比例加入 OBS，即制成 F4 预制液，预先配制待用。

F4 和玻纤都是耐高温的材料，F4 不仅耐高温，同时具有特强的防黏性，所以充分浸渍 F4 预制液将是影响环形带质量的关键。

影响环形带质量的主要参数是脱蜡处理的温度和高温烧结温度。脱蜡处理的温度太低，使玻纤布有残留蜡，在浸渍 F4 预制液时就无法渗透，直接造成 F4 浸渍的均匀性和厚薄不均，为了弥补此缺陷，往往采用多次浸渍，也避免不了厚薄不均和结块现象，故直接影响使用效果和寿命。脱蜡温度太高，虽然蜡全部去除，但容易造成玻纤高温后的脆裂，容易折断，故脱蜡的最佳温度为 340℃。

高温烧结温度太低，环形带的色泽透明粗糙，使 F4 的分子结构没充分聚合，且局部有脱丝现象，造成玻纤丝和 F4 分离，降低使用寿命。太高的话，色泽发黑，F4 的分子结构部分造成破坏，玻纤变硬而脆裂，柔软性降性，容易断裂，亦影响使用寿命，故以 360℃ 为最佳温度。

按本发明的制造工艺所制得的环形带克服了有接口环形带经常断裂的缺陷，其寿命要比有接口的提高 4~5 倍，且耐温高，为塑料封口包装行业提高了产品质量和生产率，减少了大量的配件成本，本发明工艺合理、简单，能保证产品质量。

下面以实施例来说明本发明的制造工艺。

实施例 1

首先按要求配制硅橡胶溶液和 F4 预制液。

将已编织好的平纹玻纤圆筒布放在温度恒定在 300℃ 的高温炉设备中进行脱蜡处理，脱蜡行程速度为 2 厘米/秒；脱蜡后分切；然后将分切后的圆筒布放在两个直径相等、中心距平行的不锈钢辊上涨紧，控制周长尺寸，设备温度调至 140℃，以行程线速度 0.3 厘米/秒进行硅橡胶浸渍 1 圈；卸去硅橡胶浸渍液，在同样设备上将设备温度调至 150℃，以行程线速度 0.2 厘米/秒进行 F4 预制液浸渍 4~8 圈，烘干；卸去 F4 预制液，在同样设备上将温度调至 360℃，行程线速度为 0.5 厘米/秒进行烧结，烧结时间控制在 2 分钟内；最后取下烧结的 F4 硅玻纤环形带按需要宽度进行分切。

按此工艺制作的环形带由于脱蜡温度偏低,玻纤布上有残留蜡,因此在浸渍 F4 乳液中残留蜡处就难以渗透,造成浸渍的厚薄不匀,甚至有结块现象,故对产品的寿命有一定的影响。

实施例 2

将已编织好的平纹玻纤圆筒布放在温度恒定在 360℃ 的高温炉设备中进行脱蜡处理,脱蜡行程速度为 2 厘米/秒;脱蜡后的分切、硅橡胶溶液浸渍、F4 预制液浸渍、烘干、高温烧结、分切等工序重复实施例 1,各参数亦相等。

按此工艺制得的环形带由于脱蜡温度偏高,虽然圆筒布上的蜡全部去除,但玻纤受高温影响引起脆裂,容易折断,这同样影响它的使用寿命。

实施例 3

将已编织好的平纹玻纤圆筒布放在温度恒定在 340℃ 的高温炉设备中进行脱蜡处理,脱蜡行程速度为 2 厘米/秒;脱蜡后的分切、硅橡胶溶液浸渍、F4 预制液浸渍、烘干、高温烧结、分切等工序重复实施例 1,各参数亦相等。

按此工艺制得的环形带由于脱蜡温度适中,使硅橡胶溶液浸渍、F4 预制液浸渍均匀,厚薄一致,烧结后的色泽相当一致,无表面 F4 的结块。

实施例 4

将实施例 1 的脱蜡温度恒定在 340℃,高温烧结温度调至 320℃,其余各工序和各参数全部同实施例 1 一致。

此例由于高温烧结温度偏低,制得的环形带色泽透明、粗糙,浸渍后 F4 的分子结构没有彻底聚合,而且局部有脱丝现象,引起玻纤丝和 F4 分离,降低使用寿命。

实施例 5

将脱蜡温度恒定在 340℃,高温烧结温度调至 380℃,其余各工序和各参数按实施例 1。

此例制得的环形带由于烧结温度偏高,结果是色泽发黑,部分 F4 结构遭到破坏,变硬而脆裂,柔软性降低,容易断裂,降低使用寿命。

实施例 6

将脱蜡温度恒定在 340℃,高温烧结温度调至 360℃,其余各工序和各参数按实施例 1 进行。

此例制得的环形带由于烧结温度适中,结果是色泽透明光滑,表面平整,F4 分子结构最佳聚合于玻纤上,不容易剥离,弹性好,增加了使用寿命。

说明书摘要

  本发明公开的无接口玻纤环形带的制造工艺,其以无碱80支或160支玻纤纱进行编织成平纹玻纤圆筒布,经脱蜡处理后分切预制,然后在浸渍设备两个直径相等、中心距平行的不锈钢辊上涨紧,并在一定温度条件下进行硅橡胶、F4预制液浸渍、烘干,然后进行高温烧结成型,最后按一定宽度尺寸进行分切。按本工艺制作的无接口环形带,耐温高,具有特强的防黏性、弹性,与有接口的相比,寿命提高4~5倍,耐温高达330℃,可大大减少封口机的配件成本。[6]

[对原专利申请文件的评析]
 1. 权利要求书

(1) 从原始说明书所公开的技术内容看，该申请实际上包含了两项发明。一是发明了一种新式结构的产品——无接口的聚四氟乙烯玻纤环形带；二是发明了一种制备该无接口的聚四氟乙烯玻纤环形带的工艺。二者相比，前者的保护价值甚至更大一些。但遗憾的是，在原申请的权利要求书中，申请人仅仅要求保护该环形带的制造工艺，并未对该环形带本身要求保护。如果根据申请人对现有技术的了解，在其申请日之前不存在这种新式结构的环形带，则首先应当对该产品提出保护。在实质审查过程中，加入有关产品的权利要求能否被批准，将取决于审查员的检索和审查。但是，根据"请求原则"，申请人如果不首先提出对该产品进行保护的请求，则该产品是肯定不会得到保护的。

当一项发明构思包含了两项或两项以上的发明时，申请人往往把注意力集中在其研制过程中耗费精力最多的方面，并站在开发研究的立场上看待所作的发明。

具体说，该申请的发明人在研制过程中，可能将主要精力集中在如何制造出一种经久耐用的环形带上。但是，一旦这种制造方法被研究成功，发明人实际上获得了两项成果——一是制备方法，二是由该方法所制备的产品（如果该产品是新的）。按照传统的评价科技成果的观点，往往重视前者而容易忽略后者。而对于专利保护来说，"产品"与该产品的"制造方法"分别属于两项类别不同的发明，只要它们之间具有相同的发明构思，完全可以作为同一件专利申请提出。如果该产品能够获得专利保护，则他人无论用何种方法来制得相同结构的环形带，都将构成侵权；而如果仅仅保护制造该产品的方法，而未要求对该产品进行保护或者该产品未获得专利权，则他人只有在使用该方法时才构成侵权，此时对该产品的保护范围仅限于采用该方法所直接生产的产品（《专利法》第十一条第一款），二者之间差别甚大。

因此，当申请人的一项发明构思包含着产品和制造该产品的方法这样两项发明时，首先应当考虑对这两项发明同时提出保护，尤其是不能忽视对产品的保护。完成一项发明与将所完成的发明用专利的方式进行保护并不是一回事，二者之间有着本质的区别。在专利申请的实践中，不少申请人甚至专利代理师往往忽视了这种差别，从而使某些原本可以受到专利保护的技术主题未能获得专利权。这对申请人来说，无疑是一种损失。

所幸的是在该申请的原始说明书中，申请人在对其制造方法进行描述的同时，已经将该产品的结构特征作了充分的公开，从而使日后的修改——对该环形带本身也进行保护成为可能。

（2）权利要求1的撰写存在的问题：

① 用"F4"表示"聚四氟乙烯"不规范，要想使权利要求书清楚地表述请求保护的范围，对权利要求中每个技术特征的描述必须清楚，故应当用"聚四氟乙烯"代替"F4"。

② 要想使一项独立权利要求获得最大的保护范围，手段之一便是在其中记载尽可能少的技术特征，换句话说，写入那些能达到该发明目的的必要技术特征即可。

与现有技术中生产聚四氟乙烯玻纤环形带的方法相比，该发明方法的主要改进在于采用了一种无接口的玻纤圆筒织物作为芯层，先对该圆筒织物作整体处理，然后按要求进行分切。

制备环形带的工艺主要包括对芯层圆筒织物的脱蜡处理、分切、聚四氟乙烯液的浸渍及烘干、高温烧结、二次分切等。每个步骤的具体工艺参数，往往涉及一个较宽的范围，而且属于公知技术，没有必要将它们很具体地写入独立权利要求中，可以在其后的从属权利要求中对最佳工艺参数作进一步限定。

此外，步骤"d"涉及对织物进行聚四氟乙烯的浸渍，很明显，可以采用多种方式来实现对玻纤织物的浸渍，它们均可以实现该发明的目的。原权利要求1中"将分切后的平纹玻纤圆筒布放在两个直径相等中心距平行的可转动的不锈钢辊上涨紧，控制周长尺寸，温度控制在120℃~180℃，圆筒布的行程线速度为0.1~0.5厘米/秒，浸渍次数为4~6圈的周长，同时烘干"这一具体浸渍方式可能是一种优选的处理方式，但却不是必需的方式。将该具体工艺条件写入独立权利要求中，只能造成保护范围的缩小。

由于权利要求1中写入了若干非必要技术特征，因此该制造工艺的保护范围变得非常小。他人只要删除或改变其中的某些特征，便可产生一种有别于权利要求1的技术方案，同样可以实现该发明的目的，而未落入权利要求1的保护范围。

（3）权利要求3是对权利要求1或2所述的制造工艺的进一步限定，即在进行聚四氟乙烯液浸渍之前进行硅橡胶溶液的浸渍。就"方法"而言，应写明与该方法相关的步骤及工艺参数，不应涉及其设备特征。该权利要求中用"利用相同的设备"对硅橡胶浸渍工艺进行限定不妥，应当删除。

（4）权利要求4中"将50%含量的硅橡胶、二甲苯溶剂再添加二甲苯使浓度降到10%~15%即制得硅橡胶溶液"这一技术特征表达得不清楚，应修改为"将硅橡胶含量为50%的原料及二甲苯溶剂相混合，使硅橡胶浓度达到10%~

15%，即制得硅橡胶溶液"。

2. 说明书及摘要

[1] 发明名称应当清楚、简明地反映发明的主题和类型。如果将"环形带"也作为保护对象写入权利要求书中，则在发明名称中应包括"聚四氟乙烯玻纤环形带"这一技术主题，而"无接口"这一涉及环形带区别技术特征的特征，不应写入发明名称中，以便与有关"环形带"的独立权利要求的第一句话相对应，故可将发明名称改为"一种聚四氟乙烯玻纤环形带及其制造工艺"。

[2] 所属技术领域应具体写明该环形带的应用领域，以便与普通的环形带，例如传送带或三角皮带相区别。可将之写为"本发明涉及一种供塑料封口机用的聚四氟乙烯玻纤环形带及其制造工艺"。

[3] 由于该发明涉及聚四氟乙烯玻纤环形带的制造工艺，在背景技术部分，除了对现有技术中的环形带进行必要介绍，还应对环形带的制造工艺进行必要的描述。当一件发明专利申请含有两项或两项以上的发明，例如产品及该产品的制造方法时，在背景技术部分应对二者的现有技术状况分别进行描述。这一点，在实际申请文件中常常被忽略。对现有技术的描写与独立权利要求的撰写有直接的关系，往往关系到选择哪些技术特征写入独立权利要求中去，以及将这些技术特征细化到何种程度。以该环形带的制造工艺为例，聚四氟乙烯玻纤环形带的制造已是一种现有技术，而该发明的工艺仅仅是在此基础上的改进，如果申请人在说明书中对现有技术的工艺作了必要的介绍，则在独立权利要求中就不必对二者的共同特征作过于具体的限定。

由于日本专利申请 JP 平 2-261942 是审查员在检索中发现的一篇与该专利申请最相关的对比文件，申请人应当依据该对比文件对其背景技术进行修改。

[4] 如果申请人将"环形带"也作为保护对象写入权利要求书中，在说明书的发明目的部分及技术方案部分都应含有该"环形带"的内容。

[5] 虽然在原始说明书中未对该聚四氟乙烯玻纤环形带的具体结构作正面描述，但"以无接口的环形玻纤布为芯层，外层涂覆聚四氟乙烯"这一重要技术特征已经隐含在说明书中，故可以作为撰写有关该"环形带"的独立权利要求的基础，并应据此对说明书的有关部分作相应修改。

[6] 摘要中应包含"环形带及其制造工艺"两个技术主题，并包括这两个技术主题的主要技术特征。

[修改文本]

权 利 要 求 书

1. 一种聚四氟乙烯玻纤环形带，它以玻纤布为芯层，外层涂覆聚四氟乙烯，其特征在于：所述的玻纤布是无接口的环形织物。

2. 一种生产如权利要求1所述的聚四氟乙烯玻纤环形带的制造工艺，其特征在于：该工艺包括：

（a）玻纤圆筒布的编织；

（b）玻纤圆筒布的脱蜡处理；

（c）按需要宽度对玻纤圆筒布进行分切；

（d）用聚四氟乙烯预制液对玻纤圆筒布浸渍并烘干；

（e）高温烧结成型；

（f）按需要宽度对烧结后的聚四氟乙烯玻纤制品进行二次分切。

3. 如权利要求2所述的聚四氟乙烯玻纤环形带的制造工艺，其特征在于：所述的玻纤圆筒布的编织是以60支或160支玻纤纱为原料，在编织机上编织成厚度为0.10～0.27毫米的、规格为16×18～16×22的平纹玻纤布。

4. 如权利要求2或权利要求3所述的聚四氟乙烯玻纤环形带的制造工艺，其特征在于：所述的脱蜡处理是在高温炉内进行的，其温度为300℃～360℃，行程线速度2厘米/秒；高温烧结成型是在除去聚四氟乙烯预制液后进行的，其温度为320℃～380℃，行程线速度为0.5厘米/秒，烧结时间为2分钟内。

5. 如权利要求2或权利要求3所述的聚四氟乙烯玻纤环形带的制造工艺，其特征在于：所述的聚四氟乙烯预制液的投料比为：用固体含量为60%的聚四氟乙烯分散乳液加蒸馏水20%～25%稀释后以5/10000的比例加入OBS，即制成聚四氟乙烯预制液。

6. 如权利要求2或3所述的聚四氟乙烯玻纤环形带的制造工艺，其特征在于：在浸渍聚四氟乙烯预制液时，先将分切后的玻纤圆筒布放在两个直径相等、中心距平行的可转动的钢辊上进行涨紧、控制周长尺寸，圆筒布的行程线速度为0.1～0.5厘米/秒，浸渍次数为4～6圈的周长，并同时烘干，烘干温度为120℃～180℃。

7. 如权利要求2所述的聚四氟乙烯玻纤环形带的制造工艺，其特征在于：分切后的平纹玻纤圆筒布在进行聚四氟乙烯预制液浸渍前进行硅橡胶溶液浸渍，并同时进行烘干，烘干温度控制在80℃～160℃，圆筒布旋转的行程线速度为0.2～0.5厘米/秒，浸渍次数为1圈的周长。

8. 如权利要求7所述的聚四氟乙烯玻纤环形带的制造工艺，其特征在于：所述的硅橡胶溶液的投料比为：将硅橡胶含量为50%的原料及二甲苯溶剂相混合，使硅橡胶浓度达到10%~15%，即制得硅橡硅溶液。

9. 如权利要求4所述的聚四氟乙烯玻纤环形带的制造工艺，其特征在于：脱蜡处理的温度为340℃。

10. 如权利要求4所述的聚四氟乙烯玻纤环形带的制造工艺，其特征在于：高温烧结的温度为360℃。

说　明　书

一种聚四氟乙烯玻纤环形带及其制造工艺

技术领域

　　本发明涉及一种供塑料封口机热合封口使用的聚四氟乙烯玻纤环形带及其制造工艺。

背景技术

　　聚四氟乙烯玻纤环形带是封口机热合封口时所采用的一个重要部件。随着塑料包装业的迅速发展，热合封口机的使用量越来越大，在现今使用的热合封口设备中，所采用的聚四氟乙烯玻纤环形带多为具有搭接口的，该环形带接口处的厚度相当于其他部位厚度的2倍，使用时接口部位应力集中，很容易发生断裂，影响使用寿命。

　　目前使用的这种聚四氟乙烯玻纤环形带一般是先将聚四氟乙烯玻纤平幅织物进行分切，然后涂覆聚四氟乙烯，并进行高温热处理，最后将一定长度的条带两端黏合在一起。

　　日本专利申请JP平2-261942公开了一种环形带及其制造方法，这种环形带不存在搭接部分，采用斜接口的形式将带的两端相对接，然后将两层或两层以上的环形带叠合在一起，使它们的接口位置相互错开200毫米。这种环形带的性能较上述环形带虽说有所改进，但依然存在薄弱环节，当使用温度超过200℃时，黏结面就会产生脱胶分离，降低环形带的使用寿命。

发明内容

　　本发明的目的在于提供一种无接口形式的聚四氟乙烯玻纤环形带及其制造工艺，该环形带的横截面均匀一致，从而具有更好的使用性能和更长的使用寿命。

　　本发明所述的聚四氟乙烯玻纤环形带以玻纤布为芯层，外层涂覆聚四氟乙烯，其特征在于所述的玻纤布是无接口的环形织物。

　　本发明所述无接口聚四氟乙烯玻纤环形带制造工艺包括：

　　（a）玻纤圆筒布的编织；

　　（b）玻纤圆筒布的脱蜡处理；

　　（c）按需要宽度对玻纤圆筒布进行分切；

　　（d）用聚四氟乙烯预制液对玻纤圆筒布浸渍并烘干；

(e) 高温烧结成型；

(f) 按需要宽度对烧结后的聚四氟乙烯玻纤制品进行二次分切。

所述的玻纤圆筒布的编织可以是以 60 支或 160 支玻纤纱为原料在编织机上编织成厚度为 0.10～0.27 毫米、规格为 16×18～16×22 的平纹玻纤布。

所述的玻纤圆筒布的脱蜡处理是在高温炉内进行的，其温度为 300℃～360℃，行程线速度为 2 厘米/秒。所述在高温烧结成型是在除去聚四氟乙烯预制液后进行的，其温度为 320℃～380℃，行程线速度为 0.5 厘米/秒，烧结时间为 2 分钟内。

所述的聚四氟乙烯预制液的投料比为：用固体含量为 60% 的聚四氟乙烯分散乳液（市场购得）加蒸馏水 20%～25% 稀释后以 5/10000 的比例加入 OBS（由上海三爱富股份有限公司提供），即制成聚四氟乙烯预制液，预先配制待用。

在浸渍聚四氟乙烯预制液时，先将分切后的玻纤圆筒布放在两个直径相等、中心轴平行的可转动的钢辊上进行涨紧、控制周长尺寸，圆筒布的行程线速度为 0.1～0.5 厘米/秒，浸渍次数为 4～6 圈的周长，并同时烘干，烘干温度为 120℃～180℃。

如果在浸渍聚四氟乙烯溶液前先进行硅橡胶溶液浸渍，利用相同的设备，圆筒布旋转的行程线速度 0.2～0.5 厘米/秒，浸渍次数为 1 圈周长，并同时烘干，温度控制在 80℃～160℃，其他工艺同前，那么制得的圆筒布为聚四氟乙烯硅玻纤环形带。聚四氟乙烯硅玻纤环形带比聚四氟乙烯玻纤环形带弹性好、寿命长、不容易产生断裂现象。

硅橡胶溶液的投料比为：将硅橡胶含量为 50% 的原料及二甲苯溶剂（市场购得）相混合，使硅橡胶浓度达到 10%～15%，即制得硅橡胶溶液，预先配制待用。

聚四氟乙烯和玻纤都是耐高温的材料，聚四氟乙烯不仅耐高温，同时具有良好的防黏性，所以充分浸渍聚四氟乙烯预制液将是影响环形带质量的关键。

影响环形带质量的主要参数是脱蜡处理温度和高温烧结温度。脱蜡处理的温度太低，使玻纤布有残留蜡，在浸渍聚四氟乙烯预制液时就无法渗透，直接造成聚四氟乙烯浸渍的均匀性和厚薄不均，为了弥补此缺陷，即使采用多次浸渍，也避免不了厚薄不均和结块现象，故直接影响使用效果和寿命。脱蜡温度太高，虽然蜡全部去除，但容易造成玻纤高温后的脆裂，容易折断，故脱蜡的最佳温度为 340℃。

高温烧结温度太低，环形带的色泽透明、粗糙，使聚四氟乙烯的分子结构没充分聚合，且局部有脱丝现象，造成玻纤丝和聚四氟乙烯分离，降低使用寿命。烧结温度太高的话，产品色泽发黑，聚四氟乙烯的分子结构部分造成破坏，玻纤变硬而脆裂，柔软性降低，容易断裂，亦影响使用寿命，故以360℃为最佳温度。

按本发明的制造工艺所制得的环形带不具有任何接口，它克服了有接口环形带经常断裂的缺陷，其寿命要比有接口的提高4~5倍，且耐温高，为塑料封口包装行业提高了产品质量和生产率，减少了大量的配件成本。本发明工艺合理、简单，能保证产品质量。

具体实施方式

下面以实施例来说明本发明的制造工艺。

实施例1

首先按要求配制硅橡胶溶液和聚四氟乙烯预制液。

将已编织好的平纹玻纤圆筒布放在温度恒定在300℃的高温炉设备中进行脱蜡处理，脱蜡行程线速度2厘米/秒；脱蜡后分切；然后将分切后的圆筒布放在两个直径相等，中心距平行的钢辊上涨紧，控制周长尺寸，烘干温度调至140℃，以行程线速度0.3厘米/秒进行硅橡胶浸渍1圈，除去硅橡胶浸渍液，在同样设备上将烘干温度调至150℃，以行程线速度0.2厘米/秒进行聚四氟乙烯预制液浸渍4~8圈；除去聚四氟乙烯预制液，在同样设备上将温度调至360℃，行程线速度为0.5厘米/秒进行烧结，烧结时间控制在2分钟内；最后取下烧结的聚四氟乙烯硅玻纤环形带按需要宽度进行二次分切。

按此工艺制作的环形带由于脱蜡温度偏低，使玻纤布上有残留蜡，因此在浸渍聚四氟乙烯乳液中残留蜡处就难以渗透，造成浸渍的厚薄不匀，甚至有结块现象，故对产品的寿命有一定的影响。

实施例2

将已编织好的平纹玻纤圆筒布放在温度恒定在360℃的高温炉设备中进行脱蜡处理，脱蜡行程线速度2厘米/秒；脱蜡后分切、硅橡胶溶液浸渍并同时烘干、聚四氟乙烯预制液浸渍并同时烘干、高温烧结、分切等工序重复实施例1，各参数亦相等。

按此工艺制得的环形带由于脱蜡温度偏高，虽然圆筒布上的蜡全部去除，但玻纤受高温影响引起脆裂，容易折断，这同样影响它的使用寿命。

实施例3

将已编织好的平纹玻纤圆筒布放在温度恒定在340℃的高温炉设备中进行

脱蜡处理，脱蜡行程速度为2厘米/秒；脱蜡后的分切、硅橡胶溶液浸渍并同时烘干、聚四氟乙烯预制液浸渍并同时烘干、高温烧结、分切等工序重复实施例1，各参数亦相等。

按此工艺制得的环形带由于脱蜡温度适中，使硅橡胶溶液浸渍、聚四氟乙烯预制液浸渍均匀，厚薄一致，烧结后的色泽一致，无表面聚四氟乙烯的结块。

实施例4

将实施例1的脱蜡温度恒定在240℃，高温烧结温度调至320℃，其余各工序和各参数全部同实施例1。

此例由于高温烧结温度偏低，制得的环形带色泽透明、粗糙，浸渍后聚四氟乙烯的分子结构没有彻底聚合，而且局部有脱丝现象，引起玻纤丝和聚四氟乙烯分离，降低使用寿命。

实施例5

将脱蜡温度恒定在340℃，高温烧结温度调至380℃，其余各工序和各参数按实施例1。

此例制得的环形带由于烧结温度偏高，结果是色泽发黑，部分聚四氟乙烯结构遭到破坏、变硬而脆裂，柔软性降低，容易断裂，降低使用寿命。

实施例6

将脱蜡温度恒定在340℃，高温烧结温度调至360℃，其余各工序和各参数按实施例1进行。

此例制得的环形带由于烧结温度适中，结果是色泽透明光滑、表面平整，聚四氟乙烯分子结构最佳聚合于玻纤上，不容易剥离，弹性好，增加了使用寿命。

说 明 书 摘 要

　　本发明涉及一种供塑料封口机使用的聚四氟乙烯玻纤环形带及其制造工艺。该环形带以玻纤圆筒布织物为芯层，外涂聚四氟乙烯涂层。其制造方法为将编织好的聚四氟乙烯筒布进行脱蜡处理，然后进行硅橡胶、聚四氟乙烯预制液的浸渍和烘干，并进行高温烧结，最后分切成预定尺寸，这种聚四氟乙烯玻纤带不带接口，耐高温、使用寿命长，与现有的有接口带相比，使用寿命可提高4~5倍。

（二）密封装置[1]

该案例原专利申请文件的撰写主要存在四个方面的问题：

(1) 原独立权利要求 1 缺少实现本发明目的的必要技术特征。

(2) 从属权利要求引用关系不当或者权利要求中出现引用附图的语句，致使该权利要求未清楚地表达其请求保护的范围。

(3) 权利要求中出现了一些不允许的功能性限定。

(4) 说明书八个部分的撰写不符合 1992 年版《专利法实施细则》第十八条以及《审查指南 1993》相应部分的规定。

[原申请文件]

权 利 要 求 书

1. 一种用于圆筒式滤清器中的密封装置，该滤清器包括一个呈圆筒状的外壳、一个端盖及一个滤清元件，所述的外壳具有纵轴线，并带有一个封闭端和一个敞开端，所述的端盖设置在外壳的敞开端，所述的滤清元件安装在外壳之内，所述的滤清器适合于用螺纹形式连接到一块安装板上，所述的密封装置包括：

一个环状垫圈，它安装在端盖的环状凹槽座内，该垫圈上设有一圆周沟槽；

所述的端盖包括一个固位装置，它伸入所述垫圈的沟槽内，将垫圈保持在槽内。

2. 如权利要求 1 所述的密封装置，其特征在于：所述的固位装置与所述垫圈上的沟槽松动地配合，使所述的垫圈既可保留在所述的端盖凹槽中，又可在安装过程转动滤清器时相对端盖自由转动。

3. 如权利要求 1 所述的密封装置，其特征在于：垫圈的断面形状如说明书图 2 所示，即截面大致呈矩形，具有一对轴向延伸的相对表面和一对径向延伸的相对表面，所述的圆周沟槽在所述的垫圈的一个轴向延伸面上形成。

4. 如权利要求 1 所述的密封装置，其特征在于：所述的垫圈大致是对称的。

5. 如权利要求 4 所述的密封装置，其特征在于：所述的垫圈横截面大致呈

---

[1] 该案例首次出现于 1997 年出版的《发明和实用新型专利申请文件撰写案例剖析》一书，该案例分析是以当时有效的 1992 年版《专利法实施细则》及《审查指南 1993》为法律依据作出的。其中说明书的撰写格式虽与目前格式不同，但内容基本相同。

矩形，它有一对轴向延伸的相对表面和一对径向延伸的相对表面，所述的圆周沟槽在垫圈的一个轴向延伸面上形成。

6. 如权利要求1或2所述的密封装置，其特征在于：所述的固位装置与所述端盖成一体。

7. 如权利要求6所述的密封装置，其特征在于：所述的固位装置为与端盖成一体的、沿圆周方向间隔的、径向朝外延伸的舌片。

8. 如权利要求6或7所述的密封装置，其特征在于：所述的固位装置为一个自环状凹槽内侧壁径向向外延伸的环状凸部，它伸入垫圈的沟槽内。

9. 如权利要求1所述的密封装置，其特征在于：垫圈的边缘可以阻止装配过程中存留空气。

10. 如权利要求9所述的密封装置，其特征在于：垫圈的边缘是圆形的。

11. 如权利要求1所述的密封装置，其特征在于：所述垫圈的内径大于环状凹槽内壁外表面的直径。

12. 如权利要求1所述的密封装置，其特征在于：所述垫圈的外径小于所述环状凹槽外侧壁内表面直径。

13. 如权利要求1所述的密封装置，其特征在于：所述垫圈的内径大于环状凹槽内侧壁外表面的直径，且垫圈的外径小于环状凹槽外侧壁内表面的直径。

14. 如权利要求1所述的密封装置，其特征在于：垫圈轴向延伸的内表面与环状凹槽的内侧壁相互隔开。

15. 如权利要求1所述的密封装置，其特征在于：垫圈轴向延伸的外表面与环状凹槽的外壁相互隔开。

16. 如权利要求1所述的密封装置，其特征在于：垫圈轴向延伸的内表面和外表面分别与环状凹槽的内侧壁和外侧壁相互隔开。

17. 一种圆筒式滤清器的密封装置，所述滤清器包括一个大致为圆筒状的外壳、一个端盖及一个滤清元件，所述的外壳具有纵轴线，并带有一个封闭端和一个敞开端，所述的端盖设置在敞开端，所述的滤清元件安装在外壳之内，所述的滤清器适于用螺纹形式连接到一块安装板上，所述的密封装置包括：

一个大致对称的环状垫圈，它安装在端盖的凹槽座内，垫圈的截面大致为矩形，它具有一对轴向延伸的相对表面和一对径向延伸的相对表面，垫圈的一个轴向延伸表面上具有一圆周沟槽；

所述端盖包括与其成一体的固位装置，它伸入垫圈的沟槽内，将垫圈保持在凹槽内；其中，垫圈轴向延伸的内、外表面分别与环状凹槽的内、外侧壁隔开，使垫圈既可被保持在端盖的凹槽内，又可在安装过程转动滤清器时相对端盖自由转动。

说 明 书

密封装置

本发明涉及一种密封装置，具体说，涉及一种液体密封装置。

众所周知，圆筒式滤清器常用于内燃机的润滑系统中，这类滤清器通常包括一个外部容器和一个用来封闭中空圆筒状滤清元件的端盖。在滤清器的端盖和安装该滤清器的发动机机体或连接板或类似物件之间，需采用一个环状密封垫圈，从而使这些元件之间获得有效的密封。通常，在该端盖上所形成的环状凹槽内安装一个具有矩形横截面的垫圈，然后再将该凹槽的一侧或两侧的壁面卷曲，将密封圈封装在凹槽内。

这类密封垫圈的缺点是，垫圈相对端盖的转动受到阻碍。尽管垫圈在装配前预先经过了润滑，但是，一旦垫圈与密封基面相对接触之后，在滤清器旋转至最终工作位置时，垫圈会受到剪切变形力。垫圈所受的这种内部剪切力会导致垫圈移动，并使密封失效。

采用这种密封垫圈的滤清器，还存在装配过程中垫圈与端盖之间存留空气的可能性。所存留的空气像一个弹簧，一旦空气逸出，会使作用于该垫圈的有效外加力矩减小。这样，会使滤清器因振动而松脱，甚至可能导致滤清器离开其安装位置。另外，由于这种垫圈是一种上下不对称的结构，无论对垫圈的制造还是安装都带来不便。

因此，本发明提供了一种圆筒式滤清器的密封装置，这种圆筒式滤清器包括：一个带有封闭端和敞开端的外壳，在其敞开端装有一个端盖，滤清元件装在外壳内。该滤清器以螺纹的方式连接在一块安装板上。本发明的滤清密封装置由环状垫圈组成，该环状垫圈安放在端盖的环状凹槽座内。该垫圈的内表面上具有一个圆周沟槽。设置在端盖上的固位装置伸进该垫圈的沟槽内，将垫圈保持在槽内。

以下结合附图对本发明的几个优选实施方式进行具体描述。

图1示出了本发明所提供的圆筒式滤清器（8）。该滤清器（8）包括一个外壳或容器（10），其一端由一个与之成一体的端壁（12）封闭。外壳（10）的另一端设有加强板（14）及环形端盖（16）。用点焊或类似方式将端盖（16）的内周边固定到加强板（14）的下侧面，而端盖（16）的外周边则用不渗漏流体的滚轧缝或接合点（18）与容器（10）的下端固定在一起，垫圈（20）最好由腈橡胶或类似耐油的弹性材料制作，将其安放在端盖（16）下侧的环状凹槽（22）内，关于这一点，将在下文详述。当滤清器（8）安装在滤清器的安装座

上,例如一台内燃机上时,将形成一个油进口腔(图中未示出),垫圈(20)对该油进口腔起到密封作用。

加强板(14)的中心处设有内螺纹套(24),该螺纹套(24)适于拧入一个带外螺纹的杆(图中未示出)。该外螺纹杆具有一中心通道,使来自滤清器(8)的油经过该通道而流出,加强板(14)还具有一组进口(26),来自进口腔需进行过滤的油液经进口(26)而流入滤清器(8)的内部,中空圆筒状滤清元件(28)安装在容器(10)内,并通过支承结构(30)安装在加强板(14)上方的某一位置上。这样,经进口(26)流进滤清器(8)的油径向向外地流到容器(10)和滤清元件(28)之间的空间,在该空间内又沿轴向朝端壁(12)的方向流动,此后再沿径向向内流动,当油液穿过滤清元件(28)时,便流入了多孔的中心管(32)内,并得到滤清,中心管(32)内的油经过内螺纹套(24)从滤清器(8)流出,再由上述外螺杆中的中心通道流回到发动机中。

采用合适的部件,例如设置在该滤清元件(28)端部和容器(10)的端壁(12)之间的片簧(34),可将滤清元件(28)固定在容器(10)内的一个合适位置上。片簧(34)推压滤清元件(28),使其靠在支承结构(30)上。通常,滤清器(8)在靠近加强板(14)处还设置有止回阀(36),以防止发动机停止工作时通过滤清器的油回流,压力安全阀(38)设置在支承结构(30)内,该阀可在滤清元件(28)阻塞时形成旁路,使油仍能流过滤清器(8)。

如图2所示,垫圈(20)设置在端盖(16)的环状凹槽(22)内。垫圈(20)最好带有圆角,以减少该滤清器安装时可能在凹槽(22)内存留过多的空气,业已发现,要想实现这一目的,半径约为0.05英寸的圆角是适宜的。

端盖(16)的环状凹槽(22)处设有固位装置,该装置伸入垫圈(20)内表面的沟槽(44)中,从而将垫圈(20)保持在凹槽(22)内。在图1和图2所示的实施方式中,凹槽(22)的内侧壁(42)的末端处径向朝外形成夹角,构成环状凸部(46),该凸部伸入垫圈(20)的沟槽(44)内。这样,在滤清器的安装与操作过程中,垫圈(20)就不会从凹槽(22)内脱出。

尽管环状凸部(46)伸进沟槽(44)内,但并不紧贴住垫圈(20),垫圈(20)和凹槽(22)之间留有间隙。

在一个优选的实施方式中,垫圈(20)的内径与凹槽(22)内侧壁(42)的直径大体相等,而垫圈(20)的外径比凹槽(22)外侧壁(40)的直径约小0.025英寸。在该实施方式中,沟槽(44)的深度约为0.025英寸,而该环状凸部(46)的直径比凹槽(22)内侧壁(42)的直径约大0.050英寸。最好垫圈（20）的外周与凹槽（22）外侧壁（40）之间以及垫圈（20）的内周与凹槽（22）内侧壁（42）之间都有间隙。在另一优选实施方式中，垫圈（20）的内径比凹槽（22）内侧壁（42）的直径约大 0.03 英寸，而该垫圈的外径比凹槽（22）外侧壁（40）的直径约小 0.025 英寸，沟槽（44）的深度也约为 0.025 英寸，环状凸部（46）的直径比凹槽（22）内侧壁（42）的直径约大 0.050 英寸。

这样，在安装过程中，当滤清器（8）转动时，垫圈（20）可以在凹槽（22）内自由转动，从而减小了作用于垫圈（20）上的剪切力。由于环状凸部（46）与沟槽（44）充分接触，从而避免了垫圈（20）沿轴向从凹槽（22）中脱出。垫圈（20）和凹槽（22）之间的间隙与垫圈（20）上圆角的作用相结合，使滤清器（8）安装时在垫圈（20）与凹槽（22）间的任何气体得以逸出。

沟槽（44）最好位于垫圈（20）内表面的中央处附近，如图 2 所示，垫圈（20）大体对称。尽管垫圈（20）小于凹槽（22）的尺寸，但是，将垫圈制成大致为"B"字的形状，有助于环状凸部（46）将垫圈（20）卡在凹槽（22）内。这种对称垫圈（20）的优点是，在垫圈（20）装进凹槽（22）之前，不需作安装面的选择。

图 3 示出了另外一个实施方式，在该实施方式中，端盖（16）上凹槽（22）的内侧壁（42）上沿圆周间隔设置了一组径向向外延伸的舌片（48），这些舌片（48）都伸进沟槽（44）中，从而将垫圈保持在凹槽内。

本发明的密封装置在操作时能将垫圈保持住，在安装过程中允许垫圈在凹槽内自由转动。这种密封装置不需对安装面进行选择，而且可以消除空气存留在装置内的缺陷。

以上所述的仅是本发明的优选实施方式。应当指出，对于本领域的普通技术人员来说，在不脱离本发明原理的前提下，还可以作出若干变型和改进，这些也应视为属于本发明的保护范围。

说 明 书 附 图

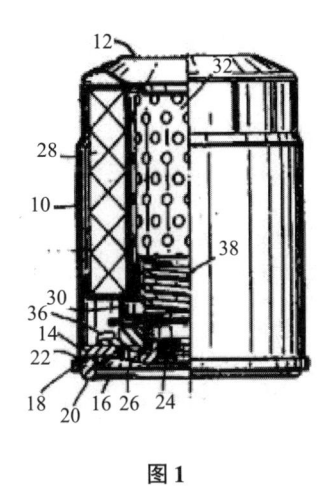

图 1

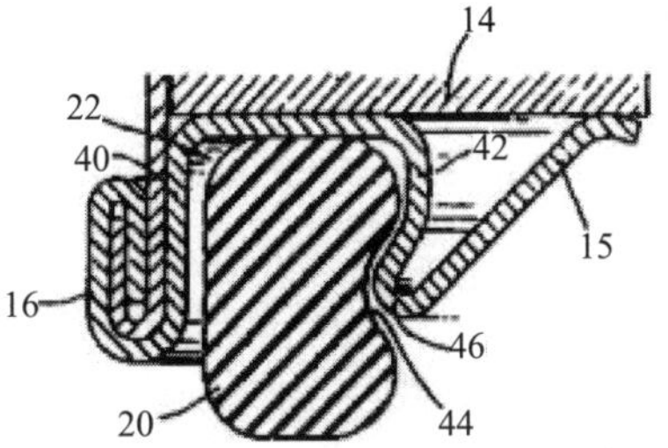

图 2

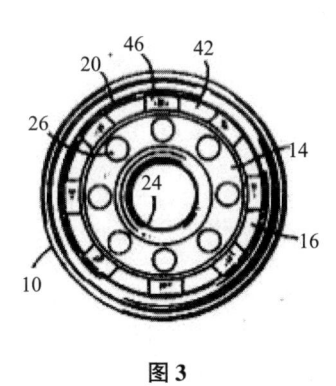

图 3

说 明 书 摘 要

　　本发明涉及一种密封装置，该装置可用在圆筒式滤清器中。该滤清器包括一个一端封闭一端敞开的外壳、设在敞开端的端盖及安装在外壳内的滤清元件。该滤清器可用螺纹连接到安装板上，密封装置包括安装在端盖上环状凹槽内的垫圈。这种密封装置在安装时能自由转动。

[对原专利申请文件的评析]
1. **权利要求书**

（1）权利要求1涉及一种用于圆筒式滤清器的密封装置，作为一项独立权利要求，应当符合1992年版《专利法实施细则》第二十一条第二款的规定，即从整体上反映发明的技术方案，记载为达到发明目的的必要技术特征。

在该申请的说明书中，虽然申请人未正面明确提出该发明的发明目的，但从其对背景技术所作的分析以及后述的技术方案中可以得知，解决垫圈安装过程中存在的剪切应力问题应是该发明的一个主要目的。但权利要求1中所记载的技术方案无法实现上述目的，所记载的技术特征只能保证将垫圈保持在端盖的凹槽内，而不能使垫圈在安装过程中自由转动，从而避免剪切作用力的产生，只有当垫圈与凹槽之间存在运动间隙时，才能实现上述目的。因此，原权利要求1缺少达到该发明目的的必要技术特征，不符合1992年版《专利法实施细则》第二十一条的上述规定。

（2）权利要求2的限定部分与本发明的上述发明目的直接有关，是实现本发明目的的必要技术特征，应写入权利要求1。此外，这些技术特征属于一种功能性的限定，垫圈"在安装过程转动滤清器时相对端盖自由转动"是对该技术方案所达到的技术效果的描述，但缺少具体明确的技术特征。

《审查指南1993》第二部分第二章第3.2.2节规定："通常，对产品权利要求来说，应当尽量避免使用功能或者效果特征来限定发明，只有某一技术特征无法用结构特征来限定，或者技术特征用结构特征限定不如用功能或效果特征来限定更为清楚，而且该功能或者效果能够通过说明书中充分规定的实验或者操作直接和肯定地验证时，使用功能或者效果特征来限定发明才是允许的。"

权利要求2限定部分的技术特征显然不属于上述情况，因为从说明书所公开的技术方案看，这些效果特征完全可以，也应该用具体的技术特征来取代。

（3）权利要求3中"垫圈的断面形状如说明书附图2所示"一句，属于对说明书附图的直接引用，不符合1992年版《专利法实施细则》第二十条第三款的规定，即："除绝对必要的外，不得使用'如说明书……部分所述'或者'如图……所示'的用语。"

此外"截面大致呈矩形，具有一对轴向延伸的相对表面和一对径向延伸的相对表面"属于垫圈的一个重要结构特征。从说明书所公开的技术内容可以得知，无论对现有技术还是对该发明，这种大致呈矩形的横截面形状都是唯一的形状。如果将该技术特征写入权利要求3中，则意味着在权利要求1的技术方案中，其垫圈的形状不是或者有可能不是矩形截面，这显然与说明书所公开的内容不相符，因此，应将该技术特征写入权利要求1的前序部分。

在撰写独立权利要求时，有些技术特征虽然是构成一项技术方案的必要特征，但与现有技术完全相同，而且与其发明目的没有直接的关系。例如一项发明涉及一种照相机，其发明点在于对照相机的快门机构作了改进，照相机的其他部分与现有技术相同，其独立权利要求可以写作"一种照相机，它具有一个快门机构，其特征在于：……"照相机的其他构件，例如镜头并未被写入该权利要求中去。但这绝非意味着镜头不是组成该照相机的必要技术特征，而是意味着其镜头与现有技术的镜头相同，在独立权利要求的前序部分中省略了，省略并不意味着不存在。如果在该权利要求的从属权利要求中将该技术特征写入，例如，将权利要求2写作："如权利要求1所述的照相机，其特征在于它还包括一个镜头。"这将意味着权利要求1中所述的照相机不带有或者可能不带有镜头，显然与该发明的技术方案相矛盾，故不允许权利要求2这样写。如果申请人想把镜头这一技术特征写入权利要求书中，则只能将其写入权利要求1的前序部分。基于同样理由，在本发明中，表达垫圈的横截面为矩形的形状技术特征只能写入权利要求1的前序部分。

（4）权利要求4中"所述的垫圈大致是对称的"这一技术特征不够清楚和准确，没有指明对称的方向。依照说明书的记载，应将其改为"垫圈的横截面沿径向上下对称"，从而使该权利要求符合1992年版《专利法实施细则》第二十条第一款的规定，即"清楚、简要地表达请求保护的范围"。

（5）如前面第3点所述，权利要求5限定部分的特征，即对垫圈横截面形状及其外表面的限定应写入权利要求1的前序部分，在对权利要求1作了这种修改之后，权利要求5没有存在的必要。

（6）权利要求7引用了对权利要求6，"固位装置与所述端盖成一体"这一技术特征已写入权利要求6中，故应将该技术特征从原权利要求7（见修改后的权利要求5）中删除。

（7）从形式上看，权利要求8引用了权利要求6或7，而权利要求6又引用了权利要求1或2，这种引用关系不符合1992年版《专利法实施细则》第二十三条的规定。

从技术内容上看，根据说明书的记载，该密封装置中的"固位装置"有两种不同的实施方式，一是"一个自环状凹槽内侧壁径向向外延伸的环状凸部"，二是"与端盖成一体的、沿圆周方向间隔的、径向朝外延伸的舌片"，两者属于并列的技术方案，故权利要求8不能对权利要求7进行引用，否则将会导致技术方案上的矛盾。

（8）权利要求9限定部分也属于一种功能性限定，它仅仅记载了其效果特征。如同以上对权利要求2的分析，该效果特征应采用具体结构特征来表示。

（9）权利要求10限定部分的技术特征是产生权利要求9技术效果的具体结构特征，可以取代权利要求9，但"垫圈的边缘是圆形的"这一描述不够准确，应修改为："垫圈的角部是圆形的"。为对本发明更好地加以保护，此从属权利要求改写成新权利要求3和7，前者引用权利要求1或2，后者引用权利要求6。

（10）如同以上对权利要求1的分析，为实现该发明的发明目的，权利要求1中至少应当包括使垫圈在安装过程中可以自由转动的具体技术特征。根据说明书的记载，能够实现该目的的技术方案有两个：一个是使垫圈的外直径小于凹槽外侧壁的直径，而其内直径又与凹槽内侧壁的直径大致相同；另一个是使垫圈的外直径小于凹槽外侧壁的直径，同时其内直径又大于凹槽内侧壁的直径。权利要求11和12的技术特征均不完整，只对内、外径中的一个尺寸作了限定，与说明书所公开的技术方案不符，而且，在不对内、外径作出同时限定的情况下，也难以保证其发明目的的实现，因此，权利要求11和12应当删除。

（11）权利要求13实际上相当于上述的第二种技术方案，根据1992年版《专利法实施细则》第二十条第一款的规定，为了"清楚、简要地表达请求保护的范围"，可以将说明书中所描述的两种方案归纳为："垫圈的外直径小于端盖环状凹槽外侧壁的直径，而垫圈的内直径等于或大于环状凹槽内侧壁外表面的直径。"由于该技术特征是实现本发明目的的必要技术特征，应将其补入权利要求1中，而将权利要求13删除。

（12）权利要求14~16实际上就是权利要求11~13所达到的一种技术效果，不存在任何新的技术特征，因此，从属权利要求14~16的保护范围实质上与从属权利要求11~13的保护范围完全相同，应当删除。

（13）从形式上看，权利要求17是该发明的第二个独立权利要求，实际上涉及该发明的一种优选技术方案。该方案中除了包含实现该发明目的的全部必要技术特征，还包括了"一个大致对称的环状垫圈"和"与端盖成一体的固位装置"这两个技术特征。该技术方案完全可以用一个从属权利要求的形式来表达，从而使权利要求书更为"清楚、简要"。修改后的权利要求4中引用权利要求2的部分，实际上就相当于该技术方案。

（14）在说明书的一个优选实施方式中，分别对垫圈、凹槽以及固位装置的尺寸作了具体限定。为了更有效地对该发明进行保护，不妨以该实施方式为依据撰写一个新的从属权利要求，如修改后的权利要求8。

（15）该发明的发明点在于对现有滤清器的密封装置进行改进，在选择专利保护的主题时,选择"密封装置"作为保护客体是十分合适的。为了获得最大的保护范围,在权利要求1中应尽量避免写入与该密封装置无关的技术特征。原权利要求1中记载了若干有关圆筒式滤清器的结构特征,将导致保护范围的缩小。修改后的权利要求1已删去这些结构特征。

如果该密封装置与圆筒式滤清器的结合要求滤清器结构本身或其结合本身作相应的改进,从而给滤清器本身带来了实质性的进步,不妨将"带有这种密封装置的滤清器"作为该发明的第二个技术主题进行保护。由于说明书中已经对滤清器的有关结构作了很详细的公开,这种补充也是有基础的。但就本发明来说,该滤清器本身结构除密封装置外无任何其他改进,因而不应将滤清器作为第二个主题进行保护。这里需要注意的是,如果权利要求书中增加了"滤清器"这一主题,说明书中的发明名称、技术领域、背景技术、发明目的以及技术方案部分都需作相应的修改。

2. 说明书

(1) 名称

本发明是专用于圆筒式滤清器中的密封装置,而原发明名称"密封装置"过于笼统,未体现其特定的应用领域,因此未清楚、简明地反映该发明的主题。应将发明名称改为"圆筒式滤清器中的密封装置"。这样修改后,也满足了与权利要求书中所要求保护的主题名称相一致的要求。

(2) 所属技术领域

原说明书中所属技术领域部分所提到的"涉及一种液体密封装置"与其权利要求中要求保护的主题不一致,概括得过于上位,根据《审查指南1993》第二部分第二章第2.2.2节的规定,该技术领域应当是发明直接所属或者直接应用的具体技术领域,而不是上位的或者相邻的技术领域,也不是发明本身,因此,将技术领域写作"涉及一种圆筒式滤清器的密封装置"为宜。

(3) 背景技术

说明书原背景技术部分只写明与该发明最为相关的背景技术状况,未写明该有关技术的出处。根据《专利法实施细则》第十八条的有关规定,在背景技术部分应指明反映这些背景技术的有关文件,因此在修改后的说明书这一部分给出了反映此现有技术状况的德国专利申请公开文件的公告号。

(4) 发明目的

原说明书中缺少"发明目的"这一部分。根据《审查指南1993》第二部分第二章第2.2.4节的有关规定,在说明书的背景技术之后,应当用正面的、尽可能简洁的语言客观而有根据地反映发明要解决的技术问题。根据说明书背景技术中对现有技术状况的分析以及结合实施方式对本发明所作的说明，可以得知该发明针对以下三个方面进行了改进：

① 在安装过程中垫圈承受内部剪切作用力的问题。

② 在安装过程中出现存留空气的问题。

③ 垫圈不规则形状给其制造和安装带来不便。

如果将以上三个问题同时写入该发明的一个发明目的内，则权利要求1的技术方案必须包括能解决上述三个问题的全部必要技术特征，这样，将会使保护范围变窄。通过阅读权利要求书及说明书可以得知，申请人是将上述问题中的第一个问题作为主要问题来解决的，其他两个问题对应的解决方案都是在解决了第一个问题的基础上对该发明所作的进一步改进。这时，在撰写发明目的时就不应将上述三个问题混为一谈，而应分清主次，从而使权利要求1有可能获得最大的保护范围。

具体地说，有两种方式可供选择。一种方式是仅仅将解决第一个问题作为该发明的发明目的，即写作"本发明的目的在于消除垫圈安装过程中所承受的剪切作用力的问题"。第二和第三个问题的解决，可以放在该发明所取得的有益效果部分进行叙述，即针对某些优选的实施方式，阐明其可以消除安装过程中存留空气的问题并且解决安装不便的问题。另一种方式是将解决第一个问题作为该发明的主要目的，其余两个作为该发明的第二和第三个目的。但应当注意，无论在说明书还是权利要求书中，与后两个目的有关的技术方案必须以第一个发明目的为基础；也就是说，在撰写权利要求书时，应将与第二、第三个目的有关的权利要求写作与第一个发明目的有关的权利要求（例如权利要求1）的从属权利要求。正如《审查指南1993》第二部分第二章第2.2.4节所规定的：一件专利申请的说明书可以包括一个或者多个发明或者实用新型的目的……说明书所写明的每个目的应当与一个总的发明构思相关。

（5）技术方案

原说明书技术方案部分与原权利要求1一样，缺少实现发明目的的必要技术特征。应当根据新修改的权利要求1对这一部分作相应修改，使之成为一个能够实现该发明目的的技术方案。此外，修改后的说明书中在这一部分还简要写明实现其另两个目的的两个优选实施方式，即相应于新修改的权利要求2和4的两个技术方案。

（6）有益效果

原说明书将本发明的有益效果写在说明书的末尾，不符合1992年版《专利法实施细则》第十八条规定的顺序。为此，在修改后的说明书中将这部分内容提前，写在"技术方案"之后。此外，为了更清楚地写明本发明的有益效果，应当更具体地通过对技术方案技术特征的分析来说明其有益效果。

(7) 图面说明

原说明书中缺少图面说明这一部分。按照 1992 年版《专利法实施细则》第十八条的规定，说明书中有附图的，在结合附图描述具体实施方式之前应集中对所有附图作出说明。因此，在修改后的说明书中，在此处集中给出三幅附图的图面说明。

(8) 具体实施方式

原说明书这一部分共存在以下五个问题。

① 这一部分一开始写明图 1 为本发明所提供的滤清器，显然与本发明的主题不符。因为本发明是用于滤清器中的密封装置，不是滤清器本身，故在修改后的说明书中改为"图 1 是一种采用本发明密封装置的滤清器的局剖侧视图"。

② 根据《审查指南 1993》第二部分第二章第 2.2.8 节的规定，说明书中的附图标记不加括号，而原说明书中的附图标记全部带有括号，因此在修改后的说明书中有关附图标记的括号应全部删除。

③ 说明书中出现了英制计量单位，不符合《审查指南 1993》第二部分第二章第 2.1.1 节的有关规定，即应当使用国家法定计量单位。长度单位不得用英寸，应将其换算成国家法定计量单位厘米。如果需要，可在其后括号内注明相应的英制单位。

④ 说明书中"片簧 34"中的附图标记"34"在附图中未予标明，不符合 1992 年版《专利法实施细则》第十九条第三款的规定——附图中未出现的附图标记不得在说明书文字部分提及。这有两种修改办法，一种是在附图中补标上附图标记 34，另一种是将说明书中片簧之后的附图标记 34 删去。在修改的说明书中采用了后一种办法。

⑤ 与前面权利要求 4 中所指出的问题一样，说明书中描述"垫圈 20 大体对称"时未指明对称的方向，以致造成描述不够清楚。应修改为"垫圈 20 的横截面大体沿径向上下对称"。

(9) 说明书摘要

说明书摘要主要存在两个问题：其一是未写明本发明的主要技术特征，即与原权利要求 1 一样缺少实现发明目的的必要技术特征；其二是缺少摘要附图。

[修改文本]

权 利 要 求 书

1. 一种用于圆筒式滤清器中的密封装置，它包括一个环形垫圈和一个位于滤清器端盖上、用于安放此环形垫圈的环状凹槽，环形垫圈的横截面大致呈矩形，包括一对径向延伸的表面和一对轴向延伸的表面，其特征在于：在此垫圈的轴向内侧面上设有一圆周沟槽，滤清器端盖的环状凹槽内侧壁上设有一个伸入到垫圈沟槽内的固位装置，将垫圈保持在凹槽内，所述固位装置与垫圈沟槽呈松动配合，垫圈的外直径小于端盖环状凹槽外侧壁的直径，而垫圈的内直径则等于或大于环状凹槽内侧壁外表面的直径。

2. 如权利要求1所述的密封装置，其特征在于：所述垫圈横截面的形状沿径向上下对称。

3. 如权利要求1或2所述的密封装置，其特征在于：所述垫圈的角部是圆形的。

4. 如权利要求1或2所述的密封装置，其特征在于：所述固位装置与所述端盖成一体。

5. 如权利要求4所述的密封装置，其特征在于：所述固位装置是多个沿环形凹槽内侧壁圆周方向间隔设置的、径向向外延伸的舌片。

6. 如权利要求4所述的密封装置，其特征在于：所述固位装置是一个自其环状凹槽内侧壁沿径向向外延伸的环状凸部。

7. 如权利要求6所述的密封装置，其特征在于：所述垫圈的角部是圆形的。

8. 如权利要求7所述的密封装置，其特征在于：所述垫圈的圆角半径为0.127厘米，垫圈中沟槽深度为0.064厘米，端盖上环状凸部的直径比其内侧壁直径大0.127厘米，垫圈的内直径比端盖凹槽的内侧壁直径大0.076厘米，垫圈的外直径比端盖外侧壁的直径小0.064厘米。

说　明　书

圆筒式滤清器中的密封装置

本发明涉及一种密封装置，具体地说，涉及一种圆筒式滤清器的密封装置。

众所周知，圆筒式滤清器常用于内燃机的润滑系统中。这类滤清器通常包括一个外部容器和一个用来封闭中空圆筒状滤清元件的端盖。在滤清器的端盖和安装该滤清器的发动机机体或连接板或类似物件之间，需采用一个环状密封垫圈，从而使这些元件之间获得有效的密封。通常，在该端盖上所形成的环状凹槽内安装一个具有矩形横截面的垫圈，然后再将该凹槽的一侧或两侧的壁面卷曲，将密封圈封装在凹槽内。在德国专利申请DE－3222815A公开说明书中，对这种密封装置作了详细描述。

这类密封垫圈的缺点是，垫圈相对端盖的转动受到阻碍。尽管垫圈在装配前预先经过了润滑，但是，一旦垫圈与密封基面相对接触之后，在滤清器旋转至最终工作位置时，垫圈会受到剪切变形力。垫圈所经受的这种内部剪切力会导致垫圈移动，并使密封失效。

采用这种密封垫圈的滤清器，还存在装配过程中垫圈与端盖之间存留空气的可能性，所存留的空气像一个弹簧，一旦空气逸出，会使作用于该垫圈的有效外加力矩减小。这样，会使滤清器因振动而松脱，甚至可能导致滤清器离开其安装位置。另外，由于这种垫圈是一种上下不对称的结构。无论对垫圈的制造还是安装都带来不便。

本发明针对现有技术中所存在的上述问题提供了一种供圆筒式滤清器用的密封装置，其主要目的在于：该装置一方面可以将垫圈保持在端盖的凹槽内，另一方面在安装时又可使垫圈相对端盖自由转动，从而避免了内部剪切作用力的产生。

本发明的另一个目的在于使垫圈在安装时不需要对其安装面进行选择，以便于垫圈的加工和安装。

本发明还有一个目的，即解决垫圈安装过程中，端盖凹槽中会存留空气的问题。

本发明的上述目的是这样实现的：提供一种用于圆筒式滤清器的密封装置，它包括一个环形垫圈和一个位于滤清器端盖上、用于安放此环形垫圈的环状凹槽，所述垫圈的横截面大致呈矩形，包括一对径向延伸的表面和一对轴向延伸的表面，在垫圈的轴向内侧面上设有一圆周沟槽，滤清器端盖的环状凹槽内侧壁上设有一个伸入到垫圈沟槽内的固位装置，将垫圈保持在凹槽内，所述的固位装置与所述垫圈沟槽呈松动配合，垫圈的外直径小于端盖凹槽外侧壁的直径，而垫圈的内直径则等于或大于凹槽内侧壁外表面的直径。

在一个优选实施方式中，将垫圈的角部制成圆形。

在另一个优选的实施方式中，将垫圈的横截面形状制成沿滤清器的径向上下对称的形状。

采用本发明的密封装置，在操作过程中能将垫圈保持在端盖的凹槽内，由于垫圈与凹槽之间留有间隙，在安装过程中，垫圈可以在凹槽内自由转动，从而避免了剪切应力的产生；由于垫圈为对称结构，便于制造，而且安装时不需对其安装面进行选择；垫圈的圆形角部可以防止在垫圈与端盖之间存留空气。

以下结合附图对本发明的几个优选实施方式进行具体描述：

图1是一种采用本发明密封装置的滤清器的局部侧视图；

图2是图1所示滤清器的密封装置的局部放大图；

图3是本发明密封装置的另一实施方式的端部视图。

图1示出了采用本发明密封装置的圆筒式滤清器8，该滤清器8包括一个外壳或容器10，其一端由一个与之成一体的端壁12封闭，外壳10的另一端设有加强板14及环形端盖16。用点焊或类似方式将端盖16的内周边固定到加强板14的下侧面，而端盖16的外周边则用不渗漏流体的滚轧缝或接合点18与容器10的下端固定在一起，垫圈20最好由腈橡胶或类似耐油的弹性材料制作，将其安放在端盖16下侧的环状凹槽22内，关于这一点，将在下文详述。当滤清器8安装在滤清器的安装座上，例如一台内燃机上时，将形成一个油进口腔（图中未示出），垫圈20对该油进口腔起到密封作用。

加强板14的中心处设有内螺纹套24，该螺纹套24适于拧入一个带外螺纹的杆（图中未示出）。该外螺纹杆具有一中心通道，使来自滤清器8的油经过该通道而流出，加强板14还具有一组进口26，来自进口腔需要进行过滤的油液经进口26而流入滤清器8的内部，中空圆筒状滤清元件28安装在容器10内，并通过支承结构30安装在加强板14上方的某一位置上。这样，经进口26流进滤清器8的油径向向外流到容器10和滤清元件28之间的空间，在该空间内又沿轴向朝端壁12的方向流动，此后再沿径向向内流动，当油液穿过滤清元件28时，便流入了多孔的中心管32内，并得到滤清，中心管32内的油经过内螺纹套24从滤清器8流出，再由上述外螺纹杆中的中心通道流回到发动机中。

采用合适的部件，例如设置在该滤清元件28端部和容器10的端壁12之间的片簧可将滤清元件28固定在容器10内的一个合适位置上。片簧推压滤清元件28，使其靠在支承结构30上。通常，滤清器8在靠近加强板14处还设置有止回阀36，以防止发动机停止工作时通过滤清器的油回流。压力安全阀38设置在支承结构30内，该阀可在滤清元件28阻塞时形成旁路，使油仍能流过滤清器8。

如图2所示，垫圈20设置在端盖16的环状凹槽22内。垫圈20最好带有圆角，以减少该滤清器安装时可能在凹槽22内存留过多的空气，业已发现，要想实现这一目的，半径约为0.127厘米的圆角是适宜的。

端盖16的环状凹槽22处设有固位装置，该装置伸入垫圈20内表面的沟槽44中，从而将垫圈20保持在凹槽22内。在图1和图2所示的实施方式中，凹槽22的内侧壁42的末端处径向朝外形成夹角，构成环状凸部46，该凸部伸入垫圈20的沟槽44内。这样，在滤清器的安装与操作过程中，垫圈20就不会从凹槽22内脱出。

尽管环状凸部46伸进沟槽44内，但并不紧贴住垫圈20。垫圈20和凹槽22之间留有间隙。

在一个优选实施方式中，垫圈20的内径与凹槽22内侧壁42的直径大体相等，而垫圈20的外径比凹槽22外侧壁40的直径约小0.064厘米。在该实施方式中，沟槽44的深度约为0.064厘米，而该环状凸部46的直径比凹槽22内侧壁42的直径约大0.127厘米。最好垫圈20的外周与凹槽22外侧壁40之间以及垫圈20的内周与凹槽22内侧壁42之间都有间隙。在另一优选实施方式中，垫圈20的内径比凹槽22内侧壁42的直径约大0.076厘米，而该垫圈的外径比凹槽22外侧壁40的直径约小0.064厘米，沟槽44的深度也约为0.064厘米，环状凸部46的直径比凹槽22内侧壁42的直径约大0.127厘米。

这样，在安装过程中，当滤清器8转动时，垫圈20可以在凹槽22内自由转动，从而减少了作用于垫圈20上的剪切力。由于环状凸部46与沟槽44充分接触，从而避免了垫圈20沿轴向从凹槽22中脱出。垫圈20和凹槽22之间的间隙与垫圈20上圆角的作用相结合，使滤清器8安装时在垫圈20与凹槽22间的任何气体得以逸出。

沟槽44最好位于垫圈20内表面的中央处附近，如图2所示，垫圈20的横截面大体沿径向上下对称。尽管垫圈20小于凹槽22的尺寸，但是，将垫圈制成大致为"B"字的形状，有助于环状凸部46将垫圈20卡在凹槽22内。这种对称垫圈20的优点是：在垫圈20装进凹槽22之前，不需作安装面的选择。

图3示出了另外一个实施方式，在该实施方式中，端盖16上凹槽22的内侧壁42上沿圆周间隔设置了一组径向向外延伸的舌片48，这些舌片48都伸进沟槽44中，从而将垫圈保持在凹槽内。

以上所述的仅是本发明的优选实施方式。应当指出，对于本领域的普通技术人员来说，在不脱离本发明原理的前提下，还可以作出若干变型和改进，这些也应视为属于本发明的保护范围。

（"说明书附图"与原专利申请文件相同，为节省篇幅此处从略，可参见原专利申请文件的"说明书附图"。）

说 明 书 摘 要

本发明涉及一种供圆筒式滤清器使用的密封装置,它包括一个环形垫圈和一个位于滤清器端盖上、用于安放此垫圈的环状凹槽,此垫圈横截面大致为矩形,在其轴向内侧面上设有一道沟槽,端盖环状凹槽内侧壁上设置了一个可伸入此沟槽内的固位装置,此垫圈与凹槽间留有间隙,使垫圈在凹槽内可自由转动,从而避免在安装过程产生剪切力。垫圈角部制成圆形、且垫圈大致沿径向上下对称,可消除安装过程中存留过多的空气,且不需对安装表面进行选择。

说 明 书 摘 要 附 图

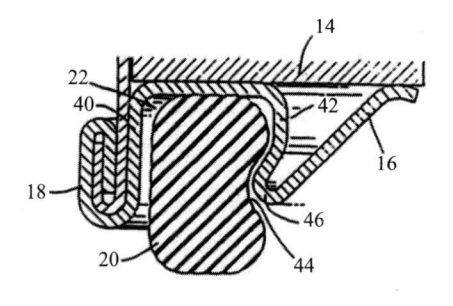

二、复审及无效宣告案例评析

(一) 预应力钢捻线的防锈涂膜形成加工方法及其装置——"技术特征"的认定及权利要求书的撰写

1. 案情简介

该案涉及一项发明专利的无效宣告请求案。该专利的名称为"预应力钢捻线的防锈涂膜形成加工方法及其装置",专利号为CN93108019.3。

该专利包括两项发明(生产钢捻线的"方法"和"装置"),其授权公告的两项独立权利要求如下:

1. 一种预应力钢捻线的防锈涂膜形成加工方法,其特征在于:上述方法包括下列步骤:将预应力钢捻线依次按所定长度倒捻,上述预应力钢捻线具有芯线和多根围绕着芯线的侧线,当调整芯线长度时,使上述相邻的被倒捻的预应力钢捻线沿径向远离扩开维持装置,在上述每根测线和芯线的表面施加合成树脂粉体;加热熔化上述施加的合成树脂;冷却上述被涂覆的合成树脂,将被涂覆上合成树脂的侧线绕着涂覆上合成树脂的芯线再捻合以形成捻合的预应力钢捻线。

3. 一种预应力混凝土钢捻线的防锈涂膜形成加工装置,其特征在于:上述装置具有一缓解装置,对经所定长度的芯线和绕着芯线的多根侧线暂时性地缓解;二涂饰装置,将倒捻的合成树脂粉体涂覆在每根测线和芯线的表面上,三加热装置,用于加热和融化施加在所有侧线和芯线上的合成树脂;四冷却装置,用于冷却涂有合成树脂的侧线和芯线;五缓闭装置,用于绷紧并将涂有合成树脂的侧线围绕着涂有合成树脂的芯线捻合六一芯线长度调整装置,设置在缓解装置和缓闭装置之间,上述芯线长度调整装置具有一个固定滑轮和一个在给定的方向上弹簧偏置的可动滑轮。

针对上述发明专利,请求人于2002年1月17日向专利复审委员会提出宣告该专利权无效的请求,其理由是该专利的权利要求不具备新颖性和创造性,请求宣告该专利全部无效。

所提供的证据为三份专利文献:
WO 9208551(下称"证据1");
平2-242989A(下称"证据2");
US 3972304(下称"证据3")。

请求人认为:

该专利的权利要求1和权利要求2所述的加工方法已完全被证据1公开，权利要求1不具备新颖性，更不具备创造性；该专利权利要求3所述的加工装置与证据1相比结构基本上相同，两者的区别仅在于该专利的权利要求3中的"芯线长度调整装置具有一个固定滑轮和一个在给定的方向上弹簧偏置的可动滑轮"，而定滑轮与动滑轮组成的滑轮组是现有技术中经常使用的组件，因此与证据1相比该专利的权利要求3也不具备创造性。

专利权人则认为：

（1）采用本专利方法制成的预应力捻线与证据1中的捻线相比，其结构完全不同。在本专利说明书公开的产品中，其芯线与外层线之间没有相互连接，其外部形状如同涂覆树脂之前一样，从而使该钢捻线具有很好的挠性和对混凝土的附着力，而证据1和证据2中的产品其侧线的外围用合成树脂填充和涂覆，不具备本专利的性能（见图3-1）。

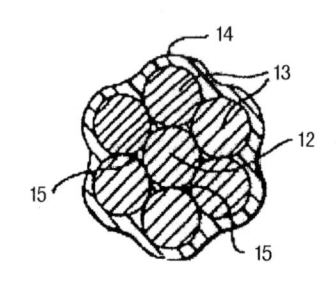

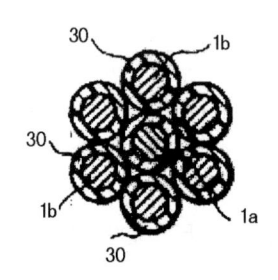

证据1中的产品结构（剖面）　　本专利实施例中的产品结构（剖面）

图3-1

（2）上述产品结构和性能方面的差异是由于制造方法的不同而造成的，具体说本专利权利要求1所述的方法与证据1所述的方法相比存在以下区别。

① 本专利的权利要求1中存在"调整芯线长度时，使上述相邻的被倒捻的预应力钢捻线沿径向远离扩开维持装置"这一技术特征，而在证据1中不存在该技术特征。

② 本专利在钢捻线重新捻合之前存在一个"冷却"的过程，即"冷却上述被涂覆的合成树脂"，而证据1中则不存在该技术特征。

针对被请求人的上述观点，请求人表示了不同意见，请求人认为：

（1）该专利的权利要求1和权利要求2涉及一种钢捻线的加工方法，权利要求3~6涉及加工该钢捻线的装置，它们均不涉及钢捻线的结构及其性能，故在评价该专利权利要求1~6的创造性时，产品的结构特征不应当予以考虑。

（2）在证据1中虽然未明确记载"冷却被涂覆的合成树脂"这一过程，但在其芯线与侧线的树脂涂覆之后至重新捻合之前，必然存在一个冷却的过程，因为树脂涂覆是在高温下进行的，而重新捻合是在较低的温度条件下进行的，其间至少存在一个自然冷却的过程。所以该专利的"冷却被涂覆的合成树脂"这一技术特征实际上也已经被证据2所公开。

（3）证据1中的锥形出口16起到了调整芯线与侧线长度的作用，所不同的是该专利在张紧芯线的同时，通过一滑轮组将多余的芯线加以储存，而在证据1中只是将芯线通过锥形出口进行张紧，而并未对多余的芯线作进一步处置。

在上述事实的基础上，合议组依法作出了无效审查决定。

2. 决定的理由及结论

（1）无效审查决定的理由及结论。合议组认为：

① 该专利的权利要求书包括6项权利要求，其中的权利要求1和权利要求2涉及"加工方法"，权利要求3~6涉及"加工装置"。"产品""加工方法"和"加工装置"涉及不同的发明主题，就该发明而言，其说明书中所公开的"产品"与权利要求书中所要求保护的"方法"及"装置"之间并不存在必然的、唯一性的联系。例如，采用该专利权利要求1所述的方法，如果选用不同的工艺条件（例如不同的冷却温度、时间），则有可能生产出断面结构不同的产品。因此，合议组对被请求人以说明书中一实施例的产品结构来解释其权利要求1所述方法的观点不予支持。

② 证据1公开了一种对钢捻线进行涂覆和填充的方法，与该专利属于相同的技术领域。被请求人认为该专利权利要求1中的步骤二（当调整芯线长度时，使上述相邻的被倒捻的预应力钢捻线沿径向远离扩开维持装置）和五（冷却上述被涂覆的合成树脂）这两个技术特征在证据1中未被公开，即证据1中所使用的加工方法不存在"调整芯线长度"的过程和"冷却被涂覆的合成树脂"的过程，因此与证据1相比该专利的权利要求1具备新颖性和创造性。

合议组认为通过阅读证据1的附图及其说明书可以得知：其出口锥体（16）实际上起到了一种调整芯线与侧线长度的作用，即通过出口锥体对芯线的张紧作用，可以使"多余"出的芯线保持在钢捻线的打开点与闭合点之间。由于该出口锥体的存在，便可以确保钢捻线在经过出口锥体之后的再捻合过程中，芯线与侧线以适合的长度关系重新捻合在一起。因此，当被倒捻的预应力钢捻线沿径向远离扩开维持装置时，其出口锥体对芯线和侧线的长度关系进行了调整。因此该专利权利要求1中的步骤二实际上已经被证据1所公开。

关于该专利权利要求1中的步骤五。在该权利要求中只是对"冷却"步骤作了笼统的限定，即"冷却上述被涂覆的合成树脂"。其中既未对冷却的具体参数进行限定，也未以产品结构的方式对"冷却"的结果进行限定。本技术领域的技术人员都明白，在对钢捻线进行热涂覆之后，冷却的速度及冷却的最终温度对重新捻合之后的钢捻线结构会有直接的影响。如果冷却效果好、最终温度低，在重新捻合时芯线与侧线之间会形成一明显的隔离层；反之，两者间的隔离层将不明显。由于该专利的权利要求1中对冷却工艺未作具体限定，所以该权利要求实际上包括了上述两种情况，既包括强制冷却的情况（隔离层可能很明显），也包括自然冷却的情况（隔离层可能不明显）。

在证据1中，对打开的钢捻线进行树脂涂覆之后要经过一定的时间之后才能重新捻合。通常涂覆过程是在较高的温度下进行的，而重新捻合是在较低的温度下进行的，所以两者之间必然存在一个温度差，即使不对其进行强制冷却，自然冷却的过程也是必然存在的。因此该专利权利要求1中的步骤五实际上也已经被证据1公开。

尽管该专利权利要求1中的六个步骤均分别被证据1所公开，但两者间的步骤顺序却有所不同：该专利是先施加合成树脂粉末后加热；而证据1中则先对钢捻线进行加热后涂覆合成树脂。由于存在这种区别，两者应视为不同的加工方法。所以该专利的权利要求1与证据1相比具备新颖性。但这种区别并未产生技术效果方面的明显差异，该区别不具有突出的实质性特点和显著进步，故与证据1相比该专利的权利要求1不具备创造性。

③ 权利要求3涉及一种预应力混凝土钢捻线的防锈涂膜形成加工装置。其中的芯线长度调整装置具有一个固定滑轮和一个在给定的方向上弹簧偏置的可动滑轮。该技术特征在证据1～3中均不存在。请求人认为"定滑轮与动滑轮组成的滑轮组是现有技术中经常使用的组件，因此与证据1相比该专利的权利要求3也不具备创造性"。合议组对请求人的上述主张不予支持：虽然定滑轮与动滑轮组成的滑轮组是现有技术中经常使用的组件，但这种滑轮组通常是用来吊装重物的。在该专利中，采用一滑轮组与一张紧弹簧相配合，用来收拢多余的芯线，其功能与现有技术中的滑轮组完全不同。

由于在请求人所提供的证据1～3中，并未公开"芯线长度调整装置具有一个固定滑轮和一个在给定的方向上弹簧偏置的可动滑轮"这一技术特征，而该技术特征又为该加工设备带来了明显的技术效果，故该专利的权利要求3与请求人所提供的证据1～3相比具备创造性。

以上述结论为基础，合议组又对该专利的权利要求2、4、5、6进行了审查，于2002年11月1日作出第4574号无效宣告审查决定：

宣告 CN93108019.3 号发明专利的权利要求 1~2 无效，以权利要求 3~6 为基础维持该专利的专利权有效。

（2）行政诉讼程序。被请求人对专利复审委员会作出的上述决定不服，遂向北京市第一中级人民法院提起诉讼。经审理，法院认为：

① 关于芯线调整问题，证据 1 对芯线的调整不仅基于芯线与侧线扩离与闭合存在的长度差，而且由于芯线与侧线存在涂覆层，在复捻的过程中芯线与侧线之间的长度配合关系会发生改变，就需要进行调整。在证据 1 中，出口锥体对芯线的张紧作用即长度的调整作用，是始终存在的，故芯线调整这一技术特征已被证据 1 所公开。

② 关于冷却的问题，证据 1 虽未明确冷却这一技术特征，但在生产过程中必然存在自然冷却的过程，而该专利虽然提出冷却的技术特征，但却未对冷却的具体参数进行限定，故其应当包括强制冷却和自然冷却两种情况。

③ 专利复审委员会认为："产品"是独立于"加工方法"和"加工装置"之外的另一类发明，"产品"与相关的"方法"及"装置"之间并不存在必然的、唯一性的联系。法院同意专利复审委员会的上述观点。

2003 年 12 月 16 日，北京市第一中级人民法院作出了维持专利复审委员会上述无效审查决定的判决。在规定的期限内专利权人未提起上述，北京市第一中级人民法院的该判决生效。

3. 评 析

该案涉及三个主要的法律问题。

（1）创造性问题。在评价一项技术方案是否具备创造性时，不仅要看组成该技术方案的技术特征是否属于现有技术的范畴，还要看现有技术中是否给出了将该技术特征引入该技术方案的启示或教导，以及引入该技术特征是否为了解决同样的技术问题。

该专利的权利要求 3 涉及一种预应力混凝土钢捻线的防锈涂膜形成加工装置。所述的加工装置与证据 1 相比，结构基本上相同，区别仅在于该专利的权利要求 3 中的"芯线长度调整装置具有一个固定滑轮和一个在给定的方向上弹簧偏置的可动滑轮"。虽然定滑轮与动滑轮组成的滑轮组是现有技术中经常使用的组件，但这种滑轮组通常是用来吊装重物的。在该专利中，采用一滑轮组与一张紧弹簧相配合，用来收拢多余的芯线，其功能与现有技术中的滑轮组完全不同。由于在请求人所提供的证据 1~3 中均未公开"芯线长度调整装置具有一个固定滑轮和一个在给定的方向上弹簧偏置的可动滑轮"这一技术特征，而该技术特征又为该专利的加工设备中带来了明显的、不同于现有技术的技术效果，具有非显而易见性,故该专利的权利要求3与请求人所提供的证据1~3相比具备创造性。

(2)"方法"与"产品"之间的关系。在一份合案申请的专利文件中,"产品"是独立于"加工方法"和"加工装置"之外的另一项发明,虽然它们在技术上相互关联,包含相同或相应的特定技术特征,但"产品"与相关"方法"之间的关系并非唯一的。具体来说,一项有关"方法"的发明,在其权利要求所限定的保护范围内(由实现该方法的工艺步骤来限定),一般存在可供选择的多种技术方案(例如对某一工艺步骤中具体工艺参数的选择),而这些不同的选择将直接影响产品的结构和性能(例如在该专利权利要求1的技术方案中,选择不同的冷却工艺,其钢捻线涂覆层的结构会截然不同)。

虽然在该专利的说明书中记载了有关钢捻线"产品"的技术内容,但是在其权利要求书中并未将该产品作为保护对象,也未采用"产品的结构"方式对其"方法"进行限定。在无效宣告程序中,被请求人试图以说明书中所公开的"某一具体产品的结构特征"对其"方法"进行限定和解释,以形成与现有技术的区别,这显然已经超出了说明书对权利要求书进行解释的范围,是不能被接受的。

(3)关于"冷却"的问题。一项专利的保护范围应当以其权利要求的内容为准。在该专利的权利要求1中虽然记载了"冷却"这一技术特征,但却并未对冷却所采取的方式及工艺参数作任何具体限定,故该"冷却"应当理解为一般意义上的冷却,即包括强制冷却和自然冷却两种情况。

虽然证据1未明确记载冷却这一过程,但从其说明书所公开的技术方案可以得知:在其钢捻线的生产过程中确实存在着由高温到低温的自然冷却过程。在这种情况下,应当认为该专利权利要求1中的"冷却"这一技术特征已经被证据1所公开。

该专利说明书实施例部分记载了一项很重要的发明内容,即:在钢捻线复捻之前,通过冷却的方式使芯线与外层线的涂覆层固化,从而使制成的预应力钢捻线其外部形状仍如同涂覆树脂之前一样,芯线与外层线之间没有相互连接。这样所制成的钢捻线既具有很好的挠性,又具有良好的对混凝土的附着力。而且该技术内容也并未被该案无效宣告请求人所提供的证据所公开。但是,遗憾的是该技术内容并未体现在其权利要求书中。该专利最终之所以未能实现对上述发明内容的保护,是由于权利要求书的撰写存在以下失误。

① 未对"产品"提出保护请求。相对于"方法"的保护而言,对产品的保护可能更为直接,保护范围可能会更大,因为同样的产品往往可以采用不同

的方法制得，产品被保护了，采用任何方法制得的该产品都将构成侵权。在该专利说明书的实施例中对钢捻线的产品结构已经作了充分具体的公开，而且该产品的性能与现有技术中同类产品的性能存在明显不同，如果申请人在权利要求书中加入一项有关该产品的权利要求，那么仅凭无效宣告请求人所提供的上述证据尚无法将其无效掉。

② 对"方法"的保护并不充分。在该专利的权利要求1中虽然记载了"冷却"这一技术特征，但并未对该冷却的具体实施方式及工艺参数作出任何具体的限定，从而体现不出该技术特征与证据1中所公开的自然冷却之间的区别。申请人之所以按照上述方式撰写权利要求1可能有其具体原因。假如申请人考虑到对于不同规格的产品来说，工艺参数可能会不同，通过工艺参数对冷却条件作出进一步限定比较困难，此时应当考虑通过其他方式对"冷却"作进一步限定。例如，可以在权利要求1中再增加"通过冷却使芯线与外层线的涂覆层完全固化"这一技术特征，借助于"产品的结构或性能"对"方法"作出进一步限定，这种限定也将是合法、有效的；假如由于申请人对现有技术的状态不够了解，误认为"冷却"的工艺在现有技术中未曾被采用，"冷却"属于申请人的发明点，从而写出了上述的权利要求1，那么至少在从属权利要求中还应当对该冷却的条件或效果再作进一步限定。不作进一步限定，就意味着不寻求对该技术方案进一步的保护，后果是：一旦权利要求1被无效掉，说明书中所公开的这一部分发明内容将不会对该专利的维持提供任何帮助。

这也就是笔者在本书权利要求书的撰写部分所特别强调的"说明书所公开的优选实施例一定要在权利要求书中得到体现"的原因。对于专利代理师来说，应当汲取该案上述的经验教训。

（二）棕纤维弹性材料及生产方法——关于"修改超范围"及"公开不充分"的问题

1. 案情简介

名称为"棕纤维弹性材料及生产方法"的发明专利，在其原始申请的说明书中只公开了棕丝弹性材料的制备方法，而且仅公开了一个有关该制备方法的实施例。该实施例为：

把适量棕片或棕板放入温度为40℃左右、含碱量为10%左右的水溶液中浸泡20小时后捞出，经轧辗、梳理，得到棕丝，然后将其切成100毫米长，制绳。经制绳机制绳后放置在100℃的环境内保持5~6分钟，取出分解，这时棕丝均呈卷曲状，用气体将卷曲状的棕丝吹至成片机内，棕丝则呈三维方向均匀散布，棕丝与棕丝之间有接触点并呈网状，这时喷上胶液，使接触点胶接后放入100℃的环境内干燥，最后将其热压、切割，放入模具内在100℃左右的环境中保持10分钟，取出即得棕丝纤维弹性材料。

在实质审查过程中，申请人修改了说明书，增加了有关"棕丝产品"的技术内容，并将其写入了权利要求书中。在其授权公告的文本中，新增加的有关"产品"的权利要求为：

1. 一种棕纤维弹性材料，其特征在于：这种弹性材料所用的棕丝长度为60~200毫米，棕丝呈三维方向均布，棕丝与棕丝之间的交点有黏胶。

针对上述发明专利，请求人向专利复审委员会提出宣告该专利权无效的请求。请求人认为：

(1) 该专利的修改不符合《专利法》第三十三条的规定。在该专利的申请公开文本中，权利要求书只要求保护"棕纤维弹性材料的生产方法"，但在其审定文本的权利要求书中却增加了另一项独立权利要求——"一种棕纤维材料"。除此之外，还在说明书中增加了"本发明所指的产品是这样构成的，这种弹性材料所用的棕丝长度为60~200毫米，棕丝呈三维方向均布、棕丝与棕丝之间的交点有黏胶"这一段文字。

请求人的观点是：上述修改超出了该专利申请原始公开的范围。因为在原始公开的说明书中，仅仅公开了有关"棕纤维弹性材料的生产方法"的技术内容，而且所公开的生产方法均包括"对棕丝进行卷曲"的工艺步骤。按照该步骤制造出的棕丝，其结构必然是卷曲的。但是在该专利的审定文本中，不仅增加了有关其产品——"棕纤维弹性材料"的权利要求，而且所涉及的棕丝产品均未包括"棕丝是卷曲的"这一技术特征，致使所增加的"棕丝产品"除了包括卷曲的棕丝，还包括非卷曲的棕丝产品。

由于原始说明书中并未记载有关棕丝产品的技术内容，更未给出用非卷曲的棕丝也可以制成该棕丝产品的教导，故授权文本中的保护范围要大于原始公开的范围，不符合《专利法》第三十三条的规定。

(2) 授权文本中的权利要求1并未包括"棕丝是卷曲的"这一技术特征，基于上述相同的理由，该权利要求得不到原始说明书的支持，不符合《专利法》第二十六条第四款的规定。

(3) 在该专利的说明书中并未公开该专利产品的性能指标及其测试方法，致使本领域普通技术人员无法去选择合理的工艺参数，从而无法完成该发明；说明书中既未限定所使用的碱、胶的种类，也未限定配胶量、喷胶方式、铺棕层数及纤维密度等，致使技术人员无法选择合理的工艺参数以实现发明目的。

因此该专利不符合《专利法》第二十六条第三款的规定。

专利权人则认为：本专利授权文本中所增加的内容均隐含在原始公开的说明书和权利要求书中，即属于本领域普通技术人员可以从原始公开的内容中直接推出的，并未超出原始公开的范围，故所增加的内容均符合《专利法》第三十三条的规定；请求人所主张的"该专利不符合《专利法》第二十六条第三款的规定"缺乏证据支持，本领域普通技术人员根据说明书所公开的内容完全可以实施该方法并生产出相应的产品。

2. 决定的理由及结论

（1）无效审查决定的理由及结论。经审理合议组认为：

① 在该专利的授权文本中增加了一项有关"棕纤维弹性材料"的权利要求，并在说明书中增加了一些有关该产品结构的说明。

对此，合议组的观点是：虽然在该专利的原始说明书中未专门对棕纤维弹性材料提出保护，也未直接对该产品的结构作专门的说明，但是由于"产品"与"方法"之间存在一定的关联性，在公开一种方法的同时，与该方法相对应的产品结构往往也就被公开了。本领域普通技术人员通过阅读该"加工方法"所能够理解到的有关"产品"内容，应当认为已经被隐含在说明书中了，或者说已经被说明书所公开。因此，虽然在该专利的授权文本中增加了"棕纤维弹性材料"的技术内容，但只要该内容与所公开的方法有直接的关联性，被隐含在原始说明书中，此种增加就应当被允许。

② 请求人认为：a. 在该专利的说明书中并未公开该专利产品的性能指标及其测试方法，致使本领域普通技术人员无法去选择合理的工艺参数，从而无法完成该发明；b. 说明书中既未限定所使用的碱、胶的种类，也未限定配胶量、喷胶方式、铺棕层数及纤维密度等，致使技术人员无法选择合理的工艺参数以完成发明目的。因此该专利不符合《专利法》第二十六条第三款的规定。

对此合议组认为：根据《专利法》第二十六条第三款的规定，说明书所公开的程度，应当以所属技术领域的技术人员能够实现为准。《专利审查指南2010》第二部分第二章第2.1.3节中规定："所属技术领域的技术人员能够实现，是指所属技术领域的技术人员按照说明书记载的内容，就能够再现该发明或者实用新型的技术方案，解决其技术问题，并且产生预期的技术效果。"《专利审查指南2010》第二部分第四章第2.4节中进一步规定："如果所要解决的技术问题能够促使本领域的技术人员在其他技术领域寻找技术手段，他也应具有从该其他技术领域中获知该申请日或优先权日之前的相关现有技术、普通技术知识和常规试验手段的能力。"

"测试方法"并非该专利的发明点,对纤维制品性能的测试方法属于本领域或相关技术领域的公知技术,采用该公知技术完全可以对产品的性能进行测定,从而指导技术人员对工艺参数的选择;所使用的碱、胶的种类,以及配胶量、喷胶方式、铺棕层数及纤维密度等也都不是该专利所要解决的技术要点。在该专利的说明书中未对其作出具体限定,意味着存在多种选择。对纤维的碱处理、胶黏合、喷胶方法等均属于纤维技术领域的成熟技术,即使缺少进一步的说明,也并不妨碍本技术领域的技术人员对该技术方案的实施,其间不需要付出任何创造性的劳动。况且请求人未提出任何具体证据来证明该专利对于本技术领域的技术人员是无法实施的。因此,该专利符合《专利法》第二十六条第三款的规定。

根据上述理由,专利复审委员会作出了维持该发明专利权有效的审查决定。

(2) 行政诉讼程序。当事人对专利复审委员会作出的上述决定不服,遂向北京市第一中级人民法院提起行政诉讼。经审理,北京市第一中级人民法院作出了撤销专利复审委员会上述决定的判决。

专利复审委员会不服北京市第一中级人民法院作出的上述判决,遂向北京市高级人民法院提起上诉。经审理,北京市高级人民法院作出二审判决,二审判决认为:

① 专利复审委员会依职权认定所属技术领域的技术人员在了解了"以卷曲棕丝为原料生产弹性材料"这一技术方案之后,完全可以直接地、毫无疑义地联想到"以非曲棕丝为原料生产弹性材料"这一技术方案,并进而得出结论,该专利符合《专利法》第三十三条及第二十六条第四款的规定。对于专利复审委员会的认定及结论,法院不持异议。

② 虽然该专利未公开该专利产品的性能指标,也未具体限定所用碱、胶的种类及配胶量、喷胶方式、铺棕层数、纤维密度等,但上述内容并非该案争议专利所要解决的技术要点,而是本领域或相关领域的公知技术和公知常识。未公开上述内容,不会妨碍本领域普通技术人员实施该技术方案,而且也无需本领域普通技术人员付出创造性劳动,故该专利符合《专利法》第二十六条第三款之规定。

二审的判决结果是:撤销北京市第一中级人民法院的一审判决,维持专利复审委员会的上述无效审查决定。

3. 评析

该案的技术内容并不复杂,专利申请文件的撰写更是简单。正是简单,才导致了在实质审查过程中对申请文件的补充修改,进而引起后续程序中对"修改超范围"和"公开不充分"问题的争议。

对该专利的无效审查涉及三个主要的法律问题。

（1）申请人在实质审查过程中对说明书及权利要求书的修改是否超范围的问题。

（2）说明书是否"充分公开"的问题。

（3）如何对待无效审查过程中专利权人自认的问题。

对于上述的前两个问题，关键在于要站在本领域普通技术人员的立场进行判断。按照《专利审查指南2010》给出的基本原则，原始申请文件所记载的内容，除了说明书及权利要求书中明确记载的内容，还应当包括那些本领域普通技术人员通过阅读说明书能够唯一地、毫无疑义推导出的内容。

举个简单的例子：当介绍一种包饺子的方法（把面擀成圆皮，把馅放在圆皮上，再将圆皮对折后封边）时，该饺子的结构（外层是面皮，周边被捏合，内有馅）同时也就被公开了，后者可以被视为隐含在前者的公开内容中。权利要求书与说明书之间的关系也是如此，即权利要求的保护范围有可能大于说明书中所记载的技术方案的范围，大于的部分应当是本领域普通技术人员通过阅读说明书而可以想到的内容，权利要求中"上位概念"及"功能性限定"的使用就是其具体体现。如果采用这种判断原则来处理该专利中"棕丝制备方法"与"棕丝产品"，以及"棕丝"与"卷曲棕丝"之间的关系，则答案应当是比较明确的。专利复审委员会的决定以及二审法院的判决意见就体现了这种判断原则的具体应用。

对于一项方法发明，不可能要求申请人将涉及该方法的全部内容均写入说明书中。该技术方案是否充分公开，是否能够实施，不是针对一个外行人而言的，而是应当以本领域普通技术人员为标准。该案的说明书中虽然未对所用碱、胶的种类及配胶量、喷胶方式、铺棕层数、纤维密度等作出具体限定，但它们均属于本领域或相关领域的公知技术和公知常识。不公开上述内容，不会妨碍本领域普通技术人员实施该技术方案。因此，该专利"公开不充分"的无效宣告理由也不能成立。

关于如何对待无效审查过程中专利权人"自认"的问题，尚存在争议。在本书的第四章笔者将结合该案对"自认"的问题发表一些观点，在此就不再重复。

（三）多功能浴室取暖器——关于说明书是否"清楚"的问题

1. 案情简介

该案涉及一件名称为"多功能浴室取暖器"实用新型专利，其授权公告的权利要求书如下：

1. 一种包括有风门（1）、风筒（2）、电机（4）、外壳（7）、内壳（8）、陶瓷发热元件（11）、面罩（12）、灯座（13）、照明灯（14）的多功能浴室取暖器，其特征在于：该多功能浴室取暖器的外壳（7）与内壳（8）为夹层结构，外壳（7）、内壳（8）及轴流式风叶（6）构成取暖器的内循环通道，电机（4）为双轴电机，在电机（4）的双轴上，设置有离心式风轮（3）和轴流式风叶（6）。

2. 根据权利要求1所述的多功能浴室取暖器，其特征在于：所述的照明灯（14）为高效节能灯，安装在电机轴下方的灯座（13）内。

3. 根据权利要求1所述的多功能浴室取暖器，其特征在于：所述的面罩（12）上，设置有灯光片（15），灯光片（15）正对着照明灯（14）。

针对该专利权，请求人于2002年1月31日向专利复审委员会提出无效宣告请求，其理由是该实用新型专利不具备《专利法》第二十二条第二款和第三款所规定的新颖性和创造性。请求人同时提交了下列证据：

证据1：美国专利US3765398，公开日为1973年10月16日。

证据2：美国专利US2809627，公开日为1957年10月15日。

证据3：日本专利JP特开平8-189707，公开日为1996年7月23日。

证据4：日本专利JP特开平9-264558，公开日为1997年10月7日。

证据5：日本专利JP特开平10-141702，公开日为1998年5月29日。

证据6：CN96243680.1号实用新型专利说明书，申请日是1996年10月18日，授权公告日为1998年9月2日，专利权人是杭州科源机电自控研究所。

该案安排了口头审理。双方当事人均委托代理人参加了口头审理。口头审理中，请求人没有按照口头审理通知书的要求提交所提外文证据的中文译文，专利权人当庭质疑，合议组当庭告知请求人由于没有提交外文证据的中文译文，不符合《专利法实施细则》和《审查指南2001》的有关规定，所提外文证据视为未提交。请求人当庭表示接受，并承认证据6是他人向专利局提出的专利申请，其申请日早于该专利的申请日，公开日晚于该专利的申请日，因此仅能用于评价该专利的新颖性。由于证据6不足以破坏该专利的新颖性，又无法用于评价其创造性，因此要求合议组仅对该专利是否符合《专利法》第二十六条第三款的规定进行审查。在口头审理中，双方当事人就该专利是否符合《专利法》第二十六条第三款的规定充分陈述了意见。

2. 决定的理由及结论

请求人认为该专利的说明书不符合《专利法》第二十六条第三款的规定，

其具体是指：一是说明书和权利要求书中的"双轴电机"含义不清楚；二是说明书第2页第7行中描述"风门（1）设置于风筒（2）的出口处，为单向开启"，在说明书第2页倒数第7行中描述"离心式风轮（3）吸排风的方向与安装在风筒（2）上的风门（1）的开启方向相反"。请求人认为这两处关于风门工作方式的表述显然互相矛盾。请求人认为"双轴电机"应理解为具有两根轴的电机，然而，迄今为止，在普通的有关电机的技术书籍和文献中，尚未发现一台电机有两根输出轴。因此本领域的技术人员对此无法理解，无法实现该发明。

合议组认为，该专利的说明书和权利要求书出现的"双轴电机"，在说明书中的相应说明为："在取暖器内，设置了双轴电机，其两端分别安装有轴流式风叶和离心式风轮"（说明书第1页第17～18行）；"在电机4的双轴上，设置有离心式风轮（3）和轴流式风叶（6）"（说明书第2页第5行）；"由于离心式风轮（3）与轴流式风叶（6）同轴安装"等（说明书第2页倒数第8行）。

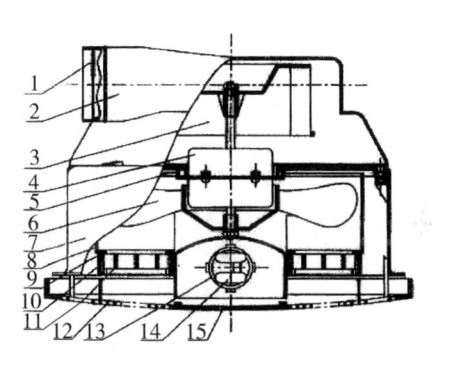

图 3－2

根据说明书的这些文字说明，结合图3－2，可以清楚地看出，这里所说的"双轴电机"是指电机的一根输出轴两端分别安装有离心式风轮和轴流式风叶，其含义在该专利中是唯一的、清楚的，"双轴电机"的用语不会使阅读了该说明书的技术人员无法理解该专利。说明书中关于风门工作方式的表述中确有不准确的地方，但通过整个说明书的描述，结合该专利的发明目的，可以清楚地知道，在该专利用于采暖时，风是向浴室内吹的，而排风时显然是向室外排出的，因此其风门叶片的开启方式也显然是排风时向外开启，而采暖时闭合。说明书中表述的不准确不足以导致本领域的技术人员不能理解和实现该专利的技术方案。因此，合议组认为说明书对技术方案进行了清楚完整的说明，因此符合《专利法》第二十六条第三款的规定。

由于请求人所提的无效请求理由不能成立，故维持该实用新型专利权有效。

3. **评　析**

在该案中，请求人以该专利的说明书不符合《专利法》第二十六条第三款的规定作为无效宣告请求的一个理由。所依据的具体事实是：专利权人在说明书中引入了"双轴电机"这一概念，而"双轴电机"是一个不清楚的概念，这一概念的引入导致了说明书不清楚的后果。

"清楚"与"不清楚"是相对而言的。针对不同的阅读主体采用不同的判断标准,就同一事实其判断结果会有所不同。在判断一份专利说明书是否清楚时,判断主体及判断标准应当如何确定?

"双轴电机"并非所属技术领域的正规技术术语,是专利权人杜撰出的一个词汇。如果按照字面含义来理解,"双轴电机"应该是一种具有两根轴的电机。两根轴的电机如何工作?本领域的技术人员不得而知,申请人在说明书的文字部分也未作专门说明。但从说明书附图中可以看出,该专利所称的"双轴电机"实际上只包含一根转轴,只不过该转轴穿出电机的两个端面,而且其两端均装有工作部件,即一端装有轴流式风叶,另一端装有离心式风轮。

《审查指南2001》第二部分第二章第2.1.1节对于说明书的撰写作了如下规定:"说明书应当使用发明或者实用新型所属技术领域的技术术语。说明书的用词应当准确地表达发明或者实用新型的技术内容,不得含糊不清或者模棱两可,以致所属技术领域的技术人员不能清楚、正确地理解该发明。""双轴电机"这一概念的使用显然与上述规定不符,不属于规范性的撰写方式,无效请求人以此为由请求宣告该专利无效也是事出有因。

《专利法》第二十六条第三款中规定:"说明书应当对发明或者实用新型作出清楚、完整的说明,以所属领域的技术人员能够实现为准。"根据上述条款的规定,在无效宣告程序中判断说明书是否清楚的主体应当是"所属技术领域的技术人员",而判断是否清楚的标准应当是能否"能够实现"该发明。

尽管"双轴电机"这一概念的引入导致了该专利说明书中的某些内容不清楚,但通过阅读说明书全文及其附图,所属技术领域的普通技术人员尚能够理解该专利所称"双轴电机"实际上是一种什么样结构的电机,并不影响其"实现"该发明。因此该案合议组的结论是:"说明书中表述的不准确不足以导致本领域的技术人员不能理解和实现该专利的技术方案",由于"说明书对技术方案进行了清楚完整的说明,因此符合《专利法》第二十六条第三款的规定"。

关于专利说明书是否"清楚"的问题,在我国的《审查指南2001》中所作的规定比较简单。而在《欧洲专利局审查指南》以及《PCT国际检索和初步审查指南》中均作了更为详细的规定。下面引用PCT(与EPO基本相同)的有关内容,或许有助于对这一问题的理解:

(1)必须对发明作出清楚、完整的说明,足以使所属领域的技术人员能够实施该发明,其目的是:①确保所属领域的技术人员能够实施该发明;②使读者能够理解发明人对所属领域所作的贡献。对于"读者"一词,《PCT国际检索和初步审查指南》还作了如下定义：读者具有所属领域的一般背景知识和技术水平。

上述内容②在我国的《审查指南2001》中未作规定。由于专利说明书除了供国家知识产权局的审查员审查用，还是供社会公众阅读的重要文献，所以《欧洲专利局审查指南》以及《PCT国际检索和初步审查指南》中提出这一要求还是具有一定实际意义的。

（2）说明书应当清楚、明确，避免使用不必要的技术行话。可以采用公认的术语；也可以采用鲜为人知的或特别编造的技术术语，但是，必须对其进行适当的定义，而且不存在与之等同的、公认的概念。

以该案为例，如果申请人在引入"双轴电机"这一术语的同时，在说明书中又对"双轴电机"的含义作出了具体的定义或解释，譬如，该专利所称的双轴电机是指这样一种电机：其转轴伸出电机的两个端面，而且其两端均装有工作部件，则便可以消除"双轴电机"带来的混淆和误解，使说明书更为清楚。

通过以上分析可以看出，《专利法》第二十六条第三款所称的"清楚"具有其特定的标准。说明书中某些字句或者局部内容的不清楚不一定必然导致整个说明书的不清楚。关键看这种不清楚是否影响了本技术领域技术人员对发明的实施。

在无效宣告程序中，以不符合《专利法》第二十六条第三款为由提出无效宣告请求的案件屡见不鲜。如果申请人在撰写专利说明书时，以普通"读者"为阅读对象，尽量杜绝表述不清楚的缺陷，而社会公众在评价一份专利说明书是否"清楚"时，以"本领域普通技术人员""能够实施"为标准，那么这类无效宣告请求的案件将会减少。这种减少将意味着撰写水平及诉讼水平的提高。

（四）自动支票打字机——如何理解现有技术给出的"启示"

1. 案情简介

该复审请求涉及一件名称为"自动支票打字机"的实用新型专利，如图3-3所示，该专利授权公告的权利要求书如下：

1. 一种自动支票打字机，它由下列部分组成：机座，字轮转动机构，打字机构，微处理机；支票的传动定位装置，支票压紧定位装置，上述字轮转动机构中有带中文大写数字和阿拉伯数字的字轮，其特征在于：上述打字机构中，击打在字轮的凸出来的字符上的字锤的上表面具有两组互相相交的尖凸纹，每一组中的各条尖凸纹互相平行，使得字锤的上表面与凸出来的字符之间的接触（中间隔着支票）为点接触。

2. 如权利要求1所述的自动支票打字机，其特征在于，上述字锤的上表面上的尖凸纹的纹路的方向可以是任意的，两组尖凸纹相交的角度在60°到90°的范围内。

3. 如权利要求1或2所述的自动支票打字机，其特征在于：上述各条尖凸纹的与纹路方向垂直的断面轮廓上的顶角在30°到80°之间，最好是60°。

4. 如权利要求1或2所述的自动支票打字机，其特征在于：上述每一组尖凸纹中各条尖凸纹之间的间隔一般为0.4~0.8毫米之间，最好是0.6毫米。

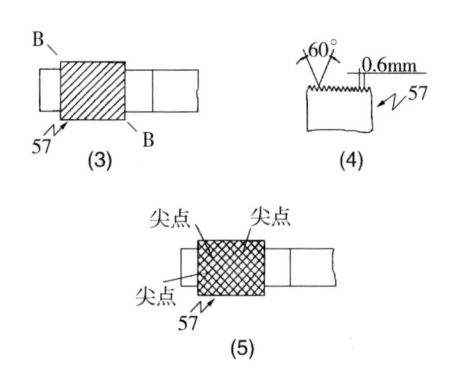

图3-3 该专利字锤示意图

请求人于1999年11月16日向国家知识产权局提出撤销专利权请求，[1] 其理由是：该实用新型专利不具备创造性，并提供如下两份附件作为证据：

证据1：日本公开特许公报昭和-164182复印件，公开日1984年9月17日。

证据2：ZL93206312.8号中国实用新型专利说明书复印件，公开日1994年5月25日。

经审查，国家知识产权局撤销审查组于2002年5月30日作出了审查决定，认为撤销请求的理由不成立，维持该实用新型专利权继续有效。理由是：对于本领域的普通技术人员而言，将证据1及证据2结合得到该专利权利要求1所要求保护的技术方案并非显而易见，故该专利权利要求1具备创造性，相应从属权利要求2~4也具备创造性。

请求人对维持专利权的审查决定不服，于2002年9月25日向专利复审委员会提出了复审请求，其理由是：撤销决定引用的理由不正确，证据2披露了该专利权利要求1前序部分的技术特征，证据1披露了权利要求1特征部分的

---

[1] 根据1992年修改的《专利法》，在专利权被正式授予之前存在一撤销程序。

特征。证据1及证据2属于相同领域,本领域的技术人员将证据1及证据2结合得到权利要求1所要求保护的技术方案无须付出创造性的劳动,故该专利不具备创造性。

2. 决定的理由及结论

该专利涉及一种自动支票打字机。通过阅读说明书可知,其通过将打字机的字锤和字轮上凸出来字符的线接触改为点接触,从而在保证支票上打出的字迹清晰的前提下,降低字锤的击打力,并且提高字轮和打字机的整体寿命。

合议组认为证据2是该专利最接近的对比文件。该证据涉及一种自动支票打字机,并具体披露了以下技术特征:该支票打字机包括机座、字轮转动机构、打字机构、微处理机、支票的传送定位装置以及支票压紧定位装置,其中字轮转动机构中带中文大写数字和阿拉伯数字的字轮(参见证据2说明书第2页第5~16行,附图1~3)。将该专利的权利要求1和证据2相比,两者的区别之处体现在特征部分,即在该专利的打字机构中,击打在字轮凸出来的字符上字锤的上表面具有两组互相相交的尖凸纹,每一组中的各条尖凸纹互相平行,字锤的上表面与凸出来的字符之间的接触(中间隔着支票)为点接触。而证据2却未公开打字机构的具体结构。证据1涉及一种"手动小票打字装置",通过阅读说明书并结合附图3-4(b)、图3-4(c)以及图3-4(d)可知:

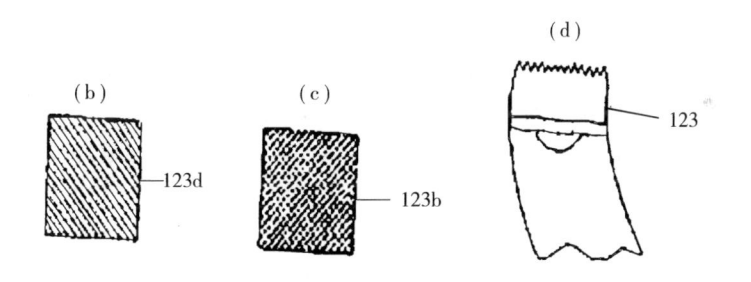

图3-4 证据1字锤示意图

在该装置的打字机构中,击打在字盘(对应于该专利权利要求1的字轮)凸出来的字符上的字盘齿形板(对应于权利要求1的字锤上表面)可以是具有两组互相相交的尖凸纹结构,其中每一组中的各条尖凸纹相互平行。

通过上面的描述可知,证据2及证据1披露了该专利权利要求1的全部技术特征,但是据此尚不能确定该专利的权利要求1相对于证据1及证据2的结合是否具备创造性。还需要判断由证据1及证据2的结合得到该专利权利要求1所要求保护的技术方案对本领域的技术人员来说是否显而易见,对此,《审查指南1993》第二部分第四章第3.2.1.1节之（3）中规定："在判断过程中，要确定的是现有技术整体上是否存在某种技术启示，即现有技术中是否给出了将区别特征应用到最接近的现有技术以解决其存在的技术问题的启示……下述情况，通常认为现有技术中存在上述技术启示：……（iii）所述区别技术特征为另一篇对比文件中披露的技术手段，该技术手段在该对比文件中所起的作用与该区别特征在要求保护的发明中为解决该重新确定的技术问题所起的作用相同。"

证据1中虽然未就字盘齿形板采用"两组互相相交的尖凸纹"结构所能起到的作用予以说明，但是根据力学常识 $P = F/S$ 可知，在压强不变的情况下，面积与压力成正比。在此压力对应于击打力，面积对应于打字时字锤和字轮上凸出字符的接触面积，压强则决定了所打出字符的清晰程度。当打字结构采用"两组互相相交的尖凸纹"结构时，字盘齿形板与字盘上凸出字符之间的接触必然为点接触；当打字结构采用"一组平行的尖凸纹"结构时，字盘齿形板与字盘上凸出字符之间的接触必然为线接触。对应于同一字符，线接触的接触面积比点接触的接触面积大，故若在票据（支票）上打出同等力度的字符，采用"点接触"比采用"线接触"所需的击打力小。即当采用"两组互相相交的尖凸纹"结构时，客观上具有在保证小票上打出字迹清晰的前提下，降低字锤击打力的作用。同时随着字锤击打力的减小，字盘以及打字机的整体寿命能够得以提高。由此可见，证据1给出了将区别技术特征（打字机构的结构）应用到最接近的现有技术（证据2）的技术启示。

鉴于证据1及证据2所属领域相近，在证据2的基础上结合证据1得到权利要求1所要求保护的技术方案对于本领域的技术人员而言是显而易见的，无须付出创造性的劳动，该专利的权利要求1相对于证据1及证据2不具备实质性特点和进步，不具备创造性。

从属权利要求2限定部分的特征是：上述字锤上表面上尖凸纹的纹路的方向可以是任意的，两组尖凸纹相交的角度在60°~90°的范围内。由图3-4（c）可明显看出两组尖凸纹相互垂直，落入"60°~90°"的范围。当打字结构采用两组尖凸纹结构时，由于字锤和字轮为点接触，故两组尖凸纹的纹路方向可任意设定对本领域的普通技术人员而言是显而易见的。同时，在说明书中也无法看出，对两组尖凸纹的纹路方向以及相交的角度所作的限定能够带来意想不到的技术效果，故在权利要求1不具备创造性的情况下，权利要求2同样不具备创造性。

从属权利要求3限定部分的特征是：上述各条尖凸纹的与纹路方向垂直的断面轮廓上的顶角为30°~80°，最好是60°。从属权利要求4限定部分的特征是：上述每一组尖凸纹中各条尖凸纹之间的间隔一般为 0.4~0.8 毫米，最好是 0.6 毫米。上述技术特征是本领域的普通技术人员根据具体情况，如支票上字迹的大小等可具体设定的，无须付出创造性的劳动。例如，在该专利的说明书对现有技术的描述中就指出"由于支票上字迹尺寸很小，这种尖凸纹的纹路很细，一般都在 0.6 毫米左右"。同时，说明书中也未就上述技术特征能够带来意想不到的技术效果予以说明，故在权利要求 1 及权利要求 2 不具备创造性的情况下，权利要求 3 及权利要求 4 同样不具备创造性。

专利复审委员会决定：撤销该实用新型专利权。

3. 评　析

该专利权利要求 1 的全部技术特征已分别被证据 1 和证据 2 公开了。对此，无论是撤销审查组还是双方当事人均无异议。在判断权利要求 1 是否具备创造性时产生两种不同的结论，其分歧点在于：将证据 1 与证据 2 相结合是否显而易见，或者说在证据 1 或证据 2 中，是否给出了将两者相结合的启示。

如果在证据 1 中明确写明："本发明的目的在于改进打字机的字盘齿形板，使之在打出清晰字体的同时，适当降低击打力，从而可以增加打字机以及字轮的寿命"或"本专利的字盘齿形板可以用于各种打字机，包括自动支票打字机"，或者在证据 2 中明确写明："本实用新型的自动支票打字机可以采用现有技术中的各类结构的字锤"，问题可能会简单得多，因为以上的描述可以被视为将证据 1 和证据 2 相结合的一种启示。但在该案中，这种启示并不存在。

然而，以上这种明确的启示不存在，是否就意味着将证据 1 与证据 2 相结合是"非显而易见"的呢？或者说对于本领域普通技术人员来说不可能将两者相结合呢？恐怕还不能这样说。

判断创造性时所谓的"启示"，除以上所述的"明示"之外，还应当包括"暗示"，即本领域普通技术人员通过阅读对比文件所能直接理解到的内容。在一份专利文件中，所公开的技术方案往往涉及若干技术特征（包括与现有技术相同的技术特征和区别技术特征），每一个技术特征都会对该技术方案带来一定的技术效果，这应当是一个常识。但一份专利文件中往往不会对每一个技术特征（尤其是与现有技术相同的技术特征）的功能、效果都进行说明。另外，一份专利文件中所记载的发明目的（或技术效果），往往会随着对最接近的现有技术的进一步了解而发生变化。这就是申请人在专利的审查阶段可以根据审查员检索到的对比文件修改其发明目的或技术效果的原因。在专利审查阶段，只要申请人新增加的技术效果或新确定的发明目的与其技术方案中所公开的技术特征之间存在必然的联系，是本领域普通技术人员能够理解的，这种修改就是被允许的。

以上这种"技术特征"与"技术效果"（发明目的）之间的对应关系，同样适用于创造性的判断。在此不妨再次借用本书前面所谈到的例子：

一份专利文件涉及一种鞋垫，其发明目的是改进鞋垫的透气性，其技术方案中也记载了改进透气性的技术特征。但从说明书中可以得知，该鞋垫中还含有一种公知的除臭剂。如果申请人在专利审批阶段将其发明目的（或技术效果）修改（或增加）为"消除异味"，应当是允许的；如果申请人还发现该除臭剂具有治疗脚气的作用，但在原说明书中未曾予以说明，申请人事后欲将其发明目的或技术效果修改为"治疗脚气"，则是不允许的。这是因为：即使不明言，"除臭剂具有消除异味的功效"对于技术人员来说也是公知的；而"除臭剂"与"治疗脚气"之间并不存在这种已知、必然的关联性，可能是申请人的新发现。

在将上述专利文件作为另一件有关鞋垫专利的现有技术，用来评价其创造性时，由于"除臭剂"与"消除异味"之间存在关联性，即只要看到该除臭剂，就可以联想到它具有消除异味的功效。或者说从消除鞋垫异味的问题出发，看了该对比文件之后，就会联想到用该除臭剂来消除鞋垫的异味。所以此时所谓的"启示"是存在的。而由于该对比文件中未对除臭剂与"治疗脚气"之间的关系进行说明，本领域普通技术人员在看到对比文件中的除臭剂之后不可能联想到"治疗脚气"的问题，故从消除鞋垫异味的问题出发，即使看到该对比文件，也不可能联想到采用该除臭剂的技术方案，所以启示也就不存在了。

就该案而言，虽然证据1中未就字盘齿形板采用"两组互相相交的尖凸纹"结构所能起到的作用予以说明，但是对于打字机来说，以较小的击打力获得较清晰的打印字迹是人们所期望的性能，是不言而喻的。而根据力学常识可知，当打字结构采用"两组互相相交的尖凸纹"结构时，字盘齿形板与字盘上凸出字符之间的接触必然为点接触，而采用"点接触"比采用"线接触"所需的击打力要小。即当采用"两组互相相交的尖凸纹"结构时，客观上具有在保证小票上打出字迹清晰的前提下，降低字锤击打力的作用。随着字锤击打力的减小，字盘以及打字机的整体寿命能够得以提高。因此，对于本领域普通技术人员而言，将证据1与证据2相结合的启示是客观存在的。或者说，以证据2的技术方案为基础，从"降低字锤击打力提高字盘以及打字机的整体寿命"这一问题出发，在看到证据1所公开的技术内容之后，本领域普通技术人员很容易想到可以采用"两组互相相交的尖凸纹"结构的技术方案。所以，采用"问题－方案"（problem-solution approach）的创造性判断方法，可以认定该专利相对于证据1和证据2不具备创造性。

（五）固结山体滑动面提高抗滑力的施工方法——关于"功能性限定"问题

1. **案情简介**

该无效宣告请求案涉及名称为"固结山体滑动面，提高抗滑力的施工方法"的发明专利。专利号为ZL93107836.9。

该专利的权利要求1如下：

1. 一种固结山体滑动面、提高抗滑力的施工方法，其特征在于：在山体开挖前或开挖后，先于设计边坡堑顶附近施钻打孔，再往钻孔内压入水泥浆单液或水泥浆混合液，使浆液通过扩散、渗透而充填岩体、土体中的层面、节理、裂隙、孔隙等空间，浆液凝固后提高岩体、土体的抗剪强度增大抗滑力，使滑动面稳定。

针对上述专利权，请求人于2000年8月31日向专利复审委员会提出无效宣告请求，其理由是该专利不具备创造性。请求人提交了23份附件作为证据。

2. **决定的理由及结论**

在判断一项发明专利申请权利要求的创造性时，首先应当将权利要求所要求保护的技术方案与现有技术中最接近的对比文件所公开的技术方案相对比，找出其区别技术特征；进而考察这些区别技术特征的引入对本领域技术人员来说是否是显而易见的，是否带来了有益的效果。如果所述区别技术特征的引入是非显而易见的，能够带来有益的效果，则该权利要求具备创造性；反之，则不具备创造性。

根据请求人提交的"意见陈述书"和口头审理中陈述的意见，请求人的无效宣告理由可以概括为：附件13公开的防治滑坡的措施有"加固岩土体的支挡与锚固工程"及"岩土性质的人工改良"，而在滑坡段常采用的提高稳定性强度的方法是灌浆。附件2公开了灌浆的具体技术方案，因此该发明的权利要求与附件13和附件2的结合相比，不具备创造性。

合议组认为：该专利权利要求1可以分为两部分，前一部分为发明的技术主题和采取的技术措施，后一部分是"使浆液通过扩散、渗透而充填岩体、土体中的层面、节理、裂隙、孔隙等空间，浆液凝固后提高岩体、土体的抗剪强度增大抗滑力，使滑动面稳定"。该部分所描述的是在采取了前述技术措施后所达到的技术效果，并非技术措施，不属于构成权利要求1所述技术方案的具体技术特征。

该专利权利要求 1 与附件 13 相比，技术主题的表述略有不同：该专利为"固结山体滑动面，抗滑力的施工方法"；附件 13 为"防治滑坡的措施"，对本领域技术人员而言，其实质是相同的，都是为了防止山体滑动（滑坡）的发生。为防治滑坡，附件 13 所采取的措施是"灌浆"，但没有公开灌浆过程。该专利权利要求 1 不同于附件 13 的区别技术特征在于具体记载了灌浆的步骤，即在山体开挖前或开挖后，先于设计边坡堑顶附近施钻打孔，再往钻孔内压入水泥浆单液或水泥浆混合液。附件 2 具体公开了一种灌浆方法，其步骤为打管入土、冲洗管、试水、压力灌浆、拔管，灌浆材料可以是纯水泥浆，灌浆材料中还可以有如氯化钙或水玻璃的速凝剂。权利要求 1 与附件 13 和附件 2 的结合相比，其区别仅在于权利要求 1 具体限定了钻孔的位置在边坡堑顶的附近。

合议组认为：本领域技术人员在阅读了附件 13 和附件 2 后，不需要付出创造性劳动就能将附件 2 的灌浆方法应用到要开挖或已开挖的山体上以防止滑坡，并且，要防止哪里滑坡就会在哪里钻孔，不会在其他地方钻孔。此外，将附件 2 的灌浆方法应用到防治滑坡上的技术效果也是可以预见的。因此，合议组认为，权利要求 1 与附件 13 和附件 2 的结合相比，不具备创造性。故宣告 ZL93107836.9 号发明专利的权利要求 1 无效。

3. 评　析

该案的合议组认为：在该专利权利要求 1 中，"使浆液通过扩散、渗透而充填岩体、土体中的层面、节理、裂隙、孔隙等空间，浆液凝固后提高岩体、土体的抗剪强度增大抗滑力，使滑动面稳定"所描述的是一种技术效果，并非技术措施，不属于构成权利要求 1 所述技术方案的具体技术特征，故在评价权利要求 1 的新颖性及创造性时不予考虑。

由于该专利的说明书中仅公开了一个实施例，上述限定是该实施例的直接技术效果。由于用权利要求 1 的前半部分完全可以把要求保护的技术方案描述清楚，所以后半部分的限定就是多余的了，应当从其权利要求书中删除。如果不删除，该限定对其保护范围也不产生任何影响，在评价权利要求的新颖性、创造性时不应当予以考虑。

我们知道，以技术效果的方式对其技术方案进行限定属于"功能性限定"中的一种。在权利要求书中，采用"功能性限定"的方式对其技术方案进行限定并非绝对禁止。那么究竟什么情况下"功能性限定"不能被允许，什么情况下才可以被允许呢？

针对权利要求中使用"功能性限定"的问题，《审查指南 1993》中作了如下规定。

（1）"对于说明书中具有某一技术特征的技术方案仅给出一个实施例，而且权利要求中该特征是用功能来限定的情形，如果所属技术领域的技术人员能够明了此功能还可以采用说明书中未提到的其他方式来完成的话，则权利要求中用功能限定该特征的写法是允许的。如果说明书中描述的功能是以一种特定方式完成的，没有说明其他替代方式，而权利要求却概括了本领域技术人员不能明了的完成该功能的其他方法或者全部方法，则是不允许的。"（参见《审查指南1993》第二部分第二章第3.2.1节。）

（2）"对产品权利要求来说，应当尽量避免使用功能或效果特征来限定发明。只有在某一技术特征无法用结构特征来限定，或者技术特征用结构特征不如用功能或效果特征来限定更为清楚，而且该功能或者效果能通过说明书中充分规定的实验或者操作直接和肯定地验证的情况下，使用功能或者效果特征来限定发明才是允许的。"（参见《审查指南1993》第二部分第二章第3.2.2节。）

该案涉及一种固结山体滑动面、提高抗滑力的施工方法，在其说明书中仅公开了一个实施例，即在山体开挖前或开挖后，先于设计边坡堑顶附近施钻打孔，再往钻孔内压入水泥浆单液或水泥浆混合液，压浆后钻孔中插入钢筋束、钢索或钢轨以形成钢筋混凝土锚杆，压浆钻孔可设一排或多排，孔距为3~4米。钻孔深度为钻至侧沟脚的层面倾角线下0.5~1.5米。水泥与水的配合比为1:0.8至1:1.2。浆液中可加入粉煤灰或石灰粉作为添加剂，加入氯化钙或水玻璃作为速凝剂。

对照《审查指南1993》的上述规定，该专利权利要求1中所采用的功能性限定应当属于第一种情况中的"不允许"部分。即权利要求中所概括的技术效果（功能限定）是以一种特定方式完成的，说明书中没有说明其他替代方式，本领域技术人员不能明了完成该功能的其他方法或者全部方法。这时，如果用前述的功能性限定来确定权利要求1中的保护范围，势必导致保护范围不合理的扩大。因此，在权利要求1中所作的功能性限定是不允许的。如果这种限定已经存在于授权的权利要求书中，在确定其保护范围及评价其创造性时，该技术特征也不应当予以考虑。

为了进一步说明问题，我们不妨设想一下：如果该专利申请人针对不同的地质条件研究出了不同的技术方案，并在说明书中以不同实施例的方式予以公开，例如根据山体的土质及疏松情况，采用不同的压浆钻孔孔距、钻孔深度，以及不同的浆液成分。虽然这些技术方案各不相同，但其共同的技术特征（技术效果）是"使浆液通过扩散、渗透而充填岩体、土体中的层面、节理、裂隙、孔隙等空间，浆液凝固后提高岩体、土体的抗剪强度增大抗滑力，使滑动面稳定"（现有技术中也存在对岩体、土体进行灌浆的方案，但其目的及方案与该专利不相同，例如其目的是强化土层的毛细管作用，以便于流体的集聚）。这时，采用上述功能性限定（以技术效果对技术方案进行概括以区别于现有技术）应当是可以被接受的。因为此时的保护范围与说明书中所公开的内容是相匹配的，而且这种概括方式较其他方式可能更为简明、清楚。

权利要求书是对专利权人权利范围的界定，其范围的大小应当与权利人对现有技术所作的贡献相匹配，并且与说明书所公开的内容相适应。功能性的限定有可能导致保护范围的扩大，因此对待权利要求书中出现的功能性限定应当采取审慎的态度。只有在其能够得到说明书支持、与说明书公开的内容相适应的情况下，这种限定才是被允许的。

（六）多功能多路阀——关于"实用性"

1. 案情简介

2002年1月21日，专利复审委员会作出第4128号无效宣告请求审查决定。该决定涉及申请日为1988年12月3日、名称为"多功能多路阀"的ZL88108122.1号发明专利。

其授权公告时的权利要求1为：

1. 一种由三块多孔平板紧密重叠组成而没有阀腔的多路阀，其三块平板上众多的阀口个个相对，上、下板的外端面上布有多根连通管，上板与下板紧固成一体，下板的外缘是齿轮，经传动使下板与中板发生同轴位移而改变其工况程序，本发明的特征是：

（1）阀芯（4）安置在由阀体由上阀盖（1）、下阀盖（2）和阀圈（3）所组成的阀腔内，阀芯与上述三者之间留有游动间隙（不是紧密接触）；

（2）各阀口开有台阶孔、孔内装有密封圈（7）；

（3）上、下阀盖的内端面上开有把各阀口相互隔离的排泄槽（8）；

（4）排泄槽经排泄孔（23）与排水连通槽（29）相通；

（5）阀芯（4）上的圆孔（22）、（25）内镶嵌有薄板条（6）。

针对上述实用新型专利，请求人于2000年2月17日向专利复审委员会提出宣告该专利权无效的请求，其理由是该专利不具备新颖性、创造性和实用性。请求人在提出无效宣告请求的同时还提交了6份证据，以证明该专利不具备新颖性和创造性。在口头审理过程中，请求人还提出该专利不符合《专利法》第二十六条第三款的规定，作为新的无效理由。请求人认为该专利权利要求1中所述的密封圈必须是特制的,而被请求人在其专利的说明书中未对该密封圈的规格、形状及材质作充分公开,致使本领域普通技术人员无法实施该专利,不符合《专利法》第二十六条第三款的规定。

请求人认为:该专利权利要求1中采用薄板条对密封圈进行固定,在剪切力的作用下,在阀门的启闭过程中该薄板条将对密封圈造成损坏,影响其密封效果,故权利要求1不具备实用性。

专利权人认为:薄板条是否会损坏密封圈,取决于它们的形状及材料的选择,例如只要改变薄板条的形状,就可以减小其对密封圈的剪切作用力,本专利不存在缺乏实用性的问题。专利权人还当场展示了本专利产品使用情况的有关资料。

2. 决定的理由及结论

经审查,合议组认为:在阀门的旋转过程中薄板条的确会对密封圈产生剪切力,而且有可能损坏密封圈,但损坏程度的大小将取决于材料及形状的选择(例如可以选择刚性较小的薄板条、强度较大的密封圈,或者选择适当的薄板条形状)。只要选择适当,这种现象是可以被消除或减弱的,这种选择对本领域普通技术人员来说不存在任何困难。另外,任何一项发明创造都可能存在缺陷或不足,不能因为某种缺陷或不足的存在而否定其实用性。只要这种缺陷或不足的存在不影响该产品的制造及使用,并能产生一定的积极效果,该发明创造就符合《专利法》对"实用性"的要求。

由于请求人所提供的证据和事实尚不能证明该专利是不能制造或使用的,故对于请求人认为该专利不具备实用性的主张,合议组不予支持。

关于《专利法》第二十六条第三款的问题,合议组认为:对密封圈规格、形状及材质的选择的确会影响密封圈的使用效果和使用寿命,但这种选择只涉及"好"和"坏"的问题,而不涉及"能否实施"的问题。换句话说,本领域普通技术人员在说明书所公开的内容以及现有技术中普通密封圈的基础上,只要对密封圈加以选择,就完全可以实现该发明。因此,该专利符合《专利法》第二十六条第三款"所属技术领域的技术人员能够实现"的标准,故该专利不存在"公开不充分"的问题。

基于以上事实,合议组依法作出维持ZL88108122.1号发明专利权有效的审查决定。

3. 评析

在该专利的权利要求1中,采用了薄板条6对密封圈7进行固定的技术方案(见图3-5、图3-6)。

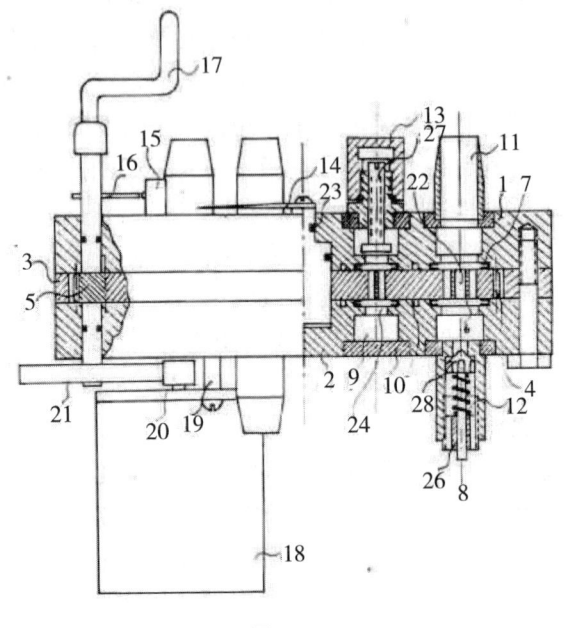

图 3-5

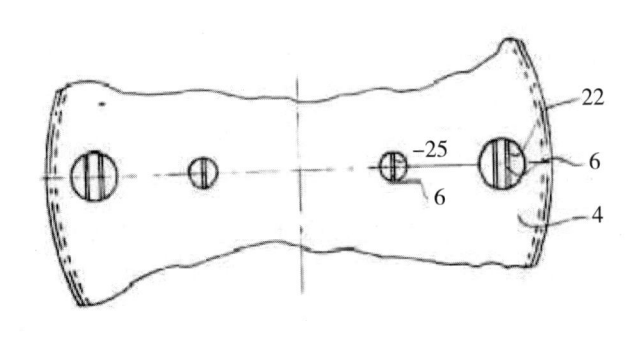

图 3-6

对此,请求人认为用薄板条对密封圈进行固定,在剪切力的作用下,在阀门的启闭过程中该薄板条将对密封圈造成损坏,影响其密封效果,故权利要求1不具备实用性。

合议组的观点是:用薄板条 6 对密封圈 7 进行支撑,一般情况下,当阀门旋转时薄板条 6 的确会对密封圈 7 产生剪切力,而且有可能损坏密封圈,但损坏程度的大小将取决于材料及形状的选择。如果选择刚性较小的薄板条、强度较大的密封圈,或者对薄板条的形状进行适当的选择,则这种损坏是可以被消除或减弱的。任何一项发明创造都可能存在缺陷或不足,不能因为某种缺陷或不足的存在而否定其实用性。只要这种缺陷或不足的存在不影响该产品的制造及使用，并能产生一定的积极效果，就符合《专利法》对"实用性"的要求。

采用"用薄板条对密封圈进行固定"的技术方案是否影响该专利的实用性？要回答这个问题首先要弄清《专利法》所称的"实用性"究竟是一个什么概念。

《专利法》第二十二条第四款所称的"实用性"是指"该发明或实用新型能够制造或者使用，并且能够产生积极效果"。"实用性"，我们也称为"工业实用性"。所谓的"能够制造或者使用"是指一项发明创造能够以产业的形式实施，以区别于只能依赖于个人的技艺实施的方案，同时排除那些违反自然规律、不可能实施的方案。所谓的"能够产生积极效果"并不意味着其技术效果是十全十美，不存在任何缺陷。任何一项新技术方案的产生必然有其特定的技术效果，这种技术效果的出现，有其利也必有其弊。我们不应当因其"弊"的存在或者"弊大于利"而认为其不能够"产生积极效果"。

举个简单的例子：现有技术中已经存在一种以内燃机为动力的插秧机，这种设备省时、省力、效率高。有人发明了一种人力驱动的插秧机，不需要依靠任何机械力。这种插秧机与前者相比的确存在若干缺点，甚至被视为"技术倒退"，即便如此，也不能由此而认定其不能"产生积极效果"。因为这种插秧机，至少具有成本低的优点，而且便于在缺少动力条件的情况下使用。这便是这种人力驱动的插秧机对现有技术作出的贡献，也是其产生的积极效果。

按照上述理解，对于请求人所认定的事实——"用薄板条对密封圈进行固定，在剪切力的作用下，在阀门的启闭过程中该薄板条将对密封圈造成损坏，影响其密封效果"，充其量只能认为是该专利中所存在的缺陷，而这种缺陷的存在也仅仅是一种可能性而已，并非不可避免。因此，上述事实的存在不能影响该专利的实用性。

至于该专利是否符合《专利法》第二十六条第三款的问题，关键取决于：本领域普通技术人员在说明书所公开的内容以及现有技术中普通密封圈的基础上，能否对密封圈规格、形状、材质以及薄板条的形状、材质进行必要的选择，以确保密封圈能够正常工作，其答案应当是肯定的。因此该专利符合《专利法》第二十六条第三款"所属技术领域的技术人员能够实现"的标准，故不存在"公开不充分"的问题。

（七）新型可逆反击锤式破碎机——说明书"清楚、完整"的标准是"能够实现"

1. 案情简介

2004年3月9日，专利复审委员会作出第6034号无效宣告请求审查决定。该决定涉及申请日为2001年12月4日、名称为"新型可逆反击锤式破碎机"的ZL01272637.0号实用新型专利。

该实用新型的说明书撰写得非常简单。为了便于分析，现将其说明书的全文引用如下。

新型可逆反击锤式破碎机

本实用新型涉及一种破碎机械，属于物料破碎加工机械技术领域。

现行技术中的反击锤式破碎机工作时，物料在机内翻转过程中与反击板及锤头不断撞击，破碎后经出料口箅板筛箅，从而得到符合所需要求的破碎物。此种破碎机的不足之处是由于被加工的物料要求加工后达到的成品颗粒不同，而又无法对反击板进行调整，使出料大于出料口所设的箅孔，因不能通过而堆积在箅板上易形成料堵。

本实用新型的目的是提供一种可调破碎粒度且出料口不会形成料堵的新型可塑反击锤式破碎机。

本实用新型包括壳体、进料口、出料口、转子、锤盘、锤头组件、反击板体、反击板，其特点是反击板体通过上、下油缸连接在壳体上。上述锤头组件延轴向螺旋排列在锤盘上。

本实用新型的优越性：可调式反击板可方便调节物料的破碎粒度和破碎率，满足用户的不同要求，不必在出料口设箅板，直通式出料口可避免出料口的料堵现象；工作过程中，锤头组件的循环式螺旋线排列可减小机腔内转子旋转时产生的风堵现象，降低腔压，达到提高打击效率，减小出料阻力的作用。

现结合图1和实施例对本实用新型作进一步说明。

图中：1壳体，2进料口，3转子，4锤头组件，5反击板，6反击板体，7上油缸，8下油缸，9锤盘，10出料口。

壳体1以轴向中心为界分成两部分，各部分壳体沿轴向两侧分别设置有液压传动装置，各锤头组件4的一端分别固定在以转子3中轴向固定的锤盘9上，且呈循环式螺旋线状排列，转子3上方设进料口2，下方设直通式出料口10，在破碎工作过程中，物料通过进料口2进入机腔并随转子3放置并不断与反击板5及锤头组件4发生撞击而破碎，此时，若调节上油缸7或下油缸8，即可改

第三章 与撰写及审查有关的案例剖析

图1

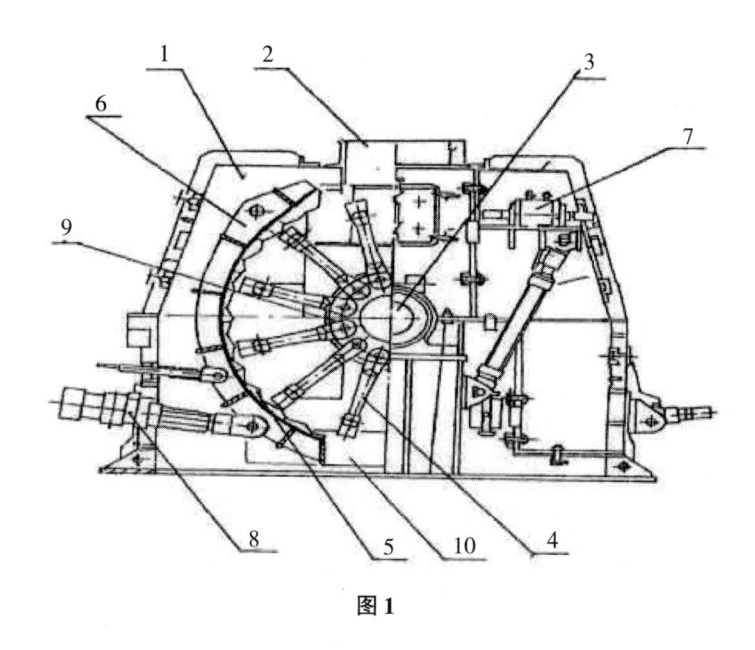

变反击板体6的状态，使反击板5与锤头组件4之间的间隙发生变化，从而达到撞击破碎力量和程度发生变化，获得不同料度要求的破碎物，物料按一定时间和要求进行破碎后，便可以直通式出料口10输出，由于本实用新型的出料口为直通式，故出料口迅速彻底，不会造成机腔内料堵。

其授权公告时的权利要求书为：

1. 新型可逆反击锤式破碎机，包括壳体、进料口、出料口、转子、锤盘、锤头组件、反击板体、反击板，其特征在于反击板体通过上、下油缸连接在壳体上。

2. 根据权利要求1所述的新型可逆反击锤式破碎机，其特征在于锤头组件延轴向螺旋排列在锤盘上。

2003年11月10日，请求人向专利复审委员会提出宣告该专利权无效的请求，其理由是该专利不符合《专利法》第二十二条第二款、第三款及第二十六条第三款的规定。同时，提交了8份相关证据证明其不具备新颖性和创造性。

2. 决定的理由及结论

经审查合议组作出以下决定：

（1）该专利涉及一种反击锤式破碎机。从其说明书中可以看出，该破碎机包括壳体（1）、进料口（2）、出料口（10）、转子（3）、锤盘（9）、锤头组件（4）、反击板体（6）和反击板（5）。反击板体（6）通过上、下油缸（7、8）连接在壳体（1）上。通过说明书附图可以看出，其下油缸（8）与反击板（5）

147

相连接，通过下油缸的伸缩，可以调节反击板与锤头组件之间的间距。但是，无论从说明书文字部分还是从说明书附图中均看不出上油缸（7）是如何与壳体相连接并进行工作的。虽然在口头审理过程中专利权人对上油缸（7）与壳体的连接方式以及如何进行工作的情况进行了说明，但这些内容均未记载在该专利的说明书中，本领域的普通技术人员通过阅读说明书及其附图也不可能得知专利权人所陈述的具体结构及工作过程。

因此，可以认定：该专利的说明书未能对该实用新型作出清楚、完整的说明，以使所属技术领域的技术人员能够实现，故不符合《专利法》第二十六条第三款的规定。

（2）由于从该专利的说明书中无法了解该实用新型的具体技术方案，因而也就无法确认该专利的权利要求1和2的技术方案究竟是什么。由于缺少具体的对比对象，而且该专利的说明书又存在"公开不充分"的实质性缺陷，所以合议组不再对该专利权利要求1和2的创造性进行具体评述。因而宣告ZL01272637.0号实用新型专利权无效。

专利权人未向人民法院提起诉讼，第6034号无效宣告请求审查决定生效。

3. 评 析

《专利法》第二十六条第三款中规定："说明书应当对发明或者实用新型作出清楚、完整的说明，以所属技术领域的技术人员能够实现为准；……"

该专利的说明书写得极其简单，附图也只有一幅。不过通过阅读说明书及其附图，我们大致还是可以理解该专利要解决的技术问题及其发明构思。在附图中，粉碎机的左侧公开得比较清楚，结合说明书文字部分的描述，基本上可以理解该破碎机的左侧是如何使"反击板（5）与锤头组件（4）之间的间隙发生变化，从而使撞击破碎力发生变化"的。从其附图中可以明显看出，该破碎机的右侧与左侧属于不对称式结构，但却看不出右侧的内部结构。说明书的文字部分也未对其右侧的具体结构及工作方式作任何说明。只是在该案口头审理的过程中，专利权人才对该破碎机右侧的结构作了详细说明。这些内容已经不是本领域普通技术人员通过说明书所公开的技术内容能够毫无疑义推出的。

该专利的破碎机不仅有可能可以被制造出来并正常进行工作，而且有可能是一项不错的发明创造。之所以被宣告专利权无效，是因为其说明书未对该实用新型作出清楚、完整的说明，以至于所属技术领域的技术人员无法根据说明书所公开的技术内容将该破碎机制造出来。这与《专利法》第二十二条第四款所称的"实用性"存在本质的区别。回过头看，该专利被无效掉确实有些可惜。究其原因，在于其说明书撰写上的失误。对此我们应当引以为戒。

(八) 圆编针织机的伸梭片——关于"修改超范围"

1. 案情简介

2001年3月20日，专利复审委员会作出第2074号复审请求审查决定。该决定涉及申请日为1995年5月29日、名称为"圆编针织机的伸梭片"的ZL95106051.1号发明专利申请。

1999年10月1日，中国专利局经实质审查后，驳回了该发明专利申请，驳回的理由是该申请不符合《专利法》第二十二条的规定，不具备新颖性及创造性，所依据的对比文件是SU 1409700（以下简称"对比文件1"）。

其被驳回的权利要求为：

1. 一种圆编针织机的伸梭片，其特征在于：伸梭片（1）上端部分包括片鼻（11）及片鼻槽（12）两侧面，横向开设有相对称的L形槽（13），其L形槽（13）间的厚度小于伸梭片的整支厚度。

2. 根据权利要求1所述的圆编针织机的伸梭片，其特征在于：所述的伸梭片的L形槽（13）也可开设成横向倾斜或横向弧形的结构。

在驳回决定中审查员指出：对比文件1公开了权利要求1中所有的技术特征，故权利要求1不具备新颖性；权利要求2所增加的技术特征对本领域普通技术人员来说是显而易见的，故权利要求2不具备创造性。

请求人对上述驳回决定不服，于2000年3月7日提出复审请求。请求人在陈述复审理由的同时，还提交了新的权利要求书，对原权利要求1进行了修改。该权利要求书为：

1. 一种圆编针织机的伸梭片，其特征在于：伸梭片（1）上端部分包括片鼻（11）及片鼻槽（12）两侧面，横向开设有相对称的L形槽（13），其L形槽间的厚度小于伸梭片的整支厚度，且L形槽（13）的开设位置略高于针筒上端针支槽顶面。

请求人在复审请求书中分别以文字和图示的方式说明了该专利申请中的沉降片与对比文件1中的沉降片在结构方面的差别：对比文件1中的沉降片，其上端部分"L形槽的位置过高"，而该发明中的沉降片其上端部分"L形槽位置则略高于针筒上端针支槽顶面"。请求人认为：上述结构方面的差异，使该专利请求中的沉降片在使用中更优于对比文件1中的沉降片，更有利于棉屑的清除，可以将之完全排出伸梭片外。该申请的这种优点具体体现在修改后的权利要求1新增加的技术特征中，即"L形槽（13）的开设位置略高于针筒上端针支槽顶面"。申请人认为通过这种限定可以与对比文件 1 相区别。

2. 决定的理由及结论

专利复审委员会依法组成合议组审理了该案，于 2000 年 11 月 28 日向请求人发出复审通知书，在复审通知书中指出：

对比文件 1 中公开了一种圆编针织机的沉降片，该沉降片的上端部分也包括片鼻及片鼻槽两侧面，横向也开设有相对称的 L 形槽，其 L 形槽间的厚度小于伸梭片的整支厚度。合议组认为：从该专利申请的说明书中可以看出，该发明排除棉屑的作用是通过设置在伸梭片上端部分的"L 形槽"而得以实现的，原始说明书中并未体现出 L 形槽的开设位置略高于针筒上端针支槽顶面这一技术特征。说明书中所记载的内容是"其横向 L 形槽 13 的位置高于针支槽（21）的顶面缘处"（说明书第 4 页倒数第 2~3 行）、"该伸梭片 1 上的 L 形槽（13）与针支槽 21 顶面缘处恰呈阶梯状，使 L 形槽 13 与针支槽顶面之间有预留的作业距离"（说明书第 5 页第 12~14 行）以及"在编织较密的毛圈组织时，所可能产生的棉屑会顺势掉落于两侧的 L 形槽上，再经前后的作业动作，而可使棉屑完全排出于伸梭片外"（说明书第 3 页第 8~10 行）。由此可见，"L 形槽的开设位置略高于针筒上端针支槽顶面"这一技术特征与原始说明书所公开的内容并不一致，请求人的这种修改得不到说明书的支持，不符合《专利法》第三十三条的规定。

另外，就该技术特征本身而言，"略高于"一词的含义也不清楚。它描述了一种不确定的高度范围，这种不确定的技术特征的引入将导致该权利要求保护范围的不清楚，故该权利要求也不符合 1992 年版《专利法》第二十六条第四款及《专利法实施细则》第二十条第一款的规定。

基于上述理由，合议组认为请求人新修改的权利要求书不能被接受。由于申请人在其原始说明书中所公开的技术方案（即"其横向 L 形槽 13 的位置高于针支槽 21 的顶面缘处"）已被对比文件 1 公开，故请求人即使以此对权利要求作进一步修改，也难以使该权利要求相对于对比文件 1 具备新颖性和创造性。

2000 年 12 月 26 日，请求人针对上述复审通知书递交了意见陈述书，并递交了新的权利要求书。该权利要求书为：

1. 一种圆编针织机的伸梭片，其特征在于：伸梭片（1）上端部分包括片鼻（11）及片鼻槽（12）两侧面，横向开设有相对称的 L 形槽（13），其 L 形槽间的厚度小于伸梭片的整支厚度，且 L 形槽的开设位置与针筒上端针支槽同高。

2. 根据权利要求 1 所述的圆编针织机的伸梭片，其特征在于：所述的伸梭片的 L 形槽也可开设成横向倾斜或横向弧形的结构。

针对请求人的意见陈述，合议组于 2001 年 1 月 8 日再次发出复审通知书。复审通知书中指出：在新修改的权利要求 1 中，申请人用"同高"一词代替了原权利要求 1 中的"略高于"一词。由于原始说明书中并未公开"同高"这一技术特征，故这种修改也超出了原始说明书及权利要求书中所记载的范围，不符合《专利法》第三十三条的规定，该权利要求也不能作为进一步审查的依据。请求人于 2001 年 3 月 21 日提交了意见陈述书，表示仍然坚持 2000 年 12 月 26 日所陈述的意见。

最终，合议组作出维持原驳回决定的复审请求审查决定。

3. 评 析

1992 年版《专利法实施细则》第六十条第一款规定："请求人在提出复审请求或者在对专利复审委员会的复审通知书作出答复时，可以修改专利申请文件……"但是，请求人在修改专利申请文件时，依然要遵循《专利法》第三十三条的规定，对"申请文件的修改不得超出原说明书和权利要求书的记载的范围"。

图 3-7 是该专利申请中的圆编针织机的伸梭片。根据说明书的记载，其改进之处是将伸梭片 1 的左上方 13 改为厚度渐变的 L 形（剖面），以防止棉屑的堆积。在实质审查阶段，审查员认为与对比文件 1 相比，该专利申请的权利要求 1 和 2 不具备新颖性和创造性。

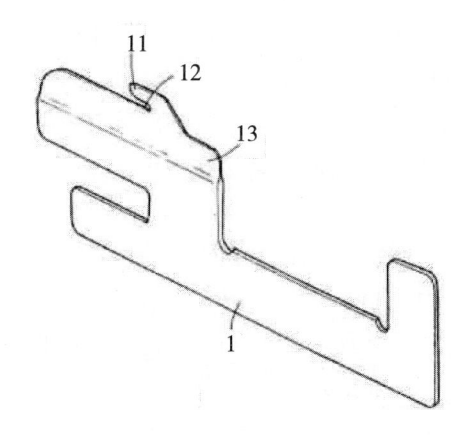

图 3-7 圆编针织机的伸梭片

为了使该专利申请的权利要求 1 与审查员所引用的对比文件 1 相区别，请求人在复审阶段对其权利要求 1 先后作了两次修改：第一次修改时，在权利要求 1 中增加了"L 形槽（13）的开设位置略高于针筒上端针支槽顶面"这一技术特征；第二次修改又将其修改为"L 形槽（13）的开设位置与针筒上端针支槽（A1）同高"。

查看一下原始申请文件便可以看出：在其说明书、说明书附图及权利要求书中均未公开 L 形槽 13 的开设位置，更未将其与针筒上端针支槽顶面的高度进行过对比。从说明书、说明书附图及权利要求书中也无法唯一地推断出"L 形槽（13）的开设位置略高于针筒上端针支槽顶面"及"L 形槽（13）的开设位置与针筒上端针支槽（A1）同高"这两个技术特征的存在。因此，上述两个技术特征的补入均超出了原始申请文件所记载的范围，对权利要求书的这种修改得不到原始说明书的支持，也违反了《专利法》第三十三条的规定。因此，请求人于 2000 年 3 月 7 日及 2000 年 12 月 26 日所提交的权利要求书均不能作为进一步审查的依据。

（九）滚轮——权利要求书以说明书为依据

1. **案情简介**

2001 年 12 月 18 日，专利复审委员会作出第 4060 号无效宣告请求审查决定。该决定涉及申请日为 1999 年 2 月 6 日、名称为"滚轮"的 ZL99203361.6 号发明专利。为了便于理解该专利，现将该专利的说明书及其附图引述如下。

滚　轮

本实用新型是一种矿山提升容器用滚轮。

目前公知的上述场合所使用的滚轮主要有橡胶弹簧式和碟形弹簧式（见煤矿机械设备选型手册和各生产厂产品样本），两种方式的滚轮，其结构及工作原理是：在提升容器上固定若干组滚轮，滚轮沿罐道运行；滚轮为容器提供导向和缓冲；滚轮用有一定强度弹性的耐磨材料制成，滚轮上安装滚动轴承，支座上设有缓冲弹簧。

现有滚轮的缺点是：滚轮磨损后位置的调整困难，缓冲弹簧的预紧力调整也不方便。

为克服上述滚轮的不足之处，本实用新型的目的是提供一种滚轮位置调整方便，弹簧预紧力调整简单的滚轮。

本实用新型的目的可以通过以下的构造来达到：

在弹性体滚轮上安装轴承和轴；轴的一端与一摆杆固定；摆杆一端与底座用销轴连接，另一端通过缓冲弹簧与底座用销轴连接；缓冲弹簧为一复合结构，其上设有弹簧和弹簧预紧力及滚轮位置调整装置。

上述构造的滚轮，为取得更好的使用效果，弹簧采用碟形弹簧，弹簧外设密封装置，密封外壳上同时设弹簧预紧力调节及弹簧悬挂长度调节装置，弹簧悬挂长度调节装置用于调节滚轮位置。

本实用新型相比现有技术有以下优点：

1. 滚轮磨损后的位置调节简单方便；
2. 弹簧预紧力容易调整；
3. 弹簧密封在外壳内，工作可靠，寿命长。

本实用新型以下将结合附图作进一步说明：

图1是本实用新型滚轮的正视图，其中：1-滚轮、2-摆杆、3-支座、4-缓冲托滚。

图2是缓冲弹簧剖视图，其中：5-悬挂孔、6-导杆、7-调整工具孔、8-调整工具孔、9-锁紧螺母、10-螺纹、11-螺纹、12-壳体Ⅰ、13-悬挂孔、14-碟形弹簧、15-壳体Ⅱ、16-导向面、17-弹簧预紧力调整螺母、18-调整工具孔。

本实用新型滚轮的构造及工作原理是：滚轮1通过轴与摆杆2连接，摆杆2通过销轴与支座3及缓冲弹簧4连接，缓冲弹簧4通过销轴与摆杆2及支座3连接。缓冲弹簧由壳体Ⅰ和壳体Ⅱ、碟形弹簧14、锁紧螺母9、弹簧予紧力调整螺母17、导杆6共同组成；通过转动螺母17便可以调整碟形弹簧的预紧力；通过转动壳体Ⅰ可调整弹簧悬挂长度，从而调整滚轮位置，螺母（9）用于锁紧壳体（Ⅰ，Ⅱ）；调整工具孔（7，8，18）用于插入棒状工具以使螺纹相对转动；导向面（16）为导杆（6）运动导向；悬挂孔（5，13）用于与摆杆（2）和支座（3）连接。

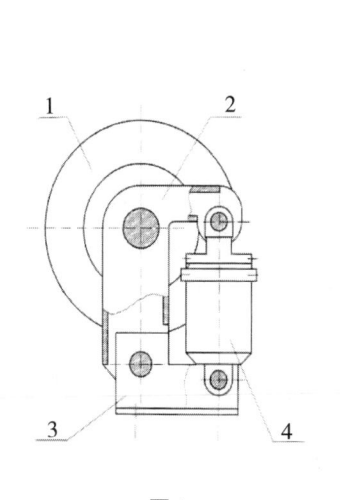

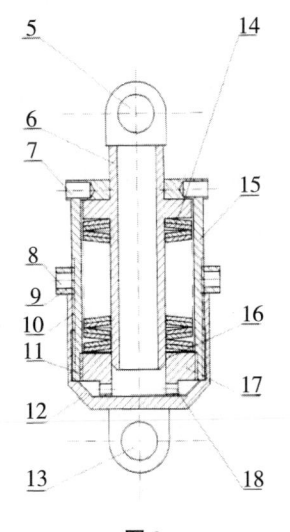

图1　　　　　　　　图2

其公告时的权利要求如下:

1. 一种矿山提升容器用滚轮,其结构特征为:在弹性体滚轮上安装轴承和轴;轴的一端与一摆杆固定;摆杆一端与底座用销轴连接,另一端通过缓冲弹簧与底座用销轴连接。

2. 根据权利要求1的滚轮,其特征在于:缓冲弹簧为一复合结构,其上设有弹簧和弹簧预紧力及滚轮位置调整装置。

3. 根据权利要求1或2的滚轮,其特征在于所述弹簧采用碟形弹簧,弹簧外设密封装置,密封外壳上同时设弹簧预紧力调节及弹簧悬挂长度调节装置。

针对上述实用新型专利,请求人于2001年9月19日向专利复审委员会提出宣告该专利权无效的请求,其理由是该专利不符合《专利法》第二十二条和第二十六条第三款、第四款以及《专利法实施细则》第二条、第二十条第一款、第二十一条第二款的规定。

所提供的证据是:

(1) CN86200783U（以下简称"证据1"）;
(2) CN2303822U（以下简称"证据2"）;
(3) 中华人民共和国行业标准（复印件）（以下简称"证据3"）;
(4) 煤矿专用设备图册（复印件）（以下简称"证据4"）;
(5) 技术转让合同（复印件）（以下简称"证据5"）;
(6) 公证书（以下简称"证据6"）;
(7) 滚轮图纸一份（复印件）（以下简称"证据7"）;
(8) 龚水根证言一份（以下简称"证据8"）。

请求人除认为该专利的权利要求1、2、3不具备新颖性和创造性之外,还认为:

(1) 该专利权利要求2、3中的"复合结构""弹簧预紧力调整装置""滚轮位置调整装置""密封装置"及"弹簧悬挂长度调节装置"在说明书中均未给出具体说明,其具体内涵不清楚,致使保护范围不明确,不符合2000年版《专利法》第二十六条第四款及2001年版《专利法实施细则》第二十条第一款的规定。

(2) 该专利要解决的技术问题是"滚轮位置调整方便,弹簧预紧力调整简单",而权利要求1中未记载解决该技术问题的技术方案,缺少必要技术特征,不符合《专利法实施细则》第二十一条第二款的规定。

(3) 由于该专利的说明书中未对"复合结构""弹簧预紧力调整装置"

"滚轮位置调整装置""密封装置"及"弹簧悬挂长度调节装置"等作出具体说明,故本领域普通技术人员无法实施该技术方案,该专利不符合《专利法》第二十六条第三款的规定。

对于该专利不符合《专利法实施细则》第二条第二款的问题,请求人未作任何具体说明。

2. 决定的理由及结论

经审查,合议组认为:该专利权利要求 2 是权利要求 1 的从属权利要求,其附加技术特征是:"缓冲弹簧为一复合结构,其上设有弹簧和弹簧预紧力及滚轮位置调整装置"。虽然在该专利的权利要求书及说明书中并未对"复合结构"作出明确的限定,但是通过说明书及其附图的解释,本领域普通技术人员可以理解所谓的"复合结构"就是指滚轮中位于两个销轴之间的整个缓冲弹簧结构。由于该专利只有一个实施例,通过其专利说明书及附图还可以得知:所述的弹簧预紧力调整装置即设置在壳体内部的弹簧预紧力调整螺母(17),而滚轮位置调整装置即"通过转动壳体(Ⅰ)可调整弹簧悬挂长度,从而调整滚轮位置"。

与请求人提供的证据相比,该专利的权利要求 1 不具备新颖性,而权利要求 2 和 3 则具备新颖性和创造性,故专利复审委员会以权利要求 2 和 3 为基础维持该实用新型专利权有效。

3. 评　析

该无效宣告请求案涉及 2000 年版《专利法》第二十六条第三款、第四款及 2001 年版《专利法实施细则》第二十条第一款的问题。

请求人认为:该专利权利要求 2、3 中的"复合结构""弹簧预紧力调整装置""滚轮位置调整装置""密封装置"及"弹簧悬挂长度调节装置"在说明书中均未给出具体说明,其具体内涵不清楚,致使保护范围不明确,不符合 2000 年版《专利法》第二十六条第四款及 2001 年版《专利法实施细则》第二十条第一款的规定,而且导致本领域普通技术人员无法实施该技术方案。该专利不符合《专利法》第二十六条第三款的规定。

合议组认为:该专利说明书中只有一个实施例,在该实施例中申请人对滚轮中的每一个部件都作了具体说明。虽然申请人在权利要求书中采用了上位概念的描述方式,但是根据说明书的解释,这些上位概念应当分别给予具体化的理解,其保护范围是明确的,该技术方案本领域普通技术人员也是可以实施的。对于请求人认为该专利不符合 2000 年版《专利法》第二十六条第三款、第四款及 2001 年版《专利法实施细则》第二十条第一款的主张,合议组不予支持。

在该专利的说明书中记载了以下内容:

(1) 缓冲弹簧为一复合结构,其上设有弹簧和弹簧预紧力及滚轮位置调整装置;

(2) 弹簧外设密封装置,密封外壳上同时设弹簧预紧力调节及弹簧悬挂长度调节装置,弹簧悬挂长度调节装置用于调节滚轮位置;

(3) 通过转动壳体Ⅰ可调整弹簧悬挂长度,从而调整滚轮位置;

(4) 通过转动螺母17便可以调整碟形弹簧的预紧力;通过转动壳体Ⅰ可调整弹簧悬挂长度,从而调整滚轮位置。

由此可见该专利权利要求2、3中的"复合结构""弹簧预紧力调整装置""滚轮位置调整装置""密封装置"及"弹簧悬挂长度调节装置"这几个技术特征在说明书中均有明确记载。而且所述的"复合结构"就是指"弹簧和弹簧预紧力及滚轮位置调整装置"的组合;"密封装置"就是指"密封外壳";"弹簧预紧力调整装置"就是指"螺母17";而"滚轮位置调整"及"弹簧悬挂长度调节"则是通过"壳体Ⅰ与壳体Ⅱ之间的相对转动"而完成的。

因此,上述5个技术特征不仅说明书中均有明确记载,而且其技术含义也是清楚、明确的。请求人所称的"(上述技术特征)在说明书中均未给出具体说明,其具体内涵不清楚,致使保护范围不明确""本领域普通技术人员无法实施该技术方案,故不符合2000年版《专利法》第二十六条第三款及2001年版《专利法实施细则》第二十条第一款的规定"这两个无效宣告理由不能成立。

值得讨论的是该专利的权利要求2和3是否符合2000年版《专利法》第二十六条第四款。2000年版《专利法》第二十六条第四款规定:"权利要求书应当以说明书为依据,清楚、简要地限定要求专利保护的范围。"通过阅读该专利的说明书及其附图我们可以发现,权利要求2、3中所述的"复合结构""弹簧预紧力调整装置""滚轮位置调整装置""密封装置"及"弹簧悬挂长度调节装置"这几个较上位的技术特征实际上与说明书中的"弹簧""密封外壳""螺母17"以及"壳体Ⅰ与壳体Ⅱ"这几个具体结构存在明确的对应关系,相当于为这几个具体结构特征及其组合起了一个别名。这与我们通常所说的"上位概念"与"下位概念"之间的关系还不完全一样。虽然写入权利要求2和3中的这几个较上位的技术特征其含义并非十分明确,但依靠说明书的解释,可以将其解读为所述的具体结构特征。

可以设想,如果在该专利的说明书中完全未提及"复合结构""弹簧预紧力调整装置""滚轮位置调整装置""密封装置"及"弹簧悬挂长度调节装置"这几个概念，而仅公开了一个具体的实施例中的具体结构，则在权利要求2、3中所出现的这几个技术特征则可以被看作其实施例中各具体结构的上位概念。如果本领域技术人员从实施例中的具体结构无法联想到其他等同的替换方式，则可以认为在缺少足够实施例支持的情况下专利权人不合理地使用了"上位概念"，其后果是权利要求中要求保护的范围大于其说明书所公开的内容，不符合2000年版《专利法》第二十六条第四款的规定。

该专利的权利要求书在撰写方面的确存在一些形式方面的缺陷。对于一项发明专利，在实质审查的过程中审查员可能会要求申请人对其权利要求中的一些技术特征作具体化修改，例如：将"弹簧预紧力调整装置"改为"螺母"，"密封装置"改为"密封壳体"，并对"复合结构""滚轮位置调整装置"及"弹簧悬挂长度调节装置"作出具体说明。由于该专利属于实用新型，在其专利授权之前并未经过实质审查，所以上述形式方面的缺陷就没有机会得以纠正。在专利授权之后的无效宣告请求程序中，如果因为这类形式方面的缺陷而将其无效，似乎有些过于严厉。当然，对这种缺陷的容忍也不能没有一个限度，其底线应当是权利要求的保护范围应当是清楚的，而且能够得到说明书的支持。

（十）接咀机切纸轮——"创造性"的判断原则

1. 案情简介

2001年7月25日，专利复审委员会作出第3463号无效宣告请求审查决定。该决定涉及申请日为1997年9月11日、名称为"接咀机切纸轮"的ZL97245167.6号实用新型专利。该无效宣告请求审查决定相关的附图参见图3-8至图3-10。

该专利授权公告的权利要求书为：

1. 一种接咀机切纸轮，在轮体（4）上设置有穿线孔（3）和吸风孔（2），并镶嵌有合金刀垫（1），其特征在于合金刀垫的形状是长方体形状，在合金刀垫表面有孔，与合金刀垫下方轮体上的吸风孔接通。

针对上述专利权，请求人于2001年3月28日向专利复审委员会提出宣告该专利权无效的请求，认为该专利不具备《专利法》第二十二条所规定的新颖性和创造性。在提出无效请求的同时还提交了以下证据。

证据1：CN 93232479.7号实用新型专利说明书，公开日为1994年11月30日；

证据2：CN 95233208.6号实用新型专利说明书，公开日为1996年1月17日。

请求人认为：证据1和2与该专利属于相同的技术领域，分别公开了该专利权利要求1中的全部技术特征。在将现有技术中的阶梯形刀垫与吸纸小孔结合以及将圆筒状刀垫与吸纸小孔结合之后，而且在矩形刀垫也存在的背景下，矩形刀垫与吸纸小孔的结合是显而易见的，故该专利不具备新颖性和创造性。

被请求人则认为：

第一，虽然证据1图3中所示的用于切断水松纸的刀垫（3）为长方形，但其上并没有吸风孔，所以其与该证据中图1所示的拐型刀垫的结合并非显而易见，该证据也未给出任何结合的启示。此外，本专利权利要求1所述的技术方案产生了"结构合理，加工方便，安装容易，使用过程中能有效吸住水松纸，便于切割，硬质合金刀垫不会下陷和断裂，延长了使用寿命"的技术效果，与证据1相比有了长足的进步，因此与证据1相比本专利具有创造性。

第二，证据2公开的切纸轮是非加热式的，与本专利相比属于结构类型不同、工作条件不同的设备。而且该证据中的切纸轮没有穿线孔，由此得出本专利的技术方案也不是显而易见的，所以与证据2相比本专利具有创造性。

第三，证据2并没有给出在矩形合金刀垫上设置吸风孔的启承，而且证据1和2中切纸轮的结构和工作条件根本不同，所以证据1和2的结合并非显而易见。由于该专利产生了"结构合理，加工方便，安装容易，使用过程中能有效吸住水松纸，便于切割，硬质合金刀垫不会下陷和断裂，延长了使用寿命"的技术效果，故与证据1、2相比具有技术进步性。

因此，本专利与证据1和2相比具有新颖性和创造性。

2. 决定的理由及结论

经审理，合议组认为：从该专利的说明书中可以得知，该专利是针对现有技术（证据1）中接咀机切纸轮的一种拐型刀垫（3）所作的改进。由于现有技术中的拐型刀垫有两个底面，故该刀垫加工困难且与轮体凹槽的配合容易存在间隙，使用中容易发生断裂。该专利通过改变合金刀垫的形状，即用矩形刀垫代替了拐型刀垫，从而简化了加工过程，防止了合金刀垫的断裂，提高了接咀机切纸轮的使用寿命。

证据1是一份公开日在该专利申请日之前的专利，与该专利属于相同的技术领域，而且涉及相同的产品——接咀机切纸轮。该切纸轮所采用的合金刀垫（3）就是该专利在"现有技术"中所述的"拐型刀垫"。证据1的发明目的是克服现有技术中吸风孔（4）容易磨损的问题，在轮体的吸风孔（4）处也镶嵌了硬质合金条，该硬质合金条除了包括独立的吸风孔硬质合金条（2），还包括与合金刀垫结合在一起的硬质合金条,即开有吸风孔的合金刀垫(3)。

从证据1的附图1及说明书的相关部分可以进一步看出:它所要求保护的切纸轮包括一轮体,在轮体上设置有穿线孔和吸风孔(5),并镶嵌有合金刀垫,该合金刀垫(3)的形状是拐型,在合金刀垫表面有孔(5),该孔与合金刀垫下方轮体上的吸风孔(4)接通。从证据1的附图3及说明书中对现有技术的描述中还可以看出:现有技术中也存在矩形的合金刀垫(2),只是该刀垫上未开设吸风孔(5)。

证据1所要求保护的技术方案与该专利的权利要求1相比,唯一区别仅在于其合金刀垫的形状有所不同:该专利的形状是矩形,而证据1中的形状是拐形。

证据2也是一份公开日在该专利申请日之前的专利,与该专利属于相同的技术领域,而且涉及相同的产品——接咀机切纸轮,只是两者的功能有所区别:该专利的切纸轮有加热功能(带有穿线孔),而证据2中的切纸轮不具有加热功能(不带穿线孔)。

在该证据2中也公开了两种与刀垫有关的技术方案:一种是作为现有技术的矩形刀垫(2);另一种则是该专利文献所采用的圆筒形刀垫。前者的矩形刀垫上不带有吸纸小孔,而后者的圆筒形刀垫上则设有吸纸小孔。

通过以上的对比分析可以得知:证据1是一份与该专利最接近的现有技术,与该专利的权利要求1相比,区别仅在于合金刀垫的形状有所不同:该专利采用的是矩形刀垫,而证据1所采用的是拐型刀垫。合议组认为,用矩形刀垫代替拐型刀垫是否具有创造性,主要看这种替换对于本领域普通技术人员来说是否很容易想到。

很明显,矩形刀垫相对于拐型刀垫所产生的"技术效果"或"解决的技术问题"是在使用时不容易发生断裂,而且加工比较方便。针对现有技术中拐型刀垫所存在的"技术问题"本领域普通技术人员是否会想到采用矩形刀垫,一是要看现有技术中是否给出了采用矩形刀垫的技术方案,二是看是否给出了矩形刀垫可以解决上述技术问题的教导或启示。由于证据1和2中均公开了采用矩形刀垫的技术方案,所以采用矩形刀垫已经构成现有技术的一部分。又由于无论根据实践经验还是通过简单的理论分析,本领域普通技术人员都很容易理解与拐型刀垫相比,矩形刀垫存在加工简单、不易断裂的特点,其结构与性能之间存在明显的关联性,所以采用矩形刀垫可以解决上述技术问题是显而易见的。故用矩形刀垫代替拐型刀垫对于本领域普通技术人员来说是很容易实现的,不需付出任何创造性的劳动。

基于上述理由，合议组认为：该专利与请求人所提供的证据1和2相比不具备创造性。

3. 评　析

在国家知识产权局2001年制定的《审查指南2001》中，引入了"三步法"判断创造性的新思路。该方法基本上借鉴了欧洲专利局"问题—方案"的创造性判断方法。"三步法"判断的三个步骤是：

（1）确定最接近的现有技术；

（2）确定发明的区别技术特征和其实际解决的技术问题；

（3）判断要求保护的发明对本领域的技术人员来说是否显而易见。

该案合议组在判断该专利权利要求1的创造性时，基本上采用了上述判断思路。证据1中与该专利最接近的技术方案同该专利权利要求1相比，区别仅在于合金刀垫的形状有所不同：该专利采用的是矩形刀垫，而在证据1中与之相对应的是拐型刀垫。合议组认为，用矩形刀垫代替拐型刀垫是否具有创造性，主要看这种替换对于本领域普通技术人员来说是否很容易实现。

由于证据1、2的背景技术中均公开了采用矩形刀垫的技术方案，故采用矩形刀垫已经构成该专利现有技术的一部分；矩形刀垫与拐型刀垫相比，具有容易加工、不容易断裂的优点，这是本领域技术人员容易想到的。所以就该案而言，用矩形刀垫代替拐型刀垫以克服对拐型刀垫容易断裂的问题对于本领域普通技术人员来说是显而易见的，不需要付出任何创造性的劳动。

在审理该案时被请求人曾提出一个问题：既然上述替换具有明显的优点，替换本身又是显而易见的，那么为什么在先没有人作出这种改进？

首先，如果在先已经有人作出了这种改进，那么该专利就不具有新颖性了；正因为在先没有人作出这种改进，才需要对其创造性进行评价。其次，现有技术中不存在的技术方案并不必然具有创造性，问题的关键在于请求人所强调的"明显的优点"是否超出了本领域技术人员的认识范畴。事实上，该案的证据1中之所以未采用矩形刀垫而采用了拐型刀垫，与发明人的选择意图和价值趋向有关。对于本领域技术人员来说，选择矩形刀垫或拐型刀垫各有利弊，比如拐型刀垫在节省材料、减轻重量等方面就优于矩形刀垫。如果在加工设备适当、加工精度很高的条件下，采用拐型刀垫也可能会表现出比矩形刀垫更多的优越性。因此，不能简单地认为某种技术方案在一份对比文件中未被采用就意味着该技术方案是不可行的，而在后再采用该技术方案就是解决了长期未解决的技术难题，就一定具有创造性。

在该案的口头审理中被请求人还认为：采用矩形刀垫并非一种简单的直接

替换，改用矩形刀垫后还必须对切纸轮的布线孔作相应的调整。否则会将穿线孔击穿；采用了该专利的矩形刀垫之后，可以将合金刀垫的固定方式由下方固定改为从刀垫的上方用螺栓固定，从而提高了刀垫的紧固性能，并使刀垫的更换更加简单方便。这种效果属于意想不到的效果，所以该专利具有创造性。

从被请求人在口头审理时所提供的接咀机切纸轮的实物上可以看出，其改进后的切纸轮的确对布线孔的位置作了相应的调整。但由于这种调整是发生在切纸轮的轮体上而并非在矩形刀垫上，而且这种结构上的变化并未体现在该专利的说明书及权利要求书中，故这种变化不能作为支持该专利权利要求1具有创造性的依据。从该实物中也可以看出，其合金刀垫的固定方式不同于现有技术的固定方式：前者采用了从合金刀垫的上方用螺栓固定的方式，替代了后者从刀垫的下方进行固定的方式，两者相比前者的安装及拆卸更为方便。我们不否认这种改进是与采用矩形刀垫存在某种联系，也不否认这种结构带来了积极的效果。但是由于这种结构上的变化并未体现在该专利的权利要求书中，或者说被请求人在该专利中所要求保护的技术方案并未包括该实物所示的技术方案，故该理由也不能作为支持该专利具有创造性的依据。

最后，作为介绍，这里将我国创造性判断的标准和方法与国外创造性判断的标准和方法作一个横向比较。关于创造性的判断标准，许多国家采用的是"非显而易见性"的标准，比如《欧洲专利公约》第56条规定，如果一项发明与现有技术相比，对所属技术领域的技术人员来说是非显而易见的，则该发明具有创造性。另外，《专利合作条约》（PCT）对此采用了同样的标准。《日本专利法》对创造性标准在表述上采取了另一种表述方式，根据《日本专利法》第29条，一项发明，在专利申请提出之前由所属领域的技术人员容易作出的，则不具备创造性。该标准实际上也是"非显而易见性"的标准。❶ 因此，在判断一项权利要求是否具有创造性时，采用"显而易见性"的判断标准是各国通行的做法。《欧洲专利局审查指南》提出"问题—解决方案"（problem – solution approach）作为创造性判断的一般方法，其步骤是：①确定最接近的现有技术；②确定要求保护的发明所能解决的技术问题；③判断是否显而易见。《美国专利商标局审查指南》规定判断"非显而易见性"要审查的四个因素是：①确定现有技术的范围和内容；②确定现有技术与权利要求的区别；③确定有关技术领域的一般技术水平；④辅助考虑因素。相比较可见，我国创造性判断方法与欧、美的判断方法基本相同。

---

❶ 参见《审查指南修改导读》第四章创造性。

(a) 图1   A-A   (b) 图2

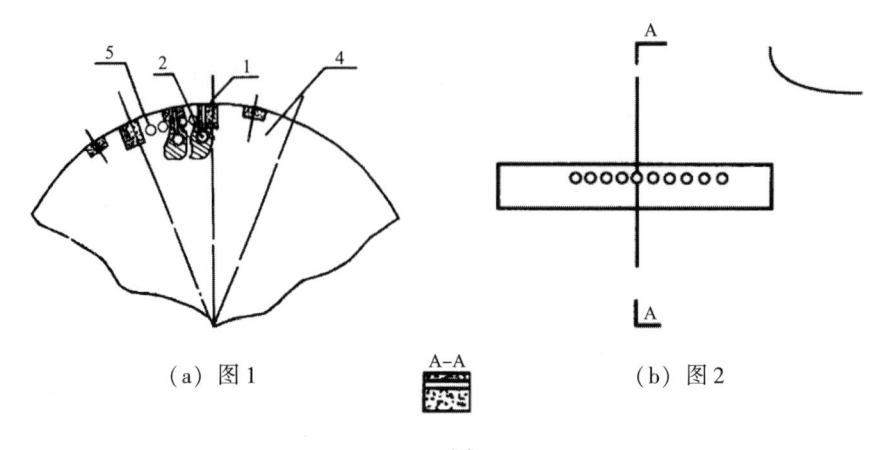

(c) 图3

图3-8 该实用新型专利附图

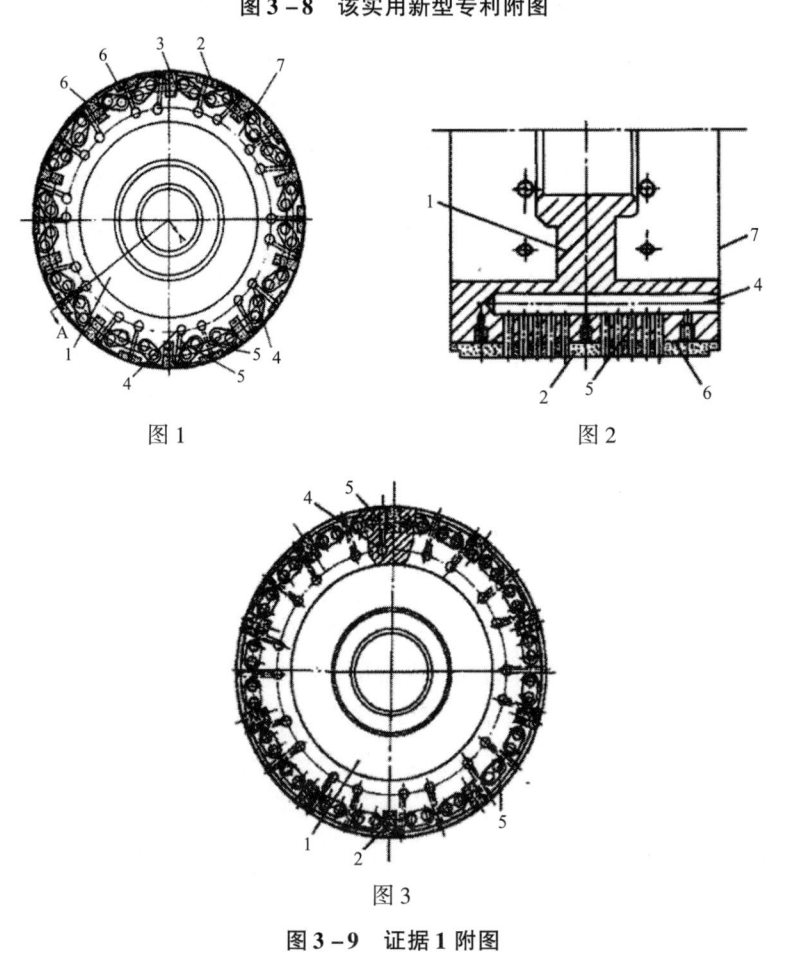

图1   图2

图3

图3-9 证据1附图

图1　　　　　　　　　图2

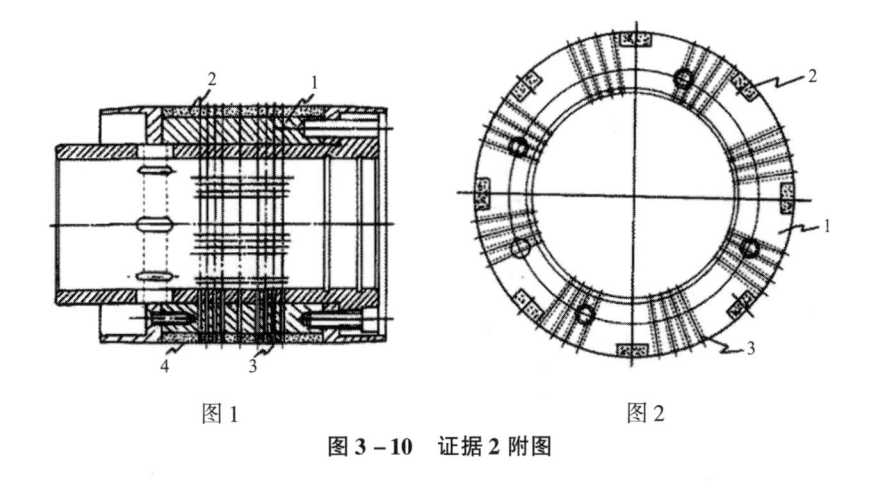

图 3-10　证据 2 附图

(十一) 采用有桩外壳的压缩机装置——关于"现有技术"的启示

1. 案情简介

2000 年 7 月 12 日，专利复审委员会作出第 1657 号复审请求审查决定。该决定涉及申请日为 1993 年 11 月 15 日、名称为"采用有桩外壳的压缩机装置"的 93114798.0 号发明专利申请。该无效宣告请求审查决定相关的附图参见图 3-11 和图 3-12。

1999 年 5 月 14 日，专利局经实质审查后，驳回了该发明专利申请，驳回的理由是该申请不符合《专利法》第二十二条第三款的规定，不具有创造性，所依据的对比文件是：

对比文件 1：US 5141420A。

被驳回的权利要求书包括 6 个权利要求，其中权利要求 1 为：

1. 一种压缩机，包括：

外壳 (12)，装在所述的外壳内的压缩机 (14)，所述的压缩机有一具有一外表面的机箱，和在所述的外壳和所述的机箱之间的至少一个机械连接 (3)，所述的机械连接包括在所述的机箱 (22) 上的一个凹槽 (42)，及可放入凹槽中的所述的外壳 (12) 的向内变形部分 (102)，所述的凹槽 (42) 具有总的为圆柱形内表面，设成与所述的机箱的所述的外表面垂直，所述的内表面与所述的外壳的向内变形部分 (92) 的配合可操作以抵抗所述的外壳相对所述的机箱 (22) 的转动运动，其特征在于所述的外壳的向内变形部分 (102) 具有部分圆柱形表面，所述的部分圆柱形表面 (102) 与所述的凹槽 (42) 的总的圆柱形内表面紧密接触。

(a) 图1

(b) 图2

(c) 图3

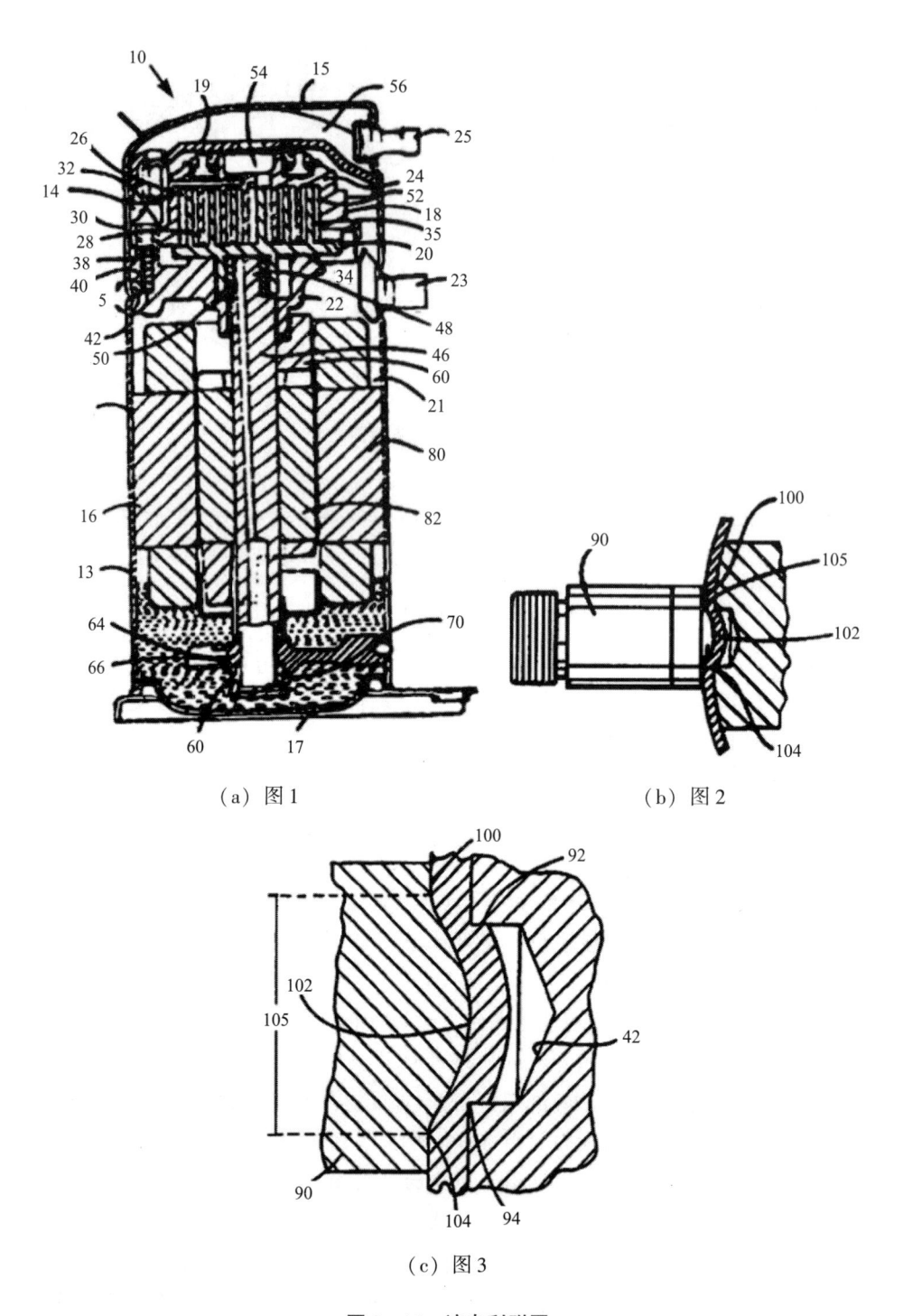

图 3-11 该专利附图

（a）图1   （b）图2

（c）图3

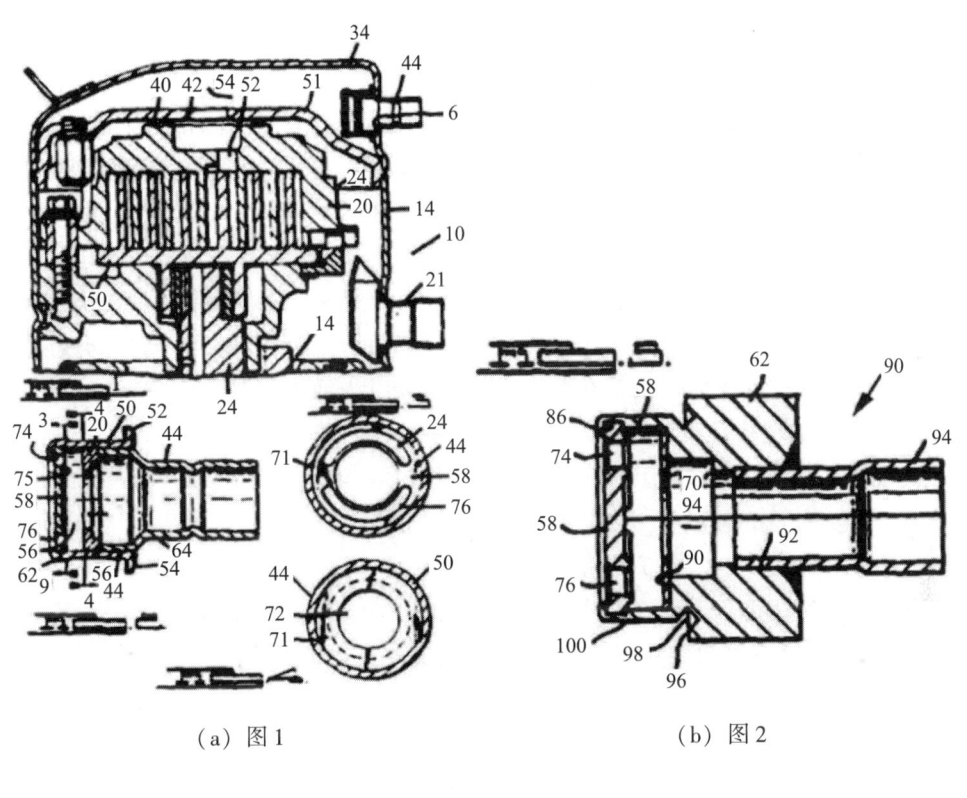

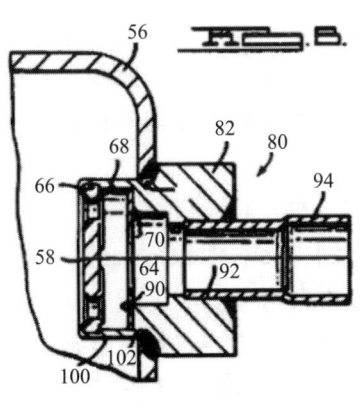

图 3-12 对比文件 1 附图

在驳回决定中，审查员指出："对比文件 1 公开了一种涡旋压缩机，该压缩机包括外壳 14、装入该外壳内的压缩机 24，该压缩机有一主轴承 26，压缩机主轴承 26 和外壳 14 之间有机械连接，该连接包括开设在主轴承上的凹槽和在壳体上设置的向凹槽内变形的部分,而且凹槽有基本上垂直于压缩机主轴承的外表面的面(见附图1左下方所示)。"权利要求1和对比文件1的区别仅仅在于所述的外壳的向内变形部分具有部分圆柱形表面,但是,这种区别技术特征对于本专业的普通技术人员来说,是很容易想到的,……因此不具备专利法第22条第3款规定的创造性。"

请求人对上述驳回决定不服,于1999年7月7日提出复审请求。请求人认为:"对比文件1是使外壳先变形再把它放置在凹槽中,而本发明是使外壳就地变形而使外壳的内表面往里突出而形成圆柱形表面。因此使外壳材料部分往里突出来产生圆柱形表面并不是在对比文件1基础上显而易见的。"

2. 决定的理由及结论

专利复审委员会依法组成合议组审理了该案,经合议于2000年5月24日向请求人发出复审通知书,在复审通知书中指出:

在对比文件1中,除了其附图1所公开的内容之外,在说明书中并未对其外壳与凹槽的结构及形成方式作任何具体说明,故请求人所陈述的"对比文件1是使外壳先变形再把它放置在槽中"这一观点仅仅是一种断言,缺乏具体依据,合议组对此不予支持。

从对比文件1的附图1中,虽然无法直接看出"外壳向内突出而形成圆柱形表面,该圆柱形表面与凹槽的圆柱形内表面紧密接触"这一技术特征,但是,按照常规的冲压方式,当借助于外力使外壳向内突出时,除了外壳的内表面与凹槽的外缘形成圆形的线接触之外,不能排除外壳内表面与凹槽的圆柱形表面之间会产生某种程度的环形面接触,而且在大多数情况下上述的"线接触"与"面接触"总是同时存在的。这后一种情形正是该专利申请权利要求1所具体限定的(对环形接触面的定性限定)。

此外,合议组还注意到,该专利申请附图1中对部位3的描述与对比文件1附图1中的相应部位是完全相同的,从该专利申请的附图1中也看不出其外壳的内表面与凹槽的圆柱形表面之间存在环形的面接触,只有放大附图3的细节才能清晰的体现这一技术特征。这进一步证明对比文件1的附图1包含或隐含了该专利申请附图3中所详细描述的技术特征。

因此,参照对比文件1,具体说,参照对比文件1的附图1,本领域普通技术人员很容易联想到该专利申请权利要求1所述的技术方案,或者说,权利要求1在对比文件1的基础上是显而易见的。

2000年6月19日,请求人针对上述复审通知书递交了意见陈述书。请求人认为:本发明的特点在于使用就地打桩的方法使外壳部分向内突出,"所述的外壳的向内变形部分具有提供使所述的外壳向内部分突出而形成的部分圆柱形表面，所述的部分圆柱形表面与所述的凹槽的总的圆柱形内表面紧密接触"。而在US5141420中没有公开、教导或甚至建议过"使外壳部分突入形成圆柱形内表面"。在普通冲压使外壳产生凹坑时，要避免使外壳突入，因为这会使外壳变弱和/或产生应力集中部分。本发明人发现，如果严格控制外壳的突入量，可使"连接具有更大稳定性"的优点超过了"外壳变弱和/或产生应力集中"的缺点。因此这是本发明特点所在。并且上述讨论是基于对比文件1中采用就地变形的工艺。但是在对比文件1中没有提出、建议或暗示使用这一方法。因此，请求人认为对比文件1不能否定本发明的创造性。

合议组充分考虑了请求人的意见，作出如下决定。

（1）在该专利申请的权利要求1中，强调了其外壳的向内变形部分具有部分圆柱形表面，所述部分圆柱形表面与所述凹槽的总圆柱形内表面紧密接触，这一点在对比文件1中并未给出明确的教导，因此，"外壳的向内变形部分具有部分圆柱形表面，所述的部分圆柱形表面与所述的凹槽的总的圆柱形内表面紧密接触"是该专利申请权利要求1所述的技术方案与对比文件1的主要区别。

（2）虽然在对比文件1中也采用了使外壳变形而突入凹槽内部的连接方式，但并未公开"外壳的向内变形部分具有部分圆柱形表面，所述的部分圆柱形表面与所述的凹槽的总的圆柱形内表面紧密接触"这一技术特征，或者说对比文件1中存在采用该专利技术方案的"可能性"，但缺乏"必然性"。因此，权利要求1所述的技术方案相对于对比文件1而言是非显而易见的，即具有突出的实质性特点和显著的进步，符合《专利法》第二十二条第三款的规定，具有创造性。

权利要求2~6中也包含了上述技术特征（所述的外壳的向内变形部分具有部分圆柱形表面，所述的部分圆柱形表面与所述的凹槽的总的圆柱形内表面紧密接触），基于同样的理由，权利要求2~6也具备创造性。

据此，专利复审委员会撤销了专利局于1999年7月7日对该发明专利申请所作出的驳回决定，发回原审查部门，继续进行审查。

3. 评　析

该专利权利要求1和对比文件1的区别仅仅在于所述外壳的向内变形部分（102）具有部分圆柱形表面（92）（见该专利的附图3）。这是专利申请人、实审审查员及复审合议组均认可的一个事实。

实审审查员认为：上述区别技术特征的引入对于本专业的普通技术人员来说是很容易想到的，其理由是对于紧配合而言，面接触比线接触的结合效果要好得多，这是本技术领域的一个公知常识。

专利复审委员会合议组发出的复审通知书，基本上采纳了实审审查员的观点。除此之外，还认为："从该专利申请的附图1中也看不出其外壳的内表面与凹槽的圆柱形表面之间存在环形的面接触"，"按照常规的冲压方式，当借助于外力使外壳向内突出时，除了外壳的内表面与凹槽的外缘形成圆形的线接触之外，不能排除外壳内表面与凹槽的圆柱形表面之间会产生某种程度的环形面接触，而且在大多数情况下上述的'线接触'与'面接触'总是同时存在的。"因此，该专利附图1所公开的信息与对比文件1附图1所公开的信息是相同的，或者说对比文件1的附图1包含或隐含了该专利申请的技术特征。合议组拟维持实审审查员的驳回决定。

在研究了复审请求人的意见陈述之后合议组改变了观点。复审请求人认为：在普通冲压使外壳产生凹坑时，要避免使外壳突入，因为这会使外壳变弱和/或产生应力集中部分。本发明人发现，如果严格控制外壳的突入量，可使"连接具有更大稳定性"的优点超过了"外壳变弱和/或产生应力集中"的缺点。因此这是本发明特点所在，并且上述讨论是基于对比文件1中采用就地变形的工艺。但是在对比文件1中没有提出、建议或暗示使用这一方法。

合议组认为，请求人的上述观点可以得到该专利申请说明书的支持：在该说明书第5~6页记载了将外壳压入凹槽内的具体实施方式，其中包括对冲压工具90的尺寸与凹槽42的配合关系的选择，以及确定圆柱形定位面92与下壳13材料厚度的关系等。这些措施都是为了防止"外壳变弱和/或产生应力集中"的缺点而采取的。

虽然该专利的这种技术思路可能隐含在对比文件1所公开的技术方案中，但对比文件1对此并未给出明确的教导，也未给出任何相关的技术启示。这只能说现有技术仅给出了采用该申请技术方案的"可能性"，但并未给出采用该技术方案的"必然性"。因此权利要求1所述的技术方案相对于对比文件1而言是非显而易见的，即具有突出的实质性特点和显著的进步，符合《专利法》第二十二条第三款的规定，具有创造性。

（十二）一种微风吊扇的吊杆——对比文件的"技术领域"问题

1. 案情简介

2002年3月5日，专利复审委员会作出第2535号复审请求审查决定，涉及申请号为CN97203683.0的实用新型专利，其申请日为1997年1月19日，公告日为1998年12月23日，名称为"一种微风吊扇的吊杆"。该无效宣告请求审查决定相关附图参见图 3-13。

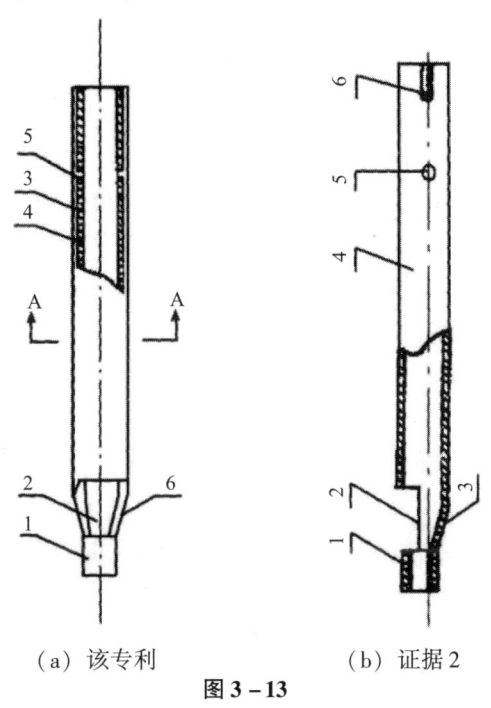

(a) 该专利　　　　(b) 证据 2

图 3-13

其授权公告时的权利要求 1 为：

1. 一种微风吊扇的吊杆，靠近圆管形杆身（4）下端螺纹头的一侧开有供电源线穿出的窗口（2），靠近吊杆上端的管壁开有相对小孔（5），其特征在于杆身（4）外密贴一绝缘层（3）。

2. 如权利要求 1 所述的微风吊扇的吊杆，其特征在于杆身（4）可镀覆一层锌膜（7）。

3. 如权利要求 1 或 2 所述的微风吊扇的吊杆，其特征在于绝缘层（3）由套入杆身的热收缩塑料软管经加热收缩密贴于杆身外壁的塑料层构成。

4. 如权利要求 1 或 2 所述的微风吊扇的吊杆，其特征在于绝缘层（3）可用内径相近于杆身（4）外径的塑料硬管挤套杆身外形成。

1999 年 3 月 8 日，请求人向专利局提出撤销请求，认为上述专利不具备新颖性和创造性。经审查，撤销审查组撤销了该实用新型专利，撤销的理由是该专利不符合《专利法》第二十二条第三款的规定，不具备创造性。所依据的对比文件是：

证据 1：《塑料标准汇编》，中国轻工业出版社，1992 年 12 月出版；

证据 2：ZL 95200389.9 号实用新型专利说明书，1996 年 5 月 8 日公告。

在撤销决定中，审查员指出：证据2是一件微风吊扇吊杆的实用新型专利，该专利权利要求1所述的技术方案与证据2相比，区别仅在于"杆身（4）外密贴一绝缘层（3）"。从该专利的发明目的（防漏电）出发，本领域普通技术人员应用本领域的工作经验，无须付出创造性劳动就可以得到权利要求1所述的技术方案，故该专利的权利要求1不具备创造性。撤销审查组还对该专利的权利要求2～4进行了审查，认为与证据1和2相比，该专利的权利要求2～4也不具备创造性。2000年8月4日，撤销审查组作出了撤销该专利专利权的决定。

专利权人对上述撤销决定不服，于2000年12月24日提出复审请求。专利权人（以下简称"复审请求人"）不同意撤销决定中所述的"从该专利的发明目的（防漏电）出发，本领域普通技术人员应用本领域的工作经验，无须付出创造性劳动就可以得到权利要求1所述的技术方案"的观点，复审请求人认为：撤销审查组在评价创造性时对"本领域"的概念适用范围过宽，电扇、金属吊杆、化工绝缘属于不同的行业，属于相距较远的技术领域，将这些行业的现有技术组合在一起应当是"非显而易见"的；另外，本专利实现了防触电的安全功能，具有明显的社会效益和经济效益，取得了商业上的成功，故本专利具有创造性。

2. 决定的理由及结论

经审查，专利复审委员会作出了驳回复审请求，维持原撤销决定的复审决定。决定要点如下：

证据2是一件该专利申请日之前公开的有关微风吊扇吊杆的实用新型专利。该专利权利要求1所述的技术方案与证据2相比，区别仅在于该专利的微风吊扇"杆身外密贴一绝缘层"。从该专利的说明书中可以得知，由于在杆身外密贴一层绝缘层，可以实现防止触电、使产品的外观更为美观的发明目的。

合议组认为，在微风吊扇的杆身外密贴一层绝缘层，的确可以起到防止触电的作用，权利要求1与证据2相比属于不同的技术方案，具有新颖性，可以认为权利要求1是在证据2基础上的一种改进。证据1是一份聚氯乙烯热收缩套管的行业标准，其中公开了该塑料套管的一些用途和性能：将塑料套管套装在圆柱形的芯轴上，可起到防电绝缘的作用，而且该证据中明确记载了该套管可"用于电器、电子元件绝缘包装"。在证据2的基础上借助于证据1的教导，提出该专利权利要求1所述的技术方案对本领域普通技术人员来说不存在任何困难，故权利要求1不具有创造性。

3. 评 析

该案中专利权人不同意撤销决定中所述的"从本专利的发明目的（防漏

电)出发,本领域普通技术人员应用本领域的工作经验,无须付出创造性劳动就可以得到权利要求1所述的技术方案"的观点,认为:撤销审查组在评价创造性时对"本领域"的概念适用范围过宽,电扇、金属吊杆、化工绝缘属于不同的行业,属于相距较远的技术领域,将这些行业的现有技术组合在一起应当是"非显而易见"的;另外,本专利实现了防触电的安全功能,具有明显的社会效益和经济效益,取得了商业上的成功,故本专利具有创造性。

在审查员进行创造性判断时,对比文件所涉及的技术领域的确是要考虑的因素之一。但这种考虑并非意味着不属于该专利所属技术领域的所有对比文件都不能被引用。

首先,就该专利而言,在考虑"所属技术领域"时不应当仅仅着眼于产品本身所属的技术领域,还应当考虑其制造过程中相关的技术领域。虽然电扇产品本身属于电气行业,但是电扇制造业,除了涉及电气方面的技术,还可能涉及若干其他行业的技术,例如机械制造、化工原料、电镀处理等。所以,从这个层面上讲,金属吊杆、化工绝缘均属于与电扇制造相关的行业,认为它们与电扇"属于相距较远的技术领域"的观点不能成立。

其次,还应当考虑对比文件之间的内在关联性。这种关联性体现在两个方面:其一是面对现有技术中微风吊扇所存在的漏电问题,本领域普通技术人员很容易想到"绝缘"的技术;其二是在证据1中已经明确记载该聚氯乙烯热收缩套管"可用于电器、电子元件绝缘包装",这实际上就将"化工绝缘"技术与解决"漏电"问题直接联系在一起。所以将化工绝缘技术用于电扇技术领域应当是"显而易见"的。

《PCT国际检索和初步审查指南》第13.11节也明确规定:"如果发明所基于的以及由最接近的现有技术所引出的问题促使所属领域技术人员到另一技术领域寻找答案,则该技术领域的技术人员是有资格解决该问题的人员。在这种情况下,对该技术解决方案是否具有创造性的评价就要以该专家的知识水平和能力为基准。可能有些情况下,将所属领域技术人员假想成一组人,如一个研究或生产团队,可能比假想成一个人更合适。"

以上两项规定的基本原则是一致的。参照该规定,该案中是否可以将证据1和2相结合来评价该专利的创造性,其答案应当是肯定的。

（十三）一种无纺布成型机——具有相同功能的"已知手段的等效替换"不具有创造性

1. 案情简介

2001 年 12 月 6 日，专利复审委员会作出第 4043 号无效宣告请求审查决定，涉及申请日为 1997 年 1 月 27 日、名称为"一种无纺布成型机"的 ZL97207060.5 号实用新型专利。该无效宣告请求审查决定相关附图参见图 3－14。

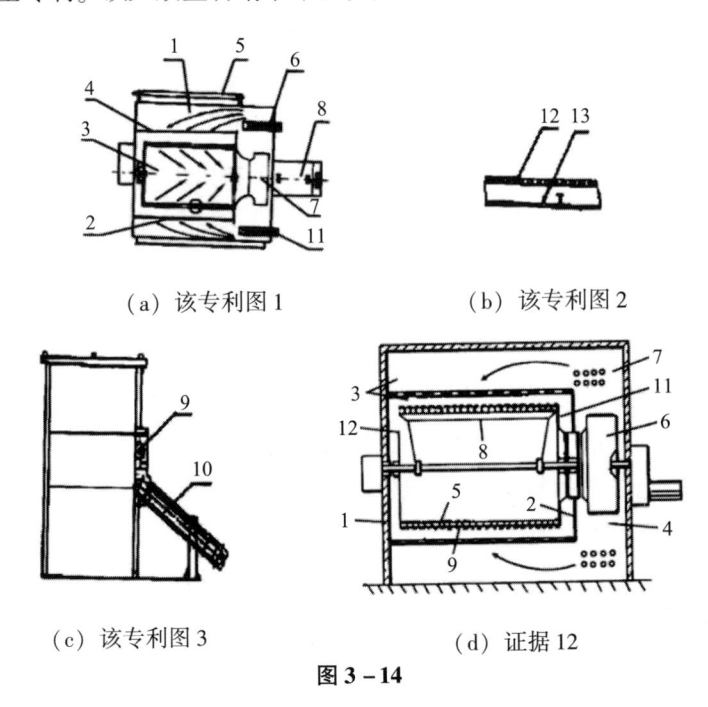

（a）该专利图 1

（b）该专利图 2

（c）该专利图 3

（d）证据 12

图 3－14

其授权公告时的权利要求书为：

1. 一种无纺布成型机，具有箱体（1）、输网帘（10）和导布辊（5），其特征是：箱体内设有圆网鼓（3），其内层为栅格状不锈钢筒体（12），外层为不锈钢丝网（13），圆网鼓一端设有离心风叶（7）与箱体外壳固定的风机座（8）相连，箱体上、下方均设有气流分配板与加热器，在箱体一侧通风口处输网帘的上方固定有冷却辊（9）。

针对上述实用新型专利，请求人于 2001 年 2 月 22 日向专利复审委员会提出宣告该专利权无效的请求，认为该实用新型不具有《专利法》第二十二条所规定的新颖性和创造性。请求人在提出无效宣告请求的同时共提交了 20 份证据，其中包括证据 12：第 5052197 号美国专利说明书。

被请求人认为：(1) 本专利中的不锈钢筒体是栅格状的，而证据12中的筒体是穿孔的，两者在结构上是有区别的；(2) 证据12中的分配板2是靠近风机6的端板，而本专利则处于圆网鼓侧面的上下两侧；(3) 证据12中的无纺织物成型设备还附加一内部保护罩，这是本专利所没有的。故本专利无论从结构还是从功能方面看，与证据12均不相同，该证据不能构成对本专利的抵触，其缺乏证明效力。

2. 决定的理由及结论

经审查合议组就该专利的创造性认为：

证据12是一件美国专利，其公开日为1991年10月1日，可以用作评价该专利创造性的现有技术。该专利公开了一种相关的纺织材料处理设备。从其附图及说明书文字部分可以得知，该设备的功能与该专利相同，结构相似。具体说，该设备也包括箱体、圆网鼓、不锈钢筒体、不锈钢丝网、离心风叶、气流分配板和加热器。与该专利的权利要求1相比，只是输网帘、导布辊和冷却辊在证据12中未予以公开。

合议组认为：在一台无纺布成型设备中，输网帘和导布辊是必不可少的，否则纤维网和成型后的网布将无法传送。这对于本领域普通技术人员来说属于公知的技术常识，也是无纺布成型设备中必设的部件，因此可以认为输网帘和导布辊已经隐含在证据12中。

至于冷却辊这一结构，虽然在证据12中未予公开，但是，正如被请求人在意见陈述书中所述，"该技术领域中无纺织物成型的热风温度并不高，并不见得一定要用冷却辊或者采用冷却装置。"换句话说，由于热风温度不高，在普通技术人员看来设立与不设立冷却辊之间并不存在实质性差异。当然，也不排除冷却辊的设立有可能带来意想不到的技术效果，但是，从该专利的说明书中看不出该冷却辊所带来的任何特殊效果。故合议组只能以本领域普通技术人员的观点来看待该冷却辊，即冷却辊的存在不能给无纺织物成型机带来实质性特点和进步。因此，与证据12相比该专利权利要求1所述的技术方案不具备《专利法》第二十二条第三款规定的创造性。

对于被请求人关于创造性的争辩，合议组认为：

被请求人在意见陈述书中陈述了该专利与证据12之间的下述区别：①该专利中的不锈钢筒体是栅格状的，而证据12中的筒体是穿孔的；②证据12中的分配板是靠近风机6的端板，而该专利则处于圆网鼓侧面的上下两侧；③证据12中的无纺织物成型设备还附加一内部保护罩，这是该专利所没有的。

对于区别①，合议组认为栅格状与穿孔之间只是通风孔的形状有所不同，其功能是相同的，这种区别不具有实质性特点和进步；对于区别②，合议组认为从证据12的附图1及说明书第4栏第14~28行可以看出：标号2（partition）是一个分隔板而并非一个分配板（请求人所提供的译文有误），其分配板与该专利一样，也在圆网鼓侧面的上下两侧（只不过未加标号作具体说明）；对于区别③，合议组认为虽然与证据12相比该专利省去了"内部保护罩"这一技术特征，但该专利并不是以此作为发明目的，从其说明书中也看不出取消"内部保护罩"所带来的任何优点或特殊技术效果。所以，取消"内部保护罩"之后，除了丧失该保护罩的固有功能，并未给该无纺布成型机带来任何附加的技术效果，这种区别的存在并不能使该专利具有创造性。

对于被请求人所陈述的观点合议组不予支持，该专利与证据12相比不具备创造性。

3. 评析

一项权利要求所述的技术方案与一份对比文件相比，在结构方面存在若干区别，应当如何判断该技术方案是否具有创造性？该案所涉及的技术问题并不复杂，分析判断这些问题，对我们理解和掌握创造性判断的几个基本原则会有所帮助。

第一，对于一台机械设备而言，如果对比文件中未公开的部件属于必不可少的，则应当认为该部件已经被隐含在其中。在现有技术的无纺布成型设备中，输网帘和导布辊是必不可少的，否则纤维网和成型后的网布将无法传送。这对于本领域普通技术人员来说属于公知的技术常识，因此即使在对比文件中未明确指明输网帘和导布辊的存在，也可以认为输网帘和导布辊已经隐含在证据12中。

第二，如果某一部件的存在对该设备的性能并未带来实质性的影响，即未产生明显的技术效果，则该部件的设置对其创造性无影响。虽然该案中的冷却辊在证据12中未予公开，但是，由于无纺织物成型的热风温度并不高，所以设立与不设立冷却辊并不存在实质性差异。除非设立冷却辊会产生意想不到的技术效果，但是，这一点并未体现在该专利的说明书中，所以该专利中冷却辊的存在不能给无纺织物成型机带来实质性特点和进步。

第三，如果从某一设备中将某一部件去除，则导致其相应性能的丧失，这种简化也不具备创造性。该案中，权利要求1与证据12相比省去了"内部保护罩"这一技术特征，但该专利并不是以此作为发明目的，从其说明书中也看不出取消"内部保护罩"所带来的任何优点或特殊技术效果。所以，取消"内部保护罩"之后，除了丧失该保护罩的固有功能，并未给该无纺布成型机带来任何附加的技术效果,这种区别的存在并不能使该专利具有创造性。

第四,具有相同功能的已知手段的等效替换不具有创造性。《审查指南2001》第二部分第四章第4.5节规定:"如果发明是相同功能的已知手段的等效替代,或者是为解决同一技术问题,用已知最新研制出的具有相同功能的材料替代公知产品中的相应材料,或者是用某一公知材料替代公知产品中的某材料,而这种公知材料的类似应用是已知的,且没有产生预料不到的技术效果,则该发明不具备创造性。"该专利中的不锈钢筒体是栅格状的,而证据12中的筒体是穿孔的。栅格状筒体与穿孔状筒体之间只是通风孔的形状有所不同,其功能是相同的,这两种结构在现有技术中都是司空见惯的,因此这种替换不具有实质性特点和进步。

(十四) 电动车辆用电机防水结构——附图的解读与"现有技术"内容

1. 案情简介

2001年1月18日,专利复审委员会作出第2003号复审请求审查决定,涉及申请日为1995年12月5日、名称为"电动车辆用电机防水结构"的95120546.3号发明专利申请。该无效宣告请求审查决定相关附图参见图3-15和图3-16。

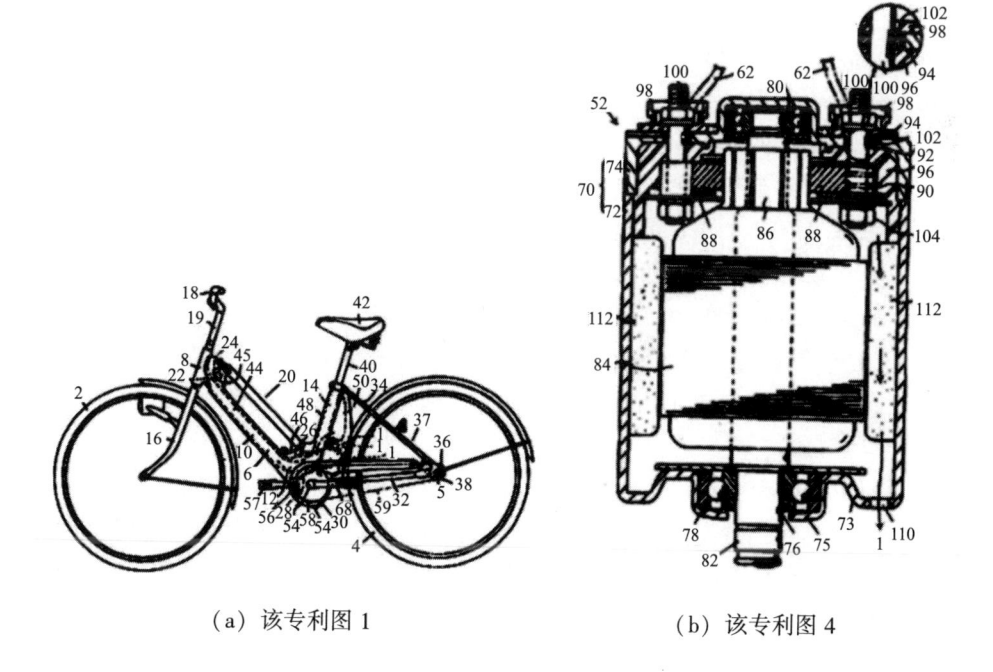

(a) 该专利图1　　　　(b) 该专利图4

图 3-15

(a) 对比文件1　　　　　　　　　　(b) 对比文件2

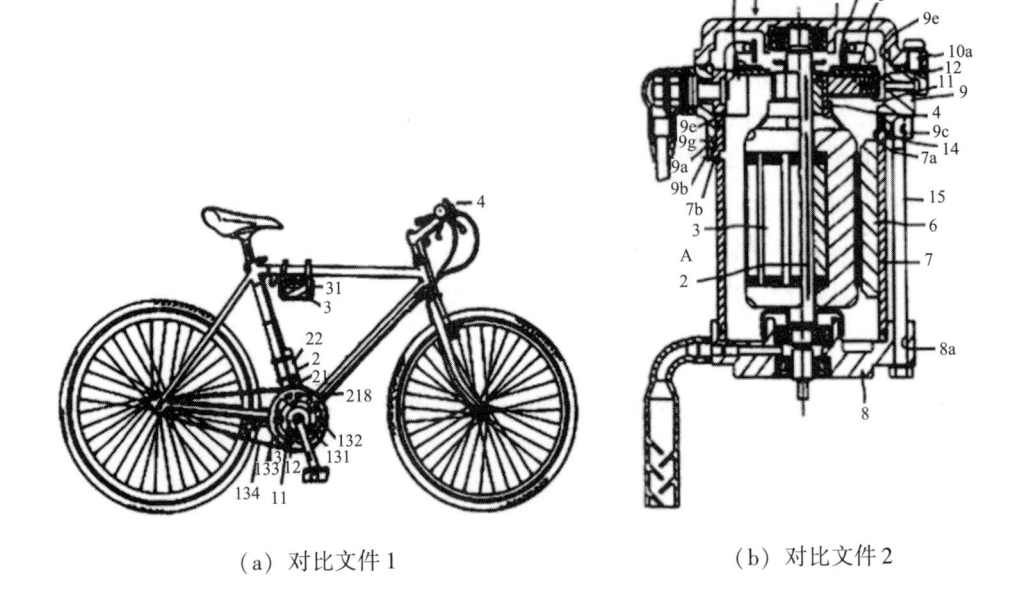

图 3-16

1999年11月5日，专利局经实质审查后，驳回了该发明专利申请，驳回理由是该申请不符合《专利法》第二十二条第三款的规定，不具备创造性，所依据的对比文件是：(1) US 4871042（对比文件1）；(2) US 5338995（对比文件2）。

被驳回的权利要求书为：

1. 一种电动车辆用电机防水结构，该电动车辆包括从前管向斜下后方直线延伸的主梁（10）、向下弯曲的中间部（12）以及垂直向上下延伸的座席架（14），在上述弯曲的中间部近旁设置有包含曲轴（56）和马达（52）在内的辅助动力机构，其特征在于，上述马达（52）配置在曲轴（56）的后方，与马达（52）连接的导线通过防水构件连接到辅助动力机构的上部，在该辅助动力机构上设有将马达内部空间与大气连通的连通通路，且在该辅助动力机构的侧面设有开口（110）。

驳回决定认为：对比文件1公开了上述权利要求特征部分中的第一个技术特征——"马达配置在曲轴的后方"；对比文件（2）公开了上述权利要求特征部分中的第二个技术特征——"与马达连接的导线通过防水构件连接到辅助动力机构的上部"；至于上述权利要求特征部分中的第三个技术特征——"在该辅助动力机构上设有将马达内部空间与大气连通的连通通路，且在该辅助动力机构的侧面设有开口",虽然未在对比文件 1 和 2 中公开,但是在马达上开设开口用于排水是本领域的公知常识,通过设有排水口以使得马达内部空间和大气连通是显而易见的。所以,本领域普通技术人员在对比文件 1 和 2 的基础上,结合所属领域的公知常识,即可得出该专利申请权利要求 1 所述的技术方案,而且它们的结合未产生预料不到的技术效果,故权利要求 1 不具备创造性。

针对上述驳回决定,请求人于 2000 年 2 月 3 日提出复审请求。请求人在陈述复审理由的同时,还提交了新的权利要求书,该权利要求书为:

1. 一种电动车辆用电机防水结构,该电动车辆包括从前管(8)向斜下后方直线延伸的主梁(10)、向下弯曲的中间部(12)以及垂直向上下延伸的座席架(14),在上述弯曲的中间部近旁设置有包含曲轴(56)和马达(52)在内的辅助动力机构,其特征在于,上述马达(52)配置在曲轴的后方,与马达(52)连接的导线通过防水构件连接到辅助动力机构的上部,在该辅助动力机构上设有将马达内部空间与大气连通的连通通路,且该连通通路沿车辆宽度方向指向地开口于该辅助动力机构的侧面上,该开口(110)位于曲轴(56)的后方。

请求人认为:

(1) 在对比文件 1 中,其马达(22)设置在竖梁的前方,亦处于曲轴的前方,而该专利申请中的马达却设置在曲轴的后方,受到曲轴部件的遮挡,两者是不相同的;由于该专利申请采用了"开口结构",从而可以以简单的构造实现了排水、防水功能,这种构造及技术构思在对比文件中并未被披露。

(2) 由于上述两个技术特征的存在,本发明取得了有益的技术效果——"提高了马达的防止来自前方及斜上方雨水,及从地面溅起的水及飞石的能力,以及不用增加零件即可防止水从马达的排水口中逆流入马达中"。故相对于对比文件 1 和 2,新提交的权利要求所述的技术方案具有创造性。

2. 决定的理由及结论

经审查合议组认为:

该专利申请涉及一种电动车辆用电机的防水结构,是对现有技术中防水结构的一种改进。从该申请的说明书中可以看出,该申请是以一种"开放型结构"取代现有技术中的强化密封型结构,从而在马达的制造过程中,不需要高精度的机械加工及密封性检验工序,可大幅度降低成本。

在权利要求 1 所记载的技术方案中,采用了两个防水措施,一是上述将"马达配置在曲轴的后方",借助于曲轴对来自前方及斜上方雨水进行阻挡;二是"在该辅助动力机构上设有将马达内部空间与大气连通的连通通路,且该连通通路沿车辆宽度方向指向地开口于该辅助动力机构的侧面上，该开口位于曲轴的后方"，通过这种设置，可以及时将进入马达内的水和湿气排出。

由于该专利申请权利要求1中的两个区别技术特征，在审查员所提供的两篇对比文件中并未给出明确的教导，也未给出任何启示或暗示，在缺乏足够证据和理由的情况下，简单认定这类技术特征的采用是本领域普通技术人员的公知常识是缺乏依据的。

据此，合议组作出撤销原驳回决定，发回原审查部门重新审查的复审决定。

3. 评　析

说明书附图是专利文件的一个重要组成部分，本领域普通技术人员通过阅读说明书附图而获得的信息也属于说明书所公开的信息。

对比文件1的附图展示了其马达在电动自行车中的位置。从对比文件1的附图1中可以看出，马达22位于竖梁的前方；虽然马达与曲轴间的前后关系难以准确判断，但是在自行车行进过程中该马达将不会受到曲轴的遮挡，这一点通过附图是可以清楚理解的。另外，在该对比文件的说明书中也找不到有关马达与曲轴相对位置的文字说明。所以根据对比文件1的附图和说明书所公开的内容，可以认定在对比文件1中马达22位于竖梁的前方，但无法认定其"马达配置在曲轴的后方"这一技术特征的存在。因此，该专利申请权利要求1中所记载的第一个技术特征并未被对比文件1公开，原驳回决定所作的认定有误。

对于该专利申请权利要求1中所记载的第二个技术特征——"在该辅助动力机构上设有将马达内部空间与大气连通的连通通路，且该连通通路沿车辆宽度方向指向地开口于该辅助动力机构的侧面上，该开口位于曲轴的后方"，无论在对比文件1或是对比文件2中均未给出任何教导或启示。一般而言，通过开口可以将积存的水分排出是一个公知常识，但是这并不意味着将其应用到本发明所属的技术领域中，即通过设置开口来解决马达的进水问题就是显而易见的。

将某一个技术领域的现有技术转用到其他领域中是显而易见还是非显而易见的，除了要考虑在这种转用的过程中是否需要解决某些技术难题，还需要考虑这种转用本身是否符合该技术领域的一般习惯。如果这种转用不符合该技术领域的一般习惯，则这种转用就具有独创性，即具有非显而易见性。对于电动车辆用电机来说，现有技术中的惯用手段是通过强化密封的方式来解决马达的进水问题；而本申请则反其道而行之，以一种开放式结构代替强化密封的结构，即通过设置一条连通通路，使马达内部空间与大气连通，以便将进入马达内部的积水排掉。故就该技术领域而言，这种技术手段的采用就是非显而易见的。

另外，在判断一项权利要求所述的技术方案是否具有创造性时，对比文件除了教导所述权利要求中特征部分的技术特征，还应当教导所述权利要求中前序部分的技术特征，应当将权利要求中所有技术特征所限定的技术方案作为一个整体来进行。

（十五）合股管——权利要求"进一步限定"的作用

1. 案情简介

1999年6月28日，专利复审委员会作出第1414号无效宣告请求审查决定。该决定涉及申请日为1992年5月12日，名称为"合股管"的92213914.8号实用新型专利。该无效宣告请求审查决定相关附图参见图3-17。

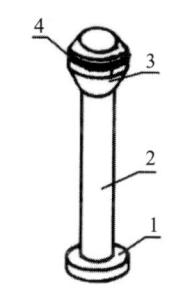

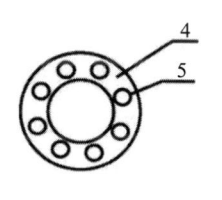

（a）该专利立体图1　　（b）该专利金属圈4结构图

图3-17

其授权公告时的权利要求书为：

1. 一种合股管，由底座（1）、管柱（2）、管头（3）组成，其特征在于在管头（3）上有金属圈（4）。

2. 根据权利要求1所述的合股管，其特征在于金属圈（4）上开有若干个孔（5）。

针对上述实用新型专利，第一请求人于1997年1月28日向专利复审委员会提出宣告该专利权无效的请求，认为该专利不具备《专利法》第二十二条所规定的新颖性和创造性，在提出无效请求的同时提交了以下证据：

证据1：《纺织器材使用手册》有关页复印件共6页（纺织工业出版社，1981年1月出版）；

证据2：90211491.3号发明专利申请说明书，公开日为1990年10月24日；

证据3：《纺织器材》有关页复印件5页。

第一请求人认为：该专利权利要求1所述的技术方案已被证据1公开，属于公知惯用手段的直接置换，缺乏新颖性；权利要求2缺乏创造性。

针对上述实用新型专利，第二请求人于1997年11月2日向专利复审委员会提出宣告该专利权无效的请求，认为该专利不具备《专利法》第二十二条规定的新颖性、创造性。在提出无效请求的同时还提交了以下附件：

证据4：《纺织器材使用手册》P114~117复印件共2页。

2. 决定的理由及结论

经审查，合议组认为：

第一请求人和第二请求人共提供了四份证据，其中证据1和证据4涉及同一份出版物，只是引用的相关页有所不同；证据2涉及一种塑料筒管，其中不包含金属部件；证据3中公开了一种用塑料制成的筒管，同时公开了一种两边盘边缘上包有铜或铁皮箍的木质筒管。在这四份证据当中，证据1中公开了与该专利最相关的现有技术。

该专利权利要求1涉及一种合股管，由底座、管柱及管头三部分组成，其特征在于管头上带有一金属圈。从其说明书中可以得知，该金属圈的作用是避免毛线与管头摩擦而使管头出现凹槽，从而延长合股管的使用寿命。

证据1中公开了一种纱管，从其附图中可以看出，该纱管也包括底座、管柱和管头，而且在管头上带有一铁皮箍。该纱管与权利要求1中所述的合股管相比，区别仅在于"金属圈"与"铁皮箍"之别。虽然两者采用的术语不同，但是在纺织行业中，就"圈"和"箍"的定义而言，两者之间并不存在明确的界限，而且"金属圈"与"铁皮箍"在纺纱管中所起的作用是相同的。故合议组认为，就该案而言，铁皮箍与金属圈之间的替换应当属于相同功能的已知手段的等效替换，因为两者间的替换并未导致实质性的变化。根据《审查指南1993》第二部分第四章第3.3.5节的规定，与证据1相比，该实用新型权利要求1所述的技术方案不具备创造性。

尽管该专利实施例（参见该专利附图1和2）中所描述的金属圈4的形状和结构与证据1中的铁皮箍有明显区别，但是，这种区别并未体现在权利要求1中。合议组认为，说明书可以用来解释权利要求书，但是这种解释作用并不意味着可以用实施例中的具体结构特征对独立权利要求的保护范围作进一步限定。

第一请求人还认为：从该实用新型的说明书中可以得知，该实用新型中的金属圈4应镶嵌在整个管头3的最大开口部位，该技术特征是实现该实用新型发明目的的一个必要的技术特征。但是，该技术特征并未被记载在该实用新型的权利要求1中，从而使权利要求1所述的技术方案中缺少了对金属圈具体位置的限定，导致了在权利要求1所述的技术方案中，金属圈的位置是不确定的。

除了可以设置在管头的最大开口部位,还可以设置在管头的其他部位,致使该权利要求的保护范围超出了说明书所公开的范围。

对此合议组认为:在权利要求1所述的技术方案中,"在管头(3)上有金属圈(4)"是实现该实用新型发明目的(防止管头因摩擦而出现凹槽)的必要技术特征。而"金属圈4镶嵌在整个管头3的最大开口部位",只不过是该实用新型实施例中的一种特定设置方式,它是针对管头大致呈球形、纱线与管头的最大直径部位相摩擦这种特定纱管而设置的。说明书中实施例的作用是"详细写明申请人认为实现发明或者实用新型的优选方式",不应当视为该实用新型的唯一技术方案。也就是说,在权利要求1中,除了包括金属圈设置在管头最大开口部位的技术方案,还可以包括其他的设置方式,例如,虽然证据1中的铁皮箍设置在纱管的整个管头上,但仍然可以起到防止纱管管头磨损的目的,正因为如此,证据1影响了权利要求1的创造性。

该专利权利要求2对权利要求1作了进一步的限定,其中的金属圈上开有若干个孔。该附加技术特征在第一请求人和第二请求人所提供的证据1~4中均未予以披露。从该实用新型的说明书中可以得知,这些孔的存在有利于金属圈与管头的连接。借助于金属圈上的孔,将金属圈上下的管头部分通过诸如塑料成型工艺(对塑料管头而言)或销孔连接方式连接成一体,与铁皮箍通过夹紧管头外周实现连接的方式具有明显不同的结构及技术效果,可以有利于延长合股管的使用寿命。

合议组认为相对于请求人所提供的证据,权利要求2具备新颖性和创造性。

3. **评　析**

该专利包括两项权利要求。经审查,合议组认为相对于请求人所提供的证据,该专利的权利要求1不具备创造性,而权利要求2具备创造性。就权利要求中的技术特征而言,该专利的权利要求1和2与证据1之间都存在区别,为什么同样都存在区别,但却导致了不同的审查结论?关键要看:

(1)这些区别技术特征是否是现有技术中已知的,具体说就是在请求人所提供的证据中是否公开了或暗示这些技术特征的引入;

(2)这些区别技术特征的存在是否带来了新的技术效果。

以上两点也就是判断一项技术方案是否具有"非显而易见性"的关键之所在。

《审查指南1993》第二部分第四章第3.3.5节中规定:"如果发明是相同功能的常用手段的等效替代,或者是为同一目的,用最新研制出的材料替代公知产品中的相应材料,或者是用某一公知材料替代公知产品中的某材料,而这种公知材料的类似应用是已知的,且没有产生预料不到的技术效果,则该发明不具备创造性。"

该专利权利要求 1 与证据 1 之间的主要区别是"金属圈"与"铁皮箍"之别。虽然两者的名称有所不同,但是在纺织行业中"圈"和"箍"都是经常使用的,而且两者在结构上也并不存在明确的界限,就纺纱管而言,"金属圈"与"铁皮箍"所起的作用是相同的。故合议组认为,就该案而言,铁皮箍与金属圈之间的替换应当属于相同功能的已知手段的等效替换,与证据 1 相比,权利要求 1 所述的技术方案不具备创造性。

该专利权利要求 2 的附加技术特征是:"金属圈(4)上开有若干个孔(5)。"该附加技术特征在证据 1~4 中均未予以披露,而且从该实用新型的说明书中可以得知,这些孔的存在将有利于金属圈与管头的连接,即在注塑过程中借助于金属圈上的孔,可以将金属圈更牢固地连接在管头上。这与铁皮箍通过夹紧管头外周实现连接的方式相比,一是结构上存在明显区别,二是带来了新的技术效果——通过加强金属圈与管头之间的连接,可以延长合股管的使用寿命。因此权利要求 2 具备创造性。

三、从专利代理师资格考试看专利申请文件的撰写[●]

(一) 试 题

1. 指出以下专利申请文件中不符合《专利法》、《专利法实施细则》及《审查指南》之处,并予以修改[❷]

说 明 书

GCQ 型高效磁化除垢器[1]

本发明涉及一种锅炉、茶炉中换热设备的附件。[2]

水垢是锅炉、茶炉等换热设备的大敌,为清除水垢,已采用过许多方法,如化学法、离子交换法、电子除垢法等。最近又出现了利用磁场来处理水垢的方法,例如,1991 年 9 月 20 日公告的 CN2089467Y 的中国实用新型专利说明书

● 以 1996 年全国专利代理人资格考试为例。

❷ 以下试题中右上角带方括号的序号为不符合规定之处,是本文作者加注的,为了便于在后的"试题分析"中与之相互对应。(对试题所作的分析仅仅是作者本人的观点,不是标准答案,供读者参考。这里对试题的分析及参考答案都是以当时生效版本的《专利法》为准。)

就公开了这样一种利用磁场来处理水垢的"锅炉防垢装置"。这种防垢装置将两对彼此对置的条形磁块或扇形磁块布置在方形管道或圆形管道的同一截面上,这两对磁块相互垂直。这种布置方式说明设计人在磁路设计上的无知,其磁路设计极不合理,技术落后[3],使部分磁力相互抵消,磁通密度减弱,中心磁通密度更低。此外,对这两对磁块所形成的磁场也未采取任何屏蔽措施,漏磁严重,磁能损耗大。为了达到防垢和除垢效果,管道中心磁通密度至少应达到0.2~0.7特斯拉❶。这就需要采用高强度大块磁块,大大增加了成本,且在此管道附近产生的强磁场会影响工作人员的健康。不仅如此,该防垢装置仅在管道的同一截面上布置了两对磁块,这样管道中流过的水仅受到一次磁化作用,作用时间短,磁化效果差,达不到满意防垢除垢的目的。

本发明的目的在于克服上述已知方法的缺点,提供一种技术先进、效果显著[4]而无副作用的磁化防垢除垢器。这种磁化防垢除垢器不仅能在管道中产生足够的磁通密度,使水很好地磁化,而且结构简单可靠、成本低、无漏磁,不会影响工作人员的身体健康。

本发明的磁化防垢除垢器,包括管道和分别置于其外表面相对两侧的至少两对永磁磁块。它还包括一个外壳,由非导磁材料制成的所述管道穿过所述外壳并与外壳两端连成一体。所述永磁磁块用铁皮包覆(铁皮两端搭接在一起,最好用铁丝将其捆住)固定在管道上,所述外壳外表面上涂有防护漆。[5]

作为本发明的进一步改进,还可以采用权利要求2限定部分的结构。[6]这样磁块与管壁接触紧密,便于固定,磁力线均匀,中间磁通密度与两边磁通密度一致。

作为本发明另一种改进,还可以采用权利要求3限定部分的结构。[7]由于瓦形磁块中间有聚磁作用,使磁化更为均匀,对水的磁化更有利。尤其是在相邻两对瓦形磁块之间安放铁制垫圈时可避免各对磁块之间相互干扰。

当对本发明再作进一步改进,采用4~5对永磁磁块时,可以使水流过防垢除垢器时多次切割磁力线,从而可使水全部磁化,避免出现死角或部分水未被磁化的现象。

本发明的磁化防垢除垢器只由几个零件组成,结构简单,价格低廉。因其磁路设计独特合理、技术先进[8],所以,水磁化效果好,不易结垢,防垢除垢能力强。

下面结合附图对本发明磁化防垢除垢器作进一步详细描述。

---

❶ 此乃标准的国际通用磁通密度单位。——出题者注

图Ⅰ[9]是公知磁化防垢除垢器中条形磁块和扇形磁块的排列布置图；

图Ⅱ[10]是本发明磁化防垢除垢器的主视图及沿其AA线的剖视放大图；

图Ⅲ[11]是本发明磁化防垢除垢器另一种实施方式的主视图和沿其BB线的剖视放大图。

图Ⅰ所示为前面背景技术部分所提到的中国实用新型专利说明书CN2089467Y中所披露的磁化防垢除垢器中磁块排列布置图。在其左图中方形管道的同一管道截面上布置有两对彼此垂直的条形磁块；在其右图中为圆形管道的同一管道截面上布置有两对彼此垂直的扇形磁块。按照这样的布置方式，相邻的异性磁极会使磁力线短路，从而使管道中央部分的磁通密度大大减弱。

在本发明中，为了保证由不锈钢、塑料或钢等非导磁材料[12]制成的管道的中央部分有足够的磁通密度，使两对磁极之间不发生磁力线短路，如图Ⅱ所示，让此两对磁块（3、4）[13]不是布置在同一管道截面上，其中一对磁块（4）安放在另一对磁块（3）的下游。图Ⅱ中，管道（1）的用于安装成对磁块（3、4）的中间管道段（9）为方形管道。第一对磁块（3）以异性磁极相对的方式布置在该方形中间管道段（9）的某一截面的上、下两侧；第二对磁块（4）以同样方式布置在该方形中间管道段（9）中上述截面下游部分的另一截面的左、右两侧，并与第一对磁块（3）紧邻，即第二对磁块（4）的磁场方向与第一对磁块（3）的磁场方向相垂直，且形成的磁场紧接在第一对磁块形成的磁场的下游。为了固定这两对磁块（3、4），分别用铁皮（5）将每对磁块包覆起来固定在管道（1）的方形中间管道段（9）上，可将铁皮两端搭扣在一起，或者用铁丝将其捆住。该铁皮（5）除起固定作用外，还同时起到使磁场均匀、增强中间磁场和一次屏蔽的作用。当采用这样的磁块布置方式和结构时，仍会向管道（1）的四周漏磁，若要保证使用较小的磁块就能产生足够的磁场强度，满足防垢除垢的要求，且不会使漏磁对周围人体造成危害，还必须对此磁化防垢除垢器设置一铁制外壳（2），管道（1）从外壳（2）的两端穿过，并用焊接或其他方法使外壳（2）的两端与管道（1）连成一体。包覆磁块（3、4）的铁皮（5）的外表面与外壳（2）的内壁之间必须留有适当间隙，以保证外壳（2）在保护磁块不受损伤的同时起到二次屏蔽作用，减少磁能损耗，从而保证采用较小的磁块（例如每对磁块形成的磁通密度在0.1特斯拉左右）就能在管道（1）的方形中间管道段（9）的中央部分产生足够的磁通密度，满足防垢除垢的需要。经过二次屏蔽后，在外壳的外面测出的磁场强度接近于零，保证工作人员的健康不受影响。管道（1）露出外壳（2）的两端部分上制有螺纹，用于分别与供水管和锅炉等换热器的进水管相连接。为防止铁制外壳（2）生锈，还可以在铁制外壳（2）的外表面上涂一层防护漆。为了美观，便于辨认和防止假冒，在防护漆的外面绘制有红绿相间的宽条彩色花纹。

图Ⅱ中只示意性地画出两对磁块，实际上可根据水的硬度按上述方法串接多对磁块，即每相邻两对磁块以相互垂直的方式安放，并使每对磁块形成的磁通密度保持在0.1特斯拉左右。如水的硬度在7毫克当量/升以下，使用5对磁块即可达到满意的防垢除垢的目的；若水的硬度更高，可适当增加磁块的对数，如水的硬度为9毫克当量/升，可用9~10对磁块即可获得满意的效果。如果换热器的容量很小，使用时水的流速又较低，使用两对磁块就可。

图Ⅱ所示的磁化防垢除垢器。由于将条形磁块布置在管道的方形外壁上，因而磁块与管壁接触紧密，便于固定，且磁力线排布均匀，中间磁通密度与两边磁通密度一致，因而当水流过管道时磁化均匀。又因有多对磁块相互垂直地串接在一起，避免了多对磁块之间相互干扰，削弱磁通密度，而且因水流过管道时多次切割磁力线，使水全部磁化，避免出现死角或部分水未被磁化。

图Ⅲ是本发明磁化防垢除垢器的另一实施方式，这种防垢除垢器与图Ⅱ所示的防垢除垢器的结构基本相同[14]。图中同样只示意性地表示出两对磁块，实际上可根据需要安放多对磁块，每对磁块的排列方式与图Ⅱ所示的条形磁块的排列方式相同，所不同的是当这种磁块装在直径较大的粗管道上时，因磁块的尺寸较大，为了防止相邻磁块相互吸引而移动位置，可在每对磁块之间加装铁制垫圈（8）。加装垫圈（8）之后又能避免各对磁块之间相互干扰。瓦形磁块具有聚磁作用，可使磁场更均匀，使水的磁化更为理想。但瓦形磁块加工比条形磁块复杂，生产成本高，多半与截面较大的圆形管道配合使用。

本发明的磁化防垢除垢器，因不需要过大的磁通密度，可采用较小的磁块，因而产品制造费用低。使用时，只需要将本发明的防垢除垢器连接在供水管和锅炉、茶炉中换热器的进水管之间即可。为了使水流过磁化防垢除垢器时磁化得更好，水的流速不应过大。

说 明 书 附 图

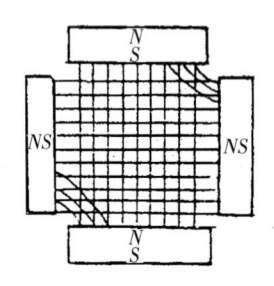

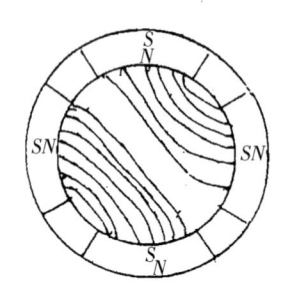

图 Ⅰ

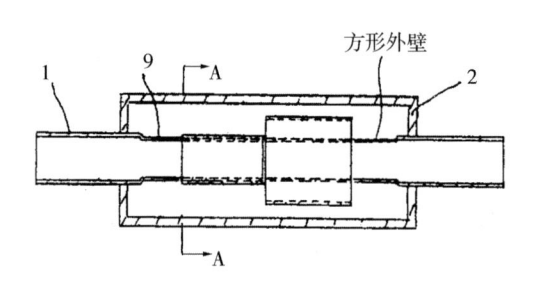

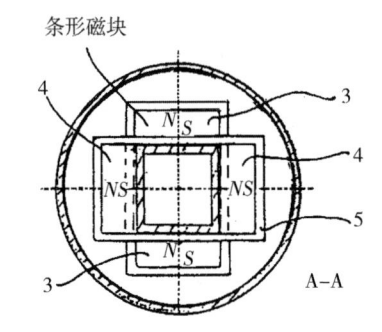

图 Ⅱ

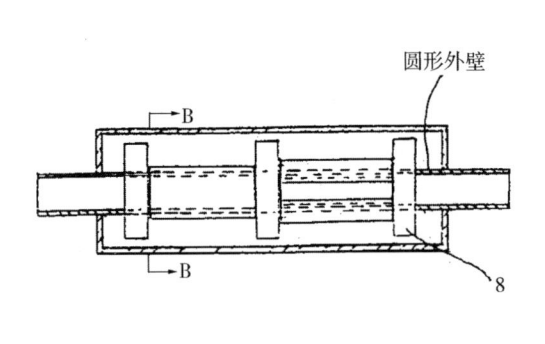

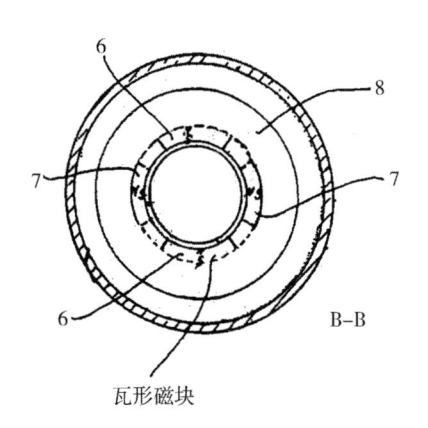

图 Ⅲ

权 利 要 求 书

1. 一种GCQ型高效磁化防垢除垢器[15,16]，包括管道（1）[17]和分别置于其外表面相对两侧的至少两对永磁磁块（3、4），其特征在于：它还包括一个外壳（2），为使结构简单紧凑，[18]由非导磁材料制成的所述管道（1）穿过所述外壳（2），并与外壳两端连成一体。[19]将不超过（5）对的永磁磁块[20]用铁皮（5）包覆（铁皮两端搭接在一起，最好用铁丝将其捆住)[21]固定在管道（1）外表面相对的两侧[22]，为防止生锈，在所述外壳的外表面上涂有防护漆。[23]

2. 按照权利要求1所述的磁化防垢除垢器的管道和磁块[24]，其特征在于：管道（1）位于外壳（2）内的中间管道段（9）的横截面为方形，所述磁块的形状为条形，用铁皮包覆固定在外壳（2）内上述方形中间管道段（9）的外壁上。[25]

3. 按照权利要求2[27]所述的磁化防垢除垢器的管道和磁块[26]，其特征在于：管道（1）的横截面为圆形，所述磁块的形状为瓦形，用铁皮包覆固定在外壳（2）内的圆形管道（1）的外壁上。[28]

4. 按照权利要求2和[29]3所述的磁化防垢除垢器的磁块[30]，其特征在于：上述不超过5对的永磁磁块中任何两对均不在管道（1）的同一截面上，相邻两对磁块之间形成的磁场基本相互垂直。[31]

5. 按照权利要求2和[32]3所述的磁化防垢除垢器，其特征在于：包覆磁块（3、4）的铁皮（5）的外表面与外壳（2）内壁之间留有间隙。[33]

6. 按照权利要求2和[34]3所述的磁化防垢除垢器，其特征在于：管道1上每对磁块之间装有铁制垫圈8。

7. 按照权利要求2和[35]3所述的磁化防垢除垢器，其特征在于：在所述防护漆外表面绘制有红、绿相间的宽条彩色花纹。[36]

8. 按照权利要求1至7[37]所述的磁化防垢除垢器，其特征在于：所述管道（1）的材料是铝合金。[38]

说 明 书 摘 要

一种 GCQ 型高效[39]磁化除垢器[40]，由不锈钢等非导磁材料制成的管道（1）穿过外壳（2）两端，并与外壳（2）两端连成一体，至少两对永磁磁块（3、4）被铁皮（5）包覆固定在所述外壳内的管道外壁上[41]，所述外壳的外表面上涂有防护漆[42]。

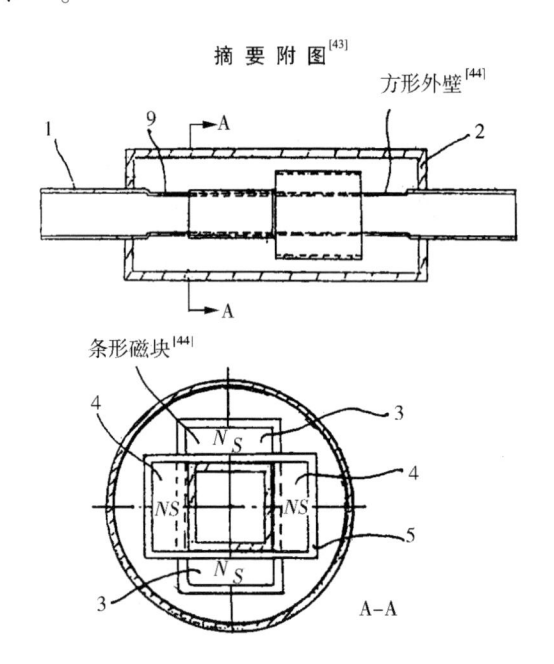

摘 要 附 图[43]

方形外壁[44]

条形磁块[44]

A-A

2. 根据审查员的审查意见通知书回答问题

上述试题中所给出的发明专利申请的申请日为 1994 年 8 月 31 日。在该专利申请的实质审查过程中，审查员引用了两篇对比文件：

（1）对比文件 1 是他人向中国专利局提出的发明专利申请，申请日为 1993 年 6 月 2 日，公开日为 1994 年 12 月 3 日，其披露的内容如本发明专利申请案中图Ⅱ所示的磁化防垢除垢器，在外壳中由非导磁材料制成的管道部分的横截面为方形，该方形截面管道部分安装了两对磁块，该两对磁块未设置在同一截面上，但形成两个彼此基本垂直的磁场。该两对磁块分别被铁皮包覆住，在外壳内壁和铁皮外表面之间留有间隙，外壳表面上涂有防锈漆。

（2）对比文件 2 是另一件中国实用新型专利说明书，申请日为 1992 年 12 月 7 日，授权公告日为 1993 年 8 月 7 日，其披露的内容与图Ⅲ所示的磁化防垢除垢器相近，两者的区别是对比文件 2 中的防垢除垢器没有外壳，两对瓦形磁块分别以异性磁极相对的布置方式固定在管道的对侧。这两对瓦形磁块未设置在同一截面上，且形成两个彼此基本垂直的磁场，分别被铁皮包覆住，在两者之间安放有铁制垫圈。

在审查意见通知书中指出：

（1）权利要求 1 和 2 中的全部技术特征已在对比文件 1 中全部披露，故权利要求 1 和 2 无新颖性。

（2）权利要求 3 与对比文件 1 相比，差别仅是安装磁块的管道部分的横截面形状和磁块的形状不同，而此差别相对于本发明目的来说可以看作普通技术人员所熟知的惯用手段的直接置换，因而也无新颖性。更何况该区别已在对比文件 2 中披露，因此权利要求 3 至少相对于对比文件 1 和 2 来说不具备创造性。

（3）权利要求 4 和 5 限定部分的特征也在对比文件 1 中披露了，因而也不具备新颖性。

（4）权利要求 6 中限定部分的特征已在对比文件 2 中披露了，而且该铁制垫圈与对比文件 2 中铁制垫圈对实现本发明目的来说所起作用相同，因而权利要求 6 相对于对比文件 1 和 2 来说不具备创造性。

（5）权利要求 7 和 8 限定部分也无实质性内容，因而也无创造性。

您作为专利代理人，在收到这份审查意见通知书时应如何处理？

（1）这份专利申请相对于这两篇对比文件来说有无被批准的可能？并简述理由。

（2）若有可能，是否需要根据审查意见通知书中引用的对比文件修改原权利要求书？并简述理由。

（3）若需修改，请给出修改后的独立权利要求，并说明您在答复审查意见通知书时如何论述新修改的独立权利要求相对于审查意见通知书中引用的两篇对比文件具备新颖性和创造性。

（二）试题分析

1. 申请文件撰写中存在的问题

（以下带方括号的序号与试题中右上角所注号码相对应）

[1] 发明名称中含有 3 处错误：

① 不得使用"GCQ 型"一类设备型号的用语。

② 不得使用"高效"一类无具体含义的广告式用语。

③ 应将该除垢器命名为"磁化防垢除垢器"，以便与说明书所公开的内

容及权利要求1的第一句话相适应，故该发明名称可写作"一种磁化防垢除垢器"。

［2］所属技术领域写得太上位，应具体到"利用磁场来对水质进行处理的磁化防垢除垢器"。

［3］"设计人在磁路设计上的无知、其磁路设计极不合理，技术落后"一语有贬低他人之嫌，应删除。

［4］"技术先进、效果显著"无具体技术内容，属宣传式用语，应删除。

［5］说明书的第五部分——技术方案部分应写明该发明的全部必要技术特征，与独立权利要求相适应。可结合修改后的独立权利要求对该部分进行修改。

［6］说明书中不得采用"如权利要求所述的"一类引用方式，故"还可以采用权利要求2限定部分的结构"应删除，代之以"管道位于外壳内的中间管道段的横截面为方形，所述的磁块的形状为条形"。

［7］基于同样理由，应删除"还可以采用权利要求3限定部分的结构"，代之以"管道的横截面为圆形，所述磁块的形状为瓦形"。

［8］发明的技术效果和优点部分应结合带来该优点及效果的主要技术特征进行描述，故应增加"因其任何两对磁块都位于管道不同的截面上，相邻两对磁块之间基本相互垂直，磁场之间干扰减弱，所以……"应删除"因其磁路设计独特合理，技术先进"之类语句。

［9］附图编号应采用阿拉伯数字，故"图Ⅰ"应为"图1"，图1中实际包括两幅图，应分作两幅图，并分别予以说明。

［10］错误及修改方式同［9］。

［11］错误及修改方式同［9］。

［12］钢应为导磁性材料，将其列入非导磁材料不妥（阅卷时此处未扣分）。

［13］说明书中出现的附图标号不加括号，应将括号去除（下同）。

［14］应在"结构基本相同"之后加上"其不同之处在于管道1的横截面为圆形，磁块的形状为瓦形"，并在磁块的后面加上标号"6""7"，以与附图标号相对应。

说明书附图中出现的问题有：

① 附图编号应采用阿拉伯数字。

② 将每幅图都单独编号，编为图1~6。

③ "方形外壁""条形磁块"一类文字说明应删除。

④ 如果说明书部分未将标号6、7补入，则应将最后一幅图中的标号6和7删除。

[15]"GCQ"型一类设备型号不得出现在权利要求中,应删除。

[16]"高效"一词无准确含义,应删除。

[17]"管道1"中的附图标号"1"应用括号括起(下同)。

[18]"为使结构简单紧凑"属于该技术方案的目的及效果,不应写入权利要求中,应删除。

[19]一个权利要求应为一句话,中间不得使用句号,应将"连成一体"后的句号改为逗号。

[20]"不超过5对的永磁磁块"与说明书所公开的内容不相符,应删除或依据说明书内容修改。

[21]权利要求中一般不应采用括号的形式作进一步限定,也不应使用"最好"一类词语,应将"(铁皮两端搭接在一起,最好用铁丝将其捆住)"一语删除(该技术特征亦属实现该发明的非必要技术特征,写入后将缩小其保护范围)。

[22]根据说明书所公开的技术方案,每对永磁磁块应以异性磁极相对的方式放置,而且永磁磁块中的任何两对都应位于管道的不同截面上,且相邻两对磁块之间形成的磁场基本相互垂直。为了减少磁能损耗,并起到二次屏蔽作用,铁皮的外表面与外壳之间应留有间隙。以上技术特征均是实现该发明的发明目的的必要技术特征,均应写入权利要求1中,而"固定在管道1外表面相对的两侧"一语重复,应删去。

[23]"为防止生锈,在所述外壳的外表面上涂有防护漆"属非必要技术特征,应从独立权利要求中去除。

[24]权利要求2所限定的技术主题应当仍是"防垢除垢器",而不是其"管道和磁块"。

[25]"用铁皮包覆固定在外壳2内上述方形中间管道段9的外壁上"在权利要求1中已存在,应删除。

[26]所限定的技术主题应是防垢除垢器而不是管道和磁块。

[27]权利要求3中的管道为圆形,权利要求2中的管道为方形,故权利要求3不能引用权利要求2,否则在技术上产生矛盾,应引用权利要求1。

[28]基于上述[25]的理由,删除最后一句话。

[29]权利要求4不能同时引用权利要求2和3,应将"和"字改为"或"。

[30]限定的技术主题应是"防垢除垢器",而不是"磁块"。

[31]该技术特征是实现该发明的必要技术特征,应写入权利要求1中,将该权利要求删除。

［32］应将"和"改为"或",理由同［29］。

［33］该技术特征是必要技术特征,应写入权利要求1并删除该权利要求。

［34］"和"应改为"或",该权利要求的附加技术特征为"装有铁制垫圈",从说明书中公开的技术内容看,该垫圈仅适用于圆形管道,故不能对权利要求2(方形管道)进行引用。

［35］"和"应改为"或"。

［36］该特征属于一种外观色彩的设计,不属于发明专利的保护范围,应删除。

［37］对权利要求"1至7"同时引用不妥,因为其中有若干个多项引用的从属权利要求。应修改为"1至3中任何一项"或"1或2"或"2或3"或"1"。

［38］"铝合金"这一技术特征在说明书中未公开,故该权利要求得不到说明书的支持,应将该权利要求删除或将该特征补入说明书中。

［39］应删除"GCQ型"和"高效"。

［40］磁化除垢器应改为"磁化防垢除垢器"。

［41］摘要中应包括主要技术方案,即将权利要求1中的主要技术特征写入。

［42］删除"所述外壳的外表面上涂有防护漆",改为对效果的简述。

［43］摘要附图应选择其中的一幅图。

［44］附图中的文字部分删除。

2. 对该发明专利申请技术内容的分析

要想对一件专利申请的技术内容有一个全面正确的了解,关键是正确理解说明书的背景技术、发明目的、技术方案三部分。

(1) 背景技术

根据申请人的描述,现有技术中的磁化防垢除垢器,将两对彼此对置的条形磁块或扇形磁块放置在方形管道或圆形管道的同一截面上,这两对磁块相互垂直。这种布置方式使部分磁力相互抵消,导致磁通密度的减弱,影响磁化效果。此外,由于对磁场未采取任何屏蔽措施,漏磁严重,不仅增大磁能的损耗,而且会影响工作人员健康。

(2) 发明目的

该申请的发明目的是针对上述现有技术中所存在的两个方面的问题而提出的,因此,它包括以下两个方面:

① 在管道中产生足够的磁通密度,提高水的磁化效果;

② 防止磁泄漏,确保工作人员身体健康。

（3）技术方案

要想同时实现上述两个发明目的，技术方案中至少要包含以下几个技术特征：

① 将至少两对永磁磁块以异性磁极相对的方式分别放置在管道的不同截面上，而且相邻两对磁块之间形成的磁场基本相互垂直。因为只有异性磁极相对才能产生有效的磁场，并且使两对磁块分别置于管道不同截面上才能避免部分磁力的相互抵消，两对磁场相互垂直有利于磁场的均匀化。

② 将永磁磁块用铁皮包覆起来，并使铁皮的表面与外壳内壁之间留有间隙。只有这样才能对磁块进行有效的磁屏蔽，加强磁化效果，同时防止对人体的损害。

以上述的背景技术、发明目的和技术方案为依据，很容易确定该发明的独立权利要求，可以将其写为：

一种磁化防垢除垢器，它包括管道（1）和分别以异性磁极相对的方式置于其外表面相对两侧的两对永磁磁块（3，4），两对磁块之间形成的磁场基本相互垂直，其特征在于它还包括一个外壳（2），由非导磁材料制成的管道（1）穿过该外壳（2），并与外壳的两端连成一体，用铁皮（5）将永磁磁块（3，4）包覆，固定在管道（1）上，使每对磁块分别位于管道（1）的不同截面上，包覆磁块（3，4）的铁皮（5）的外表面与外壳（2）内壁之间留有间隙，在上述两对永磁磁块（3，4）的一侧还可以同样的方式放置若干对永磁磁块。

需要加以说明的是，根据说明书所公开的内容，该发明中使用的磁块至少为两对，即除了可使用两对磁块，还可以使用 4~5 对或者 9~10 对永磁磁块。而申请人所提供最接近的对比文件中采用的磁块为两对，为了将"两对磁块"这一技术特征写入前序部分，同时又使该独立权利要求包括两对以上磁块的情况，笔者采用了上述的方式对磁块的数量进行限定。若需要对磁块的数量作具体限定，可以在从属权利要求中对所述的"若干对永磁磁块"的数量作进一步限定。

3. 对审查意见通知书的答复

在回答第二部分试题之前，首先应当对该专利申请与审查员所引用的两篇对比文件之间的异同点作简要分析（见表3-1）。

表 3-1

		发明专利申请	对比文件 1	对比文件 2
主要技术特征	a. 管道为圆形或方形		管道为方形	管道为圆形
	b. 至少两对磁块		两对磁块	两对磁场
	c. 分别位于不同截面		分别位于不同截面	分别位于不同截面
	d. 铁皮包覆		铁皮包覆	铁皮包覆
	e. 留有间隙		留有间隙	
	f. 带有外壳		带有外壳	
	g. 磁场相互垂直		磁场相互垂直	磁场相互垂直

从表 3-1 中不难看出，该发明专利申请与对比文件 1 的主要区别有两点：

(1) 管道的截面形状不同，前者除方形外还可以是圆形；而后者仅为方形。

(2) 永磁磁块的数量不同，前者为两对以上；后者为两对。

由于对比文件 1 的申请日在该专利申请的申请日之前，公开日却在该申请日之后，故对比文件 1 属于该专利申请的抵触申请，仅可影响该专利申请的新颖性。也就是说，该专利申请的独立权利要求与对比文件 1 相比应具备新颖性。为此，该专利申请的权利要求 1 中必须至少包含"管道为圆形"或者"永磁磁块为两对以上"这两个技术特征中的一个。

对比文件 2 是该专利申请的一份现有技术，对其新颖性及创造性都可构成影响。要想使该专利申请相对于对比文件 2 具备创造性，则至少应包含有"带有外壳"和"留有间隙"这两个技术特征，以提高该防垢除垢器的磁化效果和使用的安全性。

因此，以对比文件 1 和 2 为最相关的对比文件重新撰写权利要求 1 时，至少要包括"圆形"或"两对以上磁块"中的一个特征，此外还应包括特征 e 和 f 以及实现该发明的发明目的的其他必要技术特征，并且应以对比文件 2 为依据进行划界。这样，我们就可以写出两个相应的独立权利要求：

1. 一种磁化防垢除垢器，它包括一圆形管道（1）和分别以异性磁极相对的方式置于其外表面相对两侧的两对永磁磁块（3，4），两对磁块之间形成的磁场基本相互垂直，用铁皮（5）将永磁磁场（3，4）包覆并固定在管道（1）上，使每对磁块分别位于管道（1）的不同截面上，其特征在于它还包括一个外壳（2），由非导磁材料制成的管道（1）穿过该外壳（2），并与外壳的两端连成一体，铁皮（5）的外表面与外壳（2）的内壁之间留有间隙。

2. 一种磁化防垢除垢器，它包括管道（1）和分别以异性磁极相对的方式置于其外表面相对两侧的两对永磁磁块（3，4），两对磁块之间形成的磁场基本相互垂直，用铁皮（5）将永磁磁块（3，4）包覆并固定在管道（1）上，使每对磁块分别位于管道（1）的不同截面上，其特征在于它还包括一个外壳（2），由非导磁材料制成的管道（1）穿过外壳（2），并与外壳的两端连成一体，铁皮（5）的外表面与外壳（2）的内壁之间留有间隙，在上述两对永磁磁块（3，4）的一侧还以同样方式放置若干对永磁磁块。

权利要求1由于含有"圆形管道"这一特征，相对于对比文件1具备新颖性；而其特征部分的特征提高了磁化效果和安全性，故相对于对比文件2具备创造性。

权利要求2由于含有多于两对的永磁磁块，与对比文件1相比具备新颖性；其特征部分的特征同样使之相对于对比文件2具备创造性。

采用两个并列独立权利要求的方式对该发明进行限定，在满足新颖性、创造性以及单一性的基本要求的同时，也使该发明获得了最大范围的保护，这两种方案的叠加，仅仅排除了对比文件1所述的技术方案（方形管道+两对磁块）。（在阅卷过程中，考生只要选择了上述权利要求中的一种就被判为正确。）

如果对上述分析搞清楚了，再来回答试卷中第1~3题就是水到渠成的事了，不会存在任何困难。

第四章 专利审查中有关问题的讨论

一、关于创造性[1]

《专利法》第二十二条第三款规定:"创造性,是指与现有技术相比,该发明具有突出的实质性特点和显著的进步,该实用新型具有实质性特点和进步。"在国外,许多国家将创造性规定为"非显而易见性",即发明的技术方案与现有技术相比,对于本领域的普通技术人员来说应是非显而易见的。从定义的方式上看,二者之间存在以下明显的差别。其一,前者采用的是正面定义的方式,即规定了发明"应当"具有突出的实质性特点和显著的进步;而后者采用的却是反面定义的方式,即发明"不应当"是显而易见的。其二,前者的判断着眼于发明所达到的"效果";而后者则更强调完成发明的"过程"。

尽管二者的视角有所不同,但实质上内涵是一致的。即发明的技术方案与现有技术相比,应达到"发明创造"的高度,所谓"发明创造"的高度就是指该高度的实现需要本领域普通技术人员付出创造性的劳动。这种技术方案既不是现有技术明确教导的,也不是本领域技术人员在现有技术的基础上通过一般的逻辑分析、推理和试验可直接获得的。

---

[1] 请参考本章第三部分中(二十六)"有关'创造性'的讨论——兼议《专利法》第二十二条第三款"一节。

在具体的判断过程中，无论哪种定义方式，都要兼顾完成发明的难易程度及所达到的技术效果这两个方面。实际上在《专利审查指南2023》第二部分第四章第2.2节也是用"非显而易见"来解释"突出的实质性特点"的。因此，尽管我国对"创造性"的定义方式与外国不同，但两者的判断基准基本上是一致的，国外的一些判断思路方法仍然可供我们借鉴。

在以下的内容中，除了对欧洲专利局及北欧一些国家在判断创造性时所采用的一些思路和观点进行介绍，还将对我国实用新型的创造性问题发表个人的一些看法。外国的思路和观点不一定完全合乎我国国情，但毕竟不乏对我们有益的成分；笔者个人的观点也不一定正确，仅以讨论的方式提出，供有关人士参考。

（一）欧洲专利局在判断创造性方面的一些观点

（1）如果一项权利要求中的全部技术特征分别被两篇或两篇以上的对比文件所覆盖，则该权利要求的技术方案是否具备创造性，主要取决于所属技术领域的普通技术人员将上述两篇或两篇以上的对比文件的有关部分结合在一起的可能性。在确定这种"结合"是否"显而易见"时，可以参考以下几点。

① 根据对比文件所公开的内容，所属技术领域的普通技术人员，从发明的任务出发，将这些文件组合在一起是否可能。在将有关的几篇对比文件作为一个整体来看的情况下，由于其内在的矛盾性将发明中所述的这些技术特征组合在一起是不可能的，例如发明中包括 A + B 两个技术特征，这两个技术特征分别被两篇对比文件公开，但是包含技术特征 A 的对比文件中对技术特征 B 或含有技术特征 B 的对比文件表示了明显的排斥态度，将它们组合在一起便具备创造性。

② 这些对比文件是来自类似的邻近技术领域还是相隔甚远的技术领域。发明与对比文件技术相关性越小，创造性成分越大。但是，如果在一份技术领域相隔甚远的对比文件中，明确公开了一技术特征与其技术效果之间的关系，而且这种对应关系是与专利申请相一致的，则该对比文件仍可能对专利申请的创造性构成影响。

③ 需要组合的对比文件的相互关联性。一般说来，将同一篇对比文件中的不同部分相结合；或将一篇对比文件与一本广为人知的教科书或技术手册相结合；或将一篇对比文件与所属领域公知的知识相结合；或在两篇相关的对比文件中，其中一篇对另一篇的引用作了明确的指示，都缺乏创造性。

当然，上述情况只属于特殊情况。大多数情况下，需要针对具体情况作具体分析。

(2) 在《欧洲专利局审查指南》中，对"非显而易见性"的使用原则以举例的方式进行了具体解释，现将部分内容引述如下。虽然其中个别例子涉及化学领域，但其判断原则仍可供机械领域参考。

① 以明显的方式对已知手段进行应用的发明缺乏创造性

a. 现有技术对某一技术方案公开得不完全，发明仅仅是对其欠缺部分的填补，而这种填补对所属技术领域的普通技术人员来说是很自然的或很容易实现的。例如：一项发明用铝来制造建筑构件，而现有技术中公开了与之相同的建筑构件，并指明可以采用轻质材料来制造，但没明确指明使用铝。

b. 发明与现有技术的区别仅在于使用了众所周知的等同物（机械的、电的或化学的）。例如：发明涉及一台泵，它与现有技术的区别仅在于其驱动力用液压马达替代了电动机。

c. 发明仅涉及一种已知材料的新用途，而且利用了该材料的已知性质。例如：一种洗涤组合物，以一种已知的化合物作为洗涤剂，该化合物具有降低水的表面张力的性质是已知的，而且所属技术领域的技术人员都知道该性质是洗涤剂的一个基本性质。

d. 将一种新开发出的材料在一种已知装置中作为替代物使用，该材料的性质使其明显适合于作这种使用（类似物的替代）。例如：一种电缆，是用一种黏合剂将聚乙烯套管黏接到一层金属屏蔽层上制成的，其发明点在于采用了一种新开发出的黏合剂，而该黏合剂可用于聚合物与金属之间的黏接是公知的。

e. 发明是将一种已知的技术用于类似的场合（类似应用）。例如：发明点在于将一种脉冲控制技术用于工业卡车辅助机构的驱动电机，而该技术用于控制卡车的推动电机是已知的技术。

② 发明是以一种非显而易见的方式对已知手段进行应用，因而具备创造性

a. 将一种已知的加工方法或手段用于不同的目的，并产生了一种新的意想不到的效果。例如：已知高频电流可用于感应对焊，很明显，高频电流还可用于电阻对焊。在下述情况下，创造性是存在的：一般认为，为了避免电焊触点与工件之间的燃弧，必须除去工件表面的锈层，但一件发明不进行除锈即采用高频电流对成卷的带材进行连续电阻对焊，结果产生了意想不到的效果，发现将锈皮除去是完全不必要的，因为在高频状态下电流主要以电容的方式经由锈皮层进行供电，其中的锈皮层形成了一层绝缘层，有助于焊接的进行。

b. 一种公知设备或材料的新应用，而这种应用克服了常规技术解决不了的技术困难。例如：发明涉及一个用于支撑及控制储气罐升降的装置，用之代替

以前使用的外部导架。已知一种类似的装置已在浮动船坞或浮桥的支撑中使用，但将其用于储气罐时需要克服许多困难，这些困难在已知应用中是未曾考虑过的。

③ 特征的组合是显而易见的，因而缺乏创造性

发明仅仅将几种已知的装置或方法组合或联系在一起，其原功能未发生任何变化，也不存在任何非显而易见的内在的组合关系。例如：一种生产香肠的机器，将一台已知的绞肉机和已知的灌装机连接在一起。

④ 特征的组合非显而易见，具有创造性

组合在一起的特征相互配合，其结果是产生了新的效果。该效果对于任何一个单独的特征来说，都是不相干的。例如：一种混合药物由一种去痛剂和一种镇静剂组成，结果发现，通过添加镇静剂使去痛剂的去痛效果加强了，作为镇静剂本身来说不存在任何去痛效果，而混合后的去痛效果就原有效成分而言是意想不到的。

⑤ 从若干已知可能性中所作的选择是明显的，不具备创造性

a. 发明仅在于从若干相同的替代物中进行了选择。例如：发明涉及一种已知的制造工艺，在该工艺中已知的方法是对反应混合物进行电加热，而对于加热来说，现有技术中有多种替换方式可供选择，该发明采用了其中的一种方式来替代电加热。

b. 发明点在于在一定范围内对一特殊尺寸、温度范围或其他参数进行了选择，而这种选择是很明显可以借助于常规实验或采用常规设计程序实现的。例如：发明涉及一种进行已知反应的方法，其特征在于选定了一个特定的惰性气体流量，该流量在普通技术人员看来是必须达到的。

c. 从现有技术出发，仅经过简单地外推即可实现的发明。例如：发明的特点在于制备物质 Y 的过程中对所使用的物质 X 的最低限量作了特殊限定，以便改进其热稳定性能，而这种特性从现有技术所提供的 Y 物质的热稳定性与物质 X 含量的关系曲线中直接外推即可获得。

⑥ 从已知的多种可能性中所作的选择是非显而易见的，具备创造性

发明在一个已知范围内对某一操作条件（例如温度或压力）作了特殊选择，这种选择给工艺操作或产品的性质带来了意想不到的效果。例如：在一种工艺中物质 A 与 B 在高温下转化成物质 C，已知在 50~130℃ 的范围内，随着温度的升高，C 的产率增加，但是发现在 63~65℃ 时，C 的产率比预想的要高，而且这一特定范围在先前并未被揭示。

⑦ 克服了技术偏见，具备创造性

一般说来，如果所属技术领域的公知常识对该技术领域普通技术人员的教

导与发明所建议的方法是相悖的，则发明具备创造性。这一点对于下述情况尤为适用，即所属技术领域的普通技术人员甚至连想都没想过进行一些这方面的试验，以确定是否可以用来替代现有的方式去解决一些技术难题。例如：含有二氧化碳的饮料在经过消毒之后，应趁热灌入消毒后的瓶中。常规的观点认为，一旦瓶子离开灌装机，应立即使灌装完的饮料与外界空气隔绝。有一种方法在完成上述操作之后，未采取任何措施使饮料与外部空气立即隔绝，但封装的效果不受影响，则该方法具备创造性。

（二）布莱恩表与创造性的判断

瑞典专利局在培训新审查员的过程中都将布莱恩（Bryn）表（见表4-1）介绍给审查员。该表从一个侧面对发明的创造性进行了较为直观的判断。虽然该表不是万能的，不可能解决一切有关创造性判断的问题，但至少为审查员提供了一条考虑问题的思路，并对一些比较典型的情况作了明确规定。

表4-1 布莱恩（Bryn）表

方案＼问题 创造性	技术难题的提出		
	不为人知	短时间公知	长时间公知
技术解决方案 不为人知	有创造性	有创造性	有创造性
短时间公知	有创造性	不具备创造性	不具备创造性
长时间公知	有创造性	不具备创造性	有创造性

布莱恩是挪威专利局的一名审查员。该表在斯堪的那维亚半岛的国家（包括瑞典、挪威、丹麦）被普遍接受，在欧洲专利局也有一定影响。下面对该表作简单介绍，供同行们在实践中参考和借鉴。

表4-1告诉我们：

（1）采用一种不为人知的技术方案解决了现有技术中的难题（不论时间长短），都具有创造性；

（2）提出一个现有技术中不为人知的技术问题，无论采用未知的或公知的技术方案加以解决，都具备创造性；

（3）针对长时间未解决的问题，采用一种早已为人知的技术方案加以解决，具备创造性；

（4）采用短时间被公知的技术方案解决已被公知（不论时间长短）的难题，不具备创造性；

（5）采用长时间被公知的技术方案，解决短时间被提出的技术难题不具备创造性。

应当说明的是：该表只不过给我们提供了一个直观的模式，至于其中的道理，各人所见可能不同，仁者见仁，智者见智。另外，其中所说的时间长短本身也是一个相对概念，不能严格以 20 年还是 30 年为界。该时间的长短与所属的技术领域有关，对于技术进步速度快的行业，其时间的长短与技术进步速度慢的行业的时间就有所不同。对此，熟知本技术领域的人会有一个比较客观的认识。

针对布莱恩表中右下角这种典型情况（用长时间公知的技术方案解决一个长时间公知的技术难题），瑞典专利局介绍了一个案例。该案例大概内容是：一件申请案采用一种导光装置对牙科的手术器械进行改造，即将光线由外部引入器械的前端部，以便解决牙科检查及手术中的照明问题。经检索，所采用的导光装置已在 30 年前被公开，该装置被记载于一个气焊装置中，即通过该装置将光线导入焊枪的前端。由于上述技术难题已是长期存在的，而且所述的技术方案公开已久，故该申请具备创造性。

如果表 4-1 的基本思想是正确的，能为大多数审查员所接受的话，那么对致力于发明创造的广大申请人来说，无疑也提供了一个判断自己发明创造高度的依据，换句话说，指明了一个努力的方向，即如何才能使自己的发明创造具有足够的发明高度。他山之石，可以攻玉。西方的这一模式也许对启迪我们的思路能起到一点作用。

(三) 判断发明的创造性的两种思路

在专利审查过程中，对发明及实用新型专利申请是否具备创造性的判断始终是一个比较复杂的问题。创造性问题不同于新颖性的判断，一般认为，缺乏一个具体的标准，在一定程度上受审查人员主观认识的影响。

为了使判断标准更为统一，更具客观性，各国专利局都在不断作出努力。就判断思路而言，目前主要存在两种判断方法：一种是以构成为中心的"构成判断法"，另一种是以效果为中心的"问题—方案判断法"（problem - solution approach）。前者是一种比较早期的判断方法，对我国影响较大。在《专利法》实施的初期，很多老审查员都采用这种判断方法。后者则是一种新发展起来的方法，相比之下它似乎更具客观性，更有说服力。自 20 世纪 90 年代起，这种方法在欧洲专利局被广泛接受，并于 1994 年被正式写入《欧洲专利局审查指南》。我国的《专利审查指南 2023》也采用了欧洲专利局的这种判断方法，即所谓的"三步法"。

以下将对这两种不同的思路作简要介绍，并通过具体案例对两者进行分析比较。所谓"构成判断法",主要着眼于发明的构成,即着眼于权利要求中所罗列的全部技术特征。是否具备创造性,主要取决于属于现有技术的对比文件能否将这些技术特征全部覆盖,同时也考虑相关对比文件的出处及其数量的多少。按照这种思路,如果实现该发明需组合多篇对比文件,即使它们之间仅仅是一种简单的组合(例如,将若干种已知药物混合成一个药丸),也表现出一种"非显而易见性",而且这种组合越奇特,就越具备"创造性"。"问题—方案判断法"则认为,如果各组合部分仅仅提供了自己固有的效果而没有任何附加的组合效果存在,则这种从各自独立存在的问题出发,对这些独立的方案所进行的组合,是所属领域的普通技术人员很容易实现的,不需付出任何创造性的劳动。按照这一判断思路,是否具备创造性,将不受组合文献数量的影响,用一种形象的数学语言表示,即零乘以任何数还是得零。

以下通过案例来对比一下上述两种思路的差异。

【案例 4-1】
一项发明涉及一种用电刺激的方法对人体进行治疗的医疗器械,其特征在于采用了一种特定的电路来控制该仪器的电流强度。现有技术的一篇对比文件中所公开的一种电路与该电路相似,但该对比文件属于航海控制的技术领域。

在按照典型的"构成判断法"进行判断时,由于发明创造的主要技术特征已被现有技术公开,而且其构成是相同的,结论很可能是该发明创造缺乏"创造性"。但按照"问题—方案判断法"进行判断,首先要着眼于发明创造所针对的"问题",看它带来了何种"效果"。尽管上述对比文件提供了一种类似的结构,但并未提供发明所寻求的技术效果——对电流强度进行特殊控制,达到治疗的目的。因此该对比文件并不能对发明的"创造性"构成破坏。

归纳起来,"问题—方案判断法"主要包括以下四个步骤。

(1) 选择一篇最接近的对比文件。该对比文件应与该发明创造属于相同的技术领域,与之有相同或相似的发明目的(技术问题),并且包含了该发明创造最多的技术特征。即二者相比目的相同而区别技术特征又最少。

(2) 将权利要求的技术方案与所述的对比文件进行比较,找出其区别技术特征。

(3) 对区别技术特征进行分析,看它们与哪些新的"问题"相关,进一步找出与之相应的"发明目的"。以这种方式确定的"问题"具有客观性,既非申请人主观认为的,也非审查员主观确定的。

(4) 从"问题"出发,对该技术方案是否具备"创造性"进行判断。一是要考虑"问题"的提出本身是否显而易见;二是要考虑现有技术是否提示了解决该"问题"的技术方案;三是要考虑所述的"问题"与"方案"之间的关系对于所属技术领域的普通技术人员来说是否显而易见,例如对比文件所属的领域技术人员是否有可能得知,以及通过阅读该文件,普通技术人员是否可以预见其技术效果等。下面结合另一个实例,对"问题—方案判断法"作进一步说明。

【案例 4-2】

该发明要解决的问题是阻止离子射线对一集成电路的影响(见图 4-1)。

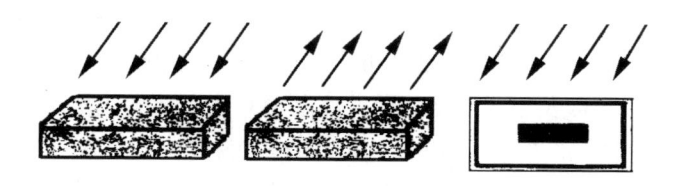

图 4-1

其权利要求为:

1. 将一集成电路密封在环氧树脂之中,其特征在于:所述的树脂中含有氧化铅的粉末。

2. 如权利要求 1 所述的集成电路,其特征在于:密封层的厚度大于 2 毫米。

对比文件 A:为了改善集成电路热量的向外传导,在密封集成电路的环氧树脂中使用了铝粉或"任何其他具有良好导热性能的惰性粉末",所述的密封层的厚度小于 2 毫米。

对比文件 B:使用一个铅盒对含有集成电路的电路板进行屏蔽,以防离子射线的影响,所述的铅盒也可以用含有氧化铅的涂层代替。

对比文件 C(公知常识):氧化铅是惰性的,而且具有良好的热传导性能。

按照"问题—方案判断法"对上述案例进行以下分析评判。

(1) 虽然从结构上看,对比文件 A 更接近该发明,但其发明目的与该发明不同,该发明所要解决的主要问题是集成电路的防离子辐射问题,所以最接近的对比文件应当是 B。它不仅涉及对集成电路进行屏蔽,以防离子辐射的问题,而且覆盖了发明的重要技术特征——以氧化铅为屏蔽剂。

(2) 虽然该发明与对比文件 B 所面临的"问题"是相同的,但它们分别采用了不同的技术方案,对比文件 B 是将集成电路放入一个带有氧化铅粉末涂层的盒子中,而该发明则是将氧化铅粉末掺入环氧树脂中,用密封层代替了盒子。这是该发明与对比文件 B 之间的区别技术特征。

(3) 对上述区别技术特征进行分析不难看出,需要解决的第二个客观"问题"是如何以一种更为密集的方法来放置氧化铅粉末。

(4)上述"问题"的提出本身并不具备"创造性",因为采用更密集的方法进行装配是一种普遍的愿望,对集成电路来说更是如此,各部件装配得越紧密越好。

对于该案来说,将集成电路放置在盒子中,再将氧化铅粉末涂在盒子表面显然是一种笨重的方法,有改进的必要。针对这一客观问题,本领域的普通技术人员就会设法从相应的技术领域中寻求解决方案。由于"问题"的性质已发生变化,这一领域可能并不局限于"防辐射"的领域,范围会更宽些,假若从"密集封装"的角度进行检索,就有可能从现有技术中查找到对比文件A。

对比文件A也涉及集成电路的保护问题,只不过要解决的主要问题不是防离子辐射,而是散热问题;采用的金属粉末是铝粉,也未明确公开铅粉的使用。尽管二者之间存在上述区别,但对比文件A毕竟提供了一种将金属粉末掺入环氧树脂中,对集成电路进行密集封装的方法;而且借助于公知常识(对比文件C),可以得知其中的金属粉末也并不排除铅粉的使用。也就是说,针对上述第二个"问题"对比文件A提供了一种技术解决方案,该方案也正是该发明所采用的。

由于该发明与对比文件A之间存在着"密集封装"的共性,所以将对比文件A的技术方案用于该发明,对本领域普通技术人员来说是很容易想到的,而且这种转用也不存在任何技术困难。至此,该发明的区别技术特征所针对的第二个客观问题——采用一种密集的方式放置金属粉末,也已被现有技术所公开。所以,该发明不具备"创造性"。

从以上分析不难看出,采用这种"问题—方案—新问题—新方案"的方式对发明的技术方案进行分析判断,立场客观,思路清晰,结论具有说服力。

要想使判断"创造性"的标准更加统一,关键在于要保持判断过程中的客观性。申请人在提交专利申请时,对与该发明相关现有技术的了解程度是有限的,其主观色彩很浓。审查员在进行检索之前,对该申请及相关现有技术的理解也是带有主观片面性的,只有在进行全面检索之后,才能为客观评价提供一个基础。

但有了一个客观性的基础并不意味后续的判断就一定是客观的,关键还在于如何分析、使用这些相关的材料。"问题—方案判断法"将区别技术特征逐一进行分析,客观地找出它们所一一对应的发明目的。这些发明目的有的可能在说明书中被指明,而更多的则可能并未被申请人明确写出,但它是客观存在的(例如上述案例4-2中"密集封装"这一目的),普通技术人员是很容易意识到的。采用这种判断方法，比较容易将审查员的思路引向统一，所得出的结论也更具客观性。

"问题—方案判断法"具有若干优点，便于掌握和使用，但绝不意味着它是万能的，一切"创造性"问题都可迎刃而解。如前所述，"创造性"判断是一个十分复杂的问题，除了要具有一条主要的、统一的思路（方法）之外，还要配合以若干辅助判断方法，所以各国专利局在其审查指南中都对一些典型的情况作了一些具体规定。例如，"克服了技术偏见""取得了预想不到的技术效果""在商业上获得成功""解决了人们长久渴望解决的难题"等都可以视为其创造性的具体体现。在具体实践中，应当二者兼顾，具体问题具体分析。如果对一般性的问题，我们共同持有一种客观性的标准；对一些特殊性的问题，又统一于某些具体的规定。相信创造性的判断将不会成为一个难以掌握和统一的难题。

（四）"商业上的成功"与创造性

《专利审查指南2023》第二部分第四章第5.4节中规定："当发明的产品在商业上获得成功时，如果这种成功是由于发明的技术特征直接导致的，则一方面反映了发明具有有益效果，同时也说明了发明是非显而易见的，因而这类发明具有突出的实质性特点和显著的进步，具备创造性。但是，如果商业上的成功是由于其他原因所致，例如由于销售技术的改进或者广告宣传造成的，则不能作为判断创造性的依据。"该规定在承认"商业上的成功"与创造性之间关系的同时，又指明应当对导致商业上成功的原因作具体分析。

在专利申请审查过程中，往往会遇到申请人以其产品获得了商业上的成功为理由，向审查员证明其专利申请具备创造性。申请人，除了提供其产品获得商业上成功的证据，还应当提供这种成功与其所作的技术改进之间相关性的证据。而审查员，则应着重判断这种商业上的成功是否是由于申请人对现有技术所作的贡献引起的。一件产品在商业上获得成功，除了《专利审查指南2023》中所指出的是"由于销售技术的改进或者广告宣传造成的"，还可能产生于其他的原因，例如抓住了市场需求的时机。举两个简单的例子。

一种一次性使用的防止假冒的药瓶，在开封使用之前，瓶盖与瓶体连成一体。一旦开启使用之后，瓶盖与瓶体即发生断开，无法再恢复至开启之前的状态。这种药瓶在国外已使用多年，但在文献中没有记载，而且在中国市场上也一直未曾出现过。一位申请人将该产品原封不动地引入中国市场，并就该产品申请了专利。虽然该产品在中国市场上获得巨大商业成功，但是很显然这种成功与申请人在技术方面所作的贡献毫无关系,只不过是由于申请人对国内外市场情况比较了解,把握住了市场需求的时机而已。申请人的贡献,或者说其商业上的成功完全是由于他的经济头脑和商业行为引起的,与技术毫无关系,故无创造性可言。反之,如果申请人在研制该药瓶时也借助了上述现有技术,同时又针对药瓶的特点作了某些技术方面的改进,而且正是由于这种改进才使该产品在商业上获得成功,则即使这种改进从结构上看是微不足道的,也应当视为具备创造性。

在欧洲专利局,"商业上的成功"被称作判断创造性的辅助手段(sub-tests for inventive step),用来对主要判断手段(main test,e. g. problem-solution method)进行补充,该手段可供申请人、审查员及异议人使用。在《欧洲专利局审查指南》中还明确规定,单独是商业上的成功并不能作为专利申请具有创造性的证明,申请人还必须提供相关证据使审查员相信,这种成功是来自其技术特征,而非来自其他因素(例如销售技巧或广告)。(参见《欧洲专利局审查指南》C部第53页,1996。)

美国人将商业上的成功作为判断创造性的第二因素(secondary consideration),他们强调所谓的"secondary"并不是指商业上的成功不重要,而是指它是从属性的,应当以相应的技术特征为前提。

因此,无论是在中国、美国还是欧洲专利局,对"商业上的成功"与创造性之间的关系所持的观点基本是一致的。无论是申请人还是审查员,在用"商业上的成功"为理由评述创造性时,务必要抓住其实质——这种成功是否是由技术方面的贡献带来的。

值得一提的是,笔者从事了近30年的发明专利审查及复审工作,尚未遇到一件发明专利是以取得"商业上的成功"而被授予专利权的。在原专利复审委员会所作的复审及无效审查决定中,也找不到一件是以取得"商业上的成功"作为决定理由的。

(五)关于实用新型专利创造性的判断[1]

在《专利法》第二十二条中,对发明专利和实用新型专利的创造性分别作了不同的规定,即"与现有技术相比,该发明具有突出的实质性特点和显著的进步,该实用新型具有实质性特点和进步"。

如前所述,在国外,人们通常将发明的创造性解释为"非显而易见性"。

---

[1] 本部分内容是笔者早期的观点,后期的观点请参考本章第三部分中(二十六)"关于'创造性'的讨论——兼议《专利法》第二十二条第三款"一节。两种观点本书未作取舍,供读者分析思考。

由于我国采用了"突出的""显著的""实质性""非显而易见"诸多含混不清、难以确切把握的词语，创造性的判断标准变得更加抽象。为了对创造性的定义作进一步解释，统一大家的判断标准，许多国家的专利局包括中国国家知识产权局，都以审查指南的形式作了若干具体规定，给出了一些参考性的判断基准。这无疑是十分有益的。然而，这些解释或基准大多是针对发明的创造性而言的，至于如何把握实用新型创造性的判断标准，或者说如何区分"突出的实质性特点和显著进步"与"实质性特点和进步"，至今尚缺乏一个明确的说法。

实用新型专利在我国专利制度中占据了一个很重要的地位。尽管在实用新型授予专利权之前，国家知识产权局依法对其所进行的初步审查并不涉及"三性"问题，但是在授权之后的"无效请求"中，专利复审委员会应社会公众请求，对实用新型的创造性进行审查判断。随着实用新型实施率的不断提高，技术市场竞争激烈程度以及社会大众专利意识的增强，涉及实用新型创造性的审查案件将会越来越多。

1995年6月25~30日在蒙特利尔召开的国际保护工业产权协会（AIPPI）第36届年会上曾对"现行实用新型保护制度的国际协调与发展"这一问题进行过讨论，对"实用新型授权标准"问题也作了专门研究。与会者基本上同意这样一种观点，即实用新型仅具有新颖性是不够的，还应当附加其他的条件；但在授权条件上，实用新型与发明应当有所区别。对于应当附加哪些条件，在哥本哈根召开的执行委员会议上曾提出如下两条建议：

（1）瑞士和奥地利分会建议采用"非寻常技术效果"来作为附加条件。

（2）澳大利亚、英国、爱尔兰和日本分会建议采用"降低的非显而易见性"的标准。

但是，也有的分会提出：非显而易见性不可能有几个等级。况且对于发明专利，要确定其是否具备创造性已很困难，如果建立两级非显而易见性的标准将会使判定创造性的问题进一步复杂化。最后，会议通过了如下的标准："相对于现有技术具有明显区别和提供实用优点的任何新的技术革新都可以通过实用新型给予保护。"

上述定义由两个客观标准组合而成：

（1）实用新型与现有技术之间应当有一个距离。它与发明人如何作出发明、是否付出创造性劳动无关，仅考虑二者的技术方案是否存在区别；

（2）考虑上述区别是否为实用新型带来优点。

由此可见，实用新型创造性的判断问题已成为一个国际上普遍关注的问题。在AIPPI第36届年会上提出的上述标准，虽然为实用新型与发明之间划出了一条界线，但什么是"明显区别"，什么不是"明显区别"，仍然是一个模糊的概念。该标准在实际操作层面仍存在一些困难。

若干年前，作者曾参与过一件涉及实用新型创造性的问题的异议案件（1990年申请）的审理工作。其间，为了进一步理解《专利法》中所称的"实质性特点和进步"，使对该案判断的标准更接近多数人所实际采用的标准，笔者曾对专利复审委员会在复审和无效程序中处理过的涉及实用新型创造性的部分判例进行了分析研究，希望从中寻求一些判断准则，或者说是为"实质性特点和进步"寻求一种解释。

1. 判例中使用的准则

笔者查看了73件实用新型无效宣告请求案件，其中涉及创造性问题的有41件，占无效宣告请求总量的53%左右。在这41件判例中，专利复审委员会都对实用新型具备或不具备创造性的理由作了充分的论述。归纳起来有以下几个方面的观点。

（1）等同物代替不具备创造性。与现有技术相比，尽管专利申请的技术特征有所不同，但这种不同并未带来新的技术效果，这种改变不是"实质性的"，也没有带来任何技术"进步"。

（2）形状或尺寸的变化如果未带来新的技术效果，则不具备创造性。

（3）技术方案简单的叠加不具备创造性。尽管某一技术方案的全部技术特征需要被多篇对比文件完全覆盖，但这些对比文件属于同一技术领域，或者这些文件之间存在着明显的依赖关系，从一篇很容易得到另一篇，这种技术方案的叠加对于普通技术人员来说是很容易实现的，不具有"实质性特点"。

（4）虽然是两种技术方案的叠加，但这种叠加可以实现新的发明目的，带来两种方案所不具有的新的技术效果，此种效果不是本领域普通技术人员直接可以推想出来的，这种叠加具备创造性。

（5）全部技术性特征被两篇或两篇以上的对比文件覆盖，但这些对比文件分属于不同的技术领域，将这些不同的技术组合在一起，对于本领域的普通技术人员来说也不是很容易做到的，应视为具备创造性。

（6）与对比文件相比，一部分技术特征未被覆盖，如果这部分技术特征对"目的"的实现是多余的或无关紧要的，或者对该技术领域来说是公知的、必不可少的，则不具备创造性；反之，如果这部分技术特征带来了一定的技术效果，则具备创造性。

（7）技术效果的有与无、好与坏，要有一定的数据或证据来支持，或者根据说明书的描述，其技术效果可以使人信服。但是，应将技术效果与人为因素造成的一些缺陷或不足区别开来。例如，由于创造工艺水平较差或使用不当而带来的一些缺点，不能影响该技术方案本身的进步性。

2. 对实用新型创造性判断标准的设想

在目前我国《专利法》的框架下，创造性是实用新型专利的授权条件之一，只不过其授权标准要低于发明专利。对于创造性的判断标准，人们一直期望有具体而明确的规定。如同"新颖性"的判断标准那样，用某些条件的"有"和"无"作为衡量尺度，而避开"高"和"低"、"大"和"小"、"突出"和"显著"这类不确定的概念。目前，就发明的创造性而言，要想做到这一点还很难，但是，对于实用新型来说，实现这一目标似乎还是可能的。这是因为：

（1）根据《专利法》对实用新型的创造性所下的定义，实用新型是否具备创造性的关键在于与已有技术相比，是否具有"实质性特点和进步"，"定性"的成分要多于"定量"的成分；而发明的创造性除此之外，还涉及"突出的"及"显著的"这类程度上或定量的要求，二者相比，前者的判断应当更容易一些。

（2）从《专利法》第二十二条中还可以看出，实用新型的创造性标准应低于发明的创造性，但却又要高于新颖性的水平。也就是说，实用新型的发明高度应介于新颖性和发明的创造性之间。如果将这三者放置在一个坐标系中，要想找到实用新型的创造性所在的位置或所处的发明高度，可以从两个方向进行定位。

一是与发明的创造性相比较，即以发明的创造性为基点往下寻找。沿这条思路去寻找，首先要求弄清什么是"突出的""显著的"这类含糊概念，即准确把握"突出的实质性特点"与"实质性特点"、"显著的进步"与"进步"之间的差距。这本身又是十分困难的，加之其基点（发明的创造性）本身就是模糊不清的，要想从一个模糊的基点出发，依照一个模糊的标准找到一个准确的点显然是很困难的。

二是与新颖性相比较，即以新颖性为基点往上寻找。由于新颖性本身的判断标准是明确的，所以以其为基础去寻找一个确定的点应该是比较容易的，关键在于在实用新型的创造性与新颖性之间应拉开多大的差距。

（3）目前国外一些专利局，例如美国专利商标局，对发明专利创造性的判断尺度似乎正在朝着宽松的方向发展，许多授权专利的发明高度很低。如果说这是一种发展趋势，而这种趋势的社会效果又是利多弊少，那么，对于发明专利尚且如此，对于发明高度在其之下的小发明——实用新型来说，又何必过于苛求呢？着眼于此，如果能为实用新型的创造性制定出一个明确、易于操作的判断标准，即使在发明高度的定位上存在一些偏差，也还是可以接受的。因为有一个可以执行的标准（即使该标准尚存在某些缺陷），总比一个理论上看起来很合理，但却无法执行的标准要好。

我们不妨以新颖性为出发点，去寻找一下实用新型创造性的位置。首先看看新颖性的定义。除了《专利法》第二十二条对新颖性所作的规定，《专利审查指南2023》第二部分第三章还对有关新颖性的审查原则作了以下规定。

① 所谓同样的发明或者实用新型，是指技术领域及目的相同、技术解决手段实质上相同、预期效果相同的发明或者实用新型。

② 单独对比。在判断新颖性时，应当将发明或者实用新型专利申请的各项权利要求分别与每一篇对比文件中公开的与该申请相关的技术内容单独地进行比较，不得将其与几篇对比文件内容的组合进行对比。

新颖性是判断创造性的基础，所以上述原则应当是实用新型具备创造性的必要条件。但是，什么是实用新型创造性的充分条件呢？

从上述审查原则中可以看出，其中的第一条给出了一个标准，即从领域、目的、构成和效果四个方面去判断差别的存在与否，只不过判断新颖性时，采用的是单独对比原则，即只能与一篇对比文件相比较。如果将其比较对象扩展为两篇对比文件，要求就严了一些，高度自然也就上升了。将两者结合起来，我们就可以得到一种定性的判断标准，其中并不包含任何含混不清的概念，同时，又高于"新颖性"的水平。也就是说，实用新型具备创造性的充分条件可以是："与两篇对比文件相比，只要该实用新型的技术解决方案以及所实现的技术效果未完全被覆盖，该实用新型即具有创造性。"

3. **案例分析**

【案例4-3】

在一件实用新型专利（以下简称"文件1"）中，申请人设计了一种蜡脂膨胀式疏水阀，其结构如图4-2所示。

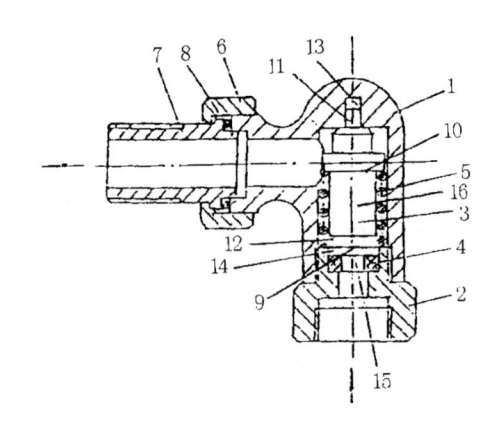

图4-2

该阀用于蒸气供热系统，作为汽水分离器使用。该阀主要由阀体 1、阀座 2、阀瓣 3、阀垫 4、弹簧 5 组成，阀瓣 3 是阶梯圆柱形，头部有与圆柱轴线垂直的平面 9，中部有凸环平面 10，尾部有定位圆柱 11 伸入定位孔 13 中。平面 9 的位置对正阀垫 4，压缩弹簧 5 用于保持阀瓣 3 的位置。阀瓣 3 内封装蜡脂热敏材料 16。当蒸气进入内腔 12 时，阀瓣 3 受热膨胀，圆柱体伸长，当阀瓣头部平面 9 前移贴紧阀垫 4 的上平面时，二者实现密封，进汽口关闭。当容器式管路中有水凝结时，温度降低，热敏材料收缩，平面 9 位移，阀瓣 3 与阀垫 4 之间出现间隙，冷凝水进入内腔 12 经管 7 排出。其权利要求 1 如下：

1. 一种用于蒸气供热系统的蜡脂膨胀式疏水阀，主要由阀体（1）、阀座（2）、阀瓣（3）、阀垫（4）、弹簧（5）组成，其特征在于：阀瓣（3）直接使用蜡脂热敏元件制成，呈阶梯圆柱形，其头部有与圆柱轴线垂直的平面（9），其尾部有定位圆柱（11）伸入阀体（1）的定位孔（13）中，在其凸环平面（10）与阀座（2）的顶部之间装有压缩弹簧（5）。

1996 年一位异议人以申请日前公开的另一篇实用新型（以下简称"文件 2"）为对比文件，对文件 1 的创造性提出异议。文件 2 涉及一种自动恒温阀，其结构如图 4-3 所示。该阀主要由阀体 1、阀盖 2、感温体 3、复位弹簧 4 和推杆 5 组成。感温体的导向部位与阀体空腔内壁的导向面相配合，感温体内装有感温蜡，推杆 5 一端插入感温体内，另一端与保险弹簧 6 压紧。保险弹簧 6 的位置可通过调节阀盖上的螺钉 8 来设定，通过对弹簧 4 和 6 的选择以及感温蜡及其混合物参数的选择可以做成不同温度特性和适用于不同压差的恒温阀。

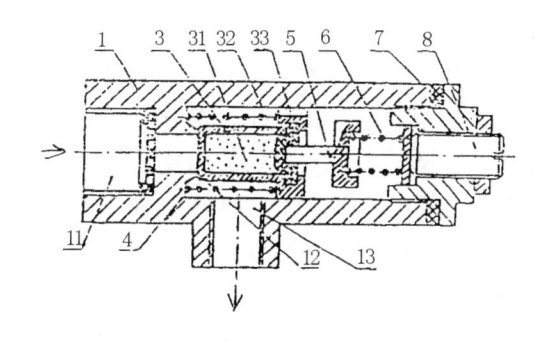

图 4-3

异议人认为，文件 1 中的疏水阀与文件 2 的恒温阀主要区别仅在于：

（1）疏水阀中采用的是一种定位销 11 式结构对阀瓣进行固定，而文件 2 采用的是一种推杆 5 式结构，二者的区别仅在于所用术语不同；

（2）疏水阀中采用了一种耐热弹性材料制成的阀垫 4，这是阀门行业中常用的,对阀门行业技术人员来说是显而易见的。

申请人则认为:

(1) 文件1的目的在于提供一种新式结构的膨胀式疏水阀,结构简单,体积较小,密封件不会因热而破坏,密封面易加工且密封可靠;而文件2则涉及一种恒温阀,其目的在于提供一种结构简单、感温快、成本低的阀门。

(2) 二者存在结构差别:

① 文件1中疏水阀的零件数目显著少于后者;

② 疏水阀以上定位销的方式定位,而后者的推杆5是与保险弹簧6压紧的。

(3) 文件1疏水阀上端孔14内装有阀垫4,是实现发明目的中"密封可靠"的主要技术措施。

异议审查小组根据申请人及异议人所陈述的意见对文件1进行了审查,认为:

(1) 文件1与文件2的目的有所不同。

(2) 文件1的权利要求1中含有定位圆柱11和阀垫4,这两个技术特征是文件2所不具有的,二者的结构有所不同。

(3) 两种阀门的作用及效果有所不同。文件2中阀瓣的定位是借助于阀瓣外侧与阀体1内侧面之间的接触而实现的;而文件1中的阀瓣则是依靠定位圆柱11和定位孔13的配合实现的。定位圆柱的结构及作用与文件2的推杆5均不相同。阀垫4,固然如异议人所述,在阀门行业中是司空见惯的,但将阀垫4组合在文件1的阀门中,除了起到固有的密封效果,还带来了新的技术效果。在文件2中,当感温体3受热膨胀时,其右端部(参见图4-3)是一种柔性结构,阀体施加给阀瓣的反作用力可以由该柔性结构加以缓冲。而文件1中的阀瓣却不同,其上端部(参见图4-2)与阀体内侧刚性接触,当感温体受热膨胀时,其上部得不到缓冲,采用这种结构,如果其下部不配加阀垫,不仅密封效果受影响,其阀瓣也容易损坏,影响发明目的的实现。所以,尽管阀垫4在该阀门中的使用是一种公知技术的转用,但是对于上部结构作了改进的阀瓣来说,它带来了除密封之外的新的技术效果。也就是说,新技术效果的产生意味着所述的技术方案并不是一种简单的叠加,而是具有实质性的特点。

综上所述,文件1中的疏水阀针对现有技术提出了新的问题,设计了新的技术方案,通过对阀门结构所作的改进以及各部件之间的相互配合,产生了新的技术效果,从而确保了发明目的的实现。所以相对于文件2而言,这种改进有实质性特点和进步,具备创造性。

【案例 4-4】

该案例涉及一件实用新型专利权的撤销案。在该实用新型专利中，申请人针对纸浆磨浆机中研磨部位容易磨损的问题提出了一种改进的技术方案，在其说明书中公开了以下几个相关的技术内容。

（1）该实用新型是对纸浆磨浆机转子、定子的改进，所述的磨浆机既包括盘磨机，也包括锥形磨浆机。

（2）为了解决转子、定子的磨损问题，现有技术中采用了将刀片镶嵌到辊体上的结构方式，即利用水泥浇注、硬木镶嵌等方式将刀片镶嵌到辊体上，其缺点是镶嵌过程复杂，金属材料消耗量大。

（3）该实用新型的目的在于设计、制造一种具有新的齿部结构的转子和定子，从而有效提高转子和定子使用寿命，节约制造材料消耗，并可对因齿部磨损损坏的转子和定子重复利用。

（4）该实用新型是这样实现的：用于纸浆处理设备上，具有磨浆齿的转子和定子，转子和定子的齿部由多棱柱体形状的摩擦块与金属母体结合而成，摩擦块与金属母体间有一个或一个以上的结合平面，摩擦块可以是直三棱柱体或直四棱柱体，摩擦块与金属母体间可以是一个结合平面，摩擦块所用材料为硬质合金材料或陶瓷材料，摩擦块与金属母体间可用铜焊或镶嵌方式结合。

（5）图 4-4 和图 4-5 是该实用新型的一个最佳实施例，它描述了一种圆锥形带齿转子、定子的镶嵌结构。其中标号 1 是摩擦块，2 是金属母体，3 是结合平面。

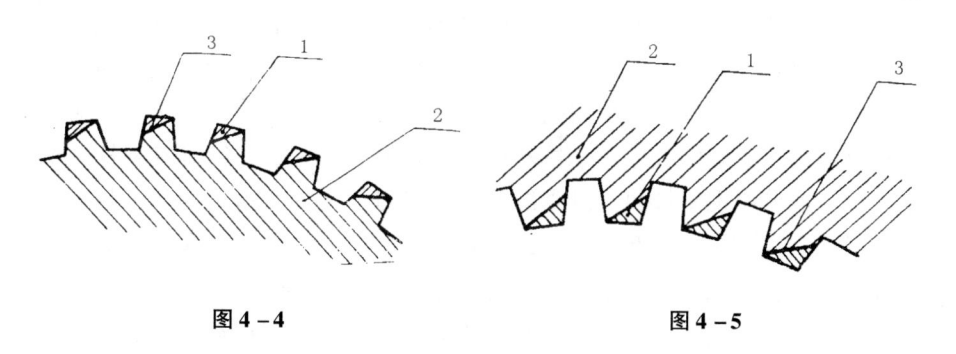

图 4-4　　　　　　　　　图 4-5

其权利要求书如下：

1. 一种用于纸浆打浆设备上具有磨浆齿的转子和定子，其特征在于所述转子和定子的齿部由多棱柱体形状的摩擦块（1）和金属母体（2）结合而成，所述摩擦块（1）与所述金属母体（2）间有一个或一个以上的结合平面（3）。

2. 按权利要求 1 所述的转子和定子，其特征在于所述摩擦块（1）是直三棱柱体或直四棱柱体，所述摩擦块（1）与所述金属母体（2）间有一个结合平面（3）。

3. 按权利要求1或2所述的转子和定子，其特征在于所述摩擦块（1）为硬质合金材料或陶瓷材料，所述摩擦块（1）与所述金属母体（2）间采用铜焊焊接结合而成。

在审查过程中，请求人提供了一篇与该实用新型专利最为接近的发明的对比文件，该对比文件公开了以下有关的内容。

（1）该发明涉及一种纸浆处理设备，它包括一对相互对置的转子、定子。

（2）该发明的目的在于通过在同一磨浆元件上使用不同硬度的可更换的材料来延长磨浆机的使用寿命。

（3）其具体方案是：在磨浆机研磨部的一部分研磨表面采用可更换的条块，其硬度要大于机体的其他部分。

（4）所述的更换部位应是其承受作用力最大、变形最大的部位（The strain greatest）。

（5）可更换的镶嵌条块可以是高耐磨的钢，如高碳马氏体钢或陶瓷材料。

（6）可更换条块的固定方式可以采用普通焊接或铜焊。

（7）该技术适用于各种磨浆机，如盘磨机和锥形磨浆机。

将该实用新型专利与该对比文件相比较不难看出：两者属于相同的技术领域，它们的转子、定子都是专用于纸浆磨浆机的，而且所涉及的磨浆机都包括盘磨机和锥形磨浆机。该实用新型与该对比文件存在共同的发明目的，即通过对转子、定子的局部研磨表面镶嵌硬质材料的方式延长转子、定子的使用寿命，并节约硬质材料。对于专利权人所认定的对现有技术所作出的改进，即用部分式镶嵌代替整体式镶嵌，以及用铜焊代替水泥浇注、硬木镶嵌，在上述对比文件中均已给出了明确的教导。本技术领域的普通技术人员，针对专利权人所提出的问题，或者说发明目的，只要借助于上述对比文件所给出的明确教导，即可很容易地完成该实用新型所公开的主要技术方案——将一个多棱柱形的硬质合金或陶瓷材料的摩擦块通过铜焊的方式镶嵌到转子、定子的齿部。

具体说，该实用新型权利要求1所述的技术方案，无论从发明目的、技术构成还是从技术效果看，与上述对比文件所公开的技术方案均不存在实质性的差异，二者之间唯一的差异在于对比文件中未对这种带齿的圆锥形磨浆机作具体指明，而仅仅笼统地说明该技术方案适用于圆锥形磨浆机。这种差别使权利要求1相对于该对比文件具备新颖性。

但由于带齿的锥形磨浆机是现有技术中圆锥形磨浆机的一种常规机型，对于本技术领域的普通技术人员来说，依照该对比文件，将多棱柱形摩擦块镶嵌到该实用新型转子、定子的齿部并不存在任何困难。换句话说，借助一篇对比文件加上普通技术人员的常识，即可完成该实用新型权利要求1所述的技术方案，因此，该权利要求不具备创造性。

权利要求2对权利要求1中的摩擦块的形状作了具体限定，它实际上包含了直四棱柱体和直三棱柱体两种技术方案。对于硬质合金或陶瓷材料的镶嵌块，在现有技术中直接可以购到的或者说普通使用的均为直四棱柱体，所以采用直四棱柱体摩擦块的技术方案也是可以从现有技术中直接推出的，也不具备创造性。

采用直三棱柱体摩擦块的技术方案则是该实用新型的一个最佳实施例，在说明书附图中申请人对这种摩擦块的镶嵌方式作了具体描绘。尽管在该实用新型的说明书中未特意说明，但从客观效果上不难看出，采用三棱柱体和一个结合面的方式，在保证研磨表面不变的同时还可以节省近半的耐磨材料。这对于实现该实用新型的目的（节约材料）来说，无疑是有实质性贡献的。该技术方案未被上述对比文件公开，也未发现有另一篇相关的对比文件覆盖了该附加技术特征，因此，权利要求2中涉及"直三棱柱体，一个结合面"的技术方案具备创造性。

权利要求3所述的技术特征也已被上述对比文件公开，由于所述的两个技术特征分别涉及"材料"和"方法"，不属于实用新型的保护范围，在此不作进一步评述。

4. 国外的经验

以上对实用新型创造性判断标准所提出的设想，是以现行《专利法》第二十二条的规定为基础的，其宗旨是在现行《专利法》（认可实用新型应当具备创造性）的框架下如何将实用新型的创造性与发明专利的创造性区别开来，并制定一种具有可操作性的审查标准。核心是在评价实用新型创造性时将所引用对比文件的数量限制在两篇之内，通过对比文件的数量来体现发明专利与实用新型专利在创造性方面的区别。这一思想在《专利审查指南2010》的修改过程中已经得以体现——在评价实用新型的创造性时"一般可以引用一篇或者两篇现有技术"。（参见《专利审查指南2010》第四部分第六章第4节。）

然而，如果将"创造性"的本质含义理解为"非显而易见性"，那么上述的区别在逻辑上是存在矛盾的。

其一，"非显而易见性"本身属于一种定性的概念，将这种定性的概念再作定量的区分（非常"非显而易见"和比较"非显而易见"）在道理上是讲不通的。

正如前述 AIPPI 第 36 届年会上所称的"非显而易见性不可能有几个等级"。

其二,在采用"问题—方案"法("三步法")对"创造性"进行判断时,对比文件的数量应当被忽略。按照这种判断方法,评价一项技术方案是否具备创造性,不在于其所集合对比文件的数量(或被多少篇对比文件覆盖),而在于现有技术是否给出了形成这种技术方案的启示和教导,即要着重分析权利要求中每一个技术特征与其所解决的技术问题之间的关系是否被现有技术所公开,以及将这些技术特征组合在一起是否显而易见。这就是本书在介绍欧洲专利局"问题—方案判断法"时所提到的一个重要观点——"零乘以任何数都等于零"。按照这一观点,以对比文件的数量作为区分发明专利与实用新型专利创造性的标准似乎也欠妥。

很显然,上述设想是迫于现行《专利法》对创造性的定义不得已而为之的。如何从根本上理顺发明与实用新型之间的关系,为我国的实用新型专利制定出合理的授权标准,恐怕还需要在《专利法》第二十二条的规定上作些修改和调整。

在这方面,澳大利亚为我们提供了值得借鉴的经验。该国实行实用新型制度多年,也曾走过弯路。2001 年之前,该国将实用新型专利称为"小专利"(Petty Patent),与我国现行的制度相似,它们对实用新型也曾提出"创造性"的要求。在经历了多年的困扰之后,自 2001 年起,澳大利亚终于将授权标准中的"创造性"(Inventive Step)修改为"革新性"(Innovative Step),从而使发明和实用新型各自有了明确的定位,判断标准也得以区分和澄清。

在澳大利亚,新颖性仍然是实用新型必备的条件,除了具有新颖性,还要求实用新型具有"革新性"。所谓"革新性"是指对现有技术作出"显著的贡献"(substantial contribution)。也就是说,在对实用新型授权时仅考虑技术方案的新颖性及其所产生的技术效果,而无须考虑其技术方案形成的难易程度——"非显而易见性"。

"革新性"与"创造性"之间存在的一个重要区别是:"革新性"要评价的是一项技术方案所导致的"结果"(是否具有"显著的贡献");而"创造性"所评价的却是一项技术方案形成的"过程"(是否"显而易见")。

以下的例子可能有助于我们对澳大利亚"革新性"的理解。现有技术中的壁球颜色都是黑色的,有人发明了一种黄色的壁球,使用时发现:当穿过白色背景的墙壁时,黄色的壁球较黑色壁球更容易被人眼睛捕捉到,其使用效果更好。按照"非显而易见性"的标准来衡量,黄色壁球可能不具备创造性,因为对于该领域的技术人员来说,选用不同的颜色来制作壁球是很容易想到和做到的,这种改进是"显而易见"的;但是由于黄色壁球的使用效果很好,对现有技术作出了"显著的贡献",所以可以认为其具有"革新性",符合实用新型的授权标准。

他山之石,可以攻玉,澳大利亚的这种实用新型制度很值得我们在修改《专利法》时考虑和借鉴。笔者认为,我们只有从制度上对实用新型专利进行一些改变才有可能摆脱目前这种与发明专利混淆不清的困境。

二、关于单一性

"单一性"是对权利要求书提出的一种形式要求。之所以要对发明及实用新型的"单一性"作出限定,主要是为了防止申请人将互不相关的多项发明合为一件申请案提出,从而不合理地增大专利审查的工作量,并给专利文献的收藏和使用带来不便。

根据《专利法》的有关规定,在专利审查过程中,审查员可以以某专利申请不具备"单一性"为理由驳回该专利申请,但是一旦审查员承认了某专利申请的"单一性",社会公众就不能再对该专利申请的"单一性"提出反对意见,即不能以缺乏"单一性"为理由对该专利申请提出"无效宣告请求"。从这个意义上来说,如何使审查员在判断"单一性"时维持一种统一、适当、合理的标准就显得格外重要。

然而,在很长一段时间,"单一性"问题曾经是一个困扰各国专利局、判断标准很难统一的难题。例如,1984年版《专利法》采用了国外曾遍采用的"属于一个总的发明构思"这一概念作为判断"单一性"的依据,但对于如何定义"总的发明构思",在《专利法》及《专利法实施细则》中,却未作出具体明确的规定,只是在当时实施的《审查指南1985》中,对"总的发明构思"作了一些解释,其中包括"新的共同的原理""共同的发明任务""共同的应用领域""共同必要技术特征"等。依靠这些抽象的解释,审查员往往很难使判断标准统一,自然无法实现判断结果的一致。

其他国家专利局在"单一性"的判断标准上也是宽严不一,往往给跨国申请的专利带来一些矛盾。以美国为例,美国专利法曾经规定,如果一项专利申请包括"产品"和"制造该产品的方法"两个技术主题,只有当该产品只能采用该方法,而且该方法只能生产该产品时,才承认其"单一性"。而欧洲、日本等国家和地区则相对比较宽松。

为了改变这种国际上不协调的状况,1988年,欧洲专利局、美国专利商标局、日本特许厅对"单一性"问题进行了协调,首先达成了关于"单一性"判断标准的"三方协议"。其后,PCT接受了"三方协议"的基本思想,并从

1992 年 7 月 1 日起将其正式纳入 PCT 的有关规定。

为了适应国际统一化的趋势，我国在 1992 年版《专利法》中，对"单一性"的判断标准也作了相应的修改，基本上采纳了"三方协议"及 PCT 的判断标准，从而为我们提供了一个简明易行、符合国际标准的判断方法。

1992 年版《专利法实施细则》第三十五条将《专利法》第三十一条中"一个总的发明构思"解释为，在技术上相互关联，包含一个或者多个相同或者相应的特定技术特征，其中特定技术特征是指每一项发明或者实用新型作为整体，对现有技术作出贡献的技术特征。它一方面用"特定技术特征"对"总的发明构思"及"技术上相互关联"作了进一步解释；另一方面又对"特定技术特征"作出了明确定义——"对现有技术作出贡献的技术特征"，从而提高了"单一性"判断标准的可操作性。

从一个沿用多年的判断标准，转换为一个新的判断标准，难免会存在一些传统观念的干扰和影响。在实践中，一方面要逐渐摆脱这种旧观念的影响，另一方面要逐渐深化对新概念的理解，这是一个必然的过程。《专利审查指南 2010》中，已对"单一性"问题作了全面系统的进一步规定和解释，《PCT 国际检索和初步审查指南》中也给出了大量的示例，可供参考。本书对此将不作重复，仅就目前在判断"单一性"问题中所残存"旧观点"的影响及如何理解"新规定"中的一些概念谈两点看法。

(一) 发明目的与"单一性"

如前所述，在 1993 年前的审查指南中，"发明目的"是判断"单一性"的一个主要因素，即两个独立权利要求之间是否具有"单一性"，首先要看两者是否具有相同的发明目的。从属权利要求与独立权利要求之间是否符合"单一性"的要求，也要看从属权利要求中所作的改进，是否符合独立权利要求的发明目的。

而依照新的"单一性"判断标准，判断时则主要着眼于对技术方案的分析，具体说就是对权利要求中"特定技术特征"的分析。无论是"三方协议"还是《PCT 国际检索和初步审查指南》，都不是从"发明目的"出发来定义"单一性"的，即从中找不到"单一性"与"发明目的"的直接关系。然而，在目前的审查实践中，在考虑"单一性"问题时往往还或多或少地受到"发明目的"的影响。

下面结合笔者所审理过的一个具体案例，来分析一下"单一性"两种判断方法的区别，以及"发明目的"与"单一性"之间的关系。

在一件发明名称为"一种长金属管局部扩径装置"的发明专利申请❶中，申请人在说明书中提出了五个发明目的。其中第一个发明目的是："设计和提出一种长金属管局部扩径的装置，在扩径过程中可以较显著地降低模具和管子间的摩擦力，使管子在扩径时容易往扩径区滑动。"第二个发明目的是："设计一种该装置用的芯杆，可适用于具有两种以上不同直径管坯的扩径及长扩径区的扩径。"

在权利要求书中，权利要求1涉及一种扩径装置，前序部分包括该装置的管状模、芯杆和夹紧器，其特征是：所说的管状模为组合模，由变径模、直段模和移动模三部分组成，在扩径过程中通过各模具间的相互滑动来减小管子与模具间的摩擦力。

权利要求2与第二个发明目的有关，被写作权利要求1的从属权利要求，但其特征部分是对权利要求1的前序部分的限定，即"所述的芯杆为一种组合式芯杆，可与变径管坯的管径相对应"。

按照《审查指南1985》的有关规定，当从属权利要求的特征是对独立权利要求的已知技术特征进行限定时，应检查是否引入了新的独立的发明，如果引入了新的独立的发明，则不具备"单一性"。从这种观点出发，由于权利要求2所引入的技术特征是现有技术中未知的，而且又对应于另一个发明目的，所以权利要求2与权利要求1之间不具备"单一性"。

而根据新的"单一性"判断标准，其结论则相反——权利要求2与权利要求1之间具有"单一性"。因为权利要求2作为权利要求1的从属权利要求，包含了权利要求1的全部技术特征，其中必然也包括权利要求1的特定技术特征，因此，任何从属权利要求与所引用的独立权利要求之间都不存在"单一性"的问题。具体说，尽管权利要求2中包含了另一项发明——对芯杆的改进，但由于这种改进是在权利要求1的基础上作出的，因此二者之间在技术上仍是相互关联的，具有共同的发明构思。所以，按照后者的判断方法，其结果是肯定的，也是唯一的。

以"发明目的"作为判断"单一性"的条件，在实践中很容易导致一些偏差和矛盾。例如，虽然"产品"和"制造该产品的方法"分属于不同类别的两项发明，但如果它们之间存在着内在的技术关联或者说存在着相同的发明构思，在申请专利时可以将二者作为一件专利申请提出。很显然，"产品"和"该产品的制造方法"各自具有自己的发明目的，不能说它们具有相同的发明目的。

---

❶ 该发明专利申请文件详见附录。

对于同类发明（例如同类产品）来说，在确立其发明目的时往往存在很大的随意性。例如，采用一个上位概念往往可以对若干个下位概念进行概括，从而使多个发明目的变为一个新的发明目的。以上面提到的专利申请为例，在说明书中，申请人只要将第二个发明目的取消，而在第一个发明目的中加入"适合于等直径及变直径金属管的扩径装置"，或者干脆不提"管径"这一特征，直接将第二个发明目的取消，仅保留第一个发明目的即可。因为其中的"金属管"可以看作"变径金属管"和"不变径金属管"的一个上位概念，这时，权利要求2完全可以服从于第一个发明目的。由此可见，即使申请人不对其权利要求书作任何变动，只是在说明书的发明目的部分作些类似于文字游戏的修改，即可能使"单一性"问题产生两种不同的结论，这显然不太合理。

（二）特定技术特征与区别技术特征

随着新的"单一性"判断标准的引入，《专利法实施细则》和《专利审查指南2010》又引入了一个新的概念——"特定技术特征"。在这之前，人们习惯于把存在于一项独立权利要求特征部分的技术特征称为"区别技术特征"。特定技术特征与区别技术特征究竟有哪些异同？

首先，二者的定义有所不同，"特定技术特征"是指一项发明"对现有技术作出贡献的技术特征"。一项发明创造对现有技术的贡献应是"实质性"的，不仅是"新颖性"标准的贡献，而且是"创造性"标准的贡献。而"区别技术特征"则是以一篇对比文件为依据进行划界，被写入独立权利要求特征部分的特征，或者说是该发明与现有技术中一个最为接近的技术方案之间相区别的技术特征。从这个意义上说，"区别技术特征"是以新颖性为标准划分出来的那部分特征。

所以不难看出，"特定技术特征"必然属于"区别技术特征"的范畴，但又不完全等同于后者。当我们面对一份权利要求书，对其中各项独立权利要求的"单一性"进行判断时，就应当将"特定技术特征"与"区别技术特征"严格区别开来，不要受权利要求撰写形式的影响。为了说明这一问题，举两个典型的例子。

【典型示例1】

1. 一种产品P，它具有特征A和B，其特征在于它还具有特征C和D。
2. 一种制造权利要求1所述产品P的方法，其特征在于它采用步骤C'对特征C进行处理。

从形式上看，权利要求1和2之间似乎具有"单一性"，因为C与C'有对应关系，而且特征 C 存在于权利要求 1 的特征部分。但是，如果经过检索及审查，特征 A、B、C 均被一篇对比文件覆盖，特征 D 是对现有技术作出实质性贡献的特征，则特征 C 应被写入权利要求 1 的前序部分，此时，权利要求 1 与 2 之间将失去"单一性"。

这种情况比较明显，容易作出准确判断。因为在该专利申请经过实质性审查之后，特征 C 将被划入权利要求 1 的前序部分，权利要求 2 的特征 C′既不对应于权利要求 1 的"特定技术特征"，也不对应于其"区别技术特征"，因此二者之间不具备"单一性"。但是，当发生如下情况时，就需要仔细地区分和判定。

【典型示例 2】
1. 一种产品 P，它包括特征 A，其特征在于它还包括特征 B、C 和 D。
2. 一种制造权利要求 1 所述产品 P 的方法，其特征在于采用步骤 C′对特征 C 进行处理。

如上所述，在实质审查之前，从形式上看，以上两项独立权利要求之间符合"单一性"要求。但是，如果经检索，审查员发现了两篇与权利要求 1 相关的对比文件，对比文件 1 覆盖了其中的特征 A 和 B，对比文件 2 覆盖了其中的特征 C，由于特征 D 的存在，权利要求 1 具备创造性。这时，对于权利要求 1 来说，该发明对现有技术作出贡献的技术特征仅仅是 D。但是，在对权利要求 1 重新划界时，所依据的一篇对比文件应当是对比文件 1，权利要求 1 中的特征 A 和 B 将被划入其前序部分，而特征 C 仍将存在于其特征部分。尽管特征 C 是作为"区别技术特征"存在的，但它并不属于该发明的"特定技术特征"。权利要求 2 与权利要求 1 之间仍将不具备"单一性"。只有当权利要求 2 的制造方法与特征 D 相关联时，二者之间才具有"单一性"。

因此，虽说新的"单一性"判断标准为我们提供了一种更方便的手段，判断的结果更容易趋于一致，但在区分"特定技术特征"时，仍需要作认真具体的分析。

三、与专利审查及专利保护有关问题的讨论

（一）"所属技术领域的技术人员"及其在专利审查中的作用[1]

《专利法》第二十六条第三款中规定："说明书应当对发明或者实用新型作

---

[1] 该文首次发表于 1994 年，曾获该年度全国知识产权论文竞赛一等奖。

出清楚、完整的说明,以所属技术领域的技术人员能够实现为准;……"该条文中引入了"所属技术领域的技术人员"(以下简称"技术人员")这一抽象的概念。

在专利审查过程中,所述的"技术人员"不仅是判断说明书是否对发明作出"清楚、完整的说明",即通常所说的"充分公开"的判断主体,也是判断发明是否具备"创造性"时的判断主体。《审查指南1993》第二部分第四章第2.2节中规定:"发明有突出的实质性特点,是指发明相对于现有技术,对所属技术领域的技术人员来说,是非显而易见的。"所以,在专利审查过程中,无论是判断说明书的公开是否充分,还是判断一件专利申请是否具备创造性,都是针对"技术人员"而言的。因此,弄清"技术人员"在专利审查中的含义,统一对这一抽象概念的认识,乃是统一专利审查标准的关键问题之一。

对"技术人员"的定义是在审查指南中作出的。查看一下不同版本的审查指南,就会发现其中对"技术人员"的定义是有所不同的。1993年4月1日之前供内部使用的审查指南中,将"技术人员"定义为:"他是指发明所属技术领域中,具有该专业中等技术知识的技术人员。"这是一种中国式的定义。

着眼于专利审查国际统一化的趋势,中国专利局于1993年对审查指南进行了修订。在《审查指南1993》中,基本参照《欧洲专利局审查指南》,将"技术人员"定义为:"所属技术领域的技术人员与审查员不同,他是一种假想的人。他知晓发明所属技术领域所有的现有技术,具有该技术领域中普通技术人员所具有的一般知识和能力,他的知识随着时间的不同而不同。"(参见《审查指南1993》第二部分第四章第2.2节。)

对以上二则定义作一下比较不难发现,所称的"技术人员"已有本质上的不同,前者所称的"技术人员"是"具有该专业中等技术知识的技术人员",而后者所称的"技术人员"则是"知晓发明所属技术领域所有现有技术"的人,这种人的素质已远远超出"具有该专业中等技术知识的技术人员"的水平,因为他对该专业所有的现有技术无所不知,无所不晓,绝非一个中等技术人员所能及的。

不妨再回过头来看看欧洲专利局是如何对"技术人员"进行定义的。《欧洲专利局审查指南》C部第4章规定:这种所属技术领域的"技术人员"应该设想为:他具有申请日之前该技术领域一般性的公知常识(Should be presumed to be an ordinary practitioner aware of what was common general knowledge in the art at the relevant date),能够获知该技术领域的各种现有技术(Should also be presumed to have had access to everything in the 'state of the art'),并且具备进行各

种常规试验和普通分析工作的手段和能力（to have had at his disposal the normal means and capacity for routine work and experimentation）。

请注意，在《欧洲专利局审查指南》中，将"该技术领域中一般性的公知常识"与"该技术领域中的各种现有技术"进行了严格区分。所谓"一般性的公知常识"仅涉及教科书、工具书等专业书籍中所记载的一般性常识，而"各种现有技术"则是包括专利文献在内的全部现有技术。"技术人员"对上述两类知识所具备的能力也是有本质性区别的，对前者是"知晓"（aware of），而对后者则是"能够获知"（have had access to）。所谓"能够获知"并非指他已经"知晓"，只不过说他具有获取这些知识的手段、渠道和可能性，他必须借助于某种提示，或者在某种"问题"（发明目的）的驱使下才能去查找到所需的知识。《欧洲专利局审查指南》中所称的这种"技术人员"的水平显然要低于中国专利局《审查指南1993》中所称的"技术人员"。

在专利审查实践中，一般说来，审查员对"技术人员"已持有一个比较统一的客观标准，这种标准比较接近于1993年修订前的审查指南及《欧洲专利局审查指南》中作的定义，即将其视为一个假想中的具有中等技术知识的技术人员，并未因1993年对《审查指南1985》的修订而随之将"技术人员"的水平晋升一个档次。这是因为审查员对"技术人员"的理解更多的是来自国内外的审查实践，在头脑中已经有了一个约定俗成的概念。但是，这并不意味着这一定义是无关紧要的，恰恰相反，在一些关键时刻，这种定义将成为人们判断问题的重要依据，具有一锤定音的作用。

首先，就说明书的"充分公开"而言，如果将"技术人员"视为"知晓发明所属技术领域所有的现有技术"，那么"充分公开"的标准就被大大放宽了。既然"充分公开"是针对"技术人员"而言的，而"技术人员"对所有的现有技术都知晓，那么，作为一件新的专利申请来说，只需将与现有技术不同的部分公开就可以了，就符合"充分公开"的要求了，不难想象，由此导致的后果将会多么荒谬。面对这样一份仅仅公开发明特征部分技术内容，而将一切与现有技术相同的技术内容都不作任何公开的专利申请，本领域的一个普通技术人员，要想将其付诸实施将是何其难也！

以一件名称为"汽缸串联四冲程往复式活塞内燃机"的发明专利申请为例。❶ 其说明书对技术方案的说明极其简单，仅仅说明了将传统的汽缸并联改为串联这一技术特征及其带来的优点，而对这种内燃机其余部分与传统式并联

---

❶ 该发明专利申请文件详见附录。

汽缸内燃机的差别，未作任何说明，其附图仅为一幅极简单的示意图，图中上下两个汽缸中的活塞用一根杆件连接起来，上汽缸的活塞两面都是燃烧室，下汽缸的活塞上面是燃烧室，下面接连杆、曲轴。

在该专利申请的实质审查及复审过程中，审查员都以"公开不充分"为由驳回了该申请，认为汽缸串联这一新的汽缸排列方式必然给这种内燃机的其他部分带来一些不同于传统汽缸并联内燃机的结构变化，例如发动机的配气设计，申请人应在说明书中写明那些需要技术人员付出创造性劳动才能解决的结构变化问题的方案。

申请人不服专利复审委员会作出的复审决定，向人民法院提起行政诉讼。在人民法院审理阶段，申请人提供了一篇新检索出来的专利文献，证明技术人员可以采用该现有技术来解决该机配气系统的设计问题，无须付出创造性劳动。据此，北京市中级人民法院作出撤销原驳回决定的决定。

在上述案例中，问题的关键在于：申请人在后提交给法院的是一份专利文献，它不属于该领域普通技术人员的"公知常识"。这类技术究竟应视为"技术人员"应当"知晓"的，还是"能够获知"的。

如果将"技术人员"视为该专业具有中等水平的人，则这类知识只能被视为"能够获知"的，而并非"知晓"的。正因为如此，《欧洲专利局审查指南》中还进一步规定："如果专利申请所参考的文件与发明所公开的内容有直接的关系（例如，对所要求保护的设备的某一组成部件的详细说明），依照条约第83条（即说明书需要对发明作清楚完整的说明，使该技术领域的'技术人员'能够实施）的规定，该参考文件必须写入原始申请文件之中，而且应对该相关文件作出清楚的指明，使该文件能够被人们很容易地查找到。"同时还进一步指出："专利说明书本身应当包括发明的基本技术特征，即在不参考任何其他文件的情况下，即可被人们所理解。"（参见《欧洲专利局审查指南》C部第2章第8页。）

因此，按照欧洲专利局的审查标准，申请人应将那些与发明有关但不属于普通技术人员公知常识的技术内容写入说明书中，至少应对其出处进行引用，否则将被视作未"充分公开"。

但是，按照《审查指南1993》对"技术人员"所作的定义，上述案例中由申请人检索出的文献属于现有技术范畴，而"技术人员"又"知晓"所有的现有技术，所以即使申请人不将该文献的有关内容写入说明书中，甚至不作任何提示或指明，"技术人员"都可以直接运用该技术来实施发明。这也许正是北京市中级人民法院所作判决的基本依据。如果将申请日前所公开的一切现有技术均视为"技术人员"所"知晓"的,并将上述判例作为今后审查工作的一个参照依据,这势必给今后的专利审查工作带来混乱。

不妨设想一下,面对这样一种所谓"充分公开"的专利申请文件,人们必须在缺少任何提示的情况下将那些未记载在说明书中的相关技术从浩如烟海的现有技术中查找出来,才能将其付诸实施,这显然是有悖于《专利法》第二十六条第三款中"说明书应当对发明或者实用新型作出清楚、完整的说明"这一宗旨的。

也许有人会说,既然不能将公知常识之外的那些现有技术视为"技术人员"所"知晓"的,审查员在对专利申请的创造性进行评述时,判断主体同样是"技术人员",为什么此时审查员却可以采用申请日之前公开的任何一篇专利文件作为对比文件使用呢?这不是"只许州官放火,不准百姓点灯",有失公允吗?

应当说明的第一点是:审查员在进行创造性判断时,的确也是以"技术人员"为判断主体的,而且"技术人员"的含义应与判断"充分公开"时是一致的。但应当注意的是,在这两种不同的场合,"技术人员"的使命有所不同。

在判断创造性时,所述的"技术人员"是站在发明人或构思发明人的立场上,具有"技术人员"定义所赋予的能力,但面临的任务不是根据说明书的教导去实施某一发明,而是针对某一发明任务提出具体的技术解决方案。换句话说,他可以在"发明任务"或者某技术方案中所存在的"问题"的驱使下,运用他"能够获知该技术领域中各种现有技术"的能力,去找到任何一篇相关的现有技术作为参考。

而在讨论"充分公开"时,所述的"技术人员"则是作为实施该发明的人物出现的,其任务不是提供技术方案,而是用该定义所赋予他的本领,根据说明书的教导或提示将发明的技术方案付诸实施。按照《专利法》第二十六条第三款的规定,"所属领域技术人员"根据说明书中所公开的内容即可实现该发明,而对于说明书中未公开的技术内容,他可以直接利用的只有"公知常识"。

应当说明的第二点是:在评述专利申请的创造性时,审查员并不可以"采用申请日前公开的任何一篇专利文件作为对比文件",所使用的对比文件与所评述的专利申请之间,在"技术领域"及所对应的"发明目的"方面应具有一定的联系。换句话说,对于一个"技术人员"来说,在所述的发明目的或技术方案中所出现的"问题"的驱使和启发下,有可能通过一定的途径去查找到它们并使用它们。如果所采用的对比文件完全属于另一个技术领域,其发明目的也是完全不相干的,即使该对比文件能够覆盖专利申请的某些技术特征,也是不宜采用的。

如果采用了多篇对比文件，还要考虑这些对比文件之间是否有内在联系，以及它们与发明目的之间是否有关系。也就是说，这些对比文件对于一个"技术人员"来说应是有可能查找到的。正是基于上述原因，审查员在判断一项技术方案的创造性时，不仅要考虑该技术方案的全部技术特征是否被现有技术中的几篇对比文件公开，还要考虑本领域普通技术人员将这几篇对比文件结合在一起是否容易。忽视了这一点，认为任何一篇现有技术都可以拿来对专利申请进行评述，这无疑又把"技术人员"视为"通晓申请日之前该所属技术领域中一切现有技术的人"，走入了专利审查的另一个误区。

（二）发明与发明构思❶

在对发明专利申请进行实质审查的过程中，往往会遇到这种情形，即一份权利要求书，除了包括一项有关某个零部件的独立权利要求，还包括一项或多项含有该零部件产品的独立权利要求。换句话说，申请人除了想对其所发明的某一零部件进行保护，还想对使用了该零部件的某些产品进行保护。这类申请在不同的技术领域都存在，为了便于理解和讨论，便假想了如下的一份权利要求书：

1. 一种自行车的把手，其特征在于，×××（涉及该把手的一些具体技术特征）。

2. 一种自行车，它包括车架车轮、链条、车把，其特征在于它装有如权利要求1所述的车把手。

面对这样一份权利要求书，在专利局内部的审查业务研讨会上，曾出现过以下几种不同的观点。

第一种观点认为：上述两项权利要求之间不具备"单一性"，不能合案申请。

第二种观点认为：权利要求2的特征部分已被权利要求1覆盖，故权利要求2与权利要求1相比不具备创造性，不能予以批准。

第三种观点认为：权利要求2与权利要求1都涉及对自行车把手的改进，它们实质上是一项发明。故根据1992年版《专利法实施细则》第二十二条第三款的规定，一项发明或者实用新型应当只有一个独立权利要求，应要求申请人将权利要求2删除。

对于上述第一种观点，在采用"老"的"单一性"判断标准时，该观点或

---

❶ 该文首次发表于2000年。

第四章 专利审查中有关问题的讨论

许有可能被接受。但根据1992年版《专利法》及《专利法实施细则》的规定，两项或两项以上的独立权利要求之间是否具有"单一性"，主要看它们是否"属于一个总的发明构思"。而是否属于一个总的发明构思又取决于各权利要求之间是否"包含一个或者多个相同或者相应的特定技术特征"（《专利法实施细则》第三十五条）。按照这种判断"单一性"的标准，上述权利要求1与2之间应当具有"单一性"，因为它们包含相同的特定技术特征——自行车把手。

上述第二种观点将同一件申请中的技术方案进行比较，实际上是将权利要求1当作权利要求2的现有技术来看待了，这显然是错误的。

上述第三种观点则比较容易被人接受，而且至今仍有不少审查员正在以这种方式处理类似的案件。这种观点的出发点是可以理解的，即认为权利要求1和2的"发明点"是共同的，或者说是唯一的——对自行车把手所作的改进，发明人对社会的贡献仅在于改进了自行车把手，所以其保护范围应仅限于自行车把手。如果将其保护范围延及自行车，实际上扩大了发明人的保护权限，损害了社会公众的利益，导致不公正的后果。例如，某自行车生产厂家购买了"自行车把手"专利权人生产的把手，将之装配到所生产的自行车上，也将承担侵权责任，这似乎是不公平的。

基于上述考虑，持第三种观点的人便认为：权利要求2所涉及的自行车与权利要求1所涉及的自行车把手实质上属于一项发明，所以运用1992年版《专利法实施细则》第二十二条第三款"一项发明应当只有一个独立权利要求"拒绝接受其权利要求2也就顺理成章了。

1992年版《专利法实施细则》第二十二条第三款的规定无疑是要执行的，但运用该条款的前提应是"一项发明"，上述的权利要求1和2是否同属一项发明呢？首先，二者的标的物有所不同，或者说二者要求保护的客体不同。前者涉及一种自行车把手（其IPC分类号为B62K 21/26），而后者却涉及一种自行车（其IPC分类号为B62K 3/00）；其次，二者的技术构成不同，自行车除包含有所述的自行车把手之外，还包括车架、车轮、链条等构件。因此，将权利要求1和2视为同一项发明，显然是说不通的。这两项权利要求间的共同点仅在于它们具有相同的发明构思，但"发明构思"不能等同于"发明"，二者之间存在本质的区别。"发明"所指的应是一项完整的技术方案，而"发明构思"所涉及的则是某一技术方案中所采用的某个技术特征或者某些技术特征的组合，也就是通常所说的"发明点"。如果把二者等同起来，《专利法》第三十一条中"属于一个总的发明构思的两项以上的发明或者实用新型，可以作为一件申请提出"岂不是自相矛盾了吗？

为了进一步说清这个道理,不妨沿另一条思路来作进一步分析。假如一位发明人仅提出了一件有关自行车的专利申请,其权利要求书为:

一种自行车,它包括车架、车轮、链条、车把,其特征在于其车把手为××××(涉及车把手的具体技术特征)。

审查员对该自行车进行审查时,发现了一篇自行车把手的对比文件,其特征与上述权利要求中车把手的特征完全相同。此时,审查员究竟应以该自行车的申请不具备新颖性驳回呢,还是以其不具备创造性驳回?答案应是明显的,相信绝大多数审查员都会选择后者,即认为这是属于创造性的问题,因为只有当一篇对比文件将权利要求中的全部技术特征都覆盖掉时,才能视为不具备新颖性。那么,这种选择本身就意味着该申请(自行车)与所检索到的对比文件(自行车把手)不属同一项发明,尽管二者之间存在完全相同的部分。

但如果按照上述第三种观点,即把自行车把手与装有该自行车把手的自行车视为同一项发明,则在处理上述案例时,无疑应得出该申请不具备新颖性的结论。这一结论显然也难以让人接受。

通过以上从正反两个方面的分析对比可以看出:相同的发明构思并不意味着相同的发明,前者是使多件发明具有"单一性"的基础,也是构成相同发明的必要条件,但绝非其充分条件。具体说,在上述假想的权利要求书中,权利要求1所述的自行车把手与权利要求2所述的自行车只应视为具有同一发明构思的两项发明(准确地说,应为"发明专利申请"),故1992年版《专利法实施细则》第二十二条第三款的规定对其是不适用的。

除了上述三种观点和做法,是否还有其他选择呢?笔者认为,可以着眼于从以下几个观点来分析、处理类似问题。

(1)出现在一份权利要求书中的多个独立权利要求,分别对应了多项专利申请。只要它们之间具有相同或相应的发明构思,满足"单一性"的要求,就应当允许它们在同一件专利申请中提出。

(2)出现在一份权利要求书中的多项专利申请与将其作为多项专利申请分别提出,作用及审查方式应当是完全一致的,其区别仅在于合案与分案这种形式上的差别。

故"单一性"与"创造性"之间并不存在必然的联系。如同将各项独立权利要求作分案申请一样,在合案申请中,也应当对每个独立权利要求的创造性分别进行审查。这与从属权利要求和独立权利要求之间的关系不同,权利要求1具有创造性,并不意味着其他的独立权利要求必然具备创造性,要具体问题具体分析。具体说,针对上述假想案例中的独立权利要求2,是否授予其专利权，应以现有技术中的"自行车"为参照物作出判断。如果该自行车的整体与现有技术相比，并不具有突出的实质性特点和显著的进步（这一结论应由该领域的审查员经检索、分析后给出），就不应对该自行车授予专利权。这时，即使其权利要求1（自行车把手）具有专利性，审查员仍可以以权利要求2不具备创造性而拒绝。

当然，以上所举的例子以及对这些例子的分析都是针对某种零部件产品及采用了该零部件的另一产品的情况而言的。在实际审查过程中，除了可能遇到上述情况，还经常会遇到将某一零部件（产品）与该零部件用于某一产品的方法进行合案申请的案件。后者实际上是一种用途发明，或者说就是一种"将产品用于特定用途的方法"的发明。此时，尽管作为合案申请的主题与前面所讨论的案例有所不同，但审查的思路和原则还是应当一致的。具体说，在判断"单一性"时，仍要以是否具有相同或相应的特定技术特征为依据；是否允许其"用途"的权利要求存在，则主要看这种"用途"，或者这种"结合"是否符合创造性的标准。在此就不再作展开讨论。

这样，在处理上述类型的申请案时就出现了第四种观点和做法，即将合案申请的每个独立权利要求分别视为一件独立的申请案，按照"三性"判断的标准分别进行审查、判断。就上面所举的案例来说，拒绝接受权利要求2的理由可以是它缺乏创造性，即不符合《专利法》第二十二条第三款的规定，因而不能构成一项发明，而不应是它与权利要求1同属一项发明，而用1992年版《专利法实施细则》第二十二条予以拒绝。这就是第四种观点与第三种观点的根本区别。

其实，以上所述的第四种观点也并不是标新立异，《审查指南1993》中曾对这类问题进行过说明。可以查看《审查指南1993》第二部分第六章"单一性和分案申请"中的如下示例。

【典型示例3】
权利要求1：一种灯丝A。
权利要求2：一种用灯丝A制成的灯泡B。
权利要求3：一种探照灯，装有用灯丝A制成的灯泡B和旋转装置C。
说明：该三项权利要求的特定技术特征为灯丝A，因此它们之间有单一性。实际上，本例的权利要求2和3是权利要求1（灯丝A）的用途，不管在此是否允许写成产品权利要求的形式，只要每一项权利要求的特定技术特征都是灯丝A，则它们的单一性是可以承认的。应当注意，这里仅就单一性而言。至于它们是否符合专利性（例如是否具有创造性），或者是否符合《专利法》的其他规定，尚需另外加以考虑。

以上第四种观点可以视为对《审查指南 1993》的这段话作的进一步理解和解释。概括起来说，"发明"与"发明构思"是两个不同的概念，它们之间既有联系，又有区别。一项发明创造固然源于一个发明构思，而由一个发明构思有可能引发出多项发明创造。实践证明，通过多个独立权利要求实现对一个发明构思的全面保护是很有必要的。

以上述自行车为例，其发明构思是对车把手的改进。如果其权利要求书中仅仅保护了车把手（权利要求1），而未对装有该车把手的自行车（权利要求2）进行保护。当厂家 A 生产了权利要求1所述的车把手时，将构成专利的直接侵权。假如另一生产自行车的厂家 B 使用了该厂家 A 生产的车把手时，将构成专利的间接侵权。但是，在追究生产自行车的厂家 B 的侵权责任时，间接侵权与直接侵权是有区别的，间接侵权者有可能不承担赔偿责任。2000 年版《专利法》第六十三条第二款规定："为生产经营目的使用或者销售不知道是未经专利权人许可而制造并售出的专利侵权产品，能证明该产品合法来源的，不承担赔偿责任。"据此，如果厂家 B 不知道该车把手是未经专利权人许可而制造的专利侵权产品，并且能证明该产品合法来源的，则厂家 B 将不承担赔偿责任。如果在其权利要求书中对装有该车把手的自行车（权利要求2）也进行了保护，则厂家 B 的行为将构成直接侵权，需承担侵权赔偿责任。所以，对同一发明构思衍生出的多项发明创造进行全面保护是具有实际意义的。

（三）权利要求书中否定式用语的使用问题

权利要求书应当以技术特征的形式，清楚、简要地表述请求保护的范围，这是《专利法》对权利要求书所作的一个最基本的规定。对于一个具体的技术特征来说，描述方式通常可分为两种：一种是采用正面叙述的方式，即阐明该特征是什么；另一种是采用否定式（或排除式）的描述方式，即阐明该特征不是什么，或不包括什么。

举例来说，一平面内两条直线的位置关系可归纳为三类：平行、垂直或斜交。对于这两条直线间的关系，既可以采用正面肯定的方式描述，也可以用否定或排除的方式来描述。当我们说"直线 A 与 B 相互垂直或斜交"时（正面描述），其含义与"直线 A 与 B 不相互平行"（否定式描述）完全一致。两种描述方式（或技术特征）都是清楚、准确的，可以相互替代。但对于更多的情况来说，如果用否定式（或排除式）用语替代正面的描述，往往会带来不清楚的问题。以下通过几个专利申请案例来进一步分析一下否定式用语对权利要求保护范围的影响。

【案例 4-5】

现有技术中的电风扇，通常采用设置在电机一端的一套机械传动机构，即齿轮和摩擦轮来实现电风扇的摆头功能。这种电风扇的摆头速度不能控制，只能随扇叶的旋转速度变化，而且由于该机构的变速比很高，传动件很容易损坏。一位发明人设计了一种新的电风扇摆头机构，用装在电机轴上的一块具有固定面积的挡风板和一块面积可调的偏风板之间的相互作用力使风扇实现转头，从而取代了现有技术中的齿轮传动机构。在其独立权利要求中，申请人将该技术特征描述成"其特征在于风扇头部的旋转不使用齿轮、摩擦轮等的任何一种机械传动机构"，用否定（排除）的方式对其转头方式进行了限定，其结果将造成保护范围不适当的扩大，与发明人付出的劳动不相匹配。

如果另一位发明人根据其他的物理学原理发明了一种不同于该申请的新的电风扇摆头机构，该机构也未使用齿轮、摩擦轮机械传动机构，该发明也将落入上述权利要求的保护范围之内。这显然是不合理的。

因此，在上述权利要求中对该技术特征进行描述时，不允许使用上述否定式语句，应当采用正面描述的方式写明其结构。

【案例 4-6】

在一项有关造纸机上使用的压榨毛毯的发明中，根据说明书所公开的技术方案，该毛毯由多层相互叠置的纱线组合件组成，每个纱线组合件都带有一层纤维絮垫层和一成排的纱线层。为了保证该压榨毛毯的机械性能，相邻的纱线组合件中的成排纱线可以相互垂直或倾斜交叉，但不能相互平行。

为了将诸纱线组合件结合在一起，该发明采用了针刺处理的方法，即通过针刺使各层结合成一体，而不是采用现有技术中用纱线将各层缝合在一起的方式，从而避免了毛毯表面缝合纱线对纸幅表面特征的不良影响。

其权利要求 1 为：

1. 一种环形压榨毛毯，其特征在于它包括多个相互平行叠置的非织造纱线组合件，每个纱线组合件包括有一个纤维絮垫层和一个成排的纱线层，每个纱线排都由相互平行排列的多根纱线组成，在每个纱线组合件中所述的纤维絮垫层都支撑着纱线层，相邻的纱线组合件中的两成排纱线层以非平行的方式排列着，相互叠置的纱线组合件不用其间延伸的捆扎纱线缝合在一起。

在该权利要求中，出现了三处否定式用语，即"非织造"、"非平行"和"相互叠置的纱线组合件不用其间延伸的捆扎纱线缝合在一起"。下面不妨对这三处否定式用语作些具体分析。

"非织造"（non-woven）是近年来纺织行业中的一种新技术，是指不采用织造（机织、针织等）的方式而使纤维相互结合在一起并构成纤维层，其产品也被称作"无纺织物"。无论是"非织造"还是"无纺织物",采用了一种排除式的限定,但对于该技术领域的普通技术人员来说,其含义是十分明确的,将其写入权利要求书中不会导致保护范围的不明确或不合理扩大,因此,该用语的使用应当被允许。

"非平行"一词,其含义与说明书中所公开的"垂直或斜交但不能平行"的技术特征是一致的,而且更为简明,该词语的使用也应被允许。

"相互叠置的纱线组合件不用其间延伸的捆扎纱线缝合在一起"则是不允许的,因为将纱线组合件结合在一起的方式,除用纱线缝合之外,还可包括针刺、黏合、缠结、包合等多种方式,而其说明书中仅公开了针刺这一种方式,所以这种排除式描述将会导致其保护范围的不适当扩大,这是不允许的。将该特征采用正面描述的方式,即修改为"相互叠置的纱线组合件用针刺的方式连接在一起"才为适当。

【案例 4-7】

一件发明专利申请,涉及对汽缸活塞环端面的改进。为了提高活塞环端部的密封性能,申请人提供了一种具有复式(阶梯式)搭口的活塞环机构(参见图 4-6),在说明书中,申请人还提供了若干种具有不同搭接方式的实施例(参见图 4-7)。

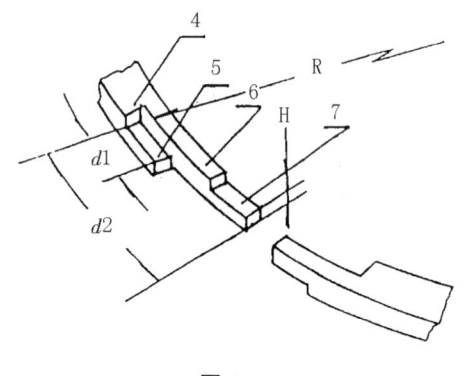

图 4-6

经检索,审查员发现了一篇对比文件,将该申请图 4-6 和图 4-7 中的图 6 所示的技术方案覆盖,使之丧失新颖性。由于图 4-7 中的图 7~图21 所示的若干个实施例并未被对比文件覆盖,而且这些结构分别具有较好的定位性或更好的机加工性能,申请人欲对这些技术方案进行保护,以上述对比文件为最接近的现有技术撰写一个新的独立权利要求(仅就其新颖性而言,在此不对其创造性进行讨论)。

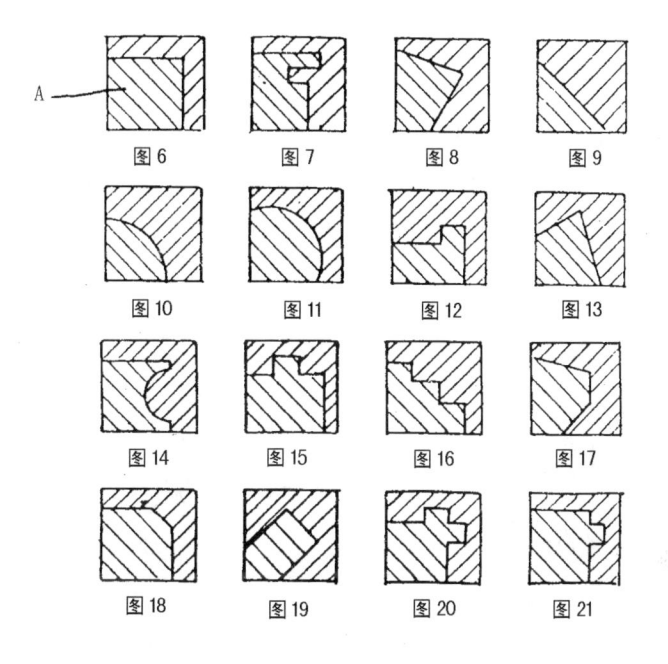

图6 图7 图8 图9
图10 图11 图12 图13
图14 图15 图16 图17
图18 图19 图20 图21

图4-7

此时，由于图4-7中的图7~图21所示实施例的结构各异，要想采用正面描述的方式将它们归纳在一起进行描述就较为困难，而采用排除的方式，即以图4-7中的图6所示的结构排除在外的方式进行概括或许更为清楚和简明，例如，可以将该技术特征写为："其特征在于其截面（A）部不呈矩形。"这种以排除的方式进行限定，并以说明书作为解释依据的描述，其保护范围是清楚的，应当被允许。

从以上所分析的几个案例中可以看出，如果在权利要求书中不适当地使用否定式用语，有可能导致保护范围的不合理扩大。而在有些情况下，不适当地使用否定式用语，也可能导致保护范围的缩小，对申请人自身利益带来损害。

如果在一项技术方案中对某一个技术特征避而不谈，则该特征可能为有，也可能为无，存在两种选择的可能；但如果对该技术特征明确限定为"无"，则该特征肯定是不存在的，即应理解为申请人是故意将其排除在外的。正如案例4-6中"非平行"的使用，由于相邻两纱线组合件之间的成排纱线若呈平行关系，则会影响其使用效果，申请人是故意要将其排除在外的。有时，申请人只是为了将现有技术的特征排除在外而采用了否定式写法，但其结果却是申请人始料未及的。笔者曾审理过如下一个案例。

【案例 4-8】

一件发明专利申请涉及对传动轴油密封机构的改进。在现有技术中，该传动轴靠加在其轴承上下侧的两个油密封圈 3 来实现对润滑油的密封（如图 4-8 所示），长期使用时，该密封圈容易老化破损，更换起来十分麻烦。为此，申请人发明了一种新的油密封机构，用一种迷宫式机构替代油密封圈（如图 4-9 所示）。在申请文件中，申请人提出如下的一个权利要求：

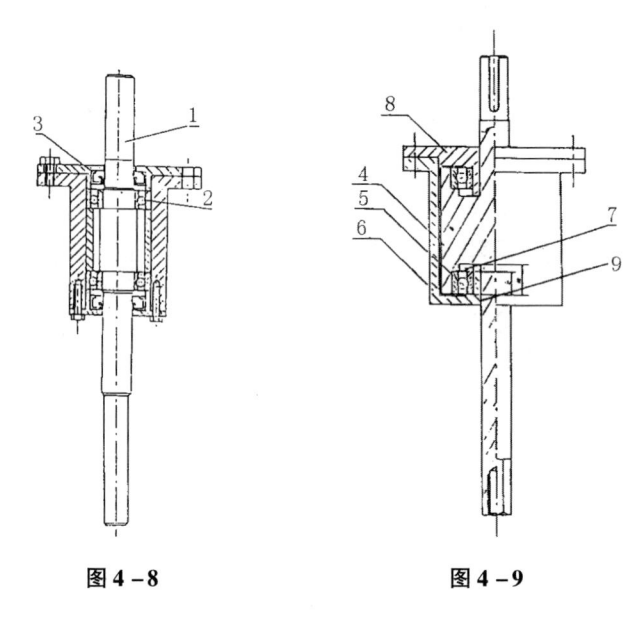

图 4-8　　　　图 4-9

一种无密封圈的轴传动油密封机构，包括主轴（4）、轴承（5）和轴座（6），其特征是主轴（4）和轴承（5）的外径紧配合，轴座（6）和轴承（5）的内径紧配合，主轴外径和轴座呈间隙配合，轴座与轴承内孔配合的配合面高度（a）大于轴承的高度（b），轴承、主轴、轴座三者之间形成一个全封闭的贮油腔（7）。

在该权利要求中，申请人采用了一种排除式限定——"一种无密封圈的轴传动油密封机构"。这就意味着，在他所发明的技术方案中是不能使用密封圈的，换句话说，凡使用了密封圈的油密封机构都不在其保护范围之内。

假如有人为了加强密封性能，或者仅仅为了脱逃侵权，在采用了申请人这种如图 4-9 所示的密封机构之外，又附加使用了密封圈，则将不会构成侵权，因为申请人已明确将使用密封圈的技术方案排除在其保护范围之外。有趣的是，在申请人本人所实施的产品中，该轴密封机构用于一药粉混合搅拌装置中，为防止药粉上溢，申请人在其轴座 6 的下端内侧 9 处，还设置了一个凹槽，槽中填有一圈毛毡,该毛毡实际上起到了一个密封圈的作用。细分析起来,申请人自己所实施的这种产品也难以受到其自身权利要求的保护,因为该密封装置也带有密封圈,这种结果恐怕不是专利权人所期待的。

因此,无论出于对权利要求的撰写应当"清楚"的考虑,还是出于对申请人自身利益的考虑,在撰写权利要求书时,应尽量采用正面的方式对其技术特征进行限定,而避免采用否定或排除式限定。除非在某些特殊情况下,一些否定式用语具有特定的含义,或采用否定或排除方式可以更简明、更适当地对技术特征作出限定。

如果仔细查看对比一下 PCT 的有关文件会发现,在 1993 年 3 月 1 日之前的《PCT 国际检索和初步审查指南》中,对这种排除式限定并未作出明确规定。但在 1993 年 3 月 1 日的版本中却增加了如下一段话:"一般情况下,权利要求的主题是通过肯定的特征加以限定的,但是,可以利用'放弃'(disclaimer)限制权利要求的范围,换言之,可以将用技术特征清楚限定的一个要素明确地排除在请求保护的范围之外,例如,为了满足新颖性规定而采取这种做法。只有在不能用肯定的特征较清楚地限定权利要求中保留的主题时,才能采用放弃进行限定。"

(四)"多余限定"与"禁止反悔"❶

人民法院曾审理过一件有关"周林频谱仪"的专利侵权案件。在该案中,人民法院将该专利权利要求 1 中的"立体声放音系统"这一技术特征视为"多余限定",从而将不包含该"立体声放音系统"的频谱仪也判定为专利侵权。

《中国专利与商标》杂志曾刊载过一篇《专利侵权判定中"多余限定"问题的探讨》(以下简称《多余限定》)的文章,文中对"多余限定"在专利侵权案件中的使用给出了支持意见。

文章作者认为:《专利法》实施以来,"通过对专利侵权纠纷案件的审判实践,人民法院已经确立了判定专利侵权的主要原则,总结积累了一些成功经验,同时,也面临一些尚待研究解决的问题,'多余限定'问题即是其中之一"。文中,作者还结合上述周林频谱仪一案的案情对"多余限定"问题作了具体分析。对此,笔者想从专利审查的角度谈几点看法。

1. "全面覆盖"与"多余限定"

《多余限定》一文的作者认为:"根据我国 1992 年版《专利法》第五十六

---

❶ 现今我国人民法院已经不再使用"多余指定"的原则,该文首次发表于 1996 年。

条及其实施细则的有关规定，人民法院以发明和实用新型的独立权利要求中记载的全部必要技术特征作为一个整体技术方案来确定专利权的保护范围，只有当被控侵权的产品（或方法）包含了独立权利要求中记载的全部必要技术特征或与其等同的技术特征，才能够认定侵权，否则，不构成侵权。这是人民法院判定专利侵权的基本原则，称为'全面覆盖'原则。"

同时又认为："有极少数专利权人，在其独立权利要求中记载的个别技术特征，并非是实现其发明或实用新型目的及其效果所必需的，形成对其专利权的多余限定。""如果被控侵权产品（或方法）缺少该项技术特征（指多余限定），依据公平原则，应当认定被告的产品（或方法）构成侵权。"

该文作者结合该专利侵权一案对"多余限定"作了进一步解释：由于"被告制造、销售的波谱治疗仪，除了缺少原告权利要求中的技术特征b，其余技术特征均与原告权利要求中的技术特征相同或者等同"，"受诉法院认为，原告独立权利要求中的技术特征b，不是实现其发明目的和效果的必要技术特征。被告制造、销售的波谱治疗仪缺少技术特征b，仍然实现了原告专利的发明目的和积极效果，被告的产品技术与原告专利技术属于等同的技术方案，据此，确认被告构成侵权"。

所述的"技术特征b"就是该权利要求1中的特征"立体声放音系统、音乐电流穴位刺激器及其控制电路装置于整机体内"。该文作者还以"即使××公司（指专利权人一方）制造、销售的家庭用'频谱治疗仪'也没有音乐装置这一技术构成，显然，音乐装置与产生特殊光谱达到治疗效果的发明构思无关系"为理由，证明"技术特征b"是无关紧要的，是一种"多余限定"。该文作者认为："如果受诉法院认定音乐装置为必要技术特征……这对发明人实在显失公平。"

2. 关于"禁止反悔"

毫无疑问，"专利侵权"的判断要充分考虑专利权人的意见。但在对专利侵权案进行判定时，应对被侵权客体的整个专利审批程序有一个客观、全面的了解。否则，在判断是"必要特征"还是"多余限定"时，就会与授予专利权时的基础发生偏离。

纵观该专利的审批过程，专利申请在侵权诉讼之前曾经历了"异议程序"和"无效宣告请求"的程序。在此，我们不妨查看一下该专利在无效宣告请求程序中的一些情况。

从专利复审委员会第332号无效宣告请求审查决定中可以看出，被请求人（专利权人）为了证明权利要求1的创造性曾表示了如下的态度："在请求人提供的附件中，没有一份提出过本发明权利要求 1 特征部分所述的特征 a 和特征 b 中由 14 种组分构成的模拟发生器，并且立体声放音和音乐电流穴位刺激器与频谱发生器的组合产生了意想不到的治疗效果，因此权利要求 1 所述的技术方案具有创造性。"

笔者不了解在侵权诉讼过程中专利权人对技术特征 b 所持的态度（推想不会坚持技术特征 b 是构成其发明的必要技术特征，否则就不会存在该侵权纠纷问题了），但从无效宣告请求程序中的陈述却可以明显得知：专利权人认为技术特征 b 对本发明作出了重要贡献，它的存在产生了意想不到的治疗效果，是构成本发明创造性的基石。

如果为了证明该技术方案的创造性，在专利审批程序中，将技术特征 b 视为必要技术特征，极力强调该特征的技术效果，而在侵权诉讼中，为了扩大保护范围，又将该技术特征视为"多余限定"，实际上是一种"两头得利"的行为。很显然这种前后矛盾的态度不符合"诚实信用原则"以及"公平原则"。

在美国及英国的专利侵权判定中，遵循其民事诉讼中所采用的"禁止反悔"（estoppel）原则。根据这一原则，专利权人不能再取得那些在专利审批程序中为使其专利申请具备专利性而争辩过或修改时所放弃的范围。

在该案无效程序中，专利权人的意见显然是对"特征 b 是构成其发明必不可少的一个技术特征"的确认，这种确认本身就意味着对一部分保护范围的放弃。按照"禁止反悔"的原则，在以后的侵权诉讼中，不应再把技术特征 b 视为非必要技术特征或看作"多余限定"。

固然，目前我国的专利侵权司法实践中尚未引入"禁止反悔"原则，[1] 但从"公平原则"出发，也不难发现该案在侵权诉讼的判定中，忽视了专利权人在专利审批程序中所表达的意愿，强行将技术特征 b 视为"多余限定"，这无论对专利权人还是对社会公众都是一种"不公平"。换句话说，一定要认为技术特征 b 对权利要求 1 来说是一种"多余限定"，这明显违背"公平原则"。

3. "公平原则"的客观性

诚如该文作者所言，"民事审判中的公平原则是最基本的原则，不论各种类型的民事纠纷案件的审判工作，人民法院都应当遵循该原则"，笔者也承认在处理专利侵权纠纷中运用"公平原则"的合理性，但同时又认为"公平原则"是以"客观性"为基础的，是针对专利权人与社会公众双方而言的。

具体来说，在处理专利侵权纠纷时，除了要对被侵权客体与涉及侵权客体

---

[1] 系指文章首次发表时的情形。本文首发于 1996 年，之后不久在我国的专利侵权审批案件中已经采用"禁止反悔"原则。

双方有一个客观全面的了解、分析和对比,还应当对被侵权客体的历史——在专利审批程序、无效宣告程序以及复审程序中审查员与申请人(专利权人)曾发表过的有关意见,有充分的了解。所以,在对权利要求中的某个技术特征作出"多余限定"的判定之前,至少要考虑以下两个方面的问题。

(1)在整个专利审批程序中,审查人员及申请人(专利权人)是否对该技术特征表示过实质性的意见。如果曾表示过,则在侵权诉讼中应对此予以充分重视,以体现专利制度的连贯性和一致性。

(2)对于发明专利的侵权案,在作出有关"多余限定"的判定之前,尽可能了解一些审查员审理该案的情况。在发明专利审批过程中,审查员曾将独立权利要求中的全部技术特征作为一个整体与现有技术作过对比,以判断该技术方案的新颖性及创造性,其间已充分考虑了该发明的发明目的及所达到的技术效果。通常,在授权文本中,凡写入独立权利要求中的技术特征,都应被视为"必要技术特征"。

4. "多余限定"在国外

我们不妨参照一下其他一些国家或组织对"多余限定"问题所作的一些规定。

德国对"多余限定"的控制相对比较宽松。当一件被指控侵权的客体中没有使用权利要求中的一个特征,而这个特征对于实现发明目的是非必要的时,可以认为该技术特征在权利要求中是"多余限定"。但是,德国州法院在进行侵权判断分析时,不仅要考虑该专利在德国专利商标局的审批资料,还要考虑在德国联邦专利法院无效宣告请求程序中的有关资料,了解专利申请人或专利权人在审批程序或无效宣告请求程序中放弃了的保护范围,或者德国专利商标局审查员或专利法院的法官在相应程序中认定应该排除的范围,不得以等价手段将权利要求的保护范围扩展到包括上面所述放弃或排除的范围。这就是说,德国是承认"多余限定"原则的,但对"多余限定"的判定不能与在先的审查意见有抵触,即不得违反"禁止反悔"的原则。

美国对"多余限定"的控制最严。美国联邦巡回上诉法院判断侵权时遵循全部特征原则,即仅仅当被控侵权的客体包含了权利要求的全部技术特征或者等价手段时,才判为侵权,因而在解释权利要求时不得扔掉任何技术特征,必须将权利要求中的所有技术特征都看作该权利要求保护范围的限定因素。但是,要说明的一点是,美国在作上述规定的同时,又规定不要求这些技术特征之间必须一一对应或者是完全相同的安排,只要体现以基本相同的方式完成基本相同的功能,达到基本相同的效果,仍可认定为侵权。由此可见,美国执行的是一种"全面覆盖"的原则,但在执行上又有一定的灵活性。

欧洲专利公约及《巴黎公约》对"多余限定"问题都未作正面阐述,但也并未排除这种可能性,可以说,其严格程度介于德国与美国之间。

5. 几点看法

笔者认为,中国作为一个专利制度尚待进一步完善的国家,从严对待"多余限定"的问题较为有利。这是因为:

(1)有利于提高专利代理人的素质及专利申请文件的撰写质量。实行"全面覆盖"的原则将迫使申请人(代理人)必须认真地撰写申请文件,尤其是对权利要求书的撰写进行仔细推敲,从而逐步提高我国专利申请文件的总体水平。至于撰写失误而导致的某些损失,这是事出有因,咎由自取,从这个角度看不失为一种"公平"。

(2)有利于专利审批程序与专利诉讼程序中执法原则的统一。如上所述,批准的独立权利要求是审查员以《专利法》为依据,在全面检索的基础上,对申请人所要求保护范围的确认。这种确认实际上是专利权人与社会公众之间的一种利益平衡。在侵权诉讼过程中,如果将其中的某一技术特征视为"多余限定",则无异于将该技术特征从原权利要求中删除,实质上是对原审查结论的一种修改。在侵权纠纷中过多地运用"多余限定"法则,势必会影响审批专利的权威性以及专利权的稳定性。

(3)"公平原则"的确是一条理想的原则,但它的实现是以其客观性为基础的,同时又是以其可操作性为前提的。正如"先申请制"与"先发明制"相比,显然"先发明制"更为公平,但由于其操作方面存在若干困难,故目前仅有少数几个国家实行之。从"公平原则"出发对"多余限定"予以考虑,本身存在着合理的一面,但在实践中对"多余限定"作出的判断必须是客观公正的,否则会产生一种新的不公平。

(五)权利要求书中"技术特征"的认定之一❶

一项发明或者实用新型专利的保护范围以其权利要求书的内容为准,而权利要求书中的每一项权利要求,又都是由若干技术特征组合而成的。如果将专利保护的范围比作一块领地,那么每一个技术特征便是环绕这块领地的一块块围栏,围栏的定位如果发生偏移,势必造成领地范围的偏差。因此,准确地认定权利要求书中每一个技术特征的含义,是恰当地确定其专利保护范围的基础。

---

❶ 该文首次发表于1999年,本书中略作修改。

一项专利申请从申请到审查，从授权到专利保护的终止，至少在两个阶段要对权利要求书中的每一个技术特征作认真的分析和推敲：其一是发明专利授权及确权的审查过程，其二是专利授权后的专利侵权诉讼过程。在实质审查过程中，审查员在对权利要求书中每一个技术特征准确认定的基础上，确定申请人欲寻求的保护范围，再通过与现有技术的对比，判断该权利要求是否具有专利性；而在侵权诉讼过程中，法官则要通过对每一个技术特征的认定来确定该专利的保护范围，通过与涉嫌侵权对象的对比，作出是否侵权的结论。

众所周知，专利审查是在国家知识产权局进行的，而侵权诉讼则是在法院进行的。从横向看，国家知识产权局与法院分属于两个不同的机构；但从纵向看，专利的审批与专利的侵权诉讼又共存于同一个专利保护体系中，分别属于其中的一个环节，而且共同受《专利法》的制约，两者之间的关系密不可分。就权利要求书中技术特征的认定而言，国家知识产权局与法院之间应保持相同的判断原则和标准，只有这样，才能确保专利的审查与保护在同一体系内和谐运转。以下拟从专利审查的角度对权利要求书中技术特征的认定问题谈几点看法。

1. "技术领域"对"技术特征"的影响

权利要求书属于一份技术性的法律文件，其中的每一个技术特征均具有其技术含义，不能当作普通的概念去理解。由于不同的权利要求所涉及的技术领域有所不同，在确认权利要求中技术特征的含义时，还应充分考虑其所属技术领域的情况。审视者的立足点不同，对同一技术特征的认定就可能截然不同。

本书在先曾提到过"长纤维"与"短纤维"的例子。在一般的概念中，两者之间只是一种相对的概念，其间不存在明显的分界线。但在化学纤维技术领域，两者之间却有明确的界线："长纤维"是指在纺丝机上成型后经卷绕而制得的长丝束，其长度不确定；而"短纤维"则指纺丝成型之后经切断而制得的具有一定长度的纤维，其长度一般为35~70毫米。而在造纸行业中，两者又被赋予另一种不同的含义，"长纤维"的长度一般为0.8~4.5毫米，"短纤维"则为0.2~0.8毫米。所以，技术领域不同，即使某一技术特征的表述方式完全相同，其含义也可能截然不同。

因此，在对某一技术特征进行认定时，首先应将其放置于相应的技术领域中，用专利审查的行话来说，便是应当站在"所属技术领域的技术人员"的立场上去理解相应的技术特征。

2. "上位概念"与"功能性限定"

为了获得尽可能大的保护范围，申请人在撰写权利要求书时，往往采用

"上位概念"或者"功能性限定"的方式对出现在说明书中的有关技术特征或技术方案进行概括。例如，申请人在说明书中对A、B两部件之间的连接关系公开了焊接及铆接两种不同的方式，在权利要求书中，便可能采用"固定连接"这一上位概念对它们进行概括。这时，"固定连接"便涵盖了焊接、铆接以及现有技术中与之相类似的其他连接方式。在认定权利要求书中"固定连接"这一技术特征时，既不应脱离上述的两种方式作不合理的扩大，譬如将这种连接关系扩大到以一旋转轴为中心的旋转连接，同时也不应仅仅局限于上述的两种方式，现有技术中与这两种方式等同的其他方式，例如借用一种黏结剂将A、B两部件黏合在一起，也应被包含在"固定连接"的范围之内。

除此之外，在权利要求书中有时也会遇到"功能性限定"的技术特征，由于一种"功能"往往可以通过多种方式予以实现，所以功能性限定的范围通常要大于对一种具体结构特征或技术方案的限定。[详见本书第四章第三部分中"（十九）'功能性特征'之我见"。]

例如，在先前提到的那件有关密封件的专利申请中，申请人提供了一种密封件。该密封件的前沿有一块突唇，突唇与一滚筒的内表面滑动接触，从而可将滚筒内表面上的流体引入一压力腔中。为了寻求更大的保护范围，申请人在权利要求书中将该密封件的技术特征写作："该密封件的形状，可将滚筒内表面上的流体引入一压力腔中。"能将滚筒内表面上的流体引入一压力腔中的密封件，可以有各种不同的结构，在密封件的前沿设置突唇只是其中之一。上述功能性限定的方式，其保护范围自然要大于对密封件具体结构特征的描述（即"密封件的前沿有一块突唇，突唇与一滚筒的内表面滑动接触"）。

《专利法》第二十六条第四款规定："权利要求书应当以说明书为依据，说明要求专利保护的范围。"在对发明专利申请进行实质审查的过程中，尽管审查员要对权利要求书中出现的上位概念以及功能性限定进行审查，看其能否得到说明书的支持，所界定的保护范围是否合理，但也不能排除在某些已授权的发明专利中，存在两者不相匹配的情况，致使权利要求书中的上位概念或功能性限定得不到说明书支持；对于实用新型专利来说，由于授权之前未经实质性审查，权利要求书中上位概念及功能性限定使用不当的情况可能要更多一些。

鉴于上述实际情况，在侵权诉讼过程中，对权利要求书中的"上位概念"以及"功能性限定"的技术特征进行认定时，一定要根据说明书所公开的技术内容来确定其合理的内涵，不要受其字面含义的约束。

在上述"密封件"的例子中，由于说明书中仅仅公开了"突唇"这种唯一的结构形式，而且本领域的普通技术人员，也无法直接联想到现有技术中与之相类似的其他结构形式，因此这种情况一般不允许使用功能性限定。即使该语句出现于授权后的权利要求中，也应将其认定为"密封件的前沿有一块突唇，突唇与一滚筒的内表面滑动接触"这一具体的结构形式。

最高人民法院2009年发布的《法释2009》第四条规定："对于权利要求中以功能或者效果表述的技术特征，人民法院应当结合说明书和附图描述的该功能或者效果的具体实施方式及等同的实施方式，确定该技术特征的内容。"［参见本书第四章第三部分中"（十九）'功能性特征'之我见"。］

3. 说明书的解释作用

1992年版《专利法》第五十九条第一款规定：**"发明或者实用新型专利权的保护范围以其权利要求的内容为准，说明书及附图可以用于解释权利要求。"** 说明书对权利要求书的解释作用，有的比较直接，一目了然；有的则比较隐晦，需要根据说明书的整体内容进行判断。

在一些专利申请案中，尤其是国外的申请案中，申请人往往在说明书中对所使用的某些技术用语作具体限定。例如，一种叠层产品，包括一个"薄层"（sheet），申请人在说明书中特别指明："在此，所述的'薄层'这一概念，是指由纤维材料，如天然纤维或人造纤维制成的非织造物。"这时，其权利要求书中的"薄层"，便被赋予特定的含义，应将纸层、薄钢板、薄木板等通常也被称作"薄层"的材料排除在外。这种解释关系比较明显，也比较合乎常理，容易被理解和接受，下述情况则有所不同。

1993年，美国联邦巡回上诉法院曾对得克萨斯仪器公司的一件专利侵权案作出判决。该专利涉及一种对半导体元件进行封闭的方法，其权利要求中有这样一句话："它包括多个大致以相互平行的方式放置的导体。"双方当事人争论的焦点是如何理解"包括多个"这一技术特征。

专利权人认为："包括"（comprising）一词是一种"开放式"（openended）限定，"多个"是指一个以上，并非指全部。这两个词组合在一起，除了包括具有几个（即多于一个，如两个）相互平行的导体的情形，还应包括具有若干未加指明、相互间不平行的导体的情况。

上述情况可以用一个更为简明的例子来说明：一项权利要求限定了一个管道系统，其中的一个特征是"该系统包括一个被弯成90°的部件"，这时，被弯成90°的部件只是该系统的一部分。该权利要求显然不能将弯成90°部件以外其他平直的部件排除在该系统之外。

但法院不同意专利权人的陈述,因为在该专利的说明书及附图中,并未公开任何使用相互不平行导体元件的内容。尽管从广义上说,专利权人的陈述不无道理,但是依照说明书所提供的内容,法院认为:所述的**"包括"**(comprising)应当解释为"由……构成"(consist of),而"多个"(a plurality of)则应解释为"全部"(all)。上述技术特征应当解释为:"半导体元件中所有的导体都是相互平行的。"

从这一案例中可以看出,有些情况下通过说明书的解释,权利要求书中的某些技术特征,甚至可能具有与其字面含义完全不同的意义。

4. 案例分析

一件有关炼焦炉炉盖的实用新型侵权案,曾引起专利界人士的激烈争论,两种观点针锋相对,致使官司层层升级。在专利局内部的一次学术活动中,有四位审查员就该案发表了意见,其中两人认为侵权,两人认为不侵权。该专利的技术内容十分简单,其权利要求1如下:

一种适用于由耐火材料构筑的炼焦炉使用的可开闭的炼焦炉炉盖,其特征为该炉盖由多个可分离的拱形小盖组合构成,各拱形小盖与炉体的侧壁采用活动连接。

在该专利的说明书中,公开了两个实施例:一个实施例是在炉盖的两端安装滚动轮,在炉体两侧壁设置长度大于炉体长度的轨道,通过滚动轮与轨道的配合,实现活动连接;另一个实施例是在炉盖的下部设有盖脚,盖脚上有连接孔,通过钢销使盖脚上的连接孔与炉体上的连接孔相连接,从而使炉盖可绕钢销作枢轴式启闭运动。被控侵权的对象是一种炼焦炉活动炉盖,该炉盖可以借助于吊车提起或关闭。

争论的焦点在于如何理解权利要求中"活动连接"这一技术特征,用吊车进行启闭的活动炉盖究竟是否属于"活动连接"的范围。

我们不妨借助于以上的观点对此案作些剖析。首先,应当立足于相应的技术领域来理解"活动连接"的含义。在机械领域中,两部件之间的关系可以分为相互分离和相互结合这两种情况。而相互结合又可以进一步分为相互接触和相互连接两种情况。对于连接来说,还可以进一步分为活动连接和固定连接。在固定连接时,两部件之间相对固定,不存在相互运动;而"活动连接"则表示两部件之间在保持连接的前提下还可以相对运动,兼具"活动"和"连接"两个特点。

用吊车进行启闭的炉盖,应当属于一种活动炉盖,或者说是一种可开闭的炉盖。该炉盖既可以与炉体相分离,又可以相结合,但两者之间不存在任何连接关系，即使在炉盖被放置到炉体上之后，两者间也仅仅是一种相互接触的结合关系。"结合"与"连接"是两个不同的技术概念，好比两块砖头，当将它们叠置在一起的时候，便相互接触地结合，但只有在其间加入灰膏并凝结之后，砖头之间才能实现连接。

当然，在日常生活中，将可分离的结合关系称作"连接"也未尝不可，例如，在《现代汉语词典》中，就将"连接（联接）"解释为"（事物）互相衔接"，其含义可能更广泛一些。但是，这已经脱离了"技术"的范畴，属于一种文学概念，不足为凭。十分有趣的是，在上述学术活动中发表意见的四位审查员中，认为侵权成立的均来自化学审查部，而认为不侵权的则来自机械审查部。这可能是巧合，但是，恐怕也不能排除"技术领域"对判断结果的影响。

其次，可以以说明书所公开的实施例为依据，对该专利中"活动连接"这一技术特征的实际含义作进一步认定。在上述的两个实施例中，炉盖与炉体的连接方式有所不同，一个是枢轴式连接，一个是借助于炉体上的轨道实现滚动连接。两者之间的共同点是：炉盖无论打开时还是关闭时，始终与炉体保持连接关系。在采用上位概念对这两个实施例进行概括时，上位概念应当与两个实施例中的共同点保持同一"层次"或"水平"，"活动连接"正是它们的恰当概括。由于在说明书所公开的技术内容中，专利权人并未给出任何可以使炉盖与炉体相分离的说明或暗示，因此，将"活动连接"的含义扩展到可分离的结合是不适当的。

退一步讲，假设专利权人在该权利要求中将该技术特征改写作"炉盖可以相对炉体移动"，对所述的实施例作了更加上位化的概括。从字面上看，它既具有两个实施例的共性，又将吊装组合的方式包含在内了。即便如此，按照上述美国联邦巡回上诉法院在"得克萨斯仪器公司"案中所持的观点判决，"炉盖可以相对炉体移动"这一技术特征也只能解释为以炉盖不脱离炉体为前提的移动，"吊装"的方式不能包括在内。也只有这样，才能充分体现说明书对权利要求书的解释作用。

最后，我们不妨再分析一下权利要求书，看看专利权人是如何认定现有技术及其对现有技术所作的贡献的。在该权利要求的前序部分，专利权人写道："一种适用于由耐火材料构筑的炼焦炉使用的可开闭的炼焦炉炉盖。"请注意其中的"可开闭"这一技术特征。根据1992年版《专利法实施细则》第二十二条第一款的规定，前序部分的技术特征属于"与最接近的现有技术共有的必要技术特征"。申请人将"可开闭"这一技术特征写入权利要求书的前序部分，就意味着承认"可开闭的炼焦炉炉盖"（用吊车开闭的炉盖正是其中的一种）属于现有技术的范畴，而专利权人对现有技术所作的贡献仅在于对炉盖的开闭方式作了改进，即"拱形小盖与炉体的侧壁采用活动连接"。这一事实似乎可以作为对上述结论的进一步印证。

专利制度的建立，旨在鼓励发明创造，保护专利权人的合法权利，但与此同时，也应当维护社会公众的合法利益，两者不可偏颇。这一原则应当贯穿专利审批与专利保护的全过程。如果说权利要求书是确保公正执法的依据，那么准确地认定权利要求书中每一个技术特征的含义便是确保公正执法的基础。从这个意义上说，如何统一国家知识产权局与法院在技术特征认定方面的原则和标准就显得格外重要了。

（六）权利要求书中"技术特征"的认定之二❶

一项专利权一旦被授权，专利权人与社会公众便构成了利益相互冲突的对立面。无论在专利侵权诉讼中还是在宣告专利权无效的行政诉讼中，双方当事人总是力图寻找对自己有利的理由，最大限度地维护自己的合法利益。这是一件很自然的事情。

因此，无论在专利侵权诉讼中还是在宣告专利权无效的过程中，当遇到权利要求中某一技术特征的含义不甚清楚，需要作出进一步解释时，出于各自利益的考虑，双方当事人往往会持截然相反的观点：在专利侵权诉讼中，专利权人总试图将该技术特征的含义解释得尽量宽泛，以便获得更大的保护范围；而涉嫌专利侵权的一方则力图将该技术特征的含义解释得尽量狭窄，以逃脱专利侵权的责任。但在宣告专利权无效的行政诉讼中，专利权人总试图将该技术特征的含义解释得尽量狭窄、具体，以便加大与现有技术之间的差别，体现其专利的创造性；而无效宣告请求人则力图将该技术特征的含义解释得尽量宽泛、上位，以便使该专利落入现有技术的范围。

前面已经分析了说明书中"技术领域"对"技术特征"的影响、"实施例"对权利要求书的解释作用以及权利要求书中"上位概念"及"功能性限定"的解释等问题，并结合国内外的几个案例进行了一些分析，其中包括1993年美国联邦巡回上诉法院对得克萨斯仪器公司专利侵权案所作出的判决。

无独有偶，美国联邦巡回上诉法院在2002年10月又就得克萨斯数字系统公司（Texas Digital System, Inc.）诉 Telegenix, Inc. （02 - 1032）一案作出了

---

❶ 该文首次发表于2004年。

一项判决，其中提出了使用字典解释专利权利要求的见解。针对该案，法院作出了如下解释："字典、百科全书和论文都是可以用来协助法院决定权利要求中术语的普通含义和惯用含义的适用资源。"

实际上，在相关的审查实践中，这种解释方式也经常被采用，例如笔者在前面就列举了用专业工具书来解释"长纤维"与"短纤维"这一对概念的案例。在我国的无效宣告审查程序中，当事人也经常采用该方式来解释权利要求书中的技术特征，用以支持自己的观点。然而，用字典来解释权利要求书中的"技术特征"毕竟是一种特殊情况。根据2000年版《专利法》第五十六条第一款的规定，发明或者实用新型的保护范围以其权利要求书的内容为准，说明书及附图可以用于解释权利要求。多数情况下，还是依靠说明书及附图对权利要求进行解释。

笔者拟结合近来遇到的两个实际案例，就用字典来解释权利要求书中的"技术特征"的问题以及说明书中"背景技术"、"发明目的"及"技术方案部分"对权利要求中"技术特征"的解释问题作进一步讨论。

【案例4-9】

一件实用新型专利，涉及一种室内装修用的材料——细木工板（大芯板）的结构，其权利要求1为：

1. 一种细木工板，由面皮板、中芯板及芯板组成，其中，芯板设于最里层，面皮板设于最外层，面皮板和芯板之间为中芯板，其特征在于：芯板为多块凸形板以正反形式拼接结构。

从该专利说明书的背景技术、发明目的及技术方案部分可以得知：现在使用的细木工板，其芯板都是由截面形状为矩形的木条拼接而成，木条之间的接缝为直缝（如图4-10所示）。木条之间的接缝为直缝，故容易发生上下错动，导致使用时的变形。该专利针对现有技术中的上述缺陷，通过使用"凸形"的木条以正反形式相拼接来消除直缝，从而改进了木条间上、下、左、右的稳定性，克服了板材使用中易变形的缺陷。该专利的说明书中仅给出了一个实施例，即所采用木条的横截面是凸字形的（见图4-11）。

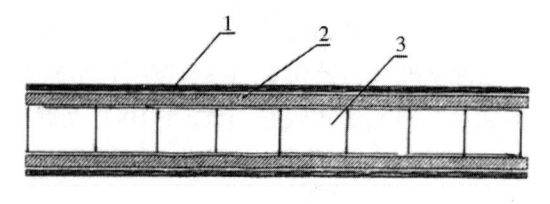

图4-10

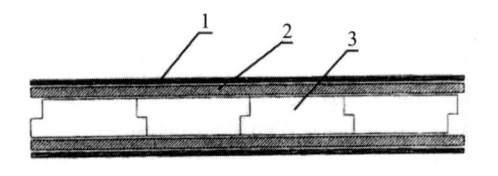

图 4-11

在无效宣告请求中，无效宣告请求人列举了一份"小径木芯细木工板"的对比文件，其中芯板所使用木条的截面为梯形（如图 4-12 所示）。为了证明该专利中的"凸形"结构已经被现有技术中的"梯形"结构所覆盖，请求人引证了字典对"凸形"的解释，《辞海》中对"凸"字的解释是："周围低，中间高。"

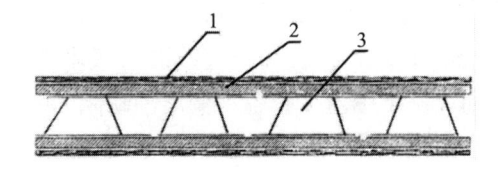

图 4-12

请求人认为：由于"梯形"也具有"中间高周围低"的特性，根据《辞海》的定义，"梯形"也应当属于"凸形"中的一种。故该专利的"凸形"可以视为一般概念、上位概念，而对比文件中的"梯形"则是其具体概念、下位概念。根据《专利法》的有关规定，下位概念（梯形）可以破坏上位概念（凸形）的新颖性，因此该专利相对于该对比文件不具备新颖性。

请求人还认为："凸形"与"凸字形"是两个不同的概念，前者所涵盖的范围显然要大于后者。如果专利权人在权利要求书中将木条横截面形状限定为"凸字形"，将保护范围仅仅局限于其唯一的实施例，则可以与现有技术中的"梯形"明显区分开来。但将"凸形"写入权利要求 1 中，就意味着保护范围的扩大，除了"凸字形"，它还包含了其他"周围低，中间高"的结构。正是这种保护范围的扩大导致了该专利落入现有技术的范畴。

合议组未同意请求人的上述观点。合议组认为：

（1）虽然就一般文字性（文学）含义而言，请求人的上述推理能够成立，但是由于专利本身具有很强的技术性，所以在对一项专利的权利要求书进行解释时，不应当受纯文字性含义的束缚，而应当以该专利的说明书和附图为主要依据。在许多情况下，一份专利申请文件中所使用的技术术语或概念都有其特定的技术含义。如果说明书及附图可以对权利要求书中的概念作出明确解释，就无须借助于《辞典》或普通技术工具书中的解释。只有当专利的说明书及附图对其未作出具体解释，而且此概念仅具有一般性含义的情况时，才适合采用辞典或工具书中的解释。美国联邦巡回上诉法院在审理得克萨斯数字系统公司诉 Teugenix, Inc. 一案中所称的"字典、百科全书和论文都是可以用来协助法院决定权利要求技术术语的普通含义和惯用含义的适用资源"，恐怕也表达了这层意思。

在该案中，由于说明书的实施例部分已经明确将附图 2 中的标号 3 称为"凸形板"，故可以认为说明书附图已经对其权利要求中的"凸形板"这一技术特征作出了明确的解释。在这种情况下，就没有必要再借助字典进行解释。

(2)《辞海》对"凸形"的解释并不适合该专利。从该专利说明书的背景技术、发明目的以及技术方案部分可以得知：专利权人认为是"直缝拼接"导致了细木工板容易变形的缺陷，该发明通过改变芯板木条的横截面形状而消除了"直缝拼接"，从而克服了细木工板容易变形的缺陷。

虽然该专利的权利要求书中写入的是"凸形"，但很显然，就上述发明目的及发明构思而言，并非所有"周围低，中间高"（《辞海》所称的"凸形"）的结构都是适合的。虽然"梯形"具有"周围低，中间高"的特点，符合《辞海》对"凸形"的定义，但是如果采用"梯形"木条，木条之间的接缝依然是直缝，它无法克服现有技术中的缺陷，也无法实现该专利的发明目的。因此，通过该专利说明书的内容可以得知，"直缝拼接"是被排除于该发明创造之外的。

合议组认为：说明书的"实施例"部分属于一项发明的具体实施方案，它是解释权利要求书的重要依据。但除此之外，说明书中对背景技术、发明目的、技术方案以及技术效果的描述同样有助于对该发明全面、客观的理解，作为说明书中不可或缺的组成部分，同样应当成为解释权利要求书中"技术特征"的依据。在上述案例中，说明书中对背景技术、发明目的以及技术效果的描述，客观上对"凸形"的含义也起到了一定的"限制"作用，这就构成了说明书对权利要求书进行解释的另一个方面。

合议组认为：通过对说明书背景技术、发明目的以及技术方案部分的理解，并结合说明书的实施例及其附图的进一步解释，该专利权利要求书中所称的"凸形"，除了具有《辞海》中所称的"周围低，中间高"的一般属性，还应当具有图 4-12 中所示的"凸字形"的结构特性。

为了进一步说明"实施例"及"发明目的"对"技术特征"的解释作用，笔者针对上述案例设想了以下两种情况（与实际案例无关）。

假设 1：

在上述专利的实施例部分再增加一个实施例：其木条的横截面形状为三级的凸形（如图 4-13 所示）。

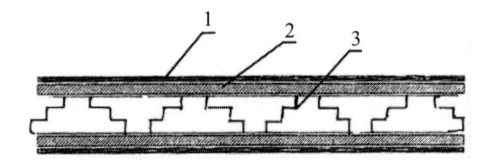

图 4-13

由于"三级凸形"从形状上说也应当属于"凸形"中的一种，可以视为权利要求中"凸形"的一个下位概念，所以原权利要求可以保持不变。但此时由于多了一个实施例的支持，与上述仅有一个（"凸字形"）实施例的情况相比，其权利要求中"凸形"的范围就应当有所扩大，不应当再受"凸字形"的限制。综合以上两个实施例的特点，笔者认为，此时权利要求中的"凸形"应当解释为：除了具有凸形"周围低，中间高"的一般属性，还应当具有两个侧边为折线的结构特性。通过假设 1 可以看出"实施例"在解释权利要求时所起的作用。

假设 2：

实施例保持不变，但将说明书对背景技术的认定以及对技术方案的描述改为：现有技术中的木条侧板均为垂直侧边，板条之间的接触面积小。该专利改变了木条的截面形状，通过延长侧边的长度、加大侧边间的接触面积而提高木条之间的结合力，从而消除细木工板容易变形的缺陷。

笔者认为，此时虽然实施例未改变，但权利要求中"凸形"的内涵却已经发生了变化。通过修改，该专利将导致大芯板变形的原因由木条间"接缝为直缝"变为木条间"接触面积小"；相应的发明构思也由"改变木条间接触面的形状"改为"增大木条间接触面积"。很显然，就"增大木条间接触面积"这一技术构思而言，除了实施例所示的"凸字形"结构，还存在若干其他方式，例如将垂直侧边改为倾斜的或者曲线形的等。或者说从"加大木条间的接触面积"这一发明目的出发，本领域普通技术人员很容易想到若干种横截面构形。因此，此时权利要求中的"凸形"，除了具有"周围低，中间高"的一般属性，还应当具有"其侧边要长于垂直式侧边"的特性。在这种情况下，"梯形"不仅符合"凸形"的文字含义，而且与该专利说明书的内容也不相冲突，"梯形"可以视为该专利"凸形"中的一种。

在假设 2 的案例中，现有技术中的"梯形"结构可以破坏该专利的新颖性。

由此体现了说明书中背景技术、发明目的及技术方案部分在解释权利要求时所起的重要作用。

以上均涉及字典及专利说明书对权利要求中的技术特征进行解释的问题。除此之外，当事人还可能寻找其他方式对权利要求书中的技术特征进行解释。

在该案的口头审理过程中，专利权人的代理人为了强调该专利与现有技术的区别，以证明其具备创造性，将权利要求1中的"芯板为多块凸形板以正反形式拼接结构"作了如下的解释：该专利权利要求中所称的"正反形式拼接"，除了指木条凸起端的上下交错（如图4-12所示），还指相邻接的两根木条的两个端部是一正一反排列的（代理人将木条靠近树木根部的一端称为"正"，靠近树木稍部的一端称为"反"）。由于木条上下端的木质疏松度不同、强度不同，故采用这种排列方式可以使相邻两根木条的强度互补，这是现有技术中所没有的。这进一步体现了该专利的创造性。

针对上述观点请求方的代理人作出了如下争辩：木条的上下（正反）端虽然存在，但在实际操作中，工人根本不可能去识别每一根木条的上下端，故专利权人的上述解释在实际操作中是根本无法实施的。

仔细分析一下会发现，在上述解释和争辩中，双方当事人的代理人都存在一些失误：专利权人的代理人以为通过上述解释可以扩大其权利要求1与现有技术之间的区别，以便在无效宣告请求程序中维护其专利权。但是，岂不知面对"专利"这把双刃剑，有所得必有所失。如果在无效审查程序中专利权人的这种自认得以确认，即使该专利权最终得以维持，在该专利的侵权诉讼中法院或专利管理机关也应当考虑专利权人对该技术特征所作的解释，以符合"禁止反悔"的原则，避免专利权人"两头得利"。以专利权人的上述解释为基础，"以正反形式拼接结构"就具有了特定的两层含义。据此，社会公众在实施该相关技术时，只要避免采用"相邻接的两根木条的两个端部是一正一反排列"的方式，就不会构成专利侵权。而这种方式在该技术的实施中又是毫无意义的，结果是代理人为其当事人争得了一个毫无实际意义的专利权。

专利权人及其代理人的上述失误，实际上给对方制造了一个契机，请求方代理人完全可以将计就计，让专利权人对上述观点加以确认并将其记录在案。这样，即使该专利权得以维持，在其后的专利侵权诉讼中也可以充分利用"禁止反悔"的原则，最大限度地维护自己一方当事人的合法权益。然而，请求方的代理人并未如此，而是将争辩的要点放在了第二种正反排列方式是否能够实施上，这不能不说是一个小小的失误。

由此可见，双方当事人为了最大限度地维护自身利益，总是沿着对自己有利的方向进行争辩，这是可以理解的。但是应当注意的是，任何争辩都应当采取实事求是的态度，不能只顾一点不及其余，更不可玩弄小聪明，否则"聪明"反被"聪明"误。

关于说明书的背景技术以及发明目的对"技术特征"的解释作用，笔者还想通过另一个案例作进一步说明。

【案例 4-10】

该案例涉及一件有关潜水面罩的实用新型专利。在该专利说明书的背景技术部分写道：现有技术中的广视角潜水面罩分为两种，一种是将几片平面玻璃分别镶嵌在潜水面罩的正面与左右视窗中，另一种是采用曲面玻璃一次制作而成。前者虽然容易制作，但由于正面视窗与左右视窗之间存在"框边"，影响视野；后者采用非平面状态的玻璃一次制作，虽然不存在"框边"的影响，但由于潜水面罩的镜面必须使用"强化玻璃"，而强化玻璃大都是平面的，所以采用曲面玻璃不但制作上有困难，而且成本昂贵，不适合大量生产。

该专利的发明目的是：提供一种具有宽视野的潜水面罩，该潜水面罩除具有较宽的视野外，还具有安全可靠、可大量生产以及成本低的优点。该专利的说明书及附图中公开了几个不同的实施例，所有实施例中的镜面均是由几块平面玻璃相互黏合而成（如图 4-14 所示）。

其权利要求 1 如下：

1. 一种具有宽视野的潜水面罩，其特征在于，其构成包括一副框、一镜面、一面罩及一主框；

副框：其框缘配合镜面的框缘，其夹擎镜面及面罩而与主框结合成一体；

镜面：是由正向镜片与两侧的侧向镜片以黏合方式结合而成；

面罩：具有与镜面外缘结合框缘，该框缘并可置入主框的框槽内；

主框：具有与面罩、镜面的外缘、副框的框缘结合的框槽，其与副框可结合成一体。

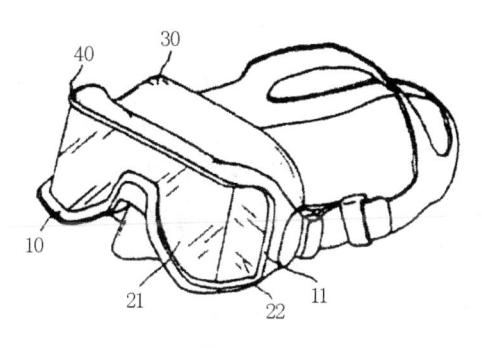

图 4-14

在该专利的权利要求书中对"镜面"这一技术特征的限定为：由正向镜片与两侧的侧向镜片以黏合方式结合而成。由于专利权人未将"镜面"明确限定为"平面玻璃"，在该案的无效宣告程序中便引起了如下的争议。

（1）说明书所公开的实施例中，其镜面均为平面玻璃，而权利要求书中对镜面的限定却未包括"平面"这一技术特征，因此，其权利要求中实际上就包含了"平面"和"曲面"这两种情况。此时，权利要求书能否得到说明书的支持？

（2）如果该专利以上述限定方式为基础存在，采用多块曲面玻璃黏合而成的潜水面罩是否构成侵权？

上述两个问题从形式上看分别涉及"权利要求书能否得到说明书的支持"以及"专利侵权"的问题，但其核心实际上是一个问题——究竟应当如何理解或解释该专利权利要求书中的"镜面"这一技术特征。

笔者认为，由于权利要求书中未对"镜面"作出明确限定，仅就字面含义而言，"镜面"似乎可以理解为包括"平面"和"曲面"这两种情况。但是在阅读了该专利的说明书，尤其是对背景技术和发明目的的描述之后，则可以进一步理解，采用平面玻璃是该专利的基点。该专利针对现有技术中存在的两个问题采用的基本技术方案就是用平面玻璃取代曲面玻璃、用黏合方式取代分段镶嵌方式。这种技术方案是说明书所公开的唯一技术方案。凭借说明书的这种解释作用，权利要求书中的"镜面"一词应当局限于"平面玻璃"的范围。同理，基于以上这种理解和解释，在专利侵权诉讼中，采用多块曲面玻璃黏合而成的潜水面罩也不应当被视为侵权。虽然"平面"一词在其权利要求书中未被明确加以记载，但通过说明书的背景技术部分及发明目的部分可以得知，该专利的潜水面罩是明确将曲面玻璃排除在外的。此时，"镜面"这一技术特征同样应当受到"平面玻璃"的约束。

专利权利要求书中之所以存在需要进一步"解释"的问题，是因为将一项发明要求保护的技术方案仅通过一句话（一个句号）加以概括的确是一件很困难的事情。但是，这并不意味着可以忽视权利要求书的撰写。

在上述两个案例中，当初代理人如果将"凸形的侧边为折线""所述的镜面为平面玻璃"这两个技术特征分别明确无误地写入其权利要求1中，则其要求保护的技术方案将会更加准确，从而可以避免后续程序中的若干争执和纠纷。至于一项技术方案中哪些技术特征应当写入权利要求的"一句话"中，哪些不写，这就完全取决于代理人的经验和水平了。

关于用说明书"实施例"以外的"背景技术"、"发明目的"以及"技术方案"来解释权利要求中的技术特征问题，可能会存在不同的观点。例如，在上述案例4-10的审理过程中，对于"镜面"这一技术特征的解释问题，无论在专利复审委员会内部，还是在专利复审委员会与人民法院之间都曾产生过不同的看法，但人民法院对该案所作的终审判决与笔者的上述分析是相一致的。

为了避免误解，最后还需要说明一点：上述所称的"解释"是以权利要求书中已经存在的技术特征为基础的，对于权利要求书中原本就不存在的技术特征，在专利无效过程中试图通过说明书的解释作用将其塞入权利要求书中（例如某技术特征是实现其发明目的的必要技术特征，但未写入权利要求书中），则另当别论，因为这已经超出了"解释"的范畴。

（七）合同与技术公开❶

一项新技术开发成功之后通常是要走向市场的。新技术要通过市场化、商品化来实现自身的价值并服务于社会。于是，技术的转让以及产品的销售便成为与新技术的开发密切相关的两个重要环节，这是问题的一个方面。问题的另一个方面是，为了获得对一项新技术的独占权，新技术的拥有者又往往通过申请专利的方式来寻求法律的保护。由此便使技术转让、产品销售与专利保护之间也产生了某些联系。如果创新主体能够正确把握技术转让、产品销售与专利申请之间的关系，它们之间通常是不会产生冲突的。但是，如果缺乏必要的法律知识，在申请专利之前便对该技术公开进行转让或产品销售，就会对该技术的专利申请造成影响，失去获得专利权的条件。这种情形在国内的专利申请和审查实践中屡见不鲜。

在专利复审委员会处理的无效宣告请求案件中，就有相当比例的案件与该专利申请日之前的技术转让及产品销售有关。这些无效宣告请求中技术转让或产品销售的证据多是合同，例如技术转让合同或产品销售合同。因此，如何看待合同，如何正确地认定合同与技术公开之间的关系，便是专利复审委员会在审理无效宣告请求案件中时常遇到的一个问题。

1. 两种不同的观点

对于合同（包括技术转让合同及产品购销合同）与技术公开之间的关系，之前曾存在着两种不同的观点。

一种观点认为，合同是订立合同双方当事人之间的行为，属于特定人之间的行为，不管在合同中是否存在保密条款，都应当视为处于保密的状态。因此，

---

❶ 该文首次发表于2000年。

专利申请日之前双方当事人所订立的合同不应视为《专利法》第二十二条第二款意义上的"为公众所知"。这种观点具体体现在专利复审委员会历年的一些无效审查决定中（见专利复审委员会第 27、28、66、538、611 号无效宣告请求审查决定）。持该观点的人认为："即使合同内容中技术提供方没有明文规定另一方的保密义务，合同双方出于经济利益的需要和合作行为具有排他性，一般也会遵守诚实和信用的原则，履行默示的保密义务""如果技术转让合同未约定保密条款，按照商业习惯受让方仍然应当是特定人"。另一种观点则认为，在签订销售合同时如果没有保密协议，将造成新颖性的丧失（见专利复审委员会第 370 号无效宣告审查决定）。

两种观点泾渭分明。由于专利审查指南中对此类问题并未作出具体明确的规定，所以上述两种观点至今都有一定影响。本文拟对合同与技术公开之间的关系作些初步的分析和探讨。

2. 从合同法看合同的内容

如上所述，与专利有关的合同一般是技术转让合同和产品购销合同。1999 年以前，我国有《经济合同法》与《技术合同法》，1999 年将该两个法律归并于《合同法》，其实施条例也同时失效了。以下所涉及的案例多发生于 1999 年之前，为了厘清其法律关系，仍对原《经济合同法》及技术合同中的一些相关内容作了引用，并对《合同法》中的相关修改作了说明。根据原《技术合同法》的规定，技术转让分为专利技术转让和非专利技术转让两类。与无效宣告请求有关的一般是非专利技术转让合同。

对于什么是"非专利技术"，在原《技术合同法实施条例》第六条中作了如下规定："非专利技术包括：（一）未申请专利的技术成果；（二）未授予专利权的技术成果；（三）专利法规定不授予专利权的技术成果。"由此可见，即使一项技术申请了专利，但只要尚未授予专利权，都应视为非专利技术。与这类技术相关的技术转让合同应视为非专利技术转让合同。

原《技术合同法实施条例》第七十四条规定："非专利技术转让合同应当具备以下条款：……（四）技术秘密的范围和保密期限……"

对上述条款存在两种不同的理解，一种理解是：该条款中采用了"应当"一词，这就意味着"保密"属于非专利技术转让合同中的必备内容；另一种理解是：技术秘密是非专利技术转让合同的内容之一，在合同中应当对技术秘密的范围和保密期限予以规定。

笔者比较赞同后者，理由如下。

第一，应当注意，在原《技术合同法实施条例》第七十四条中，"应当"

一词所限定的内容是"具有以下条款",具体说合同中应当具备"技术秘密的范围和保密期限"这一条款,但这并不意味着双方当事人"应当承担保密义务",不应当将两者等同起来。

第二,该条中的"应当"一词也不宜作绝对化的理解。因为该条中所限定的条款共计12项,除了上述"技术秘密的范围和保密期限"之外,还包括后续改进的提供与分享、争议的解决办法、名词和术语的解释等。如果将"应当"一词作绝对理解,那么在任何一份合同中,这12项中的任何一项都是必不可少的了,或者说,缺少其中的任何一项都不是合法的合同了,这显然是不太现实的。实践中,签订合同的双方往往从中选取有关的款项进行约定。"应当"一词的确对我们理解该条款起到某些误导作用。

或许正因为如此,在制定《合同法》时对此作了修改,与原《技术合同法》上述条款相对应的《合同法》第三百二十四条为:技术合同的内容由当事人约定,一般包括以下条款(共计11项,从略),即将"应当具有"一词修改为"一般包括"。

第三,原《技术合同法实施条例》第七十七条进一步规定:受让方违反合同约定的保密义务,泄露技术秘密,给转让方造成损失的,应当支付违约金或者赔偿损失。

请注意其中"约定的"一词,这说明保密义务是以约定为前提的。也就是说,保密是技术转让合同及产品销售合同中的一个选择性条款,而并非一个强制性条款。在一般的情况下,只有在合同中订立了保密条款时,才能认定其保密状态的存在(不排除个别情况的例外)。这种观点还可以从以下两个方面得到进一步印证。

(1)原《技术合同法实施条例》第七十九条规定:专利申请提出以后、公开以前,当事人之间就申请专利的发明创造所订立的技术转让合同,适用有关非专利技术转让合同的规定。受让方应当承担保密义务,并不得妨碍转让方申请专利。通读原《技术合同法》及其实施条例,唯有该条款对技术转让中当事人双方的保密义务作了强制性规定。如果认定所有的技术转让合同都存在保密的约束,又何必在此作重复规定呢?因此只能认为它是一种例外。

(2)在专利无效宣告请求的审查过程中,如果认定未写明保密条款的合同中也存在着隐含的保密义务,那么,在执行合同的过程中,是否也应当以此标准来处理违约问题呢?具体说,如果合同中并未写明保密义务,在合同执行过程中,一方当事人(包括要约人和承诺人)向第三方泄露了有关的技术,或者公开使用了该产品,是否也应当追究其违约责任呢?这种做法显然是不合适的,因为在原《技术合同法》中，所有的违约责任都是以"合同约定"为前提的。因此，着眼于执法的一致性，在专利无效宣告请求的审查过程中也应当严格按照合同中约定的内容来认定保密问题。

持上述第一种观点的人，除了认为合同中"隐含"着保密义务，还有一个理由就是，合同双方出于经济利益的需要和合作行为具有排他性，一般也会遵守诚实和信用的原则，履行默示的保密义务，按照商业习惯受让方仍然应当是特定人。

当一项技术转让合同或产品销售合同签订之后，是否双方当事人都希望将该技术保持在一种保密状态，不希望第三方介入，笔者认为要具体问题具体分析。在激烈的市场竞争中，在不违反合同中约定的义务的前提下，追求尽可能大的商业利润往往是双方当事人的共同目标。面对千变万化的技术市场和商品市场，双方当事人都有可能采用保密的方式来实现该目的，但是也不能排除双方当事人通过将技术进一步转让，或者通过公开宣传、使用的方式来实现该目的的可能性。因此，一概认定签订合同的双方当事人出于自身利益的考虑而负有默示的保密义务是欠妥的。

3. "一次公开"与"二次公开"

在专利无效宣告请求中，如果请求人提供了一份申请日之前签订的、无保密条款的技术转让合同或者产品销售合同，由此证明相关的技术在申请日之前已经被公开，那么，应当如何认定合同与技术公开之间的关系呢？笔者认为该合同本身实际上与两种"技术公开"的行为有关。其一是在合同签订过程中要约人与承诺人之间所发生的技术公开行为，我们不妨称为"一次公开"；其二是合同所涉及标的物的实际转让行为，例如技术转让合同中技术资料的实际提交或者产品购销合同中产品的实际交付，这种技术公开往往发生于合同签订之后，我们不妨称为"二次公开"。

对于"二次公开"大家的观点可能比较一致。原《技术合同法实施条例》第七十四条中规定：合同中应当规定"技术情报和资料及其提交期限、地点和方式"；原《经济合同法》第十二条也规定：购销合同中应当规定"履行的期限、地点和方式"。只要不存在违约的证据，合同中规定的日期即可视为实际交付产品的日期。当然，合同中所涉及的技术是否就是该专利所涉及的技术尚需作进一步证明，这与本文所涉及的问题无关，故在此不作讨论。

对于"一次公开"，在专利复审委员会内部存在两种不同的观点。一种观点认为，在合同签订之前或合同签订的过程中，买方有权利向卖方了解产品的结构、性能，卖方则有义务满足买方获得上述信息的要求。因此，只要在签订合同时，产品或者产品图纸等技术方案已经存在，就可以判定该产品或其技术已经处于公众中任何人想知道即可以知道的状态。另一种观点则相反，其根据是销售合同与广告不同，它不能被视为一种面向公众中所有人的要约，而仅仅是发生在购销双方之间的一种双边贸易行为，《合同法》中没有将提供产品结构方面的技术情报作为合同中应当具备的主要条款。

笔者比较倾向于第一种观点，但是不主张一概而论，应当根据具体案件作具体分析。原《技术合同法实施条例》第十条规定：当事人可以在订立合同前就交换技术情报和资料达成书面的保密协议。当事人不能就订立合同达成一致的，不影响保密协议的效力。该条款是用来约束合同签订过程中所发生的技术公开行为的。它表明：①在订立合同的过程中存在着技术公开的可能性；②保密属于一种选择性条款；③如果当事人在订立合同之前未达成书面的保密协议，则当事人不承担保密义务。在无效宣告请求过程中，如果根据双方当事人所提供的证据，能够推断出在签订合同的过程中承诺人完全能够了解到相关的技术内容，而且双方未签订任何保密协议，则应当认定在合同签订的过程中该技术就已经被公开（至于所公开的内容是否与专利的权利要求相同则另当别论），而不必再考虑提交技术情报和资料、交付产品的行为是否发生以及何时发生的问题。反之，如果证据不足以证明上述事实，则不应认定该技术在签订合同的过程中发生了"一次公开"。专利复审委员会第547号无效宣告请求审查决定便属于此种情况。

该案中请求人所提供的证据是申请日之前双方当事人签订的一份有关"LS500型螺旋输粉机"的购销合同，证据表明，在签订合同时产品的设计图纸尚未完成，所以其间不可能存在"一次公开"的问题。又由于产品的实际供货日期在申请日之后，故合议组认为所有的证据均不足以证明申请日之前该技术已被公开这样一个事实。以前，之所以对合同所涉及的保密问题会产生两种不同的看法，与原《技术合同法》及原《经济合同法》中对有关问题的规定不够明确有关。

值得庆幸的是，在1999年10月1日生效的《合同法》中，对合同的种类作了新的划分，对保密问题也作了进一步明确的规定。原《经济合同法》中的购销合同被归入买卖合同，在技术转让合同中，取消了原《技术合同法》中的"非专利技术转让合同"，设立了"技术秘密转让合同"（《合同法》第三百四十二条），并且明确规定：技术秘密转让合同的让与人和受让人均应当"按照约定""承担保密义务"（《合同法》第三百四十七条、第三百四十八条），而且"技术转让合同中的受让人应当按照约定的范围和期限，对让与人提供的技术中尚未公开的秘密部分，承担保密义务"（《合同法》第三百五十条）。在《合同法》第三十一条中还明确规定：合同的内容以承诺的内容为准。这就为今后认定合同与技术公开问题提供了一个良好的基础。

4. 欧洲专利局的几个观点

如上所述，对于合同与技术公开的问题，《审查指南 1993》中未作任何具体规定。但众所周知，《审查指南 1993》基本上是参照《欧洲专利局审查指南》制定的，或者说国家知识产权局的审查基准与欧洲专利局的审查基准是比较接近的。因此，看看欧洲专利局是如何处理这类问题的，对于我们还是有一定参考价值的。

(1) 在《欧洲专利局审查指南》D 部第 5 章第 3.1.1 节（关于公开使用的类型）中规定："Use may be constituted by producing, offering, marketing or otherwise exploiting a product, or by offering or marketing a process or its application or by applying the process."

从中可以看出，"offering"也是公开使用的方式之一。在法律出版社出版的《英汉法律词典》中将"offer"一词解释为："1. 要约；报价；发价；出价；发盘；2. 提供，贡献，给予……"❶ 何谓要约？《合同法》第十四条规定："要约是希望和他人订立合同的意思表示，该意思表示应当符合下列规定：（一）内容具体确定；（二）表明经受要约人承诺，要约人即受该意思表示约束。"由此可见，签订合同过程的第一步便是要约。欧洲专利局将合同的签订过程，更准确地说将合同签订之前要约人向承诺人提供有关信息的过程，也视为技术公开的行为之一。

(2) 在《欧洲专利局审查指南》D 部第 5 章第 3.1.3.1 节（技术内容为公众所知的一般原则）中规定：如果该主题内容（subject-matter）的有关知识有可能（It was possible）被公众中的一些成员得知，而且其间不存在任何秘密使用或禁止扩散的限制，则该主体内容被视为被公众所知。例如，假如一件物品被无条件地卖给了公众中的一个成员，由于购买者可以从该物品中获取任何有关的知识，所以该物品便被视为被公众所知。

(3) 在《欧洲专利局审查指南》D 部第 5 章第 3.1.3.4 节列举了一个产品被获知的例子：一种用来生产轻质建筑板的压力机被安装在一家工厂的库房中，虽然门上写有"未经许可不得入内"的字样，但是有关的客户可以进入观看该压力机，证据表明该公司并不将这些参观者视为竞争的伙伴。这些参观者虽然

---

❶ 夏登峻. 英汉法律词典 [M]. 3 版. 北京：法律出版社，2008.

不是真正的专家,但也并非完全的外行。该压力机的结构简单,任何人只要一看便可了解其中与发明相关的基本特征。由于这些人不受任何保密的约束,所以他们可以将这些情报自由地告诉任何人。

(4)欧洲专利局判例法(Case law)C部第1.2.2节对"公众"的概念作了具体解释:如果仅仅是社会公众中的一个成员处于可以得知并理解某情报的位置,而且其间不存在任何保密约束,则该情报视为被公众所知。在T482/89判例中,申诉委员会认为:只要购买者不承担任何保密义务,产品的一次销售足以使该销售产品处于为公众所知的状态,不必证明其他人也已经得知了该产品的内容。即使该产品被卖给一个非专业人员(T953/30、T969/90及T462/91),或者该情报仅为有限的人员得知(T8773/90、T288/91、T292/93),亦是如此。

(5)在欧洲专利局判例法C部第1.2.3节的判例T173/83中阐明了申诉委员会的另一个观点——送给客户的技术说明书不应被视为保密的情报。

从欧洲专利局的上述观点中可以归结出以下几点。

(1)要约是技术公开的方式之一。

(2)了解技术情报的人数的多寡与技术是否被公开无关。

(3)只要不负有保密责任,便可视为"其他人可以获知"。

这些观点似乎可以供我们在分析合同与技术公开之间的关系时参考。

5. 案例分析

笔者曾经审理过一件无效宣告请求案件,该案所涉及的专利是一种"缫丝机加热装置"。请求人请求无效宣告的理由是该专利不具备新颖性,所提供的证据包括:

(1)一份与该加热装置有关的产品销售合同。

(2)一份合同双方签订的协议书。

(3)一份有关该加热装置的可行性论证书。

上述合同的签订日期在该专利的申请日之前,产品的供货日期也在申请日之前。

请求人认为,根据上述合同及协议书,可以证明该专利所述的加热装置在其申请日之前就已经被公开并进行销售了。由于在合同中没有保密条款,故这种销售属于公开销售,该专利不具备新颖性。

专利权人则认为,该专利所述的装置是专利权人受合同中另一方当事人委托而完成的一项技术成果,在双方之间并不存在"保密"问题。但是,该合同和协议书是专利权人受对方委托,为了特定的目的,针对特定的人(委托方),在特定的场合(委托方—生产车间)进行的,仅仅局限于对方部分职工,并非公众中任何人都能看到和使用的。因此，上述公开仅仅是在委托与被委托方这一特定范围内的公开，并非公知公用的现有技术。上述证据不能破坏该专利的新颖性。

根据上述三份证据，合议组首先确认了以下事实：①上述购销合同中所述的供热系统就是该专利权利要求1所要求保护的加热装置；②该装置在该专利的申请日之前就已经被安装和使用了。

根据请求人与专利权人所提供的证据及所陈述的意见，可以进一步得知：在上述合同签订时该加热装置的设计方案尚未形成，该产品并非供方的定型产品，所以该销售合同实际上带有技术开发合同的性质。基于以上事实，笔者认为，该案在签订合同的过程中不存在"一次公开"的问题，或者说，其"要约"（offer）的过程并未构成对该专利的技术公开。

应当如何认定合同签订之后、申请日之前的产品销售行为，专利权人认为："该合同和协议书是专利权人受对方委托，为了特定的目的，针对特定的人（委托方），在特定的场合（委托方—生产车间）进行的，仅仅局限于对方部分职工，并非公众中任何人都能看到和使用。因此，上述公开仅仅是在委托与被委托方这一特定范围内的公开，并非公知公用的现有技术。"

该观点的核心是"特定人"和"特定场合"。什么是特定人？《审查指南1993》中并未对此作出任何定义，"特定人"一词源于日本，按照日本特许厅的定义，"特定人是指与发明人有关系并且为发明人保密的人"。所以，"特定人"与"个别人"是两个不同的概念，"特定人"应当负有约定的或者默契的保密义务。如果仅仅以"合同是在双方当事人之间的行为"为由，便认定该当事人属于特定人的话，那么，通常在商店中发生的售货员与顾客之间的买卖行为也应当视为发生在"特定人"之间的行为，因为这种买卖关系通常也是在一个售货员与一个顾客之间进行的。

笔者认为，特定人与非特定人的一个重要区别在于是否存在排他性。如果在合同中既不存在约定的保密条款，双方之间也不存在默示的保密义务，那么，这种合同买卖关系与商店里所发生的买卖关系实质上是相同的，都不具备排他性，其区别仅在于买卖次数不同而已。对于该案来说，由于合同中不存在保密条款，也没有证据证明存在默示的保密义务，故合同中的另一方当事人不应视为特定人。

根据合同，该加热装置在申请日之前便被销售给合同的另一方当事人了，应当如何认定这种行为及其所产生的后果，对特定人的不同理解导致了两种不同的看法。有人认为，这种销售行为仅发生在该合同的当事人之间，不应视为公开销售；也有人认为，尽管上述加热装置从设计到销售都属于专利权人与合同中另一方当事人之间的行为，该过程的公开范围是有限的，但是，由于在整个过程中并不存在任何保密的约定，即使这种销售行为仅仅发生了一次，也已经构成了技术的公开。后者基本与上述欧洲专利局的观点（2）和（4）相符合。

在该案中，虽然证据所证明的仅仅是一次销售行为的发生，但是并没有证据证明在这种销售行为之后有任何保密义务的存在，这种状况便将导致其他的社会公众也有可能获得该技术。所以这种销售应当属于公开销售的行为。笔者比较同意后一种观点。该案最终以该专利产品在申请日之前已公开销售和使用为由被宣告无效。

（八）关于"出版物公开"的几个问题❶

根据《专利法》第二十二条的规定，"出版物公开"是构成"现有技术"的重要方式之一。据此，在请求宣告专利权无效的程序中，申请日之前的"公开出版物"也就成了请求人请求宣告专利权无效的主要证据。《专利法》及《专利法实施细则》中，并未对"出版物公开"或"公开出版物"作出直接、明确的定义，但在《审查指南1993》第二部分第三章第2.1.3.1节对"出版物"和"公开"这两个概念分别作了如下的解释。

出版物包括各种印刷的、打字的纸件，例如专利文献、科技杂志、科技书籍、科学论文、专业文献、教科书、技术手册、正式公布的会议记录或者技术报告、报纸、小册子、样本、产品目录等。

出版物不受地理位置、语言或者获得方式的限制，也不受年代的限制。

出版物的出版发行量多少、是否有人阅读过、申请人是否知道是无关紧要的。

对于印有"内部发行"等字样的出版物，确系特定范围内要求保密的，不属于本规定之列。

出版物的印刷日为公开日，如果印刷日只写明年月或者年份的，则以所写月份的最后一日或者所写年份的12月31日为公开日。

由此可见，《审查指南1993》对"出版物"的定义是非常宽泛的，而且属于一种列举性的、开放性限定；对"公开出版"的要求也是很宽松的——仅仅排除了标有"内部资料""内部发行"的出版物。

但是在专利复审委员会对无效宣告请求案的审理过程中，问题并不如此简单。有些合议组在判断一份证据是否属于"公开出版物"时，往往附加了一些

---

❶ 该文首次发表于2001年。

额外的判断标准。查看一下专利复审委员会历年来的无效审查决定就会发现，围绕着"出版物公开"的问题，不同的合议组对于相同的证据曾作出过不同的认定。本文拟结合复审委员会所作出的决定，对与"出版物公开"有关的几个问题谈点看法。

1. "出版日"与"版权日"

在无效宣告请求所提供的证据中，经常会遇到来自国外的印刷出版物，例如一份产品目录、一份产品说明书或产品的操作手册，在其封面或封底往往印有一些与版权有关的信息。例如，笔者曾参与审理了一件无效宣告请求案，无效宣告请求人提供了一份在美国印刷的产品说明书，其封面印有"Copyright 1996，××Company，Printed in USA"的字样。如何认定"Copyright 1996"这类标识所代表的内容，笔者查看了专利复审委员会历年来的有关无效审查决定，发现专利复审委员会内部对此问题的观点并非一致，有的决定认为它表示的是该出版物的版权日，该日期并非其公开出版日（如第 3029 号无效审查决定）；有的合议组则认为它表示的是该书的出版日（如第 1034 号无效审查决定）。这样，两种不同的认定就导致了两种完全不同的审查结论。

如何认定"Copyright 1996，××Company，Printed in USA"这类标识的含义，我们不妨查看一下与版权有关的法律、法规和公约。根据《著作权法》及其实施条例的规定，著作权自作品完成之日起产生，无须履行任何手续。虽然目前世界上大多数国家都采用了这种方式，但仍有部分国家要经过必要的登记注册手续方可获得版权。

针对这种状况，《世界版权公约》第三（1）条中规定：在缔约国内部，对于要求履行手续方可获得版权的国家来说，对那些在该国之外已经出版而其作品又非本国国民的作品，应当承认其版权，即不应当强求其履行本国所需的手续。但是要有一个条件，即这些作品是作者或版权所有者授权出版的，并且自初版之日起，在所有各册的版权栏内，标有©符号、注明版权所有者之姓名、初版年份等（... if from the time of the first publication all the copies of the work published with the authority of the author or other copyright proprietor bear the symbol accompanied by the name of the copyright proprietor and the year of **first publication** placed in such manner and location as to give reasonable notice of claim of copyright.）。

根据《世界版权公约》的上述规定就不难理解，既然大多数国家均承认版权是自动生成的，为什么在某些国外的出版物中仍要印上上述的版权标识。而且据此也可以确认，在该版权栏内的年份就是指该出版物的"出版年份"，即该年份表示的是"出版日"而并非"版权日"。

对于"出版物"来说,"出版日"只是问题的一个方面。在上述无效宣告请求案中,无效宣告请求人所提交的证据是一份产品说明书。即使认定了该出版物是 1996 年出版的,对于"产品说明书"是否可以看作"公开出版物"也是双方当事人的一个争执点,需要合议组进行判断,从上述版权标识中是否可以继续找到有关信息。

《世界版权公约》第六条规定:**本条约所用"出版"一词,系指以有形形式复制,并在公众中发行,以供阅读或欣赏。**("Publication", as used in this Convention, means the reproduction in tangible form and the general distribution to the public of copies of a work from which it can be read or otherwise visually perceived.)

从《世界版权公约》第三(1)条中可以得知该产品说明书是 1996 年首次"出版"的,从《世界版权公约》第六条中又进一步得知"出版"一词具有公开发行的含义,将两者结合起来,通过逻辑推理就有足够的理由认定标有上述版权标识的出版物属于 1996 年出版的"公开出版物"。

2. "产品说明书"的属性

在上述案例中,如果根据《世界版权公约》第三条和第六条将这份标有版权标识的国外产品说明书认定为属于公开出版物,那么便会带来一个不容回避的问题——对不带有版权标识(但印有出版日期)的,例如国内的产品说明书是否也可以认定为"公开出版物"?

通过以上分析可以得知,在出版物上印有版权标识只是为了确认该出版物在该印刷国家已经享有版权(但并不一定是经过登记注册),以便自动形成在其他国家版权保护。很显然,对于版权自作品完成之日起自动产生的国家来说,有无这种标识并不能改变该出版物的任何属性,或者说,标识与不标识版权信息对该出版物的性质而言并无本质差别。

在专利复审委员会历年来的无效审查决定中,对于产品说明书的问题也存在着两种不同的观点。笔者曾查看了专利复审委员会以往所作的 39 件与"产品说明书"有关的无效宣告请求审查决定,其中大部分"决定"因该产品说明书中未标明出版日期而不能作为有效证据,故合议组未对产品说明书的属性再作进一步评述。但也有 5 件无效宣告请求审查决定对产品说明书的属性作了直接或间接的评述。其中有 3 件认为产品说明书属于公开出版物(无效宣告请求审查决定第 167 号、第 380 号、第 1051 号);有 2 件认为产品说明书不同于产品样本,不属于公开出版物(无效宣告请求审查决定第 821 号、第 1013 号)。

后者的主要理由是:产品说明书不同于普通书籍和产品样本,它既不是通过书店公开销售的书籍，也不是公开散发的宣传品，而是伴随着产品的销售被送到消费者手中的，所以其公开日期不应当以该说明书上所标识的出版（印刷）日期为准，而应当以其公开销售的日期为准。

按照这种观点，产品说明书就不能够作为"现有技术"的"直接证据"使用，而只能视为"间接证据"。这样，要想证明该出版物为公众所知的事实，还必须附以销售行为的证据（例如销售发票、销售合同等），以认定该产品说明书为公众所知的具体时间，从而形成一个完整的证据链。

从形式上看，上述两种观点的主要分歧在于对产品说明书公开日期的认定方式有所不同，但实质上涉及对产品说明书本身属性认定的问题，即产品说明书究竟是不是公开出版物的问题。如果属于公开出版物，在无效宣告请求程序中它便可以作为"直接证据"使用，否则只能作为"间接证据"使用。

由于产品说明书印刷后的发行方式比较特殊，社会公众获得该出版物的主要途径不是通过购书的方式直接获取的，故按照某种观念将产品说明书从公开出版物中排除出去也有一定的道理，因为这是着眼于实际发生的情况而得出的结论。但是，这种以"实际发生的情况"为依据而作出的判断却不符合国内外审查指南的一些基本原则。

首先，如果将这种判断方式推广用于一般出版物，便会与我国《审查指南1993》的规定相抵触。例如，一般情况下一本书或一份刊物的公开销售时间（或者社会公众实际获得该出版物的时间）都迟于书刊上所记载的印刷时间，两者之间往往存在一个时间差。如果"着眼于实际情况"，就应当将一本出版物的实际发行时间或读者实际购得的时间视为其公开日。

这样，要想证明一本书或一份刊物为公众所知的时间，还应当附以其他间接证据（例如销售发票、公开发行证据等）。然而在《审查指南1993》第二部分第三章第2.1.3.1节对此却作了明确的规定："**出版物的公开日期，以其第一次印刷日为公开日**"。出版物的公开"**不受获得方式的限制**""**有没有人阅读过是无关紧要的**"。

《审查指南1993》的上述规定也是符合国际惯例的，例如，《欧洲专利局审查指南》中明确规定：对于以"书面方式为公众所知"来说，"**为公众所知的方式是不受任何限制的**"。（参见《欧洲专利局审查指南》C部第4章第5.1节。）这种规定本身就排除了对出版物印刷之后的公开方式进行查证的必要性。

《PCT国际检索和初步审查指南》第十一章第11.12节规定：如果在相关日公众中的成员可以接触并获得书面文件的内容，且对所获得知识的使用或传播不存在保密限制，则该书面公开文件被视为可以被公众获得，应当按照上述原则确定缺少索引或目录的文件，其内容是否被公众获得。当可被公众得到的文件的日期只有月份或年份，没有具体的日期，则推定该文件的内容分别在该月或该年月的最后一日已被公众获得，有相反的证据除外。

如果说中国、欧洲及 PCT 对公开出版物的定义还不够清晰的话，在日本特许厅制定的审查指南中对"公开出版物"作了更为明确的规定："**出版物**"是一种经过复制、供信息交流用的文件、图案或其他类似的媒介物，它通过公开散发（**distribution**）的方式向公众公开其内容。所谓"公开散发"是指将上述的出版物置于非特定人（**non-specified persons**）能够阅读或观看的情形之下，并不需要存在某一个人实际上已经获得该出版物的事实。该审查指南还进一步规定：如果在一份出版物上记载了出版时间，则该时间就被假定为其公开散发的时间（见日本特许厅审查指南第二章第 1.3.4 节）。

通过以上所援引的国内外规定，不难看出"公开出版物"应当具有以下几个特点。

（1）它是经过**复制**的。

（2）其作用是供**公开交流**用的。

（3）出版物上印制的日期即为其公开日期，**是否有人得知以及通过何种方式得知**是无关紧要的。

简而言之，就专利审查中的"公开出版物"而言，"出版"一词的实际含义是"复制"；"公开"一词的实际含义是不限定于"特定人"的范围。一切经过复制的、用于公开交流的书面文件（专利文献、科技杂志、科技书籍、科学论文、专业文献、教科书、技术手册、正式公布的会议记录或者技术报告、报纸、小册子、样本、产品目录等）都应当被视为"公开出版物"。从这个意义上说，经过复制的、供产品（直接的或潜在）用户使用的"产品说明书"是具备公开出版物属性的。

通过以上分析还不难看出，上面提及的专利复审委员会某些"决定"中认为产品说明书不是公开出版物的理由（考虑发行渠道、公众实际得知的时间等所谓的"实际发生的情况"），也正是各国审查指南中明确排除的理由。

其次，对于"公开出版"与"非公开出版"之间的界限问题，在我国《审查指南 1993》中也已作了专门的规定，明确地将印有"内部发行"等字样的出版物排除在"公开出版物"之外，除此之外并未涉及其他情况。具体说，并未将产品说明书这类出版物排除于"公开出版物"之外。

综合以上几个方面考虑，笔者认为将产品说明书认作公开出版物，并以其印刷日期作为公开日更合乎我国《审查指南 1993》的规定，也更符合国际惯例。当然，对于产品说明书来说，在其作为证据使用时，如何确认其真伪性可能会存在一些困难。但话说回来，这类困难对于其他类型的出版物来说也是同样存在的，例如《审查指南1993》中所规定的"小册子""技术报告"等。由于这个问题涉及证据真实性的问题，而本书所讨论的是证据的属性问题，是两个不同的问题，故在此暂不展开讨论。

3. 关于"企业标准"

在宣告专利权无效的请求案中，"企业标准"也是请求人经常使用的一种证据。"企业标准"是否属于公开出版物，专利复审委员会内部观点也不尽一致。例如，在第940号专利无效宣告请求审查决定中就认为"企业标准"属于公开出版物，认为"我国的企业标准在同行业之间是公开的，任何对标准感兴趣的有关人士均可调阅"。而在第119号、第693号、第1064号无效宣告请求审查决定中却认为"企业标准"不属于公开出版物，"是工厂内部使用的标准"。

应当说，"企业标准"与一般的出版物还不太一样。它虽然也是以印刷物的形式存在，但流通范围有限，所以也有人主张在无效宣告请求中，将企业标准作为"以其他方式为公众所知"的证据或一般"物证"来使用可能更为合适。

由于在此所要讨论的不是"企业标准"的证据类别问题，而是其属性，所以不妨避开"出版物"一词，而采用一种中性化的称谓——"资料"，即"企业标准"究竟属于一种公开性的资料还是保密的资料？

要判定"企业标准"的公开属性，首先要对"企业标准"的性质、作用及其制定过程有所了解。为什么要制定"企业标准"？我国的标准法体系包括国家标准、行业标准、地方标准和企业标准四类技术标准。企业标准包括两种情况：一是没有国家标准或者行业标准的，必须制定企业标准；二是已有国家标准或者行业标准的，进一步制定更为严格的标准。但无论哪一种情况，作为交货依据的企业标准都必须备案。内部适用的企业标准仅限于第二种情况，这种企业标准可以不公开，也可以不要求备案。言外之意，凡经备案的企业标准一般都具有公开的属性。

《标准化法条文解释》还规定：**制定标准是指制定部门对需要制定标准的项目编制计划、组织草拟、审批、编号、发布的活动。**由此可见，企业标准的制定过程包含有"发布"的环节，便构成了将企业标准对外公开的一种方式。

另外，在《标准化法实施条例》第二十四条还规定：**"企业生产执行国家标准、行业标准、地方标准或企业标准，应当在产品或其说明书、包装物上标注所执行标注的代号、编号、名称。"**这样，产品的购买者或使用者，完全可以直接获得该产品企业标准的有关信息，从而对产品的质量进行检查、监督。这也从另一个侧面表明了经备案后的企业标准具有供社会公众查阅的公开性。

通过以上法律、法规可以看出：经备案的企业标准在一般情况下是具有"公开性"的，因为它经过了"发布"的程序，并且在备案之后可供购买者或使用者查询。之所以说"一般情况下"，是为了留有余地，在实际情况中不排除企业对所备案的企业标准有保密要求的情况，但此时备案者应事先声明，并由主管部门在其备案的企业标准上予以注明。

例如，北京市技术监督局在1991年1月10日发布的《关于发送北京市企业产品标准备案配套文件格式的通知》中设计了一套企业标准备案表格，其"企业产品标准备案表"中就包含"是否保密"一栏。也就是说，如果对所备案的企业标准有保密要求，则在填写表格时应予以注明。

也有的地区将企业标准作为保密资料进行管理，例如，《上海市企业产品标准备案管理办法》第九条规定："受理备案部门未经制定单位同意，不得泄露或扩散《标准》的内容或文本。"

北京市和上海市的上述规定实际上已经表明了一个问题——企业标准一般情况下是不具有保密性的。如果企业标准本身就具有保密的属性，为什么还要在备案时进行保密性选择或额外制定保密性管理规定呢，这不是多此一举吗？

通过以上分析可以看出：着眼于企业标准的制定初衷及其所担负的作用，经备案的企业标准的常态应当是不具有保密性的。但基于我国的具体国情，尤其是近年来，随着大家知识产权保护意识的增强，不同地区对企业标准先后采取了不同的管理制度，也确实存在一部分企业标准处于保密状态的现实情况。

因此，在审查专利无效宣告请求案件时，对于企业标准一类的证据，既不应当一概视为公开的，也不应当一概视为保密的，而应当根据具体案情进行处理，除了考虑企业标准的一般属性，还要考虑我国的具体国情。

基于企业标准在常态下是公开的，让举证人证明企业标准的公开性通常比较困难，因此举证人可以免证明其公开性的责任，举证责任应当由对方承担，即如果当事人能够举出有效证据证明该企业标准处于保密状态，则该企业标准就具有保密性。

鉴于有的地区对企业标准制定了强制性的保密规定，有的地区采取选择性保密的方式，还有的地区对保密问题未作任何进一步规定这一具体情况，让对方当事人举证证明其保密性则是完全可能的。所以，从操作的层面考虑，由对方当事人对某一企业标准的保密性进行举证可能更具有合理性和可行性。

值得说明的是，近年来随着大家对知识产权的重视，对企业内部的技术资料都加强了保密管理，企业标准往往也多以"保密"的性质予以备案，故更多的企业标准被认定为不具有公开性。

(九) 从一无效案件看《专利法》所称的"技术方案"[1]

《专利法》第二条第三款规定:"实用新型,是指对产品的形状、构造或者其结合所提出的适于实用的新的技术方案。"在专利的审查、复审及无效宣告过程中,时常会遇到涉及上述条款的案件。什么是《专利法》所称的"技术方案"?虽然审查指南对此作出了定义,但大家对这一概念的理解尚存在分歧。在许多无效宣告请求案件中,某项专利要求保护的客体究竟是不是属于一个"技术方案"往往成为双方当事人争执的焦点,审查员对"技术方案"这一法律概念的理解也不尽相同。

笔者曾在一篇文章中结合几个具体案例对"技术方案"的认定谈了一些看法。文章发表后不久,文中所涉及的一个案例经北京市高级人民法院的审理已经作出了终审判决。在此拟对该案例作具体介绍,并结合专利复审委员会对该案无效宣告请求的审查情况,以及北京市第一中级人民法院、北京市高级人民法院对该案的一、二审所作的判决,对技术方案的认定问题作进一步分析讨论。

1. 案情介绍

一件实用新型专利(ZL 00249571.6),其名称为"防伪铆钉"。从该专利的说明书可以得知,该防伪铆钉主要用于纸板材料的连接。现有技术中的这类铆钉,其顶部大致为光滑的表面。该实用新型通过在铆钉的顶部压制出凹凸不平的复杂图形,来为各品牌提供专用的防伪手段,同时使消费者看到外包装后即可识别产品的真伪。该实用新型所要求保护的铆钉其结构如图4-15所示:标号1表示铆钉的铆沿,标号2表示铆钉的铆体,标号11表示的是铆沿上端面压制有凹凸部的结构。

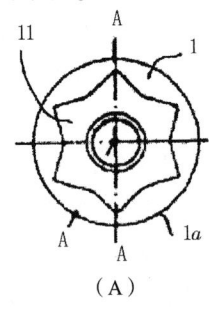

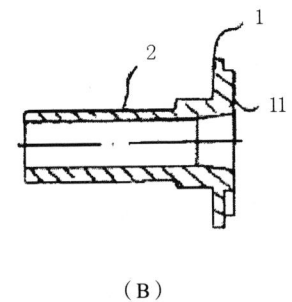

图 4-15

---

[1] 该文发表于2009年。

其权利要求1如下：

1. 一种防伪铆钉，所述铆钉由铆沿和铆体构成，其特征在于，所述铆沿上端面压制有凹凸部。

一位无效请求人对该实用新型专利提出无效请求。请求人认为：该专利不符合《专利法》第二十二条规定的新颖性及创造性，同时也不符合《专利法》第二条第三款的规定。在无效审查过程中，由于请求人所提供的证据不足以破坏该专利的新颖性和创造性，争论的焦点就被集中在该专利是否符合《专利法》第二条第三款的问题上。

请求人认为：该专利以防伪为目的，而"防伪"不属于"技术效果"，而且该效果需要通过人体的感官来辨认，故该专利不属于一个"技术方案"，不符合《专利法》第二条第三款的规定，不能被授予实用新型专利权。

专利权人则认为：在本专利的权利要求1中记载了该铆钉的具体结构特征——"所述铆钉由铆沿和铆体构成"及"铆沿上端面压制有凹凸部"。由于本专利权利要求1中所记载的方案涉及产品的形状和构造，该方案属于利用自然规律的技术特征的集合，故符合《专利法》第二条第三款的规定。

2. 无效审查的结论

在该案中，双方当事人的主要争执点是应当如何理解《专利法》第二条第三款所称的"技术方案"。什么是《专利法》所称的"技术方案"？

审查指南对此作了如下解释：技术方案是申请人对其要解决的技术问题所采取的利用了自然规律的技术特征的集合。

在上述解释中，有两个概念是明确的：①所谓"技术方案"是指若干"技术特征"的集合；②"技术特征"则是指对"自然规律"（自然力）的利用。其实，只要将这两个概念结合在一起，"技术方案"的含义就已经很清楚了。以这种观点来分析该案例，应该不会有太多的争议，因为其权利要求1中包含了有关产品的具体结构特征（铆钉由铆沿和铆体构成，在所述铆沿上端面压制有凹凸部），而且该特征是通过压制的方式形成的，它属于对自然规律或自然力的具体应用。所以该实用新型属于"利用了自然规律的技术特征的集合"，符合审查指南的上述规定。

双方当事人之所以产生观点的分歧，主要是因为在审查指南的上述解释中，还附加了一个前提——"对其要解决的技术问题所采取的"，也就是说，按照审查指南的上述规定，判断一项专利（申请）是否属于一项技术方案，不仅要看其构成——是否属于"技术特征的集合"，而且要看其目的（效果）——是否能够解决"技术问题"。然而，对于什么是"技术问题"，审查指南并未作出进一步解释。这正是导致上述观点分歧的根源之所在。

什么是"技术问题"？就其字面含义而言，可以有两种不同的理解。一种理解是着眼于"问题"本身的性质，即所解决的问题是"技术性"的。基于这种理解，以"美观"甚至"防伪"为发明目的（需要解决的问题）的发明或者实用新型专利等就有可能被排除在"技术问题"之外。另一种理解是着眼于解决问题的"手段"，即凡借助于"技术的手段"而解决的问题就是"技术问题"，它与问题本身的性质无关。基于这种理解，以"美观""防伪"等为目的的方案，只要它是通过技术的手段，即借助于自然力（并非依靠个人的技艺或能力）来实现的，均可以作为实用新型专利的保护对象。合议组认为这种理解方式更为合理，更具可操作性。

在确定一项发明创造是否属于实用新型专利的保护范围时，还需要对其说明书中所称的"发明目的"进行考虑吗？我们知道，对于一项专利申请来说，其"发明目的"是针对"解决的问题"及"产生的效果"而言的，而"解决的问题"及"产生的效果又是伴随着技术方案"而客观存在的，它们与该技术方案所包含的每一个技术特征是相互对应的。一项技术方案形成之后，发明目的（技术效果）便隐含在其中。

在专利申请的过程中，"发明目的"的提出和确立具有一定的可变性和主观性。一项发明创造的技术方案有可能包含着若干个发明目的，针对不同的对比技术，其发明目的可能有所不同。正因为如此，在专利审查的过程中，根据审查员所检索出的对比文件，申请人可以修改其"发明目的"。

至于认定"防伪"不属于"技术问题"，"需要通过人体的感官来辨认"的效果不属于"技术效果"更是说不出太多的道理。例如，通过在纸币中嵌入金属丝的方式进行防伪，难道不属于一种技术方案，不能申请发明或者实用新型专利吗？又如，一项发明创造对音箱的结构进行了改进，改进后的音箱可以降低共振，从而产生更加悦耳的音色，使人听起来更舒服。这种效果显然是通过人的感官而实现的，是对听觉器官的一种满足。难道能够因为"悦耳"不具有所谓的"技术性"而将其排除于"技术方案"之外吗？

翻开《国际专利分类表》第8版的B分册，可以看到不仅为产品的装饰设立了专门的大类（B44装饰艺术），而且明确规定"其产生的效果或标记应当是由肉眼判定的"（见分类表B44的附注），在B44B的小类名称中也明确写明"压花制品入C14B"（即分类表C14B中包括压花制品）。由此可见，具有装饰性的产品并未被排除在专利保护的范围之外。其中的B44F 1/12小组，内容为"证券或钞票在图样上或重要的防范伪造措施"，可见"防伪技术"已经被收入

《国际专利分类表》内，属于专利的保护范围。

对于什么样的方案可以受到专利保护，以及如何看待专利申请中的"技术"问题和"美感"问题，还可以借鉴欧洲专利局的有关规定。《欧洲专利局审查指南》C部第四章规定："如果一种美学效果是通过一种技术结构或其他技术手段获得的，虽然该美学效果本身不能被专利保护，但获得该美学效果的手段却可以受到保护。例如一种织物，通过采用一种层状结构而获得迷人的外观，则采用该结构的织物可以被保护。"

在上述案例中，在充分听取双方当事人意见的基础上，专利复审委员会该案合议组作出了第4721号无效审查决定。决定中就该案是否符合《专利法》第二条第三款的问题作出了如下结论。

合议组认为：该专利涉及一种防伪铆钉，在该专利的权利要求1中记载了该铆钉的具体结构特征——"所述铆钉由铆沿和铆体构成"及"铆沿上端面压制有凹凸部"。通过该专利的说明书可以看出：采用该专利的铆钉，可以对所封装的产品起到防伪的作用，产生了一定的防伪效果。由于该专利权利要求1中所记载的方案涉及产品的形状和构造，该方案属于利用自然规律的技术特征的集合，故权利要求1所记载的方案就是一种技术方案。《专利法》中所称的技术效果是指通过技术的手段而取得的效果。由于该专利的防伪效果是通过一定的技术手段（即权利要求1所述的技术方案）而取得的，故该防伪效果就是其技术效果。由于该专利通过一种技术方案解决了一定的技术问题，产生了一定的技术效果，因此符合《审查指南2006》第一部分第二章第6.3节的规定，即符合《专利法》第二条第三款的规定。

3. 一审判决

无效宣告请求人对专利复审委员会作出的第4721号无效宣告请求审查决定不服，向北京市第一中级人民法院提起诉讼。其理由是："该专利的防伪铆钉实质上是一种立体图案，不是对产品形状、构造或者其结合所进行的改进，不属于实用新型的保护范围。"

经审理，一审法院作出了"撤销专利复审委员会第4721号无效宣告请求审查决定"的第513号行政判决，其理由是："产品的形状及其表面的图案、色彩、文字、符号或者结合的新的设计，没有解决技术问题，不应属于实用新型专利保护的客体。而且在该专利的权利要求书中，产品的形状是在铆钉的顶端压制图案的方法，使得产品有一定的形状。但是，在所解决的技术方案方面，该专利只是通过在铆钉的铆沿端面上压制凹凸部，以凹凸部的图案以及图案的变化与他人产品相区别。而在权利要求书中却没有给出涉及的相关'技术方案'中产品的各个组成部分的安排、组织和相互关系。"该判决还认为：该专利的权利要求书中没有记载防伪铆钉任何的紧固封装方法、功能和用途的内容，所以该专利的权利要求没有得到说明书的支持。

4. 二审判决

专利复审委员会对北京第一中级人民法院的第513号行政判决不服，遂向北京市高级人民法院提起上诉。第三人（专利权人）也提起上诉。

专利复审委员会的上诉理由是：

（1）一审判决认定事实不清：该专利所涉及的是一种产品，与"在铆钉的顶端压制图案的方法"毫无关系，而一审判决却将该专利认定为"在铆钉的顶端压制图案的方法"。

（2）一审判决适用法律不当：根据《专利法》及《审查指南2006》的规定，实用新型专利只保护产品，"方法"不属于实用新型的保护客体，方法特征或功能特征一般不允许写入实用新型的权利要求书中。而一审判决却认为权利要求书中没有记载防伪铆钉任何的紧固封装方法、功能和用途的内容，所以该专利的权利要求没有得到说明书的支持，这一认定显然违背了上述法律规定。

经审理，北京市高级人民法院作出第180号行政判决。二审法院认为：根据《专利法》第二条第三款的规定，实用新型的保护范围，一是产品，二是涉及产品形状、构造等所提出的新的技术方案。又根据《审查指南2006》的规定，"技术方案是申请人对其要解决的技术问题所采用的利用了自然规律的技术特征的集合"。根据该案权利要求1的记载，首先，该专利是一种防伪铆钉的产品。其次，该专利的防伪铆钉由铆沿和铆体构成，特征在于铆沿上端压有凹凸部，而凹凸部正是该专利技术特征的集合，也正是由"凹""凸"技术特征的集合构成了该专利新的技术方案，从而产生了该专利防伪的技术效果。由此可见，该专利符合上述法律规定，属于《专利法》规定的实用新型专利的保护范围。因此，"一审法院判决认定事实不清，适用法律、法规错误，应予纠正。"

二审判决结果是：

（1）撤销北京市第一中级人民法院第513号行政判决书。

（2）维持专利复审委员会的第4721号无效宣告请求审查决定书有效。

5. 结　语

北京市高级人民法院作出的第180号行政判决是终审判决。该判决对专利复审委员会所作出的第4721号无效宣告请求审查决定予以肯定，这就意味着专利复审委员会该案合议组结合该案对《专利法》所称的"技术方案"的分析、认定是合法的。

虽然我国不采用判例法，但北京市高级人民法院作出的第 180 号行政判决，对于如何理解《专利法》第二条第三款的含义以及如何在专利案件中对"技术方案"进行认定，应当具有一定的指导意义。

（十）专利案件中当事人"自认"的问题❶

当事人"自认"是民事诉讼及行政诉讼中经常遇到的问题。在《最高人民法院关于民事诉讼证据的若干规定》（以下简称《民诉证据规定》）和《最高人民法院关于行政诉讼证据若干问题的规定》（以下简称《行诉证据规定》）中，都对当事人"自认"的问题作了相应规定。

《民诉证据规定》第七十二条❷第一款规定："一方当事人提出的证据，另一方当事人认可或者提出的相反证据不足以反驳的，人民法院可以确认其证明力。"《行诉证据规定》第六十五条和第六十七条分别规定：在庭审中一方当事人或者其代理人在代理权限范围内对另一方当事人陈述的案件事实明确表示认可的，人民法院可以对该事实予以认定；在不受外力影响的情况下，一方当事人提供的证据，对方当事人明确表示认可的，可以认定该证据的证明效力。由此可见，无论在民事诉讼还是在行政诉讼中，凡符合上述当事人自认条件的事实及证据一般都会被人民法院接受。

在国家法官学院刘善春等人撰写的《诉讼证据规则研究》❸ 一书中对"当事人自认"作出了以下定义："在辩论主义与证据裁判主义下，自认是指在诉讼当中，一方当事人就对方当事人主张对其不利事实予以承认的声明或表示。"该定义为当事人自认规定了两个要件：一是双方当事人对某一事实均予承认；二是该事实对自认的一方是不利的。

当事人自认包括对某一案件事实的自认和对某一证据的自认，这两种内容的自认在专利复审委员会审理专利无效案件时都时常会遇到。对于专利案件中的当事人自认，除了要考虑以上两个要件，是否还要考虑其他方面的问题，本文拟通过两个实际案例对此作些探讨。

首先以当事人对证据的自认为例。在一件专利无效宣告请求案中，无效宣告请求人提交了一份未经公证认证的域外证据，被请求人（即专利权人）对该证据的真实性没有异议。此时是否还需要对该出版物再作公证、认证手续？

对此尚存在不同的观点，一种观点认为："当事人主义"优先于"职权主

---

❶ 该文首次发表于 2005 年。
❷ 《民诉证据规定》在 2019 年进行了修改，该条已删除。
❸ 刘善春，毕玉谦，郑旭. 诉讼证据规则研究 [M]. 北京：中国法制出版社，2000.

义"、"请求原则"以及"当事人处置原则"优先于"依职权调查原则"。依据上述最高人民法院颁布的两项规定，从提高效率、节约当事人的诉讼成本角度讲，如果对其不利的一方当事人（被请求人）对未经公证认证的域外证据没有异议，则不需要再对证据进行公证，合议组可以直接予以采信。

另一种观点则认为：按照有关规定，对于某些域外形成的证据，即使对方当事人明确表示无异议，仍需要进行公证认证。其理由是，《行诉证据规定》第十六条明确规定："当事人向人民法院提供的在中华人民共和国领域外形成的证据，应当说明来源，经所在国公证机关证明，并经中华人民共和国驻该国使领馆认证，或者履行中华人民共和国与证据所在国订立的有关条约中规定的证明手续。

"当事人提供的在中华人民共和国香港特别行政区、澳门特别行政区和台湾地区内形成的证据，应当具有按照有关规定办理的证明手续。"

除此之外，《行诉证据规定》第五十七条又进一步明确规定："下列证据材料不能作为定案依据：

"（一）严重违反法定程序收集的证据材料；

"（二）以偷拍、偷录、窃听等手段获取侵害他人合法权益的证据材料；

"……

"（五）在中华人民共和国领域以外或者在中华人民共和国香港特别行政区、澳门特别行政区和台湾地区形成的未办理法定证明手续的证据材料；

"……"

值得注意的是，上述第五十七条的内容，在《民诉证据规定》中是没有的，它是对行政诉讼所作的一项特殊规定。通过该条款可以看出，对于一般的行政诉讼来说，"在中华人民共和国领域以外或者在中华人民共和国香港特别行政区、澳门特别行政区和台湾地区形成的未办理法定证明手续的证据材料"是"不能作为定案依据"的，或者说"公证认证"对于域外证据来说是一个必备的形式要件。照此理解，《行诉证据规定》第六十七条应当优先于该规定第五十七条考虑。

上述观点也可以从《行诉证据规定》的起草说明中得到支持。在该起草说明中对"行政诉讼中特有的、有别于民事诉讼的规则"作了如下说明："在行政诉讼中特别突出的规则，如非法证据排除，在行政诉讼中有特殊的作用。"至于哪些属于"非法证据"，该"起草说明"紧接着列举了"严重违反法定程序收集的证据材料""以偷拍、偷录、窃听等手段获取并给他人合法权益造成侵害的证据"等项内容，而该内容恰为《行诉证据规定》第五十七条第（一）

项、第（二）项的内容。

按照这种解释，《行诉证据规定》第五十七条所列举的内容就是行政诉讼中应当排除的"非法证据"，对"域外证据"进行公证认证属于对该证据合法性提出的要求。因此，在行政诉讼中当事人对于证据的自认除了要具有上述两个形式要件，还应当具备"合法性"。

虽然上述规定是针对行政诉讼而言的，而专利复审委员会所进行的无效审查属于一种行政审查行为，行政审查与行政诉讼在性质上存在区别，但由于专利无效案件的后续司法程序属于行政诉讼的范畴，所以在一般情况下，行政诉讼的证据规则对于专利复审委员会的行为应当有一定的约束力。

当然，专利案件与一般的行政案件又存在若干重要区别，在专利案件中大量涉及的域外证据是一些境外的公开出版物。对于这类证据是否也需要完全按照上述规定进行操作，具体说是否所有的域外形成的证据都需要作公证认证。这一点在我国目前的法律法规中尚缺少明确规定。在实践中，那些虽然形成于域外，但在国内可以获得或者其真实性可以得到印证（例如在公共图书馆被收藏）的出版物，即使不经域外机构的公证认证，专利复审委员会一般也都予以认可。其他公开出版物是否必须经过公证认证，尚存在争议。

笔者认为，如果将《行诉证据规定》第五十七条理解为对域外证据合法性的要求，那么其中所列出的各项内容，即使双方当事人自认了，也不应当予以接受；反之，如果该规定不属于"合法性"的要求，则可以着眼于"真实性"对这类证据进行处理——只要域外出版物的真实性可以得到证实或者双方当事人对其真实性不存在异议，合议组即可予以接受。

专利制度的建立是为了在专利权人与社会公众之间寻求一种利益平衡。一项发明被授予专利权之后，在对该专利提出无效宣告请求的程序中，该专利权的维持与否除了涉及无效宣告请求案件双方当事人的直接利益，其背后还涉及广大社会公众的潜在利益，也就是说，专利案件不单纯属于专利权人与无效宣告请求人两个民事主体之间的问题。这是专利案件与一般民事诉讼案件或行政诉讼案件的重要区别之一。

基于专利案件的上述特殊性，在审理专利案件时，无论对相关事实的认定，还是对有关证据的认定，除了要听取双方当事人的意见，还须要按照《专利法》的有关规定（例如以说明书为依据、站在本领域普通技术人员的立场等）对相关事实和证据进行一个客观的认定，以体现对社会公众利益的兼顾。

具体说，在处理专利无效及其诉讼案件时，当事人意思自治与依职权调查哪个优先的问题不应当一概而论，而应当具体问题具体分析，其原则是：如果当事人自认的后果仅仅是对其本人不利，不会对社会公众的利益造成损害，则可以采用当事人自认优先的原则；如果双方当事人的自认有可能对社会公众的利益带来损害，则不宜盲目地直接采信。例如，无效宣告请求人提供的证据是一份复印件而未提供原件，专利权人对其真实性予以认可，不要求核对原件。这属于专利权人对自身权利的一种放弃，其后果仅是对其本人不利，而不会对社会公众的利益带来不利影响。根据《行诉证据规定》第五十七条第（六）项和第六十七条的规定，上述证据可以予以接受。

但遇到相反情况时，例如专利权人提供了一份反证，该证据对请求人不利而对专利权人有利，请求人自认后，其后果有可能损害社会公众的利益，或者某种自认明显属于双方的恶意串通。这时，即使双方当事人均予以明确认可，也不宜直接采信。

除了上述"当事人主体"方面的区别，专利案件中对当事人"不利"还是"有利"的问题也与一般民事案件存在不同。因为专利的授权（确权）与专利的侵权是一对矛盾，或者说一项专利保护范围的大小无论对于专利权人还是对于社会公众来说都是一把双刃剑。

以专利权人为例，要求更大的保护范围在侵权诉讼过程中对其是有利的，但在授权或确权过程中却对其不利。所以，对专利案件中某一具体事实的认定（例如对权利要求中某一技术特征的解释）在不同的法律程序中（例如专利授权、专利无效、专利侵权诉讼等），对当事人所带来的利弊后果是不相同的。对于专利的侵权诉讼而言，缩小该专利保护范围的后果是对专利权人不利而对对方当事人及社会公众有利；但这种保护范围的缩小在专利无效审查中所导致的后果则完全相反——保护范围的缩小将会增加该专利权在无效宣告程序中的稳定性，使其被无效掉的可能性减小。例如，在无效宣告程序中，专利权人对权利要求书中的某一技术特征作出了与文字内容不相同的解释，这种解释将导致该权利要求保护范围的缩小，初看起来这种权利的限缩似乎是对专利权人不利而对社会公众有利，但其实际后果可能并非如此简单。为了说明专利案件的这些特殊性，我们不妨分析一个具体案例。

名称为"棕纤维弹性材料及生产方法"的发明专利［该案例的全部案情请参照本书第三章第二部分中的"（二）棕纤维弹性材料及生产方法——关于'修改超范围'及'公开不充分'的问题"］，在其原始申请的说明书中只公开了一个有关该制备方法的实施例，该实施例为：

把适量棕片或棕板放入温度为40℃左右、含碱量为10%左右的水溶液中浸泡20小时后捞出，经轧辗、梳理，得到棕丝，然后将其切成100毫米长，制绳。经制绳机制绳后放置在100℃的环境内保持5~6分钟,取出分解,这时棕丝均成卷曲状,用气体将卷曲状的棕丝吹至成片机内,棕丝则呈三维方向均匀分布,棕丝与棕丝之间有接触点并呈网状,这时喷上胶液,使接触点胶接后放入100℃的环境内干燥,最后将其热压、切割,放入模具内,在100℃左右的环境中保持10分钟,取出即得棕丝纤维弹性材料。

在其授权公告的文本中,有关"产品"的权利要求为:

1. 一种棕纤维弹性材料,其特征在于:这种弹性材料所用的棕丝长度为60~200毫米,棕丝呈三维方向均布,棕丝与棕丝之间的交点有黏胶。

针对上述发明专利,请求人向专利复审委员会提出宣告该专利权无效的请求。请求人认为:在原始公开的说明书中,所记载的加工方法均包括对棕丝进行卷曲的工艺步骤。按照该步骤制造出的棕丝,其结构必然是卷曲的。但是在该专利的审定文本,所涉及的棕丝产品均未包括"棕丝是卷曲的"这一技术特征,即所增加的"棕丝产品"除了包括卷曲的棕丝,还包括非卷曲的棕丝产品。由于原始说明书中并未记载用非卷曲的棕丝也能制成弹性较好的棕丝产品,故授权文本中所涉及产品的范围要大于原始公开的范围,该专利不符合《专利法》第三十三条的规定。

针对请求人的上述无效请求,专利权人明确表示:本专利权利要求中所述的"棕丝"是指卷曲的棕丝,非卷曲的棕丝不属于本专利的保护范围(对方当事人并不接受这种解释)。

经审理合议组认为:

(1)在该专利的审定文本中所增加的有关"弹性材料"的描述,的确均未记载"棕丝是卷曲的"这一技术特征。由于未对该技术特征作出明确限定,故可以认为所述的"弹性材料"不仅仅局限于卷曲的棕丝,即除了包括卷曲的棕丝,还包括非卷曲的棕丝产品。

(2)根据《审查指南2001》第二部分第八章第5.2.3节的规定,上述这种修改或内容的增加能否被允许,主要看所属技术领域的技术人员能否"从原申请公开的信息中直接地、毫无疑义地确定"所增加部分的内容。

虽然该专利所公开的一个实施例中是以卷曲棕丝为原料生产弹性材料的方法及其产品,但是这并不意味着以非卷曲棕丝为原料生产弹性材料是不可能的。能否从"以卷曲棕丝为原料生产弹性材料"联想到"以非卷曲棕丝为原料生产弹性材料",应当以本领域普通技术人员为标准。

本领域普通技术人员通过阅读该专利的说明书可以得知:该发明的发明点是通过在散乱的棕丝之间实现黏合,使之形成一种立体网状的结构,从而获得一种弹性好的棕丝产品。该专利的实施例中之所以选用卷曲的棕丝为原料，是因为以卷曲棕丝为原料比以非卷曲的棕丝为原料更有利于提高棕丝产品的弹性，这是两重效果的叠加，属于本领域的一个公知常识。即使采用非卷曲棕丝为原料，只要使之形成一种立体网状的结构，同样也可以实现提高弹性的发明目的，只是其性能不如卷曲棕丝。

原始申请中未记载用非卷曲的棕丝制作棕丝产品的实施例，并不意味着该技术方案无法实施，也不意味着它不能实现该发明的发明目的。或者说对于采用"立体网状结构"的技术方案而言，"以卷曲棕丝为原料"只不过是其一个最佳实施例，并非意味对其他形态棕丝的排除，这一点对于本领域普通技术人员来说是不难理解的。故权利要求的保护范围不应当受最佳实施例的限制。

因此，本领域普通技术人员在了解"以卷曲棕丝为原料生产弹性材料"这一实施方案之后，完全可以直接地、毫无疑义地联想到"以非卷曲棕丝为原料生产弹性材料"这一技术方案。故上述修改或内容的增加应当被允许，该专利的修改符合《专利法》第三十三条的规定。

(3)《审查指南2001》第二部分第二章第3.2.1节中规定："对于说明书中具有某一特征的技术方案仅给出一个实施例，而且权利要求中该特征是用功能来限定的情形，如果所属技术领域的技术人员能够明了此功能还可以采用说明书中未提到的其他替代方式来完成的话，则权利要求中用功能限定该特征的写法是允许的。"

上位概念的使用也是同样道理，虽然该专利的权利要求1中未记载"卷曲棕丝"这一技术特征，与说明书所直接公开的技术方案存在差别，但是如上所述，由于"以非卷曲棕丝为原料生产出弹性材料"是所属技术领域的技术人员能够明了的，故应当认为该专利的权利要求1能够得到说明书的支持。虽然该专利的权利要求1中未记载"卷曲"这一技术特征，但并不违反《专利法》第二十六条第四款的规定。根据上述理由，专利复审委员会作出了维持该发明专利权有效的审查决定。

当事人对专利复审委员会作出的上述决定不服，遂向北京市第一中级人民法院提起诉讼。经审理，北京市第一中级人民法院作出了撤销专利复审委员会上述决定的判决。一审法院认为：在该专利的无效行政审查阶段，无论是在口头审理过程中还是在口头审理之后的意见陈述中，专利权人都明确表示：本专利权的棕丝是卷曲的棕丝，非卷曲的棕丝不是本专利要求保护的保护范围。专利复审委员会认为，本领域的技术人员可以从公开的申请文件中直接地、毫无疑义地导出修改后的任意形状的棕丝；但是，**这与专利权人自己的解释是相矛**

盾的，由此可见，所属领域的技术人员看到的授权信息与原申请公开的信息是不同的，权利要求1的修改超出了原权利要求书和说明书记载的范围，违反了《专利法》第三十三条的规定，是不允许的。

专利复审委员会不服北京市第一中级人民法院作出的上述判决，遂向北京市高级人民法院提起上诉。经审理，北京市高级人民法院作出二审判决，二审法院认为：专利复审委员会未采纳专利权人的解释，而是依职权认定所属技术领域的技术人员在了解"以卷曲棕丝为原料生产弹性材料"这一技术方案之后，完全可以直接地、毫无疑义地联想到"以非卷曲棕丝为原料生产弹性材料"这一技术方案，并进而得出结论，该专利符合《专利法》第三十三条及第二十六条第四款的规定。对于专利复审委员会的认定及结论，二审法院不持异议。

与此同时，二审法院还认为："本案无效审查过程中，专利权人确曾承认，授权文本权利要求1中的棕丝应解释为卷曲棕丝，**这一陈述当然发生法律上的效力，在与该专利相关联的侵权诉讼中，专利权人不得再作出与此相反的解释**"；"但也应当指出，在专利权人已对权利要求1中的相关技术特征作出处分即进行限缩解释的情况下，**专利复审委员会仍主动依职权作出认定，虽案件实体结论正确，但亦确有不妥**"。

二审判决虽然撤销了北京市第一中级人民法院的一审判决，维持专利复审委员会的上述无效审查决定，但是却留下两个值得讨论的问题。

问题一：如果专利权人的陈述发生法律上的效力（将授权文本权利要求1中的棕丝解释为卷曲棕丝），在与该专利相关联的侵权诉讼中，专利权人不得再作出与此相反的解释，那么，在今后的无效程序中，权利要求1中的棕丝应当作何解释？如果按照专利复审委员会的认定将其解释为一般棕丝，显然会带来与侵权诉讼中的解释和认定不一致的后果——在侵权诉讼中保护范围小而确权程序中保护范围大；反之，如果在确权程序中也将权利要求1中的棕丝解释为卷曲棕丝，那么专利复审委员会对该案所作的无效审查决定又有何意义？假如在今后的另一件无效宣告请求中，请求人提供了一份对比文件，该对比文件采用非卷曲棕丝为原料，其他特征均与权利要求1相同，此时权利要求1中的棕丝应当作何解释？该对比文件能否破坏权利要求1的新颖性？

上述问题实际上涉及一个重要的法律问题：是否所有的"当事人自认"都具有法律的约束力？具体说，一种未经权力机关采信、对方当事人也不予认可的一方当事人"自认"，是否应当对后续程序"发生法律上的效力"？

笔者对此表示异议。在上述案例中，虽然专利权人确曾承认，授权文本权利要求1中的棕丝应解释为卷曲棕丝,但该解释并未被合议组采信。在这种情况下,专利权人的"自认"对其权利要求的解释并未产生任何影响。所以二审判决中"这一陈述当然发生法律上的效力,在与该专利相关联的侵权诉讼中,专利权人不得再作出与此相反的解释"这一结论似乎值得商榷。

问题二:如果专利复审委员会今后再遇到类似案件,是应当采信专利权人的自认,还是继续依职权进行判断?

该案中,专利权人曾明确表示"本专利权利要求中所述的棕丝是指卷曲的棕丝,非卷曲的棕丝不属于本专利的保护范围"。这种表示相当于专利权人对其权利的限缩,乍看起来似乎是对专利权人不利,但仔细分析起来并非如此。因为专利保护范围的大小无论对于专利权人还是对于社会公众而言都是一把双刃剑。缩小一项专利的保护范围在侵权诉讼中可能会对专利权人不利,但在专利无效审查的过程中则恰好相反,因为这种缩小会增加其专利权的稳定性,使该专利被无效掉的可能性减小。反之,如果不采信当事人限缩性自认,该权利以较大的保护范围被维持,则其与现有技术之间相冲突的可能性就加大了,其后果是——在无效宣告程序中该专利更有可能被无效掉。

此外,专利权人的上述限缩,实际上相当于对权利要求1的一种修改,即在权利要求1中增加了一个新的技术特征——卷曲棕丝。按照《审查指南2001》的规定,在无效程序中不允许专利权人将新的技术特征加入权利要求中。就该案而言,如果承认了专利权人的这种限缩性自认,实际上相当于同意了专利权人在其权利要求1中加入新的技术特征,这显然不符合《审查指南2001》的规定。因此,在处理专利案件中当事人"自认"的问题时,除了要考虑"社会公众"这个潜在的"当事人",还应当对这种自认对案件当事人所带来的利弊后果作全面考虑。

如果对某一事实的"自认"在一个法律程序中对一方当事人不利,但在另一个法律程序中有可能给其带来有利的后果,就应当慎重处理。此时不应当仅仅听信双方当事人的意见,而应当根据《专利法》、《专利法实施细则》及《审查指南2001》的有关规定对相关问题作出客观、公正的认定。

关于专利复审委员会在处理上述案件时是否遵循了"禁止反悔"原则的问题,笔者想进一步发表一下看法。在处理专利案件时是否应当遵循"禁止反悔"原则,答案当然是肯定的。问题是应当如何适用这一原则。笔者认为其中至少要考虑两个方面的问题:

首先,"反悔"是针对其在先认定的一基本事实而言的,所以应当先确定被反悔的"基本事实"是什么。其次,被反悔的事实应当已经发生法律效力,使当事人从中受益，未发生法律效力的自认事实，不应当作为"禁止反悔"的依据。因为"禁止反悔"的一个基本出发点是防止当事人"两头得利"，如果当事人在先认定的事实未被采信，则其根本就未曾从中"得利"过，这时"两头得利"也就无从谈起。

以本书前面所分析的"周林频谱仪"侵权诉讼案为例。在该案中，"基本事实"是"立体声放音系统对权利要求1的创造性是有积极效果的"，该事实属于当事人的自认，而且对其无效审查的结果已经构成了影响。如果在侵权诉讼中再将"立体声音乐系统"认定为"多余指定"，显然属于当事人对其在先认定的、业已产生法律效力的基本事实的一种反悔，是其试图"两头得利"的表现。

然而，"棕丝"一案授权文本的权利要求中明确写明的是"棕丝"而并非"卷曲棕丝"。将"棕丝"解释为"卷曲棕丝"是专利权人在无效宣告程序中的一种自认，并没有任何证据或信息表明专利权人在专利授权时就要求将其保护范围缩限于"卷曲棕丝"。所以，以"棕丝"作为其保护范围才是该案已经发生法律效力的"基本事实"。

在该专利的无效宣告请求程序中，专利权人面对请求人提出的无效请求理由，为了保持住其专利权，试图将被授权的"棕丝"限缩为"卷曲棕丝"，这本身就是对其在先认定的"基本事实"的一种反悔。专利权人这种试图"两头得利"的自认，本身就违反了"禁止反悔"的原则，不应当被接受。所以，专利复审委员会不接受专利权人的限缩性自认，正是遵循"禁止反悔"原则的具体体现。

我们不妨再回到人民法院的一审判决："专利复审委员会认为，本领域的技术人员可以从公开的申请文件中直接地、毫无疑义地导出修改后的任意形状的棕丝；但是，这与专利权人自己的解释是相矛盾的，由此可见，所属领域的技术人员看到的授权信息与原申请公开的信息是不同的，权利要求1的修改超出了原权利要求书和说明书记载的范围，违反了《专利法》第三十三条的规定，是不允许的。"

上述判决已被二审判决推翻。究其根源，笔者认为一审判决的问题出在将"专利权人自己（在后）的解释"认定为"原申请公开的信息"；而将"所属领域的技术人员看到的授权信息"认定为一种违背专利权人（申请时）本意的信息，然而这两种认定都是缺乏事实依据的。如果将以上内容改为"专利权人在无效程序中所自认的事实与所属领域的技术人员所看到的授权信息是不同的，所以其在后的这种认定（限缩）违反了禁止反悔原则"，可能更为符合实际情况。

(十一) 谈权利要求中的"必要技术特征"[1]

在专利申请文件中,权利要求书是一份最为重要的法律文件。在撰写权利要求书时,我们往往要字斟句酌。尤其是在撰写独立权利要求时,需要对写入其中的每一个技术特征作认真筛选。如果将一些不必要的技术特征写入权利要求中,势必会导致其保护范围的缩小,给专利权人带来损失;反之,如果在一项权利要求中漏写了一些重要的技术特征(必要技术特征),则有可能使该权利要求不能"解决其技术问题",不符合《专利法》及《专利法实施细则》的有关规定。两者相比,后者所产生的法律后果可能更为严重——轻则会导致其中某一项权利要求的无效,重则有可能导致整个专利权的丧失。

在我国的《专利法》及《专利法实施细则》中,与权利要求的撰写有关而且可以构成无效宣告请求理由的条款除"三性"之外,还有以下两项。一项是2001年版《专利法实施细则》第二十条第一款规定,即:"权利要求书应当说明发明或者实用新型的技术特征,清楚简要地表述请求保护的范围。"此为我们通常所说的权利要求应当得到说明书的"支持"以及权利要求书应当"清楚"。

另一项是2001年版《专利法实施细则》第二十一条第二款规定,即:"独立权利要求应当从整体上反映发明或者实用新型的技术方案,记载解决技术问题的必要技术特征。"此为我们通常所说的权利要求不能缺少"必要技术特征"。

是否缺少"必要技术特征"只不过是权利要求的一种形式体现,而是否"清楚"、能否"得到说明书的支持"则体现了该表面形式所导致的实质性后果。具体说,如果一项权利要求中缺少了解决技术问题的"必要技术特征",则除了无法实现其发明目的,有可能带来以下的法律后果:一是缺少该技术特征的技术方案不能构成一个完整的技术方案,从而造成该保护范围的"不清楚";二是缺少"必要技术特征"的方案虽然可能是一个完整的技术方案,但其说明书中并未公开其具体实施方式,本领域普通技术人员从说明书中也不能直接地、毫无疑义地联想到该实施方式。在这种情况下,会导致权利要求"得不到说明书的支持"的后果。

从这个意义上说,2001年版《专利法实施细则》第二十条第一款与其第二十一条第二款之间存在一种因果关系。这种关系的存在,在无效宣告程序中有可能导致上述不同条款之间的"竞合"。

---

[1] 该文首次发表于2006年。

国外的专利法与我国的上述规定有所不同。以比较有代表性且对我国有一定约束力的《专利合作条约》(PCT) 为例（该条约与《欧洲专利公约》的实体内容，甚至措辞都基本相同），PCT 中有两项规定与权利要求的撰写相关：一项是 PCT 第六条，权利要求应确定要求保护的内容。权利要求应清楚和简明，并应以说明书作为充分依据。另一项是 PCT 实施细则第六条，该条款涉及权利要求的撰写方式，其中只是规定请求保护的主题应以发明的技术特征来确定。

相比之下不难看出，PCT 的这两项条款的内容基本上与我国《专利法实施细则》第二十条第一款及第二十一条第二款相对应。而对于写入"必要技术特征"的问题，无论在 PCT 中还是在其实施细则中均未作任何规定。涉及"必要技术特征"的内容仅出现于《PCT 国际检索和初步审查指南》中。《PCT 国际检索和初步审查指南》第 5.33 节规定："独立权利要求应当清楚地说明限定发明所需的全部必要技术特征。"

根据上述内容所对应的法律条款可以看出，该规定属于对 PCT 第六条的具体解释。也就是说，在权利要求中写入"必要技术特征"是为了保证权利要求的"清楚"和"支持"。如果一项权利要求中缺少必要技术特征，其法律后果应当归结于违反 PCT 第六条的规定（即"不清楚"或"不支持"）。

由于我国将"必要技术特征"的问题明确写入 2001 年版《专利法实施细则》第二十一条第二款中，而且将该条款与 2001 年版《专利法实施细则》第二十条第一款及第二十一条第二款一起都作为宣告一项专利权无效的理由，所以在专利复审委员会审理的无效宣告请求案件中，对于"缺少必要技术特征"的权利要求，有的专利无效请求人以不符合 2001 年版《专利法实施细则》第二十一条第二款为由提出无效宣告请求，有的则以不符合 2001 年版《专利法实施细则》第二十条第一款的规定为由请求宣告该权利要求无效，也有人将上述条款共同作为请求宣告专利权无效的理由。

下面结合几个具体案例，对权利要求中"必要技术特征"的认定及其法律适用问题作一些简单分析。

【案例 4-11】

一项有关照相机的发明的改进之处仅在于照相机的快门。此时，权利要求的前序部分只要写成"一种照相机，该照相机包括一快门"就足够了，而不需要涉及其他已知特征，如透镜和取景窗。其特征部分则应当说明该发明对现有技术作出贡献的那些技术特征。以上例子摘自《PCT 国际检索和初步审查指南》第 5.05 节，属于对 PCT 第六条所作的进一步解释。该例子在我国的《专利审查指南》中也被引用。

作为对 PCT 第六条的进一步解释，《PCT 国际检索和初步审查指南》第

5.33 节还列举了另一个例子：独立权利要求应当清楚地说明所限定发明的全部必要技术特征，除非这些特征已为所用的一般术语所暗示，如一项关于"自行车"的权利要求，不需要提到轮子的存在。

从上述两个例子中不难总结出以下两点。

（1）一项权利要求中不必包含实现该发明的全部技术特征，只需写入"对现有技术作出贡献的"那些技术特征。

（2）在与该技术主题有关的技术特征中，那些"已知特征"或者隐含在"一般术语"中的特征可以不写入其权利要求中。

以上两点似乎可以作为判断一项权利要求中是否缺少"必要技术特征"的基本标准。

【案例 4－12】

一项名为"晾衣架"的实用新型专利，是对现有技术中晾衣架的一种改进。该专利所涉及的晾衣架由衣架挂钩和晾衣杆组成，要解决的技术问题是如何使衣架挂钩能在晾衣杆上固定不动。该实用新型的说明书公开了如下技术内容。

如图 4－16 至图 4－20 所示，该晾衣架包括晾杆 1 和衣架挂钩 2，衣架挂钩 2 可以插入晾杆 1 中并沿晾杆 1 移动（见图 4－20）。晾杆 1 为圆管状，从其剖面看（见图 4－19 和图 4－20），在离晾杆顶端 2/3 高度的部位沿晾杆的轴向设有一导槽 11，导槽 11 呈圆弧状，该导槽 11 由晾杆 1 内的隔板 13、晾杆 1 底部的轴向开口 14 和开口 14 与隔板之间的晾杆壁构成。衣架挂钩 2 包括挂环 22 和挂头 21，挂头 21 呈倒蘑菇状，可在导槽 11 内移动，挂头 21 在挂环 22 轴向的两侧设置有凸缘 211。使用时，先将衣架挂钩 2 沿挂环 22 的轴向插入导槽 11 中，使凸缘 211 位于开口 14 中，再将衣架挂钩 2 转动 90°，随着衣架挂钩的转动，挂头 21 两侧的凸缘 211 会逐渐顶住导槽 11 的下部，迫使衣架挂钩 2 上升，最终使挂头 21 的顶部紧紧压住隔板 13 的下底面，从而将衣架挂钩 2 牢固地固定在导槽 11 中。

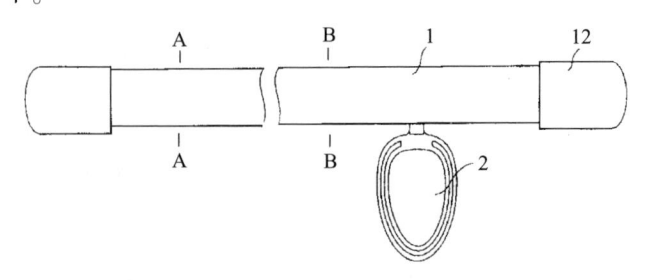

图 4－16

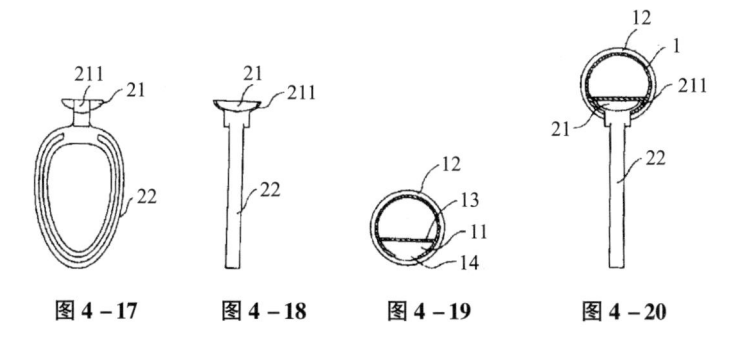

图 4-17　　　图 4-18　　　图 4-19　　　图 4-20

该专利的权利要求 1 和 2 如下：

1. 一种晾衣架，包括晾杆（1）和衣架挂钩（2），其特征在于晾杆（1）底部沿晾杆轴向设有一导槽（11），衣架挂钩（2）包括挂环（22）和挂头（21），该挂头可在导槽（11）内移动，挂头（21）在挂环轴向的两侧设置有凸缘（211）。

2. 根据权利要求 1 所述的晾衣架，其特征在于晾杆（1）为圆管状，导槽（11）由晾杆（1）内的隔板（13）、晾杆（1）底部的轴向开口（14）和开口（14）与隔板（13）之间的晾杆壁构成。

一位请求人对上述实用新型专利提出无效宣告请求。请求人认为：根据说明书所公开的技术内容，管盖 12、隔板 13、开口 14 均是构成该晾衣架的必要部件，也是实现其发明目的的必要技术特征，缺少该技术特征，将无法实现该实用新型的技术方案、解决其技术问题。因此权利要求 1 不符合 2001 年版《专利法实施细则》第二十一条第二款的规定。

通过说明书所公开的内容可以看出，该晾衣架是由晾衣杆 1 和衣架挂钩 2 组合而成的，其改进之处在晾衣杆与衣架挂钩的组合关系上。在该晾衣架的实施例中，除了包括权利要求 1 中的晾杆 1、衣架挂钩 2、导槽 11、挂环 22、挂头 21 和凸缘 211 这些主要部件，该晾衣架还包括管盖 12、隔板 13、开口 14 等部件。

请求人的上述无效宣告理由是否能够成立？管盖 12、隔板 13 和开口 14 是否都属于权利要求 1 的必要技术特征？我们不妨依照案例 4-11 所确定的判断标准对该案作些具体分析。

（1）关于管盖 12。由于该专利要解决的技术问题是如何使晾衣架能在晾衣杆上固定不动，其发明点在于晾衣杆与衣架挂钩的组合关系上，晾杆 1 是否带有管盖 12 与该技术问题的解决无关，不属于"对现有技术作出贡献的"技术特征，所以可以不写入权利要求 1 中。

(2) 关于开口 14。虽然开口 14 与晾衣架和晾衣杆的配合关系有关，但现有技术中的同类晾衣架已经采用了该开口方式，所以该开口 14 可以被视为"已被所用的一般术语（晾衣架）所暗示"的、隐含在晾衣架中的技术特征，可以不作为"必要技术特征"写入权利要求 1 中。

(3) 关于隔板 13。隔板 13 是与上述两者不同的一个部件。它不仅与晾衣架和晾衣杆的配合关系有关，而且属于现有技术中未包含的、"对现有技术作出贡献的"技术特征。因此，隔板 13 既不属于所谓的"已知特征"，也不属于隐含在"一般术语"（晾衣架）中的特征。

根据说明书所公开的技术内容，缺少了隔板 13，将无法实现挂钩 2 的定位，也就不能解决该专利所要解决的技术问题。故隔板 13 属于该专利所要解决技术问题的"必要技术特征"，所以缺少隔板 13 的权利要求 1 不符合 2001 年版《专利法实施细则》第二十一条第二款的规定。

至于为什么隔板 13 不属于隐含在权利要求 1 中的，即为"晾衣架"这种"一般术语"所暗示的技术特征，这一点还可以从该专利的权利要求 2 中得到证实。

在该案的权利要求书中，隔板 13 是作为"附加技术特征"被写入其从属权利要求 2 中的（并非对权利要求 1 中有关技术特征的"进一步限定"），按照权利要求的撰写原则，该附加技术特征在其所引用的权利要求中应当是不存在的。这也进一步印证了权利要求 1 中是不包含隔板 13 的，也就完全排除了隔板 13 隐含在权利要求 1 中的可能性。

通过上述分析不难看出，根据说明书所公开的内容，隔板 13 属于"对现有技术作出贡献的技术特征"，缺少该技术特征的技术方案是一项不完整的技术方案。将一项无法实施的技术方案写入权利要求中，势必导致其保护范围的"不清楚"。因此权利要求 1 既不符合 2001 年版《专利法实施细则》第二十一条第二款的规定，也不符合其第二十条第一款的规定。

在上述案例中，存在 2001 年版《专利法实施细则》第二十一条第二款与其第二十条第一款（关于"清楚"）之间的"竞合"。

【案例 4-13】

该案例涉及一件名为"启动磁电机"的实用新型专利，该电机专门用于摩托车中。在摩托车的启动过程中，该电机可以作为电动机使用；当摩托车启动之后，它可以作为发电机使用，在曲轴的带动下向摩托车的照明系统供电，具有"一机两用"的功能。现有技术中的这类电机，在作发电机使用时其碳刷始终压靠在换向器上，从而造成其碳刷和换向器的额外磨损。

该实用新型的目的是解决碳刷易磨损的问题，其说明书公开了如下技术内容：

如图4-21和图4-22所示，该磁电机包括转子9和定子13，换向器16被固定在定子的铁心11上，换向器16上有换向片17，换向器16的外沿即换向片17与转子上的碳刷1相对靠接。为了使碳刷1能够与换向器脱离，在转子9上安装有一离心块2，离心块2的一端压靠在碳刷1上，离心块2的另一端连接一弹簧7，弹簧7的另一端与转子9相连。碳刷1经碳刷架5安装在转子9上，当电源被接通后，电源经绕组X1（或Y1、X2、Y2）换向片17（接绕组）、碳刷1、换向片17（接地）导通，产生一旋转磁场使转子9连续转动，进而带动曲轴14转动使发动机起动工作；当发动机起动工作后，发动机带动曲轴14和转子9转动，转子9上的永磁体10与绕组X1、Y1、X2、Y2互相作用，感生出电势，这时，可由绕组X1、Y1、X2、Y2输出电力。

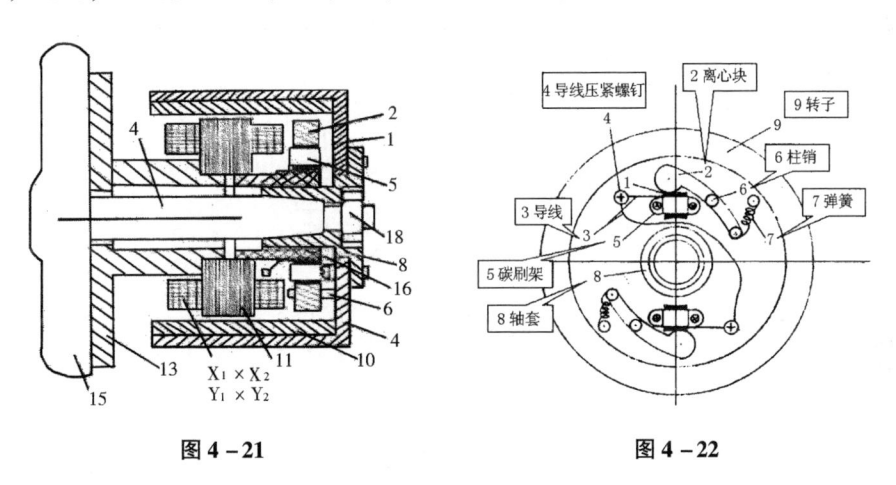

图4-21

图4-22

在该实用新型中由于安装了离心块2，当发动机工作后，该离心块2也将与转子9同步转动，受到离心力的作用，离心块2会沿径向外移。适当安排离心块9的配重和弹簧7的弹力，可使离心块2在适当转速时（一般安排在发动机怠速转速）解除对碳刷1的压靠，使碳刷1在离心力的作用下与换向片17分离，从而避免碳刷1与换向器16之间的磨损。

其权利要求1如下：

1. 一种起动磁电机，定子座（13）固定在发动机体（15）上，铁芯（11）固定在定子座（13）上，铁芯（11）上有绕组X1、Y1、X2、Y2，换向器（16）固定在铁芯（11）上，曲轴（14）和转子（9）由紧固螺母（18）固定，转子（9）上有永磁体（10），转子（9）上安装有离心块（2），离心块（2）

的一端压靠在碳刷（1）上，离心块（2）的另一端与弹簧（7）相连，弹簧（7）的另一端与转子（9）相连，其特征在于碳刷（1）经碳刷架（5）安装在转子（9）上，碳刷（1）之间作短路电连接。

一位请求人针对上述专利提出无效宣告请求，其理由是：碳刷1的移动是由于离心块2的移动而产生的，要想使离心块2实现径向移动，弹簧7和柱销6都是必不可少的。在该专利的权利要求1中未包含柱销6这一必要技术特征，无法实现其发明目的，故不符合2001年版《专利法实施细则》第二十一条第二款的规定，应当宣告该权利要求无效。

在该案的口头审理过程中，为了进一步证明在权利要求1中写入"柱销"的必要性及合理性，请求人又举出了一种不采用"柱销"的实施例，如图4-23所示。在该实施例中，离心块和弹簧均是沿径向设置的，当转子旋转起来之后，离心块2和碳刷1也将沿径向移动，使碳刷1脱离换向器。也就是说，在该磁电机中仅采用离心块和弹簧，不采用柱销，同样可以实现其发明目的。针对该实施例，双方当事人表示了如下的观点：

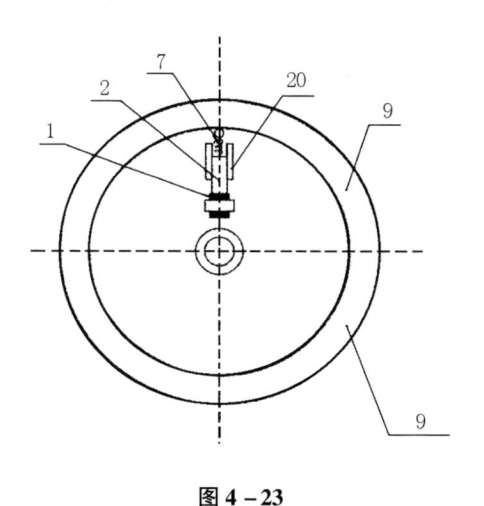

图4-23

请求人认为：虽然不带"柱销"的技术方案也可以实现其发明目的，但它并未被记载在该专利的说明书中。在这种情况下，其权利要求1将"柱销"这一技术特征省略掉，实际上就意味着这种不含有"柱销"的技术方案也属于其专利保护的范围，从而导致了其专利保护范围被不合理的扩大，故权利要求1不符合2001年版《专利法实施细则》第二十一条第二款的规定。

专利权人也承认上述实施方式的存在，并表示该实施方式是其本人在专利申请日之后对该专利所作的进一步改进，而且该技术方案无疑应当属于该专利的保护范围。不带"柱销"的技术方案同样可以实现其发明目的,这就足以证明"柱销"并非该专利的必要技术特征,因此权利要求1符合2001年版《专利法实施细则》第二十一条第二款的规定。

该案具有一定的特殊性。其特殊性在于双方当事人都承认一种不含有"柱销"的技术方案的确可以实现其发明目的。在这种情况下,应当如何考虑2001年版《专利法实施细则》第二十一条第二款的适用问题,即是否还应当认定"柱销"属于解决该技术问题的"必要技术特征"。

对此,合议组的观点是:判断一项技术特征是否属于必要技术特征,应当以说明书公开的技术内容为依据。在该案中双方当事人之所以会得出截然相反的结论,其原因就在于双方所争论的事实(不带柱销的实施例)已经超出了该专利说明书所公开的技术内容。

如果这种不含有"柱销"(见图4-23)的技术方案作为另一个实施例被明确记载在该专利的说明书中,则可以承认无论是否采用"柱销"均可以实现其发明目的,"柱销"可以被视为权利要求1的非必要技术特征。但该案的实际情况是这种不含有"柱销"的技术方案并未在其说明书中被公开,在其说明书中仅公开了使用"柱销"(见图4-21和图4-22)的技术方案。就说明书所公开的内容而言,"柱销"是实现其发明目的必不可少的技术特征。所以在运用2001年版《专利法实施细则》第二十一条第二款时应当存在一个前提——根据该专利说明书所公开的技术内容。在此前提下,权利要求1不符合2001年版《专利法实施细则》第二十一条第二款的规定。

通过以上分析我们可以总结出以下两点。

(1)在对是否属于"必要技术特征"进行判断时,应当仅限于说明书所公开的技术内容,即以说明书所公开的(包括隐含的)技术内容为依据,否则就有可能得出相反的结论。所以,2001年版《专利法实施细则》第二十一条第二款的适用应当有一个前提,即"根据说明书所公开的技术内容"。

(2)该案中,请求人所持的基本观点——"其权利要求1将柱销这一技术特征省略掉,实际上就意味着这种不含有柱销的技术方案也属于其专利保护的范围,从而导致了其专利保护范围被不合理的扩大"无疑是正确的,但由此得出"该权利要求得不到说明书的支持"的结论可能更合适。

该案也涉及2001年版《专利法实施细则》第二十一条第二款与其第二十条第一款之间的"竞合"。根据请求人所列举的事实和争辩的内容,以2001年版《专利法实施细则》第二十条第一款作为其无效宣告请求的理由可能更为贴切、更为合乎情理;如果一定要以2001年版《专利法实施细则》第二十一条第二款作为该案无效宣告理由，则所讨论的事实应当仅限于其说明书所公开的内容。

(十二)"车把手"专利侵权案剖析[1]

《中国专利与商标》杂志2006年第1期刊登的《等同原则在实用新型专利侵权诉讼中的适用》一文（作者孟繁新，以下简称"孟文"），披露了"元大公司诉天旗公司专利侵权纠纷案"（涉及名称为"一种可拆的方向把式车把手"的ZL99233491.8号实用新型专利，以下简称"车把手"侵权案）的一些基本案情，并针对浙江省高级人民法院对该案的二审判决发表了观点鲜明的评论意见。

如"孟文"所述，"车把手"侵权案被列为2004年浙江省十大知识产权典型案例。据笔者所知，在浙江省高级人民法院审理此案之前，广东、上海等地的人民法院曾先后对"车把手"侵权案进行过审理并作出判决。可见"车把手"侵权案在国内具有一定的影响力，称得上一件专利侵权大案。

针对同一项专利、同样的被控侵权产品（可拆卸的平直车把手），不同地区、不同的人民法院却给出了截然相反的判决结果——有的法院认定可拆卸的平直车把手构成对ZL99233491.8号专利的侵权，有的则给出相反的结论；即使判决结果相同，各地区人民法院所给出的判决理由也不尽相同，有的以"多余指定"作为判断要点，有的则以"等同侵权"作为判断要点。

"车把手"侵权案是一个很有代表性的专利诉讼案件，虽然案情简单，但却很值得研究。笔者对该案的进展一直比较关注，针对该案侵权诉讼的某些环节（专利侵权案件司法鉴定中）也曾发表过一些看法。"孟文"的发表，使"车把手"侵权案中所存在的一些观点分歧被公开化。在此笔者想就该案所涉及的一些问题谈点看法。

1. 案情简介

ZL99233491.8号专利涉及一种自行车或滑板车的可拆卸车把手，其权利要求为：

1. 一种可拆的方向把式车把手，由把手架竖管（211）、把手架横管（214）、左、右车把手（3，4）、U形弹性扣（5）、弹性软索（6）组成，其特征在于：把手架横管（214）两端各设有一圈定位孔（212，213）并固装在把手架竖管（211）端部，左、右车把手（3，4）的一端部各设有两对称通孔

---

[1] 该文首次发表于2006年。

(311,411)，U形弹性扣（5）两端各设有一定位凸齿（51）且嵌装于对称通孔（311,411）中，左、右车把手（3,4）则插装于把手架横管（214）两端，且U形弹性扣（5）两端的定位凸齿（51）则嵌卡于定位孔（212,213）中而将左、右车把手与把手架横管（214）相互定位，弹性软索（6）穿装在把手架横管（214）中，两端各固定在左、右车把手（3,4）内。

该专利的说明书撰写十分简单，仅公开了一个优选实施例。在该实施例中（见图4-24），所述的车把手是弯曲的，而且在把手架横管两端各设了一圈定位孔（212,213）。该实施例的车把手除了可以进行拆卸，还可以作360度的转动。其技术效果是：既可以"有效地减小停车时车把手横向设置所占的空间"，还"可方便地调整左、右车把手尾端与车把手横管之间的角度，以利于使用者处于最佳握持状态骑乘车辆"。

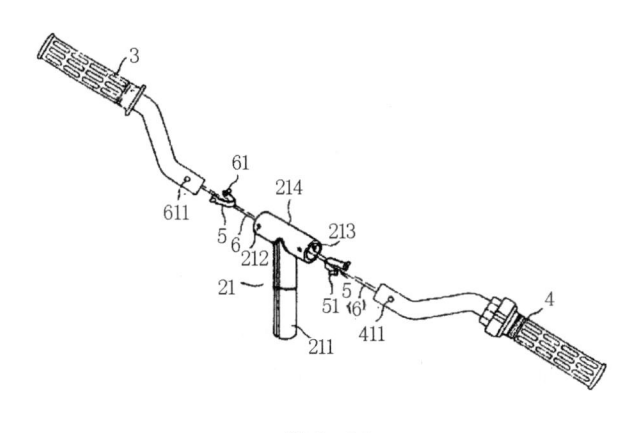

图4-24

被控侵权的产品是一种"可拆卸的平直车把手"。与上述优选实施例相比，被控侵权产品存在两个主要差别：第一，其车把手是平直的，而不是弯曲的；第二，在把手架横管两端各设有一个定位孔（212），而不是一圈定位孔（212,213）。

与涉案专利的权利要求相比，被控侵权产品仅存在一个差别：被控侵权产品车把手架横管的两端各设有一个定位孔（212），而不是一圈定位孔（212,213）。除此之外，涉案专利权利要求中的其他技术特征均被被控侵权产品所覆盖。

2. "平直车把手"是否在其专利保护范围内

从上述权利要求1可以得知：该专利保护的对象是"一种可拆的方向把式车把手"。"平直车把手"是否属于该专利的保护范围？这是审理"车把手"侵权案首先要解决的一个问题，也是"孟文"争辩的重点。

在"孟文"的"评析"部分写道："浙江省高院认为：'本案权利要求中对左右车把手是直管还是弯管并无限定，不应用说明书附图所体现的实施例来限制权利要求，认为权利要求仅仅保护车把手为弯管的技术方案。'这正是一个值得商榷的关键点。"

接下来"孟文"的作者针对这个关键点发表了与浙江省高院相反的看法："在解释权利要求时，更多的是权利要求要受到说明书和附图的限制，而不是处于从属地位"；"权利要求的'是什么样的'与其说必须要得到说明书和附图的支持，倒不如说要受到说明书和附图的限制。"

在确定权利要求的保护范围时，将说明书和附图的"解释"作用改换成为"限制"，这明显违反了 2000 年版《专利法》第五十六条第一款的规定。

2000 年版《专利法》第五十六条第一款规定："发明或者实用新型专利权的保护范围以其权利要求的内容为准，说明书及附图可以用于解释权利要求。"其中的"解释"与"限定"存在本质区别。应当如何理解和把握说明书对权利要求的"解释"作用，我国尚缺少具体规定。在此不妨借鉴一下国外的观点和经验。

在美国联邦巡回上诉法院 1998 年作出的 No. 97–1554 号判决中，明确表示了以下观点：该院曾多次重申，当用说明书解释权利要求时，权利要求不需要受到说明书的限制（limited）。权利要求中的概念也应当解释成它们通常的含义（ordinary meaning），除非它们具有明确的、特殊的定义（clear special definition）。

在上述判决中还援引了有关法院在先的一些判决意见：一般情况下，出现在说明书中的特殊限定（limitations）或实施例，不应当被解读进其权利要求中；如果说明书中仅公开了一个实施例，不需要将每一项权利要求限定（limited）在该实施例的范围内；以及一项专利的权利要求不应当被限定（limited）于该专利所公开的优选实施例范围内。

笔者对于 2000 年版《专利法》第五十六条第一款的理解是：

（1）"解释"不同于"限定"。一般说来，"限定"的结果是导致范围的缩小；而"解释"则不同，既有可能缩小保护范围，也有可能扩大保护范围。本领域普通技术人员在阅读了一份专利说明书之后，会对该专利的技术内容有一个客观、全面的理解和认识。除了能够直接得知说明书所公开的技术内容，还会联想到隐含在其中的某些技术内容。以这种理解为基础来解释权利要求时，权利要求的保护范围就有可能大于说明书（尤其是实施例）所明确公开的范围。

(2) 2000 年版《专利法》第五十六条第一款规定"说明书可以用于解释权利要求",其中并未限定说明书中的哪一部分可以用于解释。所以,在解释权利要求时,应当将说明书作为一个整体来考虑,即以说明书所公开的全部技术内容为依据,而不应当仅局限于实施例——除了要考虑说明书中所公开的实施例,还应当考虑说明书的其他部分。例如,说明书"背景技术"部分及"要解决的技术问题"部分所记载的内容,同样可以用来解释权利要求。

(3) 当权利要求中的某一技术特征或某一技术用语不够清楚时,固然需要借助于说明书及附图的解释;而当权利要求中的某一技术特征或某一技术用语从字面上看(例如其一般含义)虽然很清楚,但如果通过说明书的解释其含义会有所变化(例如具有特定含义),也应当以说明书给出的解释为准。

关于说明书对权利要求的解释问题,本书前面曾分析过几个案例。除了上述美国联邦巡回上诉法院所作的 No. 97-1554 号判决所涉及的案例,还引用过经我国人民法院审理而生效的有关案例。在这些案例中,既有通过说明书的解释作用使权利要求中某个概念范围变大的案例,也有结论恰恰相反的案例。

对于"潜水面罩"一案[见本书第四章第三部分中的"(六)权利要求书中'技术特征'的认定之二"],人民法院的判断要点是:在阅读了该专利说明书的"背景技术"和"发明目的"部分之后,可以明确无误地理解该专利的基本构思就是要用"平面"镜片替代"曲面"镜片,或者说"曲面"镜片正是该专利所要避免使用的。因此,"曲面镜片"不可能属于该专利的保护范围。其权利要求书中的"镜面"一词应当解释为"平面"镜片。在该案例中,说明书对权利要求中的有关概念作出了限制性的解释。

对比一下"车把手"与"潜水面罩"可以发现,两项专利之间确也存在某些相同之处:权利要求中所争议术语("车把手"和"镜面")的字面含义都很清楚,而且其一般含义所涉及的范围显然都大于说明书实施例所公开的范围("弯曲车把手"和"平面镜面"),从形式上看两项专利都存在权利要求与说明书内容不匹配的问题。

然而,在"潜水面罩"一案中将"镜面"一词限制解释成"平面镜面",并不意味着"车把手"一案中的"把手"必然也应当解释成"平直车把手"。只要仔细阅读一下"车把手"专利说明书对"背景技术"和"所要解决的技术问题"的描述就不难发现两案之间的重要区别。在"车把手"的专利说明书中对该实用新型的"背景技术"作了如下描述:

自行车或滑板车,其把手一般都是一体成型设计,利用穿套锁固或由快拆扳手与把手架连接，形成固定式的把手定位；而现代都市人口稠密，生活空间及休闲空间都相当拥挤，因此，固定式把手的自行车或滑板车，在不使用时，其把手横向占用较大空间，造成其车停放不便和妨碍人通行，因而，有必要对其结构进行改进。

针对现有技术中的上述缺陷，说明书中提出了该实用新型所要解决的"技术问题"："本实用新型的目的在于克服现有技术之不足而提供一种结构简单，加工制造容易，使用方便的可拆的方向把式车把手。"

很明显，该实用新型的发明点就是要提供一种"可拆卸的车把手"。在整个说明书中，找不到任何对"平直车把手"进行排除的意图和痕迹。与之相反，本领域普通技术人员根据说明书所公开的优选实施例，针对"可拆的车把手"这一发明目的，很容易由"弯曲车把手"联想到"平直车把手"，即对于平直车把手来说，采用该专利权利要求所述的技术方案，同样可以实现"可拆卸"的发明目的。基于这种联想的显而易见性，权利要求的保护范围就不应当受其实施例的限制。权利要求中的"车把手"应当具有其"通常的含义"，既包括"弯曲车把手"，也包括"平直车把手"。

为了进一步说明问题，不妨再作以下假设。假如对"车把手"专利的说明书进行一下改写：将"背景技术"中所存在的缺陷修改为"现有技术中的车把手无法改变方向和角度"；将"发明目的"修改为"提供一种方向和角度都可以改变的车把手"。这时，其说明书本身就隐含着对"平直车把手"明显的排除——因为对于"平直车把手"来说，根本不存在改变方向和角度的问题。上述结论也就应当随之而变化——权利要求中的"车把手"不应当按照其（字面）"通常的含义"进行解释，而应当将"平直车把手"排除在外。

"孟文"之所以会得出与浙江省高院相反的结论，主要是由于忽视了对该专利要解决的技术问题的考虑，或者说在对说明书进行分析时，将其具体实施例所取得的"技术效果"（可以有效地减小停车时车把手横向延置所占的空间，并且可以方便地调整左、右车把手尾端与车把手横管之间的角度，以利于使用者处于最佳握持状态骑乘车辆）误认为该专利"要解决的技术问题"。

我们都知道：在专利说明书中，"要解决的技术问题"与取得的"技术效果"属于两个独立的组成部分，涉及两个不同的概念，两者之间既有联系，也有区别。后者除了能够解决前者的"问题"，还可能涉及其他附加的"技术效果"。只要认真分析该专利说明书就不难看出，该专利所要解决的技术问题只是"提供一种可拆的方向把式车把手"，而"方向和角度都可以改变"只是其优选实施例的一种特殊技术效果。

众所周知，一项专利权的获得是以专利权人将其发明创造向社会进行公开为代价的，这种公开是通过专利说明书的形式实现的。说明书所公开的发明创造与其权利要求之间应当具有一致性的关系，即权利要求应当以说明书为依据。授权时记载在说明书中的内容可以视为专利权人的一种认诺。在专利侵权诉讼中，专利权人的这种认诺应当继续有效，具体体现为说明书对权利要求的解释作用。如果在专利侵权诉讼中对权利要求的解释与说明书所公开的内容不符，便违背了专利权人在其说明书中的认诺，这实际上也是对"禁止反悔"原则的背离。

3. "平直车把手"是否构成等同侵权

如果承认"平直车把手"属于涉案专利的保护对象，接下来要分析的问题就是被控侵权的产品——"带有一个定位孔的平直车把手"是否构成专利侵权？

将"带有一个定位孔的平直车把手"直接与涉案专利的权利要求相比，两者之间的一个重要的区别技术特征是"一圈定位孔"与"一个定位孔"。针对该技术特征，在先的判决中存在两种不同的观点：一种观点认为"一圈定位孔"与实现其发明目的无关，属于"多余指定"，故侵权成立；另一种观点则认为既然"一圈定位孔"被明确写入其权利要求1中，就应当属于该专利的必要技术特征，缺少该必要技术特征的产品不构成侵权。两种观点针锋相对，都有一定的道理，但却都难以服人。

在解几何题时，面对一些无从下手的难题往往采用引入辅助线的方式。引入辅助线之后，便产生了一个新的参照点，对问题的分析和解决会起到一种简化和过渡作用。在分析该案时不妨借助引入辅助线的方式，第一步先引入一个辅助案例。

假设：

有人生产了一种平直的车把手，其采用的技术方案与权利要求1完全相同。具体说，其车把手架横管的两端开设的是一圈定位孔，而不是一个定位孔。该产品是否构成侵权？此时问题被简化了，其答案应当很容易得出——根据"全面覆盖"的原则，上述产品覆盖了权利要求所有的技术特征，构成了专利的相同侵权。

接下来要考虑的一个重要问题是：此人在生产了上述车把手之后，必然会发现在所开设的一圈孔当中，其实只有一个孔是有用的，其他孔完全是多余的（因为平直车把手不存在调整角度的问题）。此时他必然会考虑放弃"开设一圈孔"的方案，而代之以"开设一个孔"的方案（如果有人继续采用"开设一圈孔"的方案，恐怕就另有目的了）。由此可以证明：**对于平直车把手来说**，"开设一个孔"与"开设一圈孔"不存在任何实质性区别（甚至前者较后者更实际、更合理），或者说用"开设一个孔"的技术方案代替"开设一圈孔"的技术方案，属于"以基本上相同的方式，实现基本上相同的功能，产生基本上相同的效果"。所以**对于平直车把手来说**，"开设一个孔"的技术方案应当构成对该专利的等同侵权。如果不视其为侵权，势必为此人提供了一种"合法"而不合理的规避专利侵权的途径。

涉案专利的保护范围包括平直车把手和弯曲车把手两类不同的产品，当将两者分离开进行分析时，问题就被简化了。对于平直车把手来说，由于不存在"改变方向和角度"的问题，所以"开设一圈孔"是完全多余的，据此可以说："开设一圈孔对于平直车把手来说属于一种多余指定"；但对于弯曲车把手而言，将其视为"多余指定"则缺少足够的理由，**因为该技术特征毕竟被明确写入权利要求之中**，而且也产生了一定的功能和效果。

基于以上分析，笔者认同浙江省高院对该案的判决结论，即开设一个孔的平直车把手构成对涉案专利的侵权。笔者的具体理由是：

（1）由于该案权利要求中对"车把手"是直管还是弯管并无限定，所以就其"通常含义"而言，平直车把手在其保护范围之内；通过该专利说明书和附图对权利要求的解释，这种"通常含义"也是可以被接受的。

（2）就平直车把手而言，"开设一圈孔"的产品将构成涉案专利的相同侵权；而"开设一个孔"的技术方案则为"开设一圈孔"技术方案（即涉案专利）的等同侵权。

（3）对于平直车把手来说，"开设一圈孔"可以被视为"多余指定"；但对于弯曲车把手来说，则不能将其视为"多余指定"。"多余指定"的判断原则已被最高人民法院废止使用。

（十三）专利复审程序中的"举证原则"[1]

在我国的民事诉讼及行政诉讼中，"举证原则"是一个十分重要的审判原则。《民事诉讼法》第六十七条第一款规定："当事人对自己提出的主张，有责任提供证据。"《民诉证据规定》（2008年调整）第二条又进一步规定："当事人对自己提出的诉讼请求所依据的事实或者反驳对方诉讼请求所依据的事实有

---

[1] 该文首次发表于2008年。

责任提供证据加以证明。没有证据或者证据不足以证明当事人的事实主张的，由负有举证责任的当事人承担不利后果。"

《行政诉讼法》第三十四条第一款也明确规定："被告对作出的行政行为负有举证责任，应当提供作出该行政行为的证据和所依据的规范性文件。"

在实践中，上述原则也被简称为"谁主张，谁举证"的原则。专利案件的复审程序被视为一种"准司法"程序。专利案件本身既具有民事案件的属性，又受行政诉讼程序的制约，复审请求人对专利复审委员会作出的复审决定不服可以提起行政诉讼，在后续的行政诉讼中专利复审委员会是被告。在这种法律框架下，民事诉讼及行政诉讼中的若干基本原则都应当适用于专利的复审程序。

在专利案件的行政诉讼中，专利复审委员会作出的几个"复审决定"及"无效宣告审查决定"曾先后因举证方面所存在的缺陷而被人民法院撤销。针对这一情况，经人民法院建议，在国家知识产权局的《审查指南2006》中，围绕着"举证"问题补充作出了一些相应的规定，例如在《审查指南2006》第四部分第八章补充规定："当事人对自己提出的无效宣告请求所依据的事实或者反驳对方无效宣告请求所依据的事实有责任提供证据加以证明。没有证据或者证据不足以证明当事人的事实主张的，由负有举证责任的当事人承担不利后果。"很明显，上述规定基本上引用了《最高人民法院关于民事诉讼证据的若干规定》（2008年调整）第二条的内容。

针对专利案件中所独特存在的"公知常识"的引用问题，《审查指南2006》还特别补充作了如下规定："主张某技术手段是本领域公知常识的当事人，对其主张承担举证责任。该当事人未能举证证明或者未能充分说明该技术手段是本领域公知常识，并且对方当事人不予认可的，合议组对该技术手段是本领域公知常识的主张不予支持。"

依据上述有关的法律和规定，我们可以认为："谁主张，谁举证"的原则也应当是专利复审委员会审理专利案件时应当遵循的一个重要原则；这一原则不仅适用于当事人，而且适用于专利复审委员会这个参与行政诉讼的主体。

本节拟从"举证原则"的角度出发，对专利复审委员会在先作出的两件"复审决定"进行一些剖析，进而对"举证责任的分担"以及"公知常识的举证"这两个重要问题谈点看法。

【案例4-14】[1]
1. 案情简介
该案涉及一件名称为"以聚乙烯醇为基础的纤维和其制备方法"的发明专

---

[1] 参见专利复审委员会第2754号复审决定。

利申请复审案件。该申请的权利要求1如下：

1. 一种具有 $0.05 \times 10^{-3} \sim 8.0 \times 10^{-3}$ g/cm·dr 的凝胶弹性模量，10%~85%的热水收缩率（Wsr），以及4g/d或更高的强度的以聚乙烯醇为基础的纤维，其中聚乙烯醇分子的交联贯穿纤维的整个横截面。

其说明书公开了3个发明实施例，其性能体参数如表4-2所示。

表 4-2

性能参数	权利要求1	实施例1	实施例2	实施例3
凝胶弹性模量（g/cm·dr）	$0.05 \times 10^{-3} \sim 8.0 \times 10^{-3}$	1.5×10^{-3}	0.5×10^{-3}	0.8×10^{-3}
热水收缩率 Wsr（%）	10~85	78	70	72
拉伸强度（g/d）	4 或更高	9.3	9.8	9.6

说明书中还给出了9个比较实施例，其性能参数如表4-3所示。

表 4-3

性能参数	比较实施例1	比较实施例2	比较实施例3	比较实施例4	比较实施例5	比较实施例6	比较实施例7	比较实施例8	比较实施例9
凝胶弹性模量（10^{-3} g/cm·dr）	0.0	0.1	0.0	0.9	2.0	1.0	0.3	0.8	0.0
热水收缩率 Wsr（%）	4.5	4.5	4.5	85	95	87	68	75	3.5
拉伸强度（g/d）	9.7	7.5	9.2	2.8	3.8	2.9	3.3	0.7	13.0

在实质审查阶段，审查员驳回了该申请。驳回决定认为：该申请权利要求1得不到说明书的支持，不符合《专利法》第二十六条第四款的规定。审查员的具体理由是：根据申请文件的记载，特别是实施例1~3和比较实施例1~9，本领域技术人员难于预见还可以获得凝胶弹性模量为"$0.5 \times 10^{-3} \sim 1.5 \times 10^{-3}$ g/cm·dr"（对应于实施例1~3数值范围）之外的纤维，因此权利要求1中"$0.05 \times 10^{-3} \sim 8.0 \times 10^{-3}$ g/cm·dr"这一范围得不到说明书的支持。

申请人对上述驳回决定不服，向专利复审委员会提出复审请求。在提出复审请求的同时，请求人提交了以下参考资料作为证据：

参考资料1：与该申请相应的美国专利 US 5717026；

参考资料2：与该申请相应的欧洲专利申请的有关文件及权利要求书。

经审查，专利复审委员会作出了撤销原"驳回决定"的复审决定。专利复审委员会合议组的观点是：通过表 4-2 可以看出，"实施例 1~3 的产品参数均在权利要求 1 限定的数值范围之内"。"从本申请说明书公开的内容可以直接得到权利要求 1 的技术方案。尽管其中的参数数值范围大于实施例直接得到的范围，**但是并没有证据可以证明本发明在权利要求范围内不可以实施**，所以本专利申请权利要求 1 的范围是可以接受的。因此，以权利要求 1 不符合中国《专利法》第二十六条第四款为由驳回本申请的理由不成立。"该申请被发回重审，并被授予专利权。

2. 案例评析

该案的焦点问题是：当权利要求的保护范围大于说明书实施例所公开的范围时，如何判断该权利要求能否得到其说明书的支持？当出现争执时其举证责任应当由谁来承担？

《专利法》第二十六条第四款规定："权利要求书应当以说明书为依据，清楚、简要地限定要求专利保护的范围。"即我们通常所说的"权利要求应当得到说明书的支持"。关于"支持"问题，《审查指南 2006》第二部分第二章第 3.2.1 节作了如下的解释："只有当所属技术领域的技术人员能够从说明书充分公开的内容中得到或概括得出该项权利要求所要求保护的技术方案时，记载该技术方案的权利要求方案才被认为得到了说明书的支持。"

根据上述规定，一项权利要求所要求保护的技术方案应当是所属技术领域的技术人员能够从说明书中公开的内容直接得到或者概括得出的技术方案。

诚然，在判断权利要求是否得到说明书的支持时，不应当绝对局限于实施例部分的内容。如果说明书中有较好的支持或者所属技术领域的技术人员并不怀疑权利要求范围内不可以实施，那么即使这个权利要求范围较宽也是可以接受的；但是，如果权利要求中超出实施例的部分是所属技术领域的技术人员从实施例中无法推测和预料的，则属于权利要求得不到说明书的支持。

该案中，权利要求 1 要求保护的是一种具有 $0.05\times10^{-3}\sim8.0\times10^{-3} g/cm\cdot dr$ 的凝胶弹性模量、10%~85% 的热水收缩率（Wsr），以及 4g/d 或更高的强度的以聚乙烯醇为基础的纤维。其中，"凝胶弹性模量"是该发明的一项重要技术参数，在其权利要求 1 中"凝胶弹性模量"的上限被限定为"$\mathbf{8.0\times10^{-3}\ g/cm\cdot dr}$"。而在该申请说明书的 3 个实施例中，所公开的"凝胶弹性模量"值分别为 $\mathbf{1.5\times10^{-3}g/cm\cdot dr}$、$\mathbf{0.5\times10^{-3}g/cm\cdot dr}$ 和 $\mathbf{0.8\times10^{-3}g/cm\cdot dr}$。此时说明书所公开的内容是否足以支持该权利要求所要求保护的范围？

对此，审查员与复审合议组表示了不同的观点。审查员认为：根据申请文件的记载，特别是实施例 1~3 和比较实施例 1~9，**本领域技术人员难于预见还**

可以获得凝胶弹性模量为"$0.5 \times 10^{-3} \sim 1.5 \times 10^{-3}$ g/cm·dr"（对应于实施例1~3数值范围）之外的纤维，因此"$0.05 \times 10^{-3} \sim 8.0 \times 10^{-3}$ g/cm·dr"这一范围得不到说明书的支持。

专利复审委员会复审合议组则认为：实施例是对发明优选的具体实施方式的举例说明，对支持和解释权利要求极为重要，但这并不意味着权利要求的范围必须与实施例直接得出的范围相一致。**由于没有证据可以证明本发明在权利要求范围内不可以实施，所以权利要求1范围是可以接受的。**

从该专利申请说明书所公开的3个实施例外加9个比较实施例可以看出，对于聚乙烯醇纤维来说，凝胶弹性模量与拉伸强度之间存在一定的关联性：随着凝胶弹性模量的增大，拉伸强度会变小，当"凝胶弹性模量"为最大值2.0时，其相应的"拉伸强度"值已降为3.8，已经低于权利要求1中的下限值（权利要求中"拉伸强度"的下限值为4）。此时我们很自然会想到，当"凝胶弹性模量"为8.0时，其拉伸强度是否能维持在4以上？所以，审查员所持的怀疑态度是有一定道理的。

诚然，此时也不应当完全排除允许扩展的可能性。但是，如果申请人主张权利要求的这种扩大是合理的，是所属领域普通技术人员能够想到的，那么申请人就负有举证责任，具体说明可以扩展的理由。（例如，为什么8.0的上限是可以接受的？如果8.0的上限可以接受，那么9.0的上限是否可以接受？扩展到何种范围才不能被接受？）

从上述案情介绍中我们不难看出，在该案例中专利复审委员会将上述举证责任直接推给了审查员，在申请人未作任何举证和说明的情况下，合议组就以审查员"没有证据可以证明本发明在权利要求范围内不可以实施，所以本专利申请权利要求1的范围是可以接受的"为由作出了决定。其结果是：免除了申请人的举证责任，却让审查员承担了"举证不能"的责任，形成了举证责任的颠倒。

就举证的可能性而言，让审查员举证证明"凝胶弹性模量为8.0在技术上不可能实现"实际上是一件很难的事情，正如同要证明一件事物的"存在"是可行的，但要想证明其"不存在"却是很困难的。

就审查原则而言，这种处理方式也违背了"谁主张，谁举证"的基本原则，由于扩展保护范围的主张是由申请人提出的，所以申请人不仅有能力而且有责任向审查员或复审合议组说明可以将凝胶弹性模量由1.5扩展到8.0的理由。在提出复审请求时，虽然申请人也向合议组提供了一份"证据"，即该申请在国外已经被授权的信息，试图让合议组接受该申请在国外的审查结果，但是该信息显然不能作为支持其主张的有效证据。

【案例 4-15】

1. 案情简介

该案涉及一件名称为"眼药水溶液和使该溶液防腐的方法"的发明专利申请复审案件。[1] 在实质审查阶段,审查员以该申请不符合《专利法》第二十二条第三款(即创造性规定)为由驳回了该申请。请求人不服该驳回决定而提出了复审请求,同时提交了经修改的权利要求书。修改后的独立权利要求 1 为:

1. 一种使含水眼药配方防腐以便提高其使用期的方法,该方法包括向该含水眼药配方中加入稳定二氧化氯,其量为在该含水眼药配方中作为单一防腐剂有效地起作用;至少一种眼科学上可接受的缓冲组分,其量可有效地保持该含水眼药配方于约 pH 6.8~8;和至少一种眼科学上可接受的张力组分,其量可有效地维持该含水眼药配方的渗透压基本上相当于人眼流体的渗透压,条件是该含水眼药配方是眼科学上可接受的并且无杀菌有效量的任何带正电的、含氮阳离子聚合物掺入该含水眼药配方中。

"向该含水眼药配方中加入稳定二氧化氯,其量为在该含水眼药配方中作为单一防腐剂有效地起作用"这一技术特征是申请人修改权利要求 1 时新加入的,目的是与审查员提供的一份最接近的对比文件相区别,该对比文件中也采用了二氧化氯作为防腐剂,但必须与另外一种防腐剂协同作用。故申请人特别强调"**二氧化氯作为单一防腐剂**"这一区别技术特征。

在复审阶段,合议组认为:"权利要求 1 的'二氧化氯……在该含水眼药配方中作为单一防腐剂有效地起作用'在说明书中未见记载。按照请求人的解释,其含义是指在本发明的含水眼药中不含除二氧化氯以外的任何其他防腐剂。但是,在本申请的**所有实施例的含水眼药配方中均含有氯化钠,而氯化钠具有众所周知的防腐性能,无疑可称为一种防腐剂**。可见,甚至于本申请的所有实施方案,都不是只使用二氧化氯而无其他防腐剂的技术方案。从说明书的记载,不能直接地、毫无疑义地导出所述技术特征。由于本申请的权利要求书所记载的技术方案得不到说明书的支持,不符合《专利法》第二十六条第四款的规定。"

合议组最终作出了维持原驳回决定的复审决定。申请人不服该复审决定而提起行政诉讼,但一审法院维持了专利复审委员会的复审决定。

2. 案例评析

与案例 4-14 相似,该案也涉及权利要求是否能得到说明书支持的问题。

---

[1] 该发明专利申请文件详见附录。

所不同的是,该问题在实质审查阶段并未涉及,是在复审阶段新出现的问题,争执发生于专利复审委员会合议组与复审请求人之间,前审的审查员并未参与其中,也没有机会对此发表任何意见。

该案的焦点是:在说明书缺乏明确记载的情况下,能否从中得出"二氧化氯在该含水眼药配方中作为**单一防腐剂**有效地起作用"的结论?具体说,说明书实施例中所记载的**生理盐水(氯化钠水溶液)**组分是否属于一种防腐剂?

对此,专利复审委员会合议组的观点是:在该申请的所有实施例的含水眼药配方中均含有氯化钠,而氯化钠具有众所周知的防腐性能,无疑可称为一种防腐剂。所以从说明书的记载,不能直接地、毫无疑义地导出所述技术特征。合议组认为生理盐水中的氯化钠属于一种防腐剂,并认为这是一种"公知常识",但对此未作任何举证。

申请人的观点则是:该申请的生理盐水不是防腐剂,它在眼药水中主要起调节生理渗透压的作用。

合议组与申请人的意见究竟哪一种正确?更能够为该领域的专业人员所接受?首先,我们应当弄清该申请所采用氯化钠的具体状态。通读该专利的说明书及其实施例,我们可以发现其氯化钠都是以生理盐水的状态存在的,其中氯化钠的浓度为 0.5%~0.9%。以其实施例 1 为例:

进行一系列实验,以确定用稳定二氧化氯的硼酸盐缓冲生理盐水的抗微生物性质。所用稳定二氧化氯为 Biocide International, Inc. of Norman, Oklahoma 独家生产的稳定二氧化氯,加到硼酸盐缓冲生理盐水中的稳定二氧化氯浓度是可变的。

该硼酸盐缓冲生理盐水溶液具有下列成分:

成 分	百分比(重量/体积)
氯化钠 USP	0.85
硼酸 NF	0.10
净化水 UGP*	至 100mL

*加至形成 100mL 的溶液。

接下来,我们要弄清的是:生理盐水,即浓度为 0.5%~0.9% 的氯化钠水溶液是否具有防腐作用?或者说生理盐水是否属于一种防腐剂?

初看起来这似乎是一个常识性的问题。在日常生活中,普通老百姓的确存在**"氯化钠具有防腐性能,可称为一种防腐剂"**的认识,例如在日常生活中食盐经常被用来腌制食物,防止食物腐败,所以称为"防腐剂"并不为过。然而,一件专利申请案,还是应当结合说明书的内容从"所属领域普通技术人员"的角度对"生理盐水"这一概念作出一个科学、精准的认定。

该案涉及一种眼药水，属于药物的技术领域。笔者是门外汉，对药物一窍不通，只好通过查阅资料的方式来寻求答案。笔者首先查阅了字典，在《辞海》中对"生理盐水"作了如下解释：

生理盐水，生理学实验或临床上常用的渗透压与动物或人体血浆相等的氯化钠溶液。其浓度用于两栖类时是0.67%~0.70%，用于哺乳类和人体时是0.85%~0.90%。

上述解释与该专利申请说明书所记载的内容（实施例中氯化钠的浓度均为0.85%~0.90%）相符。笔者又借助于互联网对"氯化钠的防腐作用"进行了查询，从中分别获知了以下知识。

（1）浓度高的盐水的确可以杀菌而无法杀灭病毒，但不能代替消毒液，因为它无法杀灭病毒。消毒剂是指用于杀灭传播媒介上病原微生物，使其达到无害化要求的制剂，所以严格意义上说盐水是不能起到消毒作用的。

（2）生理盐水只是维持细胞内环境稳态的，并不能起到消毒作用。生理学实验或临床上常用的渗透压与动物或人体血浆的渗透压相等的氯化钠溶液。（与该申请说明书所记载的作用相同。）

（3）盐水消毒的原理为透过渗透作用（osmosis）抽干细菌内的水分使其死亡。盐水浓度越高，"抽水"效果越快，应当在5%以上。在日常生活中，常用浓盐水腌菜、腌肉、杀菌消毒，也就是让细菌向外渗水而被杀死。

阅读以上内容可以使我们对"生理盐水"以及氯化钠防腐的机理有比较专业化的理解，或者说可以站在"该领域普通技术人员"的角度来理解"生理盐水"这一概念——"生理盐水"并不具有消毒作用；浓度较高的盐水可以依靠其"抽水"作用使细菌向外渗水而被杀死。

笔者设想，在审理该案时，如果合议组在作出复审决定之前对"生理盐水"以及氯化钠防腐的机理进行一些科学考证，设法寻求确凿的证据，或许就不会贸然作出"氯化钠具有众所周知的防腐性能，无疑可称为一种防腐剂"的结论。

通过这一案例，一方面可以看出，在审理案件过程中"当事人对自己提出的主张负有举证责任"的必要性；另一方面可以看出，在审理专利案件时，当以"公知常识"作为证据时，提出主张的一方（无论是当事人还是合议组）负有举证责任的重要性。

正如《审查指南2006》中所规定，"主张某技术手段是本领域公知常识的当事人，对其主张承担举证责任。该当事人未能举证证明或者未能充分说明该技术手段是本领域公知常识，并且对方当事人不予认可的，合议组对该技术手段是本领域公知常识的主张不予支持。"

结 语

也许出于巧合，以上分析的两个案例都属于化学领域的案件。在国家知识产权局的机构设置中，化学领域涵盖的专业面（无机、有机、高分子、冶金、医药、微生物、生物工程等）比较宽，其中还包含了若干高新技术领域。俗话说"隔行如隔山"，不同专业之间差异性非常大。以上述两个案例为例，一个涉及高分子（化学纤维）专业，另一个涉及医药专业，虽说都属于化学领域，但所涉及的技术内容可谓相差十万八千里。与实质审查部门不同，专利复审委员会不可能为每一个案件、每一个合议组都配齐相应专业的审查员，这在客观上给案件的审理带来一定的困难。譬如让一个"化学纤维"专业的审查员来审查"眼药水"的案件，其面临的困难可想而知。

鉴于以上状况的客观存在，更需要我们认真贯彻"举证原则"。在专利案件中，无论是申请人、审查员，还是专利复审委员会合议组，只有各方对其所主张的事实（包括所谓的"公知常识"）都给出充分证据，才有可能弱化专业知识给案件审理所带来技术方面的困扰，从而将审查的重点集中到法律的层面上。

为此，笔者提出以下两点建议。

（1）对"公知常识"的举证应当切实贯穿专利审查的各个程序中，其中也包括实质审查程序。对此，我们应当学习欧洲专利局的做法。欧洲专利局对审查员的举证责任要求十分严格，在实质审查过程中当审查员用"公知常识"来评价专利申请的新颖性或创造性时，要求审查员一定要指出相关"公知常识"的出处，因为一般情况下，"公知常识"都是可以找到相应出处的。欧洲专利局这种严谨的要求有助于避免审查结论的主观随意性。

（2）复审程序中适当听取前审审查员的意见。鉴于专利复审程序主要是对申请人的一种救济程序，所以在整个复审过程中特别重视申请人的意见。按照目前审查程序的设置，对于前审的审查员来说，他（她）仅有一次对案件发表意见的机会，即在案件进入复审程序之前的"前置审查"中。

"前置审查"是国家知识产权局的一个内部程序，在请求人提出复审请求之后、案件正式进入专利复审委员会之前，审查员可以对申请人的复审理由以及修改后的权利要求书发表一次意见。一旦案件进入复审程序，审查员就再也没有对案件发表意见的机会了。即使申请人在复审过程中对其权利要求书又作了新的修改、陈述了新的意见，也只能由专利复审委员会合议组直接对其进行审查并作出审查结论。对于专业性比较强的案件来说，很难确保复审中审查结果的准确无误,以上两个案例就是证明。

根据笔者的经验,如果在案件进入复审程序之后,仍然保留一种专利复审委员会合议组(或者主审员)与前审审查员内部沟通的机制,将有利于克服专业性所带来的障碍,从而确保审查结果的客观公正。例如,在上述两个案例中,如果在作出复审决定之前,合议组就所持的观点与前审的审查员进行一些内部交流(实际上也是一种听证的过程),便可以避免一些误认。例如,"生理盐水"的功能和作用让一个医学专业的审查员来解释,可能会更为准确、更为专业化。

(十四) 对一件美国发明专利无效请求案的剖析——兼谈"权利要求中技术特征的认定"

基于专利侵权纠纷的压力,太原重型机械集团有限公司(以下简称"太重")于2007年4月5日向原国家知识产权局专利复审委员会就美国摩根建设公司(以下简称"摩根")的名称为"用于轧钢机油膜球轴承的套筒"发明专利(专利号ZL01143517.8)提出无效宣告请求。2007年5月8日,专利复审委员会作出第9745号决定,宣告该专利权全部无效。2007年8月,"摩根"不服专利复审委员会的上述决定,向北京市第一中级人民法院提出行政诉讼,并委托北京一家知名律师事务所作为其诉讼代理机构。

笔者作为"太重"的诉讼代理人向北京市第一中级人民法院作了书面意见陈述并出席了庭审。经开庭审理,北京市第一中级人民法院于2007年12月20日作出判决,维持被告专利复审委员会作出的决定。其后"摩根"接受了一审判决的结论,未提起上诉,专利复审委员会的无效宣告决定生效。

"摩根"就"用于轧钢机油膜球轴承的套筒"(以下简称"套筒")发明创造于2001年12月7日向国家知识产权局提出专利申请,于2005年6月1日授权。该专利有三项权利要求,其权利要求1如下:

1. 一种用于轧钢机油膜轴承的套筒,所述油膜轴承可对轧钢机中的轧辊的辊颈进行可旋转支承,所述套筒具有一围绕一内锥形段的圆柱形外表面,所述圆柱形外表面适于可旋转地支承在所述轴承的位于一负载区域的一油膜上,所述内锥形段沿轴向延伸过所述负载区域并适于安置在所述辊颈的一外锥形部分上,所述圆柱形外表面具有500~2100mm的直径(D),所述内锥形段具有一大于3度的锥度角和一介于10mm至0.024D+14.5之间的最小厚度。

在上述权利要求中,"所述圆柱形外表面具有500~2100mm的直径(D),所述内锥形段具有一大于3度的锥度角和一介于10mm至0.024D+14.5之间的最小厚度"是该专利与现有技术之间的主要区别技术特征,即发明点所在。

"太重"认为"摩根"专利的权利要求1不具备创造性,并提出了两件主要证据:证据1为机械出版社于1992年6月出版的《现代大型轧机油膜轴承(理论与实践)》,证据2为中国标准出版社于1992年6月出版的《轧机油膜轴承运用技术条件》国家标准。

"太重"认为:结合证据1第206～207页的表76a中列出的油膜轴承(60)系列相关数据和附图可计算出其套筒的最小厚度为35mm,该数据值恰好落入"摩根"专利权利要求1中的"内锥形段具有一大于3度的锥度角和一介于10mm至0.024D+14.5的最小厚度"的技术特征范围之内,从而证明证据1公开了"摩根"专利权1的上述技术特征。

而从证据2第2页3.9项可知对套筒锥度的选用标准一般为1:5,据此可以换算出上述套筒锥度角为5°42′38″,从而公开了该专利权利要求1中的"内锥形段具有一大于3度的锥度角"这一技术特征。

也就是说,本领域的技术人员在设计轧机油膜轴承时,可以根据证据1和证据2选择轴承套筒的最小厚度和锥度角,并将证据1和证据2公开的技术内容相结合,得出该专利权利要求1所保护的技术方案,而无须付出创造性劳动,而且该方案也并未产生意料不到的技术效果。因此,"摩根"专利的权利要求1相对证据1和证据2的结合不具备创造性。

鉴于此,"摩根"提出了新的观点。"摩根"认为:证据1涉及一种"自锁式轴承套筒",而证据2涉及"非自锁式轴承套筒",两者不属于同类产品,因此不能将证据2与证据1结合来判断该专利的创造性。同时,"摩根"以"锥角度大于3度"为由说明该专利权1涉及的是一种"非自锁式套筒",故该专利与证据1中的产品不是同类产品,本领域技术人员不可能从证据1中得出该专利权利要求1中的关于套筒的最小厚度范围的启示。

在法庭辩论中,双方争论的焦点集中在了权利要求1究竟涉及"自锁"型轴承还是"非自锁"型轴承这一技术特征的认定上。在全面分析案情的基础上,"太重"提出了如下观点。

(1)"摩根"在该专利的背景技术中已明确指出:非自锁与自锁套筒的区别在于套筒是否"需要连接键或类似物来实现与辊颈的配合",即非自锁套筒通过连接键固定在轧辊辊颈上实现锁定,而自锁套筒则是通过与轧辊辊颈的紧配合来实现锁定。因此"锥角度大于3度"不能作为自锁与非自锁的分界线。由于其权利要求书中缺少对"连接键或类似物"的明确记载,所以从"摩根"的权利要求1中并不能确认其产品仅涉及"非自锁式套筒"。

（2）当庭对证据1的前后章节作了全面举证和分析，通过该分析完全可以确认证据1所涉及的产品同样属于"非自锁式套筒"。

为了对"摩根"的专利有全面了解，笔者查阅了该专利在国外的申请及授权状况，并认真查阅了该专利在中国的审查档案。通过查阅发现了以下两个重要事实。一是"摩根"就该技术在国外的专利申请以及在中国专利申请公开文本的权利要求1中均含有"该套筒还具有一位于所述内锥形段外侧并位于所述端部段内的机械接合装置，用于将所述套筒可旋转地固定于所述辊径"的限定，即明确了权利要求1所指是非锁定套筒。

二是在中国专利申请审批的过程中，即在其答复审查员"第一次审查意见通知书"时，"摩根"故意将上述限定从其公开文本的权利要求中删除，形成后来的授权文本权利要求1（已如前所述）——这说明"摩根"在专利申请实质审查阶段故意将权利要求1由非锁定套筒扩大到其他套筒，以求更大权利范围。而在该专利的无效宣告程序中，面临该专利可能被宣告无效的压力，"摩根"又反过来强调权利要求1仅涉及一种"非锁定套筒"，力求以缩小范围自保。这种解释是站不住脚的，其主张也明显违反了"禁止反悔"的基本原则。

一审法院根据双方的辩论意见作出了一审判决。在强有力的证据和人民法院精准的分析判断面前，"摩根"公司接受了人民法院的一审判决意见，未提起上诉。"摩根"公司的ZL01143517.8号发明专利权被宣告无效，"太重"也从专利侵权纠纷的压力中解脱了出来。

（十五）从一件美国专利纠纷看权利要求中的"功能性限定"

《法释2009》已于2009年12月21日最高人民法院审判委员会第1480次会议通过，并自2010年1月1日起施行。该司法解释的出台将起到统一专利侵权案件审理中有关标准的积极作用，是我国专利司法实践的一大进步。其中第四条明确规定："对于权利要求中以功能或者效果表述的技术特征，人民法院应当结合说明书和附图描述的该功能或者效果的具体实施方式及其等同的实施方式，确定该技术特征的内容。"

对于权利要求中的"功能性限定"，国家知识产权局的《审查指南2001》第二部分第二章第3.2.2节中作了如下规定："对于权利要求中的功能性特征，应当理解为覆盖了所有能够实现所述功能的实施方式。"

上述司法解释的实施，无疑可以统一各级人民法院对权利要求书中"功能性限定"的认定标准，但仍然消除不了国家知识产权局与人民法院之间对"功能性限定"理解所存在的差异。

上述情况与美国早些年之前的情况有些类似。1982年，美国专利法加入了第112（f）条关于功能性限定特征的条款，明确规定采用"手段+功能"的权利要求应当被解释为覆盖了说明书中记载的相应结构、材料或者动作及其等同物。但是在1982年之前，不管是美国专利商标局还是对美国专利商标局决定进行审查的美国海关和专利上诉法院，均认为第112（f）条的规定仅适用于专利侵权案件，在授权案件中始终坚持覆盖了能够实现该功能的所有方式的解释规则。

1982～1994年，美国专利商标局和美国联邦巡回上诉法院（CAFC）争论不断。直至1994年CAFC通过 *Inre Donaldson* 案，以"大法庭一致通过"的方式明确表明其观点后，美国专利商标局才接受了授权程序也应当采用缩小解释的观点。❶

下面将介绍一件笔者为国内一家企业处理过的专利侵权纠纷案。通过该案例或许可以对美国专利界处理权利要求中"功能性限定"的原则有更具体的了解。

国内某公司拟向美国出口一批吸尘器产品，美国的经销商对该产品的性能予以认可。但在下订单之前，经销商的法律顾问向该公司提出疑问，认为其出口产品涉嫌侵犯美国的一项专利权。该公司的产品结构如图4-25所示。

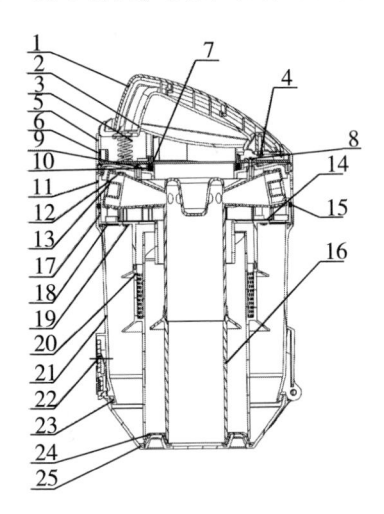

图4-25

该产品涉及一种旋风分离式吸尘器，它具有三级分离的功能。其三级分

---

❶ 尹新天. 专利权的保护 [M]. 2版. 北京：知识产权出版社，2005：325.

离出的灰尘分别进入筒体的下方，吸尘结束时，只要将筒体的下盖打开即可将三个集尘箱内的灰尘一并倒出。其下盖是以枢轴连接的方式被扣合在筒体的底部。

客户所提供的美国专利也涉及一种多级旋风分离吸尘器，与拟出口美国的产品属于同类产品。该美国专利的一项权利要求如下：

1. A separator comprising：

（a）an inlet in fluid flow communication with a source of fluid having particles therein；

（b）a first particle separation member；

（c）a first particle collector disposed below the particle separation member；and，

（d）a particle transfer member positioned between the particle separation member and the particle collector whereby particles separated by the first particle separation member are conveyed to the first particle collector；

（e）a second particle separation member disposed upstream of the first particle separation member, the first particle collector is disposed above the second particle separation member；and，

（f）a second particle collector positioned to receive particles separated by the second particle separation member and the first and second particle collectors are configured such that the first particle collector is emptied when the second particle collector is emptied.

其中的一个技术特征（f）包含一种功能性限定："the first and second particle collectors are configured such that the first particle collector is emptied when the second particle collector is emptied"（第一和第二集尘箱具有这样的形状：当第二集尘箱被清空时，其第一集尘箱也同时被清空）。

该专利的说明书中公开了多个实施例，其中的一个实施例如图4-26所示。在所有的实施例中，经两级分离后的灰尘首先（以不同的方式）被集中在筒体的下方，然后同时被倒出，其差别仅在于灰尘的集中方式有所不同。其倒出的方式是：首先将下筒体（66）从上筒体（51）上拔下，然后使下筒体（66）翻转180°，将灰尘倒出。

由于该出口产品覆盖了美国专利上述权利要求中的全部技术特征，包括经多级分离后的灰尘一次性被倒出（"当第二集尘箱被清空时，其第一集尘箱也同时被清空"），所以从文字内容上看，该产品的确落入上述专利的保护范围内。

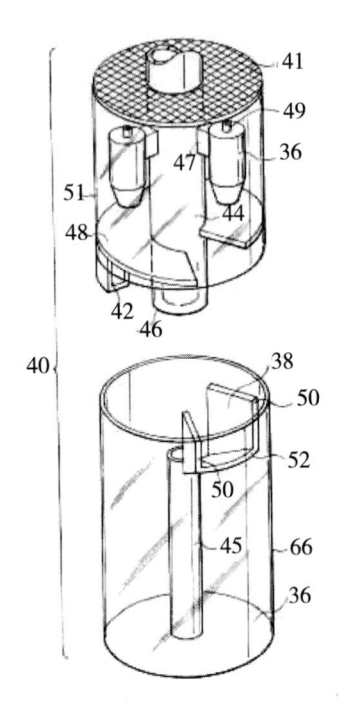

图 4-26

根据美国专利法的规定，其权利要求书中允许使用功能性限定，但是与中国专利审查指南的规定不同，在其专利法的第116条中还明确规定：An element in a claim for a combination may be expressed as a means or step for performing a specified function without the recital of structure, material, or acts in support thereof, and such claim shall be construed to **cover the corresponding structure, material, or acts described in the specification and equivalents thereof.** 即权利要求中的功能性限定，应当理解为包含了说明书中所记载的实施例及其等同物。

对于"等同物"，美国联邦巡回上诉法院在一判例中曾经作出过如下认定：This Court's most recent restatement of the doctrine of equivalents, in Graver Tank II, endorsed the three part test for equivalency previously expressed in Sanitary Refrigerator Co. v. Winters, 280 U. S. 30, 42 (1929) ('if [the accused device] performs substantially the same function in substantially the same way to obtain the same result'). 339 U. S. at 608. After Graver Tank II, 'function, way, result' became the touchstone for every equivalency determination. 即所谓的"等同"应当理解为"功能、方式、效果基本上相同"。

据此，笔者首先替该国内企业起草了致美国经销商的律师函。在律师函中，除了引用美国专利法的上述规定及联邦巡回上诉法院的上述意见，还具体分析了上述出口产品与美国专利在倒灰方式上的本质区别：

美国专利中的倒灰方式是先将各级分离出的灰尘混合在一起，然后需将下筒体拔出、反转180°后倒出。说明书中虽然公开了若干个不同的实施例，但其倒灰方式都是一样的；出口产品中，虽然灰尘也是同时被倒出，但是其不同级所分离出的灰尘在倒出前及倒出过程中是不混合的，而且其倒灰时无须卸下筒体，只需打开下盖即可。

虽然上述两种方式都实现了同时倒灰的功能，但是两者的效果存在本质性差异：

（1）采用出口产品的方式，可以将不同级所分离出的灰尘隔离开，便于回收其中的某些分离物，而美国专利方案则实现不了；

（2）采用打开下盖的方式倒灰显然比拆卸下筒体倒灰的方式实用、方便。

据此，应当认为出口产品所采用的倒灰方式与美国专利方案存在本质性差别，既不与专利说明书所记载的实施例相同，也不与之等同，故不应当将其视为专利侵权。

律师函寄出约两个月后，美国经销商下达了产品订单。迄今，该出口产品在美国未再遭遇专利侵权纠纷。时隔不久，该产品又出口欧洲市场，在欧洲遇到类似的阻力。

欧洲的有关规定虽然不像美国一样明确，但在承认"功能性限定"的同时，《欧洲专利局审查指南》也作了如下的规定：

6.5 Definition in terms of function

A claim may broadly define a feature in terms of its function, i. e. as a functional feature, even where only one example of the feature has been given in the description, if the skilled reader would appreciate that other means could be used for the same function (see also III, 2.1). For example, 'terminal position detecting means' in a claim might be supported by a single example comprising a limit switch, it being evident to the skilled person that e. g. a photoelectric cell or a strain gauge could be used instead. In general, however, if the entire contents of the application are such as to convey the impression that a function is to be carried out in a particular way, with no intimation that alternative means are envisaged, and a claim is formulated in such a way as to embrace other means, or all means, of performing the function, then objection arises. Furthermore, it may not be sufficient if the description merely states in vague terms that other means may be adopted, if it is not reasonably clear what they might be or how they might be used. （其中的"other means, or all means"就意味着"功能性限定"并非像中国专利审查指南所述的"应当理解为覆盖了所有能够实现所述功能的实施方式"。）基于上述同样的理由，该产品最终也顺利进入欧洲市场。

如上所述，在我国即使《法释2009》中的第五条得以实施，仍然面临着与专利审查指南的冲突。这种冲突的存在显然是不合理的——同样的权利要求在授权程序中与专利侵权程序中遭遇宽严不同的解释和对待，这本身也是对专利权人的一种不公平。美国专利商标局与法院之间的争议存在了10多年，最终达成一致。相信在中国这种争议不会，也不应该持续如此长的时间。

最后，摘录一段网上某申请人（A）与某专利专家（B）的对话供大家品味，其中道出了专利申请人的困惑和无奈。

A：我为了一个功能性限定，提供了二十几个结构了，还要继续探索新结构吗？

B：是一个功能性限定的部件吗？

A：是的。

B：如果这个部件有公认的定义，可以不用穷举；如果这个部件名称没有明确定义，就尽可能在说明书中穷举。举到你想象不到为止。

A：这个部件名称没有明确定义，就尽可能在说明书中穷举，是啊，可是要举到什么时候呢？

B：没有定义或者公认名称，你只能列举了。

A：列举，如果遗漏了一个，那怎么办？白忙活了？

（十六）从一案例看专利申请文件的撰写、审查及其对后续程序的影响[1]

笔者为一位无效宣告请求人代理了一件专利无效请求案件，在代理过程中了解了一些与该专利的审批以及专利侵权诉讼有关的情况。该案是一个很有价值的典型案例：就程序而言，它涉及专利申请文件的撰写、审查、专利侵权诉讼、专利无效请求诸多程序及各程序间的关联性；就实体而言，它除了涉及禁止反悔原则的适用，还涉及对权利要求的"清楚"、"以说明书为依据"以及"功能性限定"等重要的法律规定的理解及应用。以下将对该案例作简要介绍，并分析探讨该案给我们的启示和教训。

---

[1] 该案例分析由北京信慧永光知识产权代理有限责任公司专利代理人李雪春博士与张荣彦合作完成，该文首发于2010年，2011年获全国知识产权论文比赛一等奖。

1. 案情简介

某申请人向国家知识产权局申请了一件名为"无刷自控电机软启动器"的发明专利申请，该申请涉及一种无刷电机的软启动装置。申请人针对电机启动过程中启动电流过大的技术问题，设计了一种供电机使用的软启动装置，其具体结构如图4-27所示。

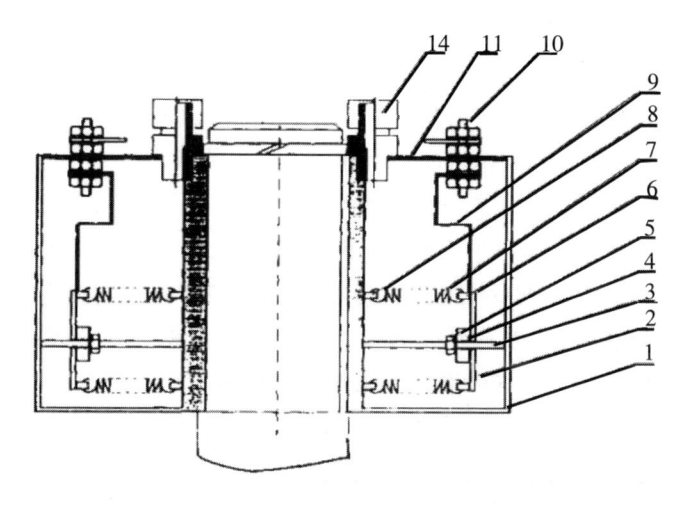

图4-27

（1—静电极，2—动电极，3—导向杆，4—惯性块，5—限位螺母，7—拉簧）

图4-27中间位置的垂直轴是电机的转轴，转轴的周围安装一环形容器，环形容器内装有电解液，电解液内放置有静电极、动电极、导向杆、惯性块、限位螺母和拉簧。电机启动后，环形容器随转轴一起旋转。在离心力及惯性块的作用下，动电极会随电机的转动逐渐克服弹簧的作用力而向静电极靠拢，直至与静电极贴在一起。由于环形容器内装有电解液，所以在转动过程中动电极与静电极之间的电阻会发生由大到小的变化，最终为零，由此改变电机启动过程的启动电流。该申请的说明书中仅公开了一个实施例，即如图4-27所示的结构。

该申请的公开文本中包含5项权利要求，其权利要求1和4分别如下：

1. 一种无刷自控电机软起动器，包括电解液、电解液贮容器，处于电解液中可相对移动的静电极和动电极以及与其电气相连接的接线柱，接线柱与电机电枢连接，使静电极和动电极之间的电阻与电枢串接，其特征在于：所述电解液贮容器为一具有可固定套设在电机转轴上结构的环形容器，静电极（1）和动电极（2）相对地沿转轴径向放置，且相对于轴心，静电极（1）设置在动电极（2）的外侧，电解液贮容器内腔中还设有沿径向设置的导向杆（3），动电极（2）可滑动地安装在其上，动电极（2）与静电极（1）之间设有阻止动电极（2）向静电极（1）移动的弹性阻力装置；所述弹性阻力装置的阻力与动电极（2）和静电极（1）之间距离成反比；电解液贮容器上还设有排气阀（14）和安全阀（13）。

4. 根据权利要求1或2所述的无刷自控电机软起动器，其特征在于，所述弹性阻力装置为压缩弹簧，压缩弹簧一端固定在动电极（2）上，另一端固定在静电极（1）上。

在实质审查过程中，审查员指出：权利要求4在其限定部分对本发明作了进一步限定，但其中的区别技术特征"所述弹性阻力装置为压缩弹簧，压缩弹簧的一端固定在动电极上，另一端固定在静电极上"在**说明书中没有记载，因此权利要求4没有以说明书为依据**，不符合《专利法》第二十六条第四款的规定。

专利权人在答复审查意见的陈述书中写道："**本申请人同意审查员在通知书中所指出的审查意见**""**从权利要求书中删去权利要求4**"。该发明专利申请获得授权，但**授权文本中的权利要求1未作任何改动**。

2009年该专利的被许可人（以下简称"原告"）向某中级人民法院起诉无效宣告请求人（以下简称"被告"）侵犯上述专利权。被告生产了一种与涉案专利结构十分相似的电机软启动器，但与涉案专利的技术方案相比，存在以下区别：①其弹性阻力装置采用的是压簧而非拉簧；②压簧的确设置在"动电极与静电极之间"，但并非该专利实施例（见图4-27）所述的位置（"动电极与环形容器的内壁之间"）。

原告认为：被告生产的产品除权利要求1中的弹性阻力装置被替换为压力弹簧外均完全一致，落入了上述发明专利权利要求1的保护范围。

被告辩称：权利要求1中所述"动电极（2）与静电极（1）之间设有阻止动电极（2）向静电极（1）移动的弹性阻力装置"为上位概念限定的技术特征，在审查过程中，审查员指出权利要求4没有以说明书为依据，要求申请人删除权利要求4，申请人同意审查员的意见对权利要求4进行了删除。根据禁止反悔原则，权利要求1中的"弹性阻力装置"不应当包含"压力弹簧"这一阻力装置，故被控侵权产品未落入涉案专利的保护范围。

法院认为：涉案发明专利权利要求1中所描述的弹性阻力装置，系指具有弹性的、阻止动电极向静电极移动的装置，其阻力与动电极和静电极之间的距离成反比。而被控侵权产品所使用的压缩弹簧也系一种具有弹性的、阻止动电极向静电极移动的装置，属于弹性阻力装置的下位概念。故被控侵权产品已完全覆盖了原告专利权利要求的全部必要技术特征。至于**专利申请人在申请文件**

中删去从属权利要求 4 的行为，并非对基本权利要求 1 所划定的最大保护范围予以限制**，故在原告根据权利要求 1 来确定其保护范围的情况下，被告关于适用禁止反悔原则限制原告专利保护范围，即受保护的弹性阻力装置应排除与压缩弹簧相同的压力弹簧这一阻力装置的主张不能成立。

一审法院判定：被告侵犯了原告享有的涉案专利的独占实施许可权，应立即停止侵权并赔偿原告经济损失 30 万元以及原告为制止侵权而支付的合理费用。

被告不服一审判决提起上诉。二审法院于 2010 年 5 月 25 日作出终审判决，驳回上诉，维持原判。二审法院认为：**虽然专利申请人在申请文件中删去了包含压缩弹簧这一技术特征的从属权利要求 4，但独立权利要求 1 已包含弹性阻力装置（其属于压缩弹簧的上位概念）在内的更大保护范围，故在原告根据独立权利要求 1 来确定其保护范围的情况下，该案不适用《最高人民法院关于审理侵犯专利权纠纷案件应用法律若干问题的解释》第六条，即"专利申请人、专利权人在专利授权或者无效宣告程序中，通过对权利要求、说明书的修改或者意见陈述而放弃的技术方案，权利人在侵犯专利权纠纷案件中又将其纳入专利权保护范围的，人民法院不予支持"的规定，被告关于适用禁止反悔原则限制涉案发明专利保护范围的主张不能成立**。

为摆脱专利侵权纠纷，被告委托笔者于 2010 年 1 月 14 日向专利复审委员会提交了对涉案专利的无效宣告请求。经对案件进行全面分析后，笔者以涉案专利不符合 2008 年版《专利法》第二十六条第四款、2010 年版《专利法实施细则》第二十条第一款以及《专利法》第二十二条第三款的规定为理由，请求专利复审委员会依法宣告涉案专利权利要求全部无效。

笔者在无效宣告请求书中重点评述了涉案专利权利要求 1 所存在的实质性缺陷：

（1）"动电极（2）与静电极（1）之间设有阻止动电极（2）向静电极（1）移动的弹性阻力装置"这一技术特征没有得到说明书的支持，不符合《专利法》第二十六条第四款的规定；

（2）"所述弹性阻力装置的阻力与动电极（2）和静电极（1）之间距离成反比"是一个错误的技术特征，导致了其权利要求**保护范围不清楚**，不符合 2010 年版《专利法实施细则》第二十条第一款的规定。

经审理，专利复审委员会于 2010 年 8 月 22 日作出第 15243 号无效宣告请求审查决定，**宣告涉案专利全部无效**。专利复审委员会认为：如果**权利要求书与说明书记载的不一致，并且权利要求所要求保护的技术方案是所属技术领域的技术人员不能够从说明书充分公开的内容得到或概括得出的技术方案，则权**

利要求书得不到说明书的支持。权利要求 1 记载了"动电极（2）与静电极（1）之间设有阻止动电极（2）向静电极（1）移动的弹性阻力装置"，即权利要求 1 中动、静电极之间设有弹性阻力装置。而说明书中相关的记载为：每块动电极 2 与凹腔内环侧壁之间对称地设有一对拉簧 7；环形凹腔外环侧壁上敷设一层薄铜皮构成静电极 1。**从说明书文字及附图中无法推知静电极 1 与动电极 2 之间设有弹性阻力装置**。可见，权利要求 1 中记载的是动、静电极之间设有弹性阻力装置，而根据说明书记载，动电极 2 与静电极 1 之间并未设置任何部件，这与权利要求 1 记载的方案并不一致。因此，权利要求 1 没有得到说明书的支持，不符合《专利法》第二十六条第四款的规定。权利要求 2~5 直接或间接从属于权利要求 1，其各自限定部分的内容并未克服上述权利要求 1 得不到说明书支持的缺陷，因此权利要求 2~5 也不符合《专利法》第二十六条第四款的规定。

2. 案例评析

纵观该案，有很多问题值得我们反思。

（1）专利申请文件撰写中存在的问题

客观地说，涉案专利提出了一种与现有技术不同的技术方案，具有一定的实用价值。从涉案专利的说明书和权利要求书的字里行间可以预见，申请人想要保护的技术方案可能并非说明书实施例这一种，除"弹性阻力装置为拉簧，拉簧的一端固定在动电极上，另一端固定在环形凹腔的内环侧壁上"的技术方案之外，还希望保护"弹性阻力装置为压缩弹簧，压缩弹簧一端固定在动电极上，另一端固定在静电极上"的技术方案。就此而论，申请人在撰写说明书及权利要求书时至少存在以下三点失误。

① 在原始说明书中对采用压簧的技术方案（即原权利要求 4 的技术方案）没有进行任何记载，致使原权利要求 4 得不到说明书的支持。虽然拉簧与压簧为现有技术中的惯用手段，但在该案的具体技术方案中，拉簧与压簧并不属于一种简单的替换，因为本领域普通技术人员不可能由"拉簧"的方案**唯一地、毫无疑义地**推导出采用"压簧"的技术方案。具体说，若将压簧设置在动、静电极之间，除简单的连接关系之外，还必须解决一些新出现的技术问题，例如如何解决动、静电极最终能够贴合在一起的问题等（被告的产品恰恰在这些方面有独特的设计）。不排除申请人在先对此会有所考虑，甚至有一个完整的技术方案，但遗憾的是其内容在说明书中既未作任何文字描述，也未以附图的形式予以公开。将这种技术方案写入权利要求书中予以保护，必然得不到说明书的支持。

在该发明专利的实质审查过程中，审查员认为"所述弹性阻力装置为压缩弹簧，压缩弹簧的一端固定在动电极上，另一端固定在静电极上在说明书中没有记载，因此权利要求4没有以说明书为依据，不符合《专利法》第二十六条第四款的规定"，该判断是完全正确的。在专利无效宣告程序中，专利复审委员会作出了更加准确的认定："权利要求所要求保护的技术方案是所属技术领域的技术人员不能够从说明书充分公开的内容得到或概括得出的技术方案，则权利要求书得不到说明书的支持。"

② 申请人在答复审查员的通知书时，删除了原权利要求4，就意味着主动放弃了使用压簧的技术方案，权利要求书中能够保护的技术方案仅为使用拉簧的技术方案。在放弃权利要求4的同时申请人理应对权利要求1作适应性修改。权利要求1中的"弹性阻力装置设置在动、静电极之间"显然是错误的，与说明书实施例明显不符，拉簧显然不可能设置在动、静电极之间。

③ 权利要求1中的"所述弹性阻力装置的阻力与动电极（2）和静电极（1）之间距离成反比"这一技术特征存在严重错误。申请人的本意很可能是"弹性阻力装置所产生的阻力随动、静电极之间距离的减小而增大"，但此处却使用了"成反比"这种定量的方式予以限定。众所周知，"成反比"（即"成反比例"）的含义为："当变量 y 的倒数和变量 x 成正比例时，称 x 与 y 成反比例，记作 $x = a\frac{1}{y}$ 或 $x = k\frac{1}{y}$，k 是常数。"❶

根据胡克定律，弹簧的伸长距离与其所受的外力成正比，但绝不能由此得出"弹簧的压缩距离与其产生的弹力成反比"的结论。众所周知，在上述成反比的关系式 $x = k\frac{1}{y}$ 中，其分母 y 不可以为零。如果弹性阻力装置的阻力（x）与动电极和静电极之间的距离（y）符合成反比的关系，则动电极和静电极之间的距离（y）就永远不能为零。但按照涉案专利说明书中的记载，动、静电极最终应当是贴合在一起的，由此完成启动过程。因此，权利要求1中的技术特征"弹性阻力装置的阻力与动电极和静电极之间的距离成反比"的描述是错误的，或者说是一般的弹簧装置无法提供的技术特性。

该专利申请文件就是这样带着诸多严重的实质性缺陷递交给了国家知识产权局。遗憾的是，这些缺陷在专利审查中也并未完全被审查员发现和予以纠正。

（2）审查员在实质审查过程中存在的问题

① 审查员既然在"第一次审查意见通知书"中明确认定使用压缩弹簧的技术方案在说明书中没有记载，权利要求书4的技术方案得不到说明书的支持，

---

❶ 辞海编辑委员会. 辞海［M］. 缩印本. 上海：上海辞书出版社，1989：300.

这就意味着该专利不能保护采用"压簧"的技术方案,只能保护采用"拉簧"的技术方案,应当将采用"压簧"的技术方案从权利要求书中清除出去。在通知书中,审查员除了要求申请人删除了原权利要求4外,还应当要求申请人对权利要求1作适应性修改,即将其中的"弹性阻力装置"这一上位概念修改为其下位概念"拉簧",并纠正其设置位置(改为"在动电极与凹腔内环侧壁之间设有弹性阻力装置"),从而使权利要求1的保护范围与说明书公开的范围一致。然而审查员并未就权利要求1向申请人提出任何审查意见。

话说回来,假若当初审查员对其权利要求1进行了严格的审查把关,在后续的专利侵权诉讼中,人民法院或许不会作出上述的审判,至少不会得出相同侵权的结论。

② 该专利涉及一种电机的软启动装置,说明书中说得很明确,其发明目的就在于改变电机启动过程中的电流,以"实现最佳启动过程控制"。"弹性阻力装置的阻力与动电极和静电极之间的距离成反比"正是对该"启动过程控制"的具体限定,既然明确写入权利要求1中,就应当视为权利要求1的一个重要的技术特征。然而对该技术特征所存在的严重技术错误,审查员亦未发现和纠正。

审查员没有要求申请人对原权利要求1进行任何修改,使之又带着诸多严重的缺陷被授予专利权而流入社会,给技术市场带来了混乱,为其后的专利侵权纠纷埋下了隐患。

(3) 对人民法院在审理该专利侵权纠纷中所持观点的讨论

根据2008年版《专利法》第五十九条的规定,人民法院在审理专利侵权案件时,应当以授权文本中权利要求的内容为准来确定其保护范围,无论一审法院还是二审法院在审理中都坚持了该原则,这一点无疑是正确的。虽然被告生产的产品与涉案专利所公开的技术方案(实施例)存在实质性区别,❶ 但由于授权文本中所存在的缺陷和错误,阴差阳错致使该产品恰好落入了涉案发明专利的权利要求的保护范围内。就此而论,人民法院依据权利要求1的文字内容所作的认定和判决也是可以理解的。

然而,对于被告所提出的"根据禁止反悔原则,权利要求1中的'弹性阻力装置'不应当包含'压力弹簧'这一阻力装置,故被控侵权产品未落入涉案专利的保护范围"这一争辩意见,一、二审法院均认为该案不适用禁止反悔原则的判决意见,笔者对此持有异议。

---

❶ (1) 被告产品采用的是压簧而非拉簧;(2) 压簧的位置是在动、静电极之间,而非在动电极与环形容器的内壁之间;(3) 为使动、静电极最终能够贴合在一起,被告在压簧的放置方面也采用了某些特殊的技术措施。

《法释2009》第六条规定:"专利申请人、专利权人在专利授权或者无效宣告程序中,通过对权利要求、说明书的修改或者意见陈述而放弃的技术方案,权利人在侵犯专利权纠纷案件中又将其纳入专利权保护范围的,人民法院不予支持。"

为了进一步明确禁止反悔原则在专利侵权案件中的适用范围,最高人民法院在其(2009)民提字第20号判决书中表示了如下的判决意见:"专利权人在专利授权程序中通过对权利要求、说明书的修改或者意见陈述而放弃的技术方案,无论该修改或者意见陈述是否与专利的新颖性或者创造性有关,在侵犯专利权纠纷案件中均不能通过等同侵权将其纳入专利权的保护范围。"

也就是说,专利权人的放弃行为,不仅仅是与专利的新颖性或者创造性有关,为使其专利申请获得授权,通过对权利要求、说明书的修改或者意见陈述而放弃的技术方案,也不能重新纳入其专利权的保护范围。

用最高人民法院的上述司法解释及其判决书来衡量该案,其结论应当是显而易见的。专利权人在专利授权前进行的意见陈述以及对权利要求4的删除,表明其为了克服审查员"得不到说明书支持"的审查意见而放弃了采用压簧的技术方案。得不到说明书支持的技术方案不应当写入权利要求书中,自然也不应当受到专利的保护,这是毫无疑义的。如果认为该方案虽然从权利要求4中被删除,但仍然存在于权利要求1中,这显然是十分荒谬的,逻辑上是讲不通的。

还应当指出的是,《法释2009》第四条还规定:"对于权利要求中以功能或者效果表述的技术特征,人民法院应当结合说明书和附图描述的该功能或者效果的具体实施方式及其等同的实施方式,确定该技术特征的内容。"

虽然该规定是针对"功能性限定"而言的,但笔者认为对权利要求中"上位概念"的解读也适合该规定,因为"功能性限定"和"上位概念"都属于对一些具体实施方式的概括。尽管该案权利要求1中依然保留了"弹性阻力装置"这一上位概念,形式上将"压簧"也包含在内,但依据上述原则,按照说明书及其附图的描述,该"弹性阻力装置"也应当仅仅解释为"拉簧"及其等同物,而不应当包括"压簧"。如上所述,在该软启动装置中,"压簧"并非"拉簧"的"等同物"。

总之,在该案中,通过专利审查档案可知,使用压缩弹簧的技术方案已被明确地排除在涉案发明专利的保护范围之外。人民法院对涉案专利权利要求1保护范围的认定,以及判定被告的产品构成相同侵权的结论值得商榷。

(4)被告诉讼代理人的失误

很显然,被告方的代理人在解读涉案专利的权利要求1时并没有发现其中所存在的严重矛盾和错误。以"弹性阻力装置的阻力与动电极和静电极之间的距离成反比"这一技术特征为例,被告生产的无刷自控电机软启动器采用的是普通的压缩弹簧,显然不可能具备该技术特征。既然该技术特征是该专利权利要求1的一个必要技术特征,就不应当被忽略。笔者认为,仅此一点,根据"全面覆盖"的原则,被告的产品就不应当构成专利侵权。如果被告方的代理人能够将上述意见向人民法院陈述,相信人民法院也不至于无视该技术特征的存在,或许能够得出对被告有利的判决意见。

3. 结　语

上述案例涉及专利申请文件撰写、专利审批、专利侵权判定、专利无效审查以及专利代理环节的诸多问题,可谓一个不可多得、十分有意义的案例。它给了我们诸多启示。

专利文件属于法律文书,对撰写有着较高的要求,而权利要求书更应该是一份经过字斟句酌的法律文件。社会公众通过权利要求书来确定专利保护的范围,以尊重他人的权利,约束自己的行为。专利申请文件的撰写质量对专利申请能否授权、授权之后能否被维持,以及能否获得合理的保护,都有着至关重要的影响,稍有闪失就可能导致全盘皆输。西方有一句格言:"细节是恶魔。"此话在该案例中得到充分印证,申请人正是在撰写细节上的无知和错误,导致了专利被无效的后果。正因为如此,我们才主张申请人将撰写工作交由专利代理人来承担,尤其是重要的发明创造一定要选择可靠的专利代理人进行代理。

从公开的信息看,该专利的申请未经专利代理人代理,这对申请人是一个教训。对专利代理人而言,也应当从该案中汲取教训:撰写工作如履薄冰,一定要认真、仔细;在无效宣告程序中对案件的分析、答辩一定要抓住要点——低水平的代理工作会使不该输的案件输掉,高水平的代理工作则可以力争不该输的案子不输。

审查员承担着重要的社会责任,肩负着申请人和社会公众之间的利益平衡。审查员的工作失误将会导致技术市场的混乱,对专利权人或社会公众的合法利益造成严重损害。

人民法院和专利复审委员会承担着把好最后一道关口的责任,以确保社会的公平、公正和正义。这就需要人民法官和专利复审委员会的审查员不仅有高尚的职业道德,而且要有精深的业务素质,深刻、全面地理解和把握有关的法律规定。

该案中,审查员的工作失误,使一件有严重缺陷的法律文件进入技术市场,导致了技术市场的混乱,给人民法院的审理工作也带来了麻烦。专利复审委员会的无效审查决定起到了"拨乱反正"的作用，使得这件不合格的专利无法继续存在于技术市场，应当受到称赞。

该案中损失最大的是申请人，申请人经千辛万苦而获得的技术成果，最终却落得个鸡飞蛋打的结果，是很可惜的。

(十七) 一封律师函引发的思考

国内某公司曾收到国外一家律师事务所的警告函，称该公司生产和销售的一款擦玻璃机器人产品（以下简称"涉案产品"）侵犯了该国某专利权人的专利，要求该公司立即停止专利侵权行为，并作出相应的经济赔偿。所称的专利侵权行为（产品销售或许诺销售）涉及日本、韩国和欧洲三地。针对上述律师函，该公司进行了分析并致函回复，告知日方律师涉案产品并未落入上述专利的保护范围内，在上述国家或地区均不存在专利侵权行为。

双方观点泾渭分明。在此不妨就该案所涉及的技术问题以及相关的法律问题略作分析，或许对进一步理解专利侵权判断的一些基本原则会有所裨益。

1. 基本案情

该律师函涉及 JP3892462B2、KR10-898579 以及 EP1559358 三件专利（以下简称"涉案专利"），第一件为日本专利，后两件为以该日本专利为优先权的韩国及欧洲专利。

涉案专利涉及一种用于清洁玻璃表面的可移动机器人，其基本结构如图 4-28（机器人横截面示意图）所示：该机器人包括内框架 31、外框架 21、行走轮 33 和吸附件 12，吸附件吸附在玻璃上，行走轮安装在内框架 31 上，清扫装置安装在外框架 21 上对玻璃表面进行清扫，内、外框架均安装在中心轴上，相互之间可以自由旋转。工作时行走轮带动机器人沿直线行走，需要转弯时，借助内框架两侧行走轮的转速差使内框架 31 绕中心轴旋转 90°，而外框架保持原状不变（即内框架相对外框架旋转 90°），从而使机器人转向 90°行走。

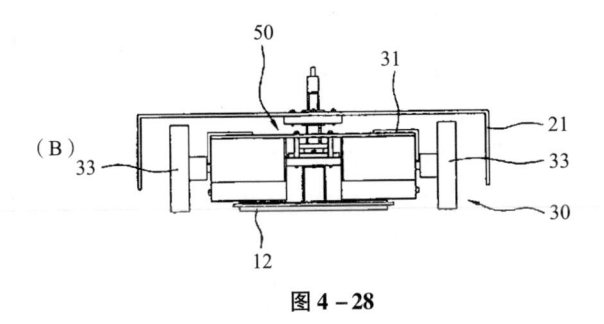

图 4-28

三份涉案专利的说明书内容基本相同,均公开了同一个实施例;其权利要求1的内容也大致相同。其日本专利的权利要求1为:

本擦窗装置由吸附在窗玻璃上的吸附部,安装在四方形的外框框架上的清扫装置,与在上述外框框架内可以旋转的内侧框架上安装的行驶部组成,其特征是上述外框框架与上述内侧框架在各自的中央部可以旋转。

欧洲专利的权利要求1为:

1. A window wiper (1) comprising: a sticking unit (10) which is adapted to adhere to a windowpane (w) in a window frame when in use; a wiping unit (20) which is fitted in a rectangular outer frame (21); and a running unit (30) which is fitted in a inner frame (31) turnable in the outer frame (21), the center of each frame being freely journaled.

韩国专利的权利要求1的英译文为:

A suction cleaning unit for cleaning the inside of the outer frame, Wherein the outer frame and the inner frame are provided with a running portion provided in an inner frame which can be pivoted And is rotatably installed at a central portion thereof.

该公司涉嫌侵权产品也是一种擦玻璃机器人,其结构如图4-29、图4-30所示。

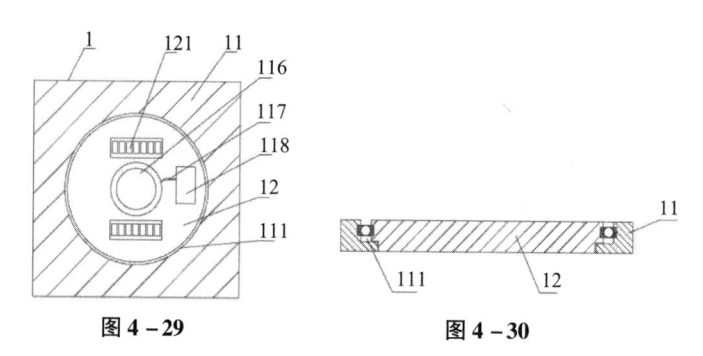

图4-29

图4-30

图4-29是涉案产品的俯视示意图,图4-30是其横截面示意图。图中标号12为移动模块(相当于涉案专利的内框架),标号11为功能处理模块(相当于涉案专利的外框架),116为吸盘,121为行走轮,111为轴承,内、外框架借助轴承111相互连接并可以相对旋转。

涉案专利三份权利要求书虽然文字表述有所不同,但内容基本相同。权利要求1的最后一句话——"其特征是上述外框框架与上述内侧框架在各自的中央部可以旋转"是该专利的发明点之所在,也是该案双方争辩的要点之一。

2. 思考一——如何理解"在各自的中央部可以旋转"

"上述外框框架与上述内侧框架在各自的中央部可以旋转"的文字含义不清楚,对于该技术特征存在两种不同的理解:一种理解是将该权利要求理解为一种结构性限定,即所述的"中央部"是指内、外框架中一个明确的中央部件,内、外框架均以该中心部件为轴心进行旋转;另一种理解是其限定的是内、外框架的旋转状态,"中央部"系指一个虚拟的旋转中心,即内、外框架均环绕该虚拟中心进行旋转。

很显然,如果按照上述第一种理解,由于涉案产品不具有所述的"中央部",故涉案产品的结构未落入该技术特征的范围;但如果按照上述第二种理解,由于涉案产品的内、外框架均环绕同一中心轴旋转,故就字面而言,涉案产品将落入上述技术特征所限定的范围内。

2008年版《专利法》第五十九条第一款规定:"发明或者实用新型专利权的保护范围以其权利要求的内容为准,说明书及附图可以用于解释权利要求的内容。"《法释2009》第三条第一款也明确规定:"人民法院对于权利要求,可以运用说明书及附图、权利要求书中的相关权利要求、专利审查档案进行解释。说明书对权利要求用语有特别界定的,从其特别界定。"

当对权利要求书的理解产生疑问时,应当从说明书及其附图中寻求解释。该专利的说明书中仅公开了一个实施例,如图4-29、图4-30所示,其内、外框架的中心部都存在一个旋转连接件(轴承),内、外框架均通过轴承与其中心轴旋转连接。从图4-28中还可以看出外框架(21)的旋转连接点位于内框架(31)的旋转连接点的上方。

显然,根据说明书给出的实施例,应当采用上述第一种理解方式来解释权利要求1中的最后一个技术特征,即所述的"中央部"是指内、外框各自的中央部件(轴承),内、外框架均依靠该中心部件进行旋转,或者说内、外框架的旋转连接点是在中心轴上。此外,欧洲专利中的"journaled"一词以及韩国专利中的"is rotatably installed at a central portion thereof"也与上述第一种理解相符。

由于涉案产品的内框架(12)不存在所述的"中央部",其旋转连接点也不是在内框架的中心,而是在内框架的外圆周处,即轴承(111),故涉案产品的结构不具有涉案专利"内侧框架在其中央部可以旋转"的结构,不构成相同侵权(字面侵权)。

3. 思考二——是否构成等同侵权

在专利侵权案件中,排除了字面侵权之后,尚需对是否构成等同侵权作出判断。众所周知,判断某技术特征是否等同,一般着眼于"功能、方式、效果"(function、way、effect)三方面进行比较判断。如《最高人民法院关于审理专利纠纷案件适用法律问题的若干规定》第十三条第二款规定:"等同特征,是指与所记载的技术特征以基本相同的手段,实现基本相同的功能,达到基本相同的效果,并且本领域的普通技术人员无须经过创造性劳动就能够联想到的特征。"

不妨依照上述规定对涉案专利与涉案产品进行一下比较。尽管两者均依靠轴承的方式实现了内、外框架之间的自由旋转,但两者旋转连接点的位置有所不同。如上所述,涉案专利旋转连接点被设置在中心轴上,该连接点位于行走装置及清洁装置的上方;而涉案产品的旋转连接点不是设置在中心轴上,而是在内、外框架之间,即内框架的外侧、外框架的内侧,位于行走装置及清洁装置的侧方。这两种不同的设置方式导致了技术效果方面的明显差异。具体体现在下述几个方面。

(1) 涉案专利设置了两个轴承,而涉案产品仅依靠一个轴承连接,简化了结构,缩小了体积,使产品结构更加紧凑、合理。

(2) 涉案产品将支撑点设置在侧面,使内、外框架之间的结合范围沿径向加大了,其稳定性要高于中心轴处的连接。

(3) 涉案专利使用两个轴承则借助于中心轴实现间接相连,而涉案产品的内、外框架之间仅通过一个轴承实现直接连接,直接相连的稳定性显然高于间接相连的稳定性,故涉案产品可有效防止外框架的摆动及行走时的偏移。

(4) 更重要的是,涉案专利内、外框架的连接点设置在中心轴上,两个轴承在内框架的上方叠置,致使其总体高度必然要高于内框架的高度。而涉案产品的轴承被设置在内、外框架之间,可以降低机器人的整体高度。而降低了机器人的高度就意味着其重心的降低——这对于垂直运行在玻璃表面的擦窗机器人尤其重要,可以减小其从玻璃上落下的可能性。

因此,就涉案专利最后一个技术特征(内、外框架旋转连接的位置)而言,两者在实施方式及技术效果方面均存在实质性差异,涉案产品的方案要优于涉案专利,属于一种创新,不构成"等同侵权"。

4. 思考三——是否侵犯在美国的专利权

该专利在美国也享有专利权,由于涉案产品尚未进入美国市场,故该纠纷尚未涉及美国专利。之所以要把美国专利也放在一起讨论,是因为专利权人在美国专利中对其权利要求1改换了一种限定方式,以扩大该专利的保护范围。我们不妨分析一下这种修改是否奏效。美国专利的权利要求1被限定为:

1. A window wiper comprising: a sticking unit which is adapted to adhere to a window pane in a window frame when in use; a wiping unit which is mounted on the sticking unit and fitted in a rectangular outer frame; and a running unit which is mounted on the sticking unit and fitted in an inner frame turnable in the outer frame, said inner and outer frames being freely rotatable with respect to each other such that said running unit serves to cause said inner frame to rotate.

其最后一个技术特征被改为"内、外框架相互之间可以自由旋转,从而使行走单元带动内框架旋转"。很显然,专利权人在这里回避了具体结构特征的限定,而采用"功能性限定"的方式进行限定。这种"功能性限定"方式是否可以将涉案产品纳入其保护范围?我们不妨也略作分析。

诚然,在美国的权利要求书中可以使用"功能性限定"。美国专利法第116(b)条规定:"权利要求中构成整体的某个技术特征也可以通过实现某特定功能的装置或步骤来表述,而不限定实现该功能的结构、材料或动作。"(An element in a claim for a combination may be expressed as a means or step for performing a specified function without the recital of structure, material, or acts in support thereof.)

权利要求1中的最后一个技术特征"内、外框架相互之间可以自由旋转,从而使行走单元带动内框架旋转"就属于这种不涉及具体结构而"通过实现某特定功能"来限定的技术特征。

就字面而言,"功能性限定"的确扩大了专利的保护范围,似乎将所有实现该功能的技术方案均纳入其中。然而,权利要求中保护范围的扩大应当是合理的,不应当背离"以公开换保护"的基本原则。对此美国专利法第116(b)条又进一步规定:"这种权利要求应当被理解为覆盖了其说明书中所公开的相应的结构、材料或动作及其等同物。"(such claim shall be construed to cover the corresponding structure, material, or acts described in the specification and equivalents thereof.)因此,美国承认"功能性限定"在权利要求书中的使用,但并非囊括了实现该功能的所有方式,其限定的范围应当与说明书所公开的实施例及其等同物相适应。

由于在美国的专利说明书中仅仅公开了同一个实施例,所以,这种"功能性限定"的涵盖范围也仅限于该实施例及其等同物。如上所述,涉案产品的结构与该实施例存在本质性差异,两者之间既不相同也不等同,故涉案产品也不在该"功能性限定"的保护范围内。对于美国专利而言,涉案产品不构成侵权。

5."功能性限定"与实施例的公开

实际上,该国内公司在涉案产品进入市场之前已经就此申请了专利。分析该专利申请，或许对进一步理解"功能性限定"在权利要求书中所起的作用会有所帮助。

如上所述，擦玻璃机器人的一个关键技术是如何实现机器人的转向。涉案专利与涉案产品都采用了内、外框架相对旋转的技术方案，虽然涉案产品的专利申请日迟于涉案专利，但其属于独立研发的技术，技术效果明显优于涉案专利，在市场上具有更强的竞争力。

涉案产品的专利申请号为 CN201220390753.4。在该公司研发部门及知识产权管理部门向专利代理公司提交的材料中，针对内、外框架的结合方式，除了涉案产品中所使用的技术方案，还包括另外两种替代的实施方式。

一种替代方式是在外框架（功能处理模块）11 设开孔 111，将内框架（移动模块）12 可旋转地嵌设在所述开孔 111 内。即在内框架的外周和外框架的内周分别设置凹槽和凸缘，通过凹槽和凸缘实现内、外框架的活动连接。另一种替代方式是对上述方式的改进，如图 4-31 所示。为了使内、外框架旋转灵活，对两个插接端的结构进行了改进。在第二插接端 113 的上插接头 1131 的中部设置滚珠 13，滚珠 13 的上下端面突出于上插接头 1131 的上下端面，与第一插接端 123 的上插接头 1231 的下表面以及下插接头的上表面接触。通过滚珠 13 减小内、外框架之间的摩擦。

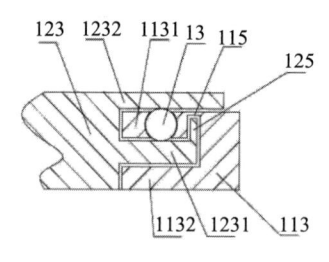

图 4-31

这样，在其专利说明书中就公开了三个实施例。在该申请的权利要求 1 中，采用"通过连接结构使得移动模块（内框架）12 相对于功能处理模块（外框架）11 自由旋转"的方式对三个实施例进行了概括。"连接结构"属于一种功能性的"上位概念"，也可以被视为"功能性限定"。其限定范围应当涵盖了说明书所公开的上述三个实施例及其等同物。为了进一步解释所述"连接结构"的含义，在其从属权利要求中对三种实施方式的具体结构又分别进行了限定。

虽然涉案产品的专利申请与上述美国专利都采用了"功能性限定"对内、外框架的连接方式进行了限定，但两者的效果却不相同。由于美国专利的说明书中仅公开了一个实施例，故专利权人不可能通过使用"功能性限定"的方式获得比公开内容更多的保护；涉案产品的专利申请在公开了多个实施例的基础上，通过使用"功能性限定"对说明书中所公开的三个实施例进行了概括，使之保护范围更为合理、更加清楚，这才体现了"功能性限定"的作用。

相比之下，可以进一步体会到"功能性限定"在权利要求书中的使用，目的仅仅是一种概括手段而已，它可以为申请人的合理保护提供一种方便，但不可以成为获取额外利益的手段，否则不符合"以公开换保护"的基本原则。

(十八) 关于独立权利要求的引用问题❶

由于"一件专利申请应当限于一项发明或者实用新型"❷，而"一项发明或者实用新型应当只有一个独立权利要求"❸，故一件专利申请应当只包含一个独立权利要求。然而，鉴于发明人在同一个"发明构思"的基础上可能提出多项发明创造（例如"一种加工设备及其加工方法"或"一种产品及其加工方法"），由于它们之间"在技术上相互关联，包含了一个或者多个相同或相应的特定技术特征"，❹ 故该多项发明具有"单一性"，在申请专利时可以作为一件专利申请提出，通常称为"合案申请"。于是这种"合案申请"的权利要求书中就包含了多个并列的独立权利要求。

受欧美国家和地区的影响，我国专利申请人在合案申请中也会采用"引用其他独立权利要求"❺ 的方式进行撰写在后的独立权利要求，例如：

2. 一种如权利要求1所述设备的加工方法，其特征在于……（写入有关该类设备加工方法的技术特征）

上述撰写方式在专利申请时经常被采用，在专利审查及专利侵权审判案件中也经常会遇到。正确地理解这种引用关系的本质以合理确定其权利要求的保护范围，对专利文件的撰写、审批以及专利侵权案件的审判都具有重要的意义。

"合案申请"的本质是将多项发明"打包"申请，"包"内的东西是各自独立的，与将其各自独立提出申请之间并不存在实质性区别，只是申请的方式不同而已。申请方式的不同不应当对其专利保护带来任何实质性的影响。

笔者曾遇到了几个案例，下自国家知识产权局专利局的审查意见通知书，

---

❶ 该文首次发表于2017年。
❷ 参见《专利法》第三十一条第一款。
❸ 参见2010年修改的《专利法实施细则》第二十一条第三款。
❹ 参见2010年修改的《专利法实施细则》第三十四条。
❺ "引用其他独立权利要求"的称谓参见《专利审查指南2010》，《欧洲专利局审查指南》称为"reference to another claim"。这种称谓在形式上与从属权利要求的"引用"(reference) 相混同，但两者的内涵却截然不同。为了尊重习惯，本文仍沿用了《专利审查指南2010》的称谓。

上至最高人民法院的民事裁定书,都涉及独立权利要求的引用问题。案中有些审查员和法官的观点颇令人感到意外,使笔者不得不认真对此作些考证和分析,并略谈一己之见。

【案例 4-16】[❶]

该案涉及一件发明专利申请的实质审查案件。该发明专利申请的名称为"一种晶体硅棒的切割装置及其切割方法"。其权利要求书包含两项独立权利要求,权利要求 1 为:

1. 一种晶体硅棒的切割装置,该装置包括……(具体结构从略)

权利要求 8 为另一项独立权利要求:

8. 采用权利要求 1 所述的切割装置对晶体硅棒进行切割的方法,该方法包括:……(具体加工步骤从略)

在第一次审查意见通知书中,审查员以一篇与该申请在技术上无关的对比文件为依据认为该申请的权利要求 1~7 不具备创造性(本文先不谈该问题),而对其"方法"的权利要求 8~10 未作评述(默认了其新颖性及创造性)。为了尽快获得授权,申请人将保护的重点放在"加工方法"上,将原权利要求 8 改写为如下权利要求 1:

1. 一种对晶体硅棒进行切割的方法,该方法包括:……(具体操作步骤同原权利要求 8)

针对该修改,审查员在第二次审查意见通知书中表达了如下审查意见:"申请人提交的修改后的权利要求 1-3 是以原权利要求 8-10 为基础的,原权利要求 8 要求保护一种**采用权利要求 1 所述的切割装置**对晶体硅棒进行切割的方法,而修改后的权利要求 1 要求保护一种对晶体进行切割的方法,很显然,修改后的权利要求 1 中缺少**权利要求 1 所述的切割装置所包含的技术特征,属于上述第一种情况**,扩大了该权利要求的保护范围,不予接受。"

申请人经多次与审查员电话沟通,向审查员陈述了与之不同的意见。最终,审查员给出了权利要求 1 的修改建议——原权利要求书中有关"切割装置"的技术内容必须写入该"方法"的权利要求 1 中。该内容除了涉及原权利要求 1 (有关切割装置)的必要技术特征,还包括原权利要求 2~7 中的附加技术特征。只有如此修改才有可能予以授权。

很明显,审查员的观点是:由于原权利要求 8(切割方法)引用了权利要求 1(切割装置),所以该"切割方法"应当包含所述"切割设备"的全部技

[❶] 该案例来自申请号为 CN201610315596.3 的专利申请,由国家知识产权局专利局专利审查协作江苏中心进行实质审查。

术特征,甚至包括未被引用的从属权利要求的结构特征。

【案例 4-17】

该案涉及一件专利无效宣告请求案件,即一件有关光触摸屏及其触摸笔的专利,其权利要求书中包括多个独立权利要求。其中的两个独立权利要求如下所示:

1. 光触摸屏,其特征在于:包括……(具体结构从略)以及

7. 根据权利要求 1 所述的光触摸屏与其配套的接触式触摸笔,其特征在于:包括开关和发光元件,开关控制发光元件的发光情况;开关与接触式触摸笔的触摸端连接,触摸端在触摸触摸板时触发开关,发光元件发光,在触摸板上形成光点。

针对权利要求 7,无效宣告审查决定认为:"虽然在权利要求 7 中限定了该接触式触摸笔可与权利要求 1 所述的光触摸屏配套使用,但是所述限定对要求保护的触摸笔本身没有带来影响,只是对触摸笔的用途或使用方法的描述,其对该触摸笔是否具有新颖性、创造性的判断不起作用。因此,权利要求 7 的限定范围仅在于'包括开关和发光元件,开关控制发光元件的发光情况;开关与接触式触摸笔的触摸端连接,触摸端在触摸触摸板时触发开关,发光元件发光,在触摸板上形成光点'。"

专利权人不服该决定的意见而提起行政诉讼,认为"被诉决定关于权利要求 7 与权利要求 1 所述的触摸屏配套使用没有带来影响的认定不当"。

就此,北京知识产权法院一审认为:"虽然在权利要求 7 中限定了该接触式触摸笔可与权利要求 1 所述的光触摸屏配套使用,但这仅是对触摸笔的用途或使用方法的描述,没有对要求保护的触摸笔本身带来影响。且权利要求 7 要求保护的触摸笔本身也没有记载或体现于权利要求 1 中的光触摸屏配套使用的特定结构特征",故不支持专利权人的有关主张。

专利权人不服一审法院的判决提起上诉,北京市高级人民法院支持了一审法院的判决意见。

【案例 4-18】

该案涉及一件专利侵权审判案件。即名称为"生产中口径直缝双面埋弧焊钢管的机组及钢管成型方法"的发明专利涉及无缝钢管的加工装置及其方法,系对现有技术中钢管成型装置及方法的改进。现有的机组焊接钢管时其钢管管体成型口向上,焊接位置在管顶,管体初成型机组有对辊成型或排辊成型,缺点是成型时管体变形量是固定的,不能进行调整,管体成型后易形成桃形尖。

该发明的发明点在于将焊接钢管时其钢管管体成型口向上改为成型口垂直

向下。其权利要求书包括两项独立权利要求。

1. 生产中口径直缝双面埋弧焊钢管的机组，包括下横梁（5），下横梁（5）的两端分别固定在两边的基础座（6）上，两个机架（7）分别固定在两边的基础座上，其特征是：下横梁（5）的两端各装一个蜗轮蜗杆减速箱（1），两个蜗轮蜗杆减速箱分别通过对轮连杆与装在下横梁中部的蜗轮蜗杆减速机（4）连接，下箱体（17）和上箱体（18）均装在两个机架上，并可以上下滑动，下箱体下面固定有两个推进连接总成（3），两个推进连接总成都有自己的连接丝杠（2）与其下方相对应的蜗轮蜗杆减速箱（1）的蜗轮连接，下辊座（12）装在下箱体上并与连接板（16）连接，下辊座（12）上装有依次相啮合的摆动连接齿轮（11）、大齿轮（10）和小齿轮（9），小齿轮（9）与装在下辊座下部的蜗轮蜗杆减速机（8）有对轮连杆相连；下箱体的两端分别装有蜗轮蜗杆减速机（13），连接丝杠（14）一端安装在蜗轮蜗杆减速机（13）的蜗轮上，另一端与固定在连接板（16）上的推进连接总成（15）连接；在上箱体（18）上方的机架（7）上装有蜗轮蜗杆减速箱（19），两边机架上的蜗轮蜗杆减速箱之间有上横梁（23），上横梁中部装有蜗轮蜗杆减速机（20），蜗轮蜗杆减速机有对轮连杆分别与两边的蜗轮蜗杆减速箱（19）相连，上箱体上面固定有两个推进连接总成，两个推进连接总成都有自己的连接丝杠与其上方相对应的蜗轮蜗杆减速箱的蜗轮连接，上箱体两端有蜗轮蜗杆减速机，蜗轮蜗杆减速机的蜗轮上装有连接丝杠，连接丝杠另一端与固定在上辊座（22）上的连接总成连接；上箱体中部装有上辊（21），上辊（21）两侧的上箱体内装有上辊座（22）。

2. 按照权利要求1所述的生产中口径直缝双面埋弧焊钢管的机组对钢管进行成型的方法，其特征是：将卷板在生产线上连续成型，成型合口垂直向下，钢管边成型边焊接内焊，保证内焊在水平位置上焊接，同时开好外焊坡口，按定尺寸切下钢管。

被控侵权的设备属于同类设备，但其结构中缺少涉案专利权利要求1中的一个技术特征——"下辊座上装有依次相啮合的摆动连接齿轮、大齿轮和小齿轮，小齿轮与装在下辊座下部的蜗轮蜗杆减速机有对轮连杆相连"（以下简称"特征A"），而以"更换不同曲率半径的轧辊"（以下简称"特征B"）取代之，以实现类似的功能。

由于缺少上述技术特征，一、二审法院均认为被诉侵权设备不仅不侵犯"设备"的专利权，而且不侵犯"方法"的专利权。专利权人不服一、二审判决向最高人民法院提起再审，其理由之一是："涉案专利权利要求2是方法专利，是独立权利要求，方法专利的保护范围不可能限定在某一设备上。原一、二审判决认为权利要求1的钢管成型设备装置不侵权,则钢管成型方法专利就不侵权是错误。"

最高人民法院表达了如下裁定意见:

"关于被诉钢管成型方法是否侵权的问题。

"……在确立并列独立权利要求的保护范围时,基于所存在的引用关系,被引用的独立权利要求的特征均应当予以考虑。"❶

用于被诉侵权设备不包含"特征 A",故裁定书认定"被诉侵权方法不落入权利要求2的保护范围,不构成侵权"。

以上三个案例涉及不同的法律程序,但都与独立权利要求之间的引用问题有关。在案例4-16中,审查员认为,由于"切割方法"的权利要求引用了"切割设备"的权利要求,所以"切割方法"的权利要求就必然包含了"切割设备权利要求"的所有技术特征。在案例4-17中,专利复审委员会认为,虽然在权利要求7中限定了该接触式触摸笔可与权利要求1所述的光触摸屏配套使用,但是所述限定对要求保护的触摸笔本身没有带来影响,对该触摸笔是否具有新颖性、创造性的判断不起作用。一、二审法院支持了专利复审委员会的意见。在案例4-18中,一、二审法院及最高人民法院均认为,在确立并列独立权利要求的保护范围时,基于所存在的引用关系,被引用的独立权利要求的特征均应当予以考虑,缺少其一个技术特征即不构成侵权。

除此之外,"星河公司诉润德公司排水管道专利侵权"一案也遇到类似问题,南京市中级人民法院及江苏省高级人民法院先后对此案作出了观点不同的判决。❷ 西安市中级人民法院的姚建军法官也就该案发表了议论。❸

针对存在引用关系的独立权利要求,如何确定其包含的内容及保护范围,上述几个案例中体现了两种截然相反的观点。对此,不妨以《专利审查指南2010》作为判断是非的标准进行分析讨论。

引发争议的源头可能是《专利审查指南2010》第二部分第二章中的规定:"对于这种引用另一权利要求的独立权利要求,在确定其保护范围时,被引用的权利要求的特征均应予以考虑,而其实际的限定作用应当最终体现在对该独立权利要求的保护主题产生了何种影响。"该规定包含了两方面的内容:一是被引用的权利要求的特征均应予以考虑;二是应当考虑的内容是其对该独立权利要

---

❶ 参见最高人民法院(2015)民申字第3189号民事裁定书。
❷ 参见江苏省高级人民法院(2012)苏知民终字第0021号民事判决书。
❸ 姚建军. 论多项独立权利要求之间的对应关系与基本定理[J]. 人民司法应用,2016(2):38-40.

求的保护主题产生了何种影响。

在案例4-18中,最高人民法院的裁决书仅仅引用了该规定前半部分的内容,即"在确立并列独立权利要求的保护范围时,基于所存在的引用关系,被引用的独立权利要求的特征均应当予以考虑";案例4-16中审查员没引用任何规定,但在审查独立权利要求8时,认为权利要求8包含了权利要求1的全部技术特征,不仅如此,甚至包含了其从属权利要求2~7的技术特征,这与裁定书的观点相比,有过之而无不及。

《专利审查指南2010》规定的前半部分("在确定其保护范围时,被引用的权利要求的特征均应予以考虑")很重要,关键在于如何理解其中的"应予以考虑"。在日常生活中"考虑"一词有时会被赋予"考虑在内"的意义,即"包含"的意思,例如,"确定一项权利要求的保护范围时,不仅要考虑特征部分的特征,还要考虑前序部分的特征。"这句话意味着在确定权利要求的保护范围时,前序部分的特征及特征部分的技术特征均应当被考虑(包含)在内。

从最高人民法院的裁定书不难看出,其法律依据就是《专利审查指南2010》中的上述第一句话。而其中的"予以考虑"一语就被理解为"考虑在内"——在判定被控侵权设备是否构成"方法"侵权时,除对比了权利要求2的"方法"技术特征之外,还对权利要求1的"设备"技术特征逐一进行了对比。由于被控侵权设备缺少权利要求1的一个结构特征(以"特征B"取代了"特征A"),而认定为不构成"方法"侵权。《专利审查指南2010》上述规定中的"予以考虑"一词究竟是何含义?在此被理解为"考虑在内"("包含")是否妥当?

我们不妨先借助字典查证一下"考虑"的本义。在《现代汉语词典》中"考虑"一词被解释为:"思索问题,以便做出决定。"鉴于《专利审查指南2010》对《欧洲专利局审查指南》的依赖关系,笔者还查看了《欧洲专利局审查指南》的相应规定。《欧洲专利局审查指南》C部第三章第3.8节[1]有如下规定:

3.8 Independent claims containing a reference to another claim

A claim may also contain a reference to another claim even if it is not a dependent claim as defined in Rule 43 (4). One example of this is a claim referring to a claim of a different category (e. g. "Apparatus for carrying out the process of claim 1...", or "Process for the manufacture of the product of claim 1...").

---

[1] 参见 Guidelines 2010 complete en.

In all these examples, the examiner should carefully consider the extent to which the claim containing the reference necessarily involves the features of the claim referred to and the extent to which it does not.

笔者将其大意理解为：

"引用（参照）另一个权利要求的独立权利要求

"一项权利要求可以包含对另一项权利要求的引用关系，即使该权利要求并非 Rule 43（4）所定义的从属权利要求。其中的一个例子是一项权利要求对另一项不同类型权利要求的引用（例如'实行权利要求 1 所述方法的设备……'或者'如权利要求 1 所述产品的制造方法……'）。

"在所有这些例子中，审查员应当仔细地考虑带有引用关系的权利要求必然涉及被引用的权利要求中的哪些技术特征以及不涉及哪些技术特征。"

在《欧洲专利局审查指南》的上述规定中，有两个词很重要。一是"reference"。依据字典，可以译为"引用"，也可以译为"参照"。汉语中"参照"比"引用"更上位些，除了包含"引用"的关系，还可能包含其他关系。虽然《欧洲专利局审查指南》在独立权利要求之间以及从属权利要求与独立权利要求之间同样使用了"reference"一词，但所不同的是在后者明确规定该"reference"包含了被参照权利要求的全部技术特征，❶ 从而将两者的内涵明显区别开来。另一个是"consider"。其中文翻译即"考虑、细想"，《专利审查指南 2010》即采用了"consider"的中译文（"考虑"）。在英-英辞典中对 consider 一词的解释是"to think about something carefully, espesially before making a choice or decision"（仔细地思考某件事，尤其是在作出选择或决定之前）。

可见，无论汉语中的"考虑"（思索问题，以便作出决定）还是英文中的"consider"（仔细地思考某件事，尤其是在作出选择或决定之前），都是指作出决定之前的"思索"过程，"思索"是为下一步选择或决定作准备。

所不同的是《欧洲专利局审查指南》中对"考虑"的"内容"作了明确规定，即应当区分被引用权利要求中哪些技术特征对引用的权利要求构成影响、哪些技术特征不构成影响；而《专利审查指南 2010》则是以"结果"的形式对该独立权利要求的保护主题产生了何种影响进行了说明。

可见《专利审查指南 2010》中的"考虑"不等于日常生活中所说的"考虑"。"予以考虑"不同于"考虑在内"，前者涉及一个过程，而后者则表示了

---

❶ 参见 Guidlines 2010, Part F Chapter IV – 7, Any claim which includes all the features of any other claim is termed a "dependent claim". Such a claim must contain, if possible at the beginning, a reference to the other claim, all features of which it includes.

一个结果。《专利审查指南2010》中的上述后半部分（而其实际的限定作用应当最终体现在对该独立权利要求的保护主题产生了何种影响）也很重要，在解读《专利审查指南2010》的上述规定时，不应当忽略了这一句话。其中引入了"保护主题"这个概念。《专利审查指南2010》中并未对"保护主题"这一概念作出正面的解释，但可以从侧面理解"保护主题"的含义及其与保护范围的关系。

《专利审查指南2010》第一部分第二章第7.4节对权利要求的撰写部分有如下规定："……前序部分应写明要求保护的实用新型技术方案的主题名称和实用新型主题与最接近的现有技术共有的必要技术特征……"

可见"主题名称"是组成独立权利要求的一部分。"主题"涉及专利保护的客体，是一句话的主语。而"技术特征"则限定了该客体的技术构成。权利要求中的主题可以包含修饰语（例如用途的限定，即"用于…… 的"），就保护范围而言，这些修饰语有可能对"保护主题"产生影响，也可能不产生影响。对此，《专利审查指南2010》第二部分第二章第3.1.1节作了进一步解释：

"例如，主题名称为'用于钢水浇铸的模具'的权利要求，其中'用于钢水浇铸'的用途对主题'模具'具有限定作用；对于'一种用于冰块成型的塑料模盒'，因其熔点远低于'用于钢水浇铸的模具'的熔点，不可能用于钢水浇铸，故不在上述权利要求的保护范围内。然而，如果'用于……'的限定对所要求保护的产品或设备本身没有带来影响，只是对产品或设备的用途或使用方式的描述，则其对产品或设备例如是否具有新颖性、创造性的判断不起作用。例如，'用于……的化合物X'，如果其中'用于……'对化合物X本身没有带来任何影响，则在判断该化合物X是否具有新颖性、创造性时，其中的用途限定不起作用。"

这段话的含义包括以下内容。

（1）在考虑权利要求的保护范围时，应当对写入权利要求中的内容作具体分析（并非不加分析地一概而论）。

（2）即使明确写入权利要求书中的内容也未必对"保护主题"构成影响。

（3）独立权利要求中所引用内容（独立权利要求中的一句话）可以被看作保护主题的一个修饰语（相当于"用于…… 的"），只不过该修饰语不是一个词语（特征）而是被引用权利要求的整句话（全部技术特征）。所以，在考虑保护范围时，被引用的技术特征也应当根据其是否对"保护主题"构成影响进行区分。具体说，如同"'用于…… 的化合物X'，其中'用于……'对化合物X本身没有带来任何影响"一样，"用于……设备的方法Y"中的"用于……设备的"

一般也不会对该方法 Y 本身带来任何影响。

至于技术特征的种类对"保护主题"的影响,《专利审查指南 2010》第二部分第二章第 3.2.2 节中又作了如下规定：

"……权利要求的主题名称还应当与权利要求的技术内容相适应。产品权利要求适用于产品发明或者实用新型，通常应当用产品的结构特征来描述。特殊情况下，当产品权利要求中的一个或多个技术特征无法用结构特征予以清楚地表征时，允许借助物理或化学参数表征；当无法用结构特征并且也不能用参数特征予以清楚地表征时，允许借助于方法特征表征……

"方法权利要求适用于方法发明，通常应当用工艺过程、操作条件、步骤或者流程等技术特征来描述。"

《专利审查指南 2010》第二部分第二章第 3.1.1 节规定："在类型上区分权利要求的目的是为了确定权利要求的保护范围。通常情况下，在确定权利要求的保护范围时，权利要求中的所有特征均应当予以考虑，而每一个特征的实际限定作用应当最终体现在该权利要求所要求保护的主题上。例如，当产品权利要求中的一个或多个技术特征无法用结构特征并且也不能用参数特征予以清楚地表征时，允许借助于方法特征表征。但是，方法特征表征的产品权利要求的保护主题仍然是产品，其实际的限定作用取决于对所要求保护的产品本身带来何种影响。"

也就是说，一般情况下，"产品（设备）"应当用其结构特征予以限定，而"方法"则用其步骤等特征进行限定。在特殊情况下，"方法"特征可能对"产品"或"设备"这一保护主题构成影响，但这并不意味着所有情况下都可以用"方法"特征限定"设备"，更不意味着可以用"结构特征"限定"方法"。

就属性及逻辑关系而言，"产品"（或"设备"）中的结构特征属于具象、下位的范畴，而"方法"中的步骤等特征则属于抽象、上位的范畴。用一个"抽象的概念"限定一个"具象的概念"（例如用"方法"限定"产品"或产品的某一结构）比较容易理解；但很难想象如何用一个下位的"具象概念"来限定一个上位的"抽象概念"（例如用"结构特征"限定"方法"）。针对这一点，案例 4 - 18 的裁定书理应对其"机组"中的"特征 A"是如何对"钢管进行成型的方法"构成影响的作出具体说明。

如前所述，该裁定书在引用《专利审查指南 2010》的上述规定时，仅仅引用了其第一句话的内容，而并未提及其后半部分（而其实际的限定作用应当最终体现在对该独立权利要求的保护主题产生了何种影响上），也未就其设备中的"特征 A"是如何影响"方法"这一保护主题作任何分析评述。对照《专利审查指南2010》,这不能不说是该裁定书的一个缺憾。

专利的再审案件必然引起大家的关注。再审的申请人可能期望借此讨一个"说法",还一个公道;而广大社会公众更关心的则是该"说法"的推论过程以及得出结论的依据,希望从中获得一些指引和启迪。就此而言,最高人民法院在给出一个结论的同时,对作出该结论的具体理由作出充分说明,无疑是很重要的。

上述案例中有三个与"方法"及其"设备"有关。为了进一步理解"方法"与"设备"之间的关系,不妨再援引《专利审查指南2010》第二部分第六章第2.2.1节中的下面一段话:"对于方法与为实施该方法而专门设计的设备独立权利要求的组合……'专门设计'的含义并不是指该设备不能用来实施其他方法,或者该方法不能用其他设备来实施。"

在"方法"引用了"设备"的情况下并且在考虑"方法"的保护范围时,如果将被引用设备的结构特征也考虑在内,无疑就意味着该方法权利要求只保护借助该特定结构的设备来实施的方法,或者说"该方法不能用其他设备来实施"(案例4-18的结论就属于这种情况),这是否与《专利审查指南2010》的上述规定相冲突?在"设备"受到保护的情况下,再保护一种必须依赖该特定结构的设备才能实施的"方法",对专利权人来说有何实际意义呢?

如本部分开头所述,权利要求书中之所以采用引用的方式撰写独立权利要求,是出于"合案申请"的需要,具体说是为了表明各权利要求之间具有"单一性"。众所周知,早先各国判断"单一性"的标准并不统一。这种撰写方式很可能是基于"单一性"的考虑,即通过引用关系来表明所述的独立权利要求之间具有技术上的关联性——对此笔者并未作专门考证,只是推测而已。

20世纪末,美国、欧洲和日本曾就单一性问题签署了一份"三方协议",以"是否具有相同或相应的特定技术特征"作为判断是否具有"单一性"的标准。该标准继而被PCT及世界主要国家及组织所采用。新标准主要依据权利要求中的技术特征对单一性进行判断,而不注重其撰写形式。但出于习惯,这种撰写方式依然被保留了下来。现今,这种引用关系除了从形式上表示独立权利要求之间在技术上的关联性,没有其他任何实际意义。相反,却容易引起人们对这种引用关系的误解。为此,《专利审查指南2010》第二部分第六章第2.2.1节作了如下规定:

"不同类独立权利要求之间是否按照引用关系撰写,只是形式上的不同,不影响它们的单一性。例如,与一项产品A独立权利要求相并列的一项专用于制造该产品A的方法独立权利要求,可以写成'权利要求1的产品A的制造方法，……'也可以写成'产品 A 的制造方法，……'"

目前，在我国的专利审查和专利审判案件中，一些人却将这种"形式上的不同"视为"实质上的不同"，由于引用关系的存在而对其权利要求保护范围存在误解。

面对这种现实情况，笔者建议：在《专利审查指南2010》中对从属权利要求中的"引用"与独立权利要求之间的"引用"在用词上加以区分。例如，将后者改称为"参照"，如果维持两者的称谓不变，至少用解释的方式加以区分。例如，将从属权利要求对某权利要求的"引用"解释为"以某权利要求为基础的……"而将独立权利要求之间的"引用"明确解释为"与某权利要求相对应的……"以表示两者之间存在技术特征相对应的关系。

在澄清和统一对"独立权利要求引用问题"认识的同时，还应当提醒有关人士注意以下几点。

（1）今后在撰写此类独立权利要求时，尽量避免使用"引用方式"；在翻译国外专利申请文件时，对采用"引用方式"权利要求的翻译最好也作适当调整，否则以后在中国会遭遇误解、埋下隐患。

（2）对于已经采用"引用方式"撰写独立权利要求的申请人或专利权人来说，则需要做好应对的准备。最高人民法院的这份裁定书势必会持续发酵，对各级人民法院的法官以至某些专利审查员产生指导性影响。此类问题在今后类似案件的审判或审查过程中难免还会遭遇到。

（十九）"功能性特征"之我见

在权利要求中，通常可以用"功能"的方式对某个（些）技术特征进行限定。"功能性特征"亦称"功能性限定"。"功能性限定"中的"限定"涉及一种行为，而"功能性特征"则是该行为的结果，故两者涉及同一个概念。"功能性限定"在专利权利要求书的撰写中被广泛使用。但对于如何使用及解释权利要求中的"功能性特征"，专利界至今仍存在一些不同的观点。

为了讨论清楚权利要求中所使用的"功能性特征"这一问题，不妨对与"功能性特征"相关的内容作一全面梳理。具体说，对于什么是"功能性特征"，为什么要使用"功能性特征"，以及实践中如何使用、审查、解释"功能性特征"等问题分别进行讨论。

1. "功能性特征"的使用

"功能性特征"在不同技术领域的权利要求书中都有应用。虽然在不同技术领域，其内容和形式存在差异，但本质是相同的。为了便于讨论，不妨以

"机械产品"为例进行分析。

众所周知,对一个机械产品进行表述,通常可以采取两种方式:一是采用该产品的具体结构特征进行描述或限定,二是采用所述结构特征所产生的功能进行概括。例如,既可以将一个水杯描述为"由杯体、杯把和杯盖组成的容器",还可以将其描述为"一个**可以盛水**的容器"。发明及实用新型专利保护的都是一种技术方案。如果不限定产品的具体结构,在权利要求中仅仅要求保护该产品的功能(例如要求保护"一种可以盛水的容器"),则是不允许的,因为这属于纯功能性的权利要求,专利保护的是技术方案,不保护纯功能。

如果一件专利说明书的实施例中公开了水杯和水壶两种具体结构的容器,由于"盛水"是水杯和水壶共有的"功能",故权利要求中也可以用"盛水的容器"对水杯和水壶进行概括。此时,权利要求中所述的"盛水的容器"便具有了特定的含义——仅包括说明书所公开的"水杯和水壶"及其等同物,并非包含所有可以盛水的容器。

需要说明的是,专利保护的对象除了"产品",还包括"方法"。"产品"的发明创造通常可以借助于其"结构、材料"等具象的技术特征予以描述,并借助于该结构所产生的"功能"(function)予以概括;而"方法"的发明创造一般采用"行为(acts)、步骤、参数"等抽象的技术特征予以描述,并借助于该行为所产生的"结(效)果"(result)予以概括。

由于实践中"功能性特征"的使用多于"结(效)果特征",故以下的讨论将以"功能性特征"为主。但对"结(效)果特征"也略作说明。针对权利要求中"功能性特征"的使用和解释,不同的国家作了不同的规定。

(1)美国专利法对权利要求中"功能性特征"的定义、使用及解释作了若干规定。美国专利法第112条规定:"表示组合关系的权利要求中,某个技术特征可以通过实现某特定功能的装置或步骤来表述,而不限定实现该功能的结构、材料或行为。这种权利要求应当被理解为覆盖了其说明书中所公开的相应的结构、材料或行为及其等同物。"(An element in a claim for a combination may be expressed as a means or step for performing a specified function without the recital of structure, material, or acts in support thereof, and such claim shall be construed to cover the corresponding structure, material, or acts described in the specification and equivalents thereof.)

意即:①权利要求中可以使用"功能性特征",使用时无须"限定实现该功能的结构、材料或行为";②该"功能性特征"应当"被理解为覆盖了其说明书中所公开的相应的结构、材料或行为及其等同物"。

(2)《欧洲专利局审查指南》F 部针对"功能性特征"作出了如下规定和说明。权利要求可以采用功能性的术语,即以功能性特征的形式对一个技术特征作概括性的限定。即使说明书中仅给出了一个实施例,但只要本领域技术人员由此可以想到实现该功能的其他替代方式,就可以使用功能性限定(参见本书第 2.1 节和第 4.10 节)。例如权利要求中的"终点位置探测装置"可以得到使用限位开关的唯一实施例的支持。很明显,本领域技术人员都清楚,还可以采用"光电管"或"应变仪"等来代替限位开关。一般来说,如果整个说明书给人的印象是一种功能是通过一种特定的方式来实现的,由此不会联想到使用其他替代方式,权利要求采用这种方式撰写,以便将实现该功能的其他方式或者所有方式都包括在内是不允许的。此外,如果说明书仅仅以含糊的方式宣称还可以用其他方式来实现,但未足够清楚地说明具体是如何实现的,则属于公开不充分。(A claim may broadly define a feature in terms of its function, i. e. as a functional feature, even where only one example of the feature has been given in the description, if the skilled person would appreciate that other means could be used for the same function (see also F – IV, 2.1 and 4.10). For example, "terminal position detecting means" in a claim might be supported by a single example comprising a limit switch, it being evident to the skilled person that e. g. a photoelectric cell or a strain gauge could be used instead. In general, however, if the entire contents of the application are such as to convey the impression that a function is to be carried out in a particular way, with no intimation that alternative means are envisaged, and a claim is formulated in such a way as to embrace other means, or all means, of performing the function, then objection arises. Furthermore, it may not be sufficient if the description merely states in vague terms that other means may be adopted, if it is not reasonably clear what they might be or how they might be used.)

相比之下不难看出,上述两种规定的共同点是:权利要求中使用的"功能性特征"仅仅用来对说明书中多个实施例(方式)及其等同物进行概括,故其"功能性特征"具有"特定含义";

不同之处是:按照美国专利局的规定,在使用"功能性特征"时无须写明"实现该功能的具体结构、材料或行为"。由于缺少具体限定,其权利要求中"功能性特征"的含义并不清楚,需要由他人借助于说明书及其附图进行解释;欧洲专利局却没作上述规定。恰恰相反,《欧洲专利局审查指南》的规定是:"就功能性限定而言,确保其在权利要求中的保护内容清楚是最为重要的。因此,应当尽可能做到使本领域技术人员仅凭权利要求的措辞就可以清楚该用语的含义"（见后）。

（3）我国在《专利审查指南 2010》第二部分第二章第 3.2.1 节针对"功能性特征"作了如下规定：

① "通常，对产品权利要求来说，应当尽量避免使用功能或者效果特征来限定发明。只有在某一技术特征无法用结构特征来限定，或者技术特征用结构特征限定不如用功能或效果特征来限定更为恰当，而且该功能或者效果能通过说明书中规定的实验或者操作或者所属技术领域的惯用手段直接和肯定地验证的情况下，使用功能或者效果特征来限定发明才可能是允许的"；

② "对于权利要求中所包含的功能性特征的技术特征，应当理解为覆盖了所有能够实现所述功能的实施方式"。

与美国专利局以及欧洲专利局的规定相比，我国专利局显然采用了一种独特的方式对"功能性特征"的使用及解释作出了规定，其主要区别是：

① 将"功能性特征"视为"覆盖了所有能够实现所述功能的实施方式"，即按照"功能性特征"的"一般含义"进行解释；

② 对权利要求中使用"功能性特征"时是否还需要进一步限定"实现该功能的具体结构、材料或行为"并未提出任何要求。

（4）我国最高人民法院针对权利要求中所使用的"功能性特征"也先后作了三次司法解释：

① 2009 年颁布的《法释 2009》；

② 2016 年颁布的《最高人民法院关于审理侵犯专利权纠纷案件应用法律若干问题的解释（二）》（法释〔2016〕1 号）❶（以下简称《法释 2016》）；

以上两项司法解释系最高人民法院针对"审理侵犯专利权纠纷案件"所作的司法解释。

③ 2020 年最高人民法院又针对"审理专利授权确权行政案件"作出了一项司法解释，即《最高人民法院关于审理专利授权确权行政案件适用法律若干问题的规定（一）》（法释〔2020〕8 号）。

2. "功能性特征"的作用

实践中，权利要求中的"功能性特征"一般用于对说明书所公开的多个实施例进行概括，这种概括通常涉及两种情况。

（1）通过功能性的"用语"对本领域技术人员公知内容进行概括。例如在机械领域中只要提到"连接元件"，本领域技术人员都知道它包含了螺钉、

---

❶ 该司法解释于 2020 年 12 月 23 日进行了修正。

螺栓、铆钉、销钉等零件,并知晓它们的结构及其使用方式。在权利要求中可以用"连接元件"对说明书所公开的螺钉或螺栓或铆钉等公知元件进行概括。

在美国将这类具有公知结构(has a known structural meaning in the art)的功能性特征称作"公知结构的功能性特征"。❶ 由于不需要对其作进一步"解释",故美国将这类属于公知结构的功能性特征排除于"功能性特征"之外。

北京市高级人民法院于 2013 年 10 月 9 日发布的《专利侵权判定指南》第 16 条第 3 款中也作了与美国相类似的规定:"下列情形一般不宜认定为功能性技术特征:(1)以功能或效果性语言表述且已经成为所属技术领域的普通技术人员普遍知晓的技术名词一类的技术特征,如导体、散热装置、黏结剂、放大器、变速器、滤波器等"。

与上述规定不同,欧洲专利局将"终点位置探测装置"(包括限位开关、光电管、应变仪等)类普通技术人员普遍知晓、具有"公知结构"的功能性术语也归入"功能性特征"。

(2)用"功能性特征"对说明书中所公开的多种实施方式的概括。《专利法》第三十一条规定,"一件发明或者实用新型专利申请应当限于一项发明或者实用新型",但是"属于一个总的发明构思的两项以上的发明或者实用新型,可以作为一件申请提出"。其中"属于一个总的发明构思的两项以上的发明或者实用新型"是指其权利要求中"包含一个或者多个相同或者相应的特定技术特征",所谓的"特定技术特征是指每一项发明或者实用新型作为整体,对现有技术作出贡献的技术特征"。(参见 2010 年版《专利法实施细则》第三十四条。)

通常申请人的一项发明创造可能包含了多个实施例,有时一个实施例即相当于一项发明创造。如果这些实施例都源自一个总的发明构思,即具有相同或相应的"特定技术特征",根据《专利法》的上述规定,申请人在提交专利申请时可以借助一件专利申请对所述的多项发明进行保护。在撰写权利要求书时,申请人应当将该"特定技术特征"写入权利要求中。

对于机械产品来说,如果所述的"特定技术特征"可以用结构特征进行概括,应当采用结构特征予以概括;如果无法用结构特征对这些实施例进行概括,而这些不同结构的实施例却具有相同的功能,该功能又是现有技术未公开的,则可以将该"功能"作为区别于现有技术的"特定技术特征"(对现有技术作出贡献的技术特征)写入权利要求中,该"功能"便成为其多项发明共同的

---

❶ 参见 35 U. S. C. § 112 Supplementary Examination Guidelines.

"发明构思"。

我们不妨通过以下例子对此作进一步解释。

① 假设现有技术中盛水的容器都是不带盖的,申请人提供了一种带盖的杯子和一种带盖的水壶。申请专利时申请人可以将"带盖的杯子"和"带盖的水壶"作为两件专利申请分别提出。由于现有技术中没有加盖的盛水容器,故"加盖"可以作为其共同"发明构思",而"盖"这一技术特征便属于对现有技术作出贡献的"特定技术特征"。故在申请专利时,申请人也可以将"带盖的杯子"和"带盖的水壶"作为一项专利申请提出。在撰写权利要求时,申请人应当将"盖"作为对现有技术"作出贡献的技术特征"(结构特征)写入权利要求的区别技术特征中。例如写作:"一种盛水的容器,其特征在于所述的容器上方开口处设置一个盖"。

② 假设现有技术中盛水的容器都是不保温的。为了解决容器的保温问题,申请人提供了两个实施例:一个实施例是在容器开口处加盖密封,另一个实施例是在容器的外部设置保温材料。

由于两个实施例采用的技术手段不同,就结构而言两者显然缺乏"对现有技术作出贡献"、共同的"结构特征"。但是与现有技术相比,这两个实施例都具有"保温"的功能,都可以解决现有技术中容器保温的问题,故"保温"便属于"对现有技术作出贡献"的技术特征。"保温"不属于容器的结构而属于容器的"功能"。在权利要求中如果以"具有保温性"对两个实施例进行概括,便形成了一个"功能性特征"。由于该"功能性特征"的存在,可以将上述两个实施例作为一件专利申请提出。在撰写权利要求时,申请人应当将"保温"功能作为对现有技术"作出贡献的技术特征"(功能性特征)写入权利要求1的区别技术特征中。例如将其写作:"1. 一种盛水的容器,其特征在于所述的容器设有保温装置"。

笔者认为,以上例子就体现了权利要求中使用"功能性特征"的理由及其作用。其目的仅仅是给申请人申请专利提供方便,即借助于"功能性特征"对具有同样功能的多项发明创造进行概括,从而将其合为一件专利申请提出。

我们不妨再以2011年全国专利代理人资格考试试题(以下简称"试题")的撰写实务题为例,对"功能性特征"的使用问题作进一步说明。该试题的要求之一是根据所给出的现有技术以及发明人的技术方案撰写一份权利要求书,使其权利要求1满足"单一性"的要求。案情简介如下:

图4-32是现有技术中一种即时冲泡的饮料瓶,其瓶盖部设置装有调味材

料的容置腔室6，隔挡片5将调味材料密封在该腔室内。瓶盖的顶壁1由柔性材料制成，其下方设有尖刺部7，饮用前下压顶壁1，其尖刺部可刺穿隔挡片，使调味材料进入瓶内与饮用水混合。该饮料瓶的缺陷是饮用前一旦误压顶壁1，有可能导致尖刺部7意外刺穿隔挡片，使调味材料提前进入瓶内。

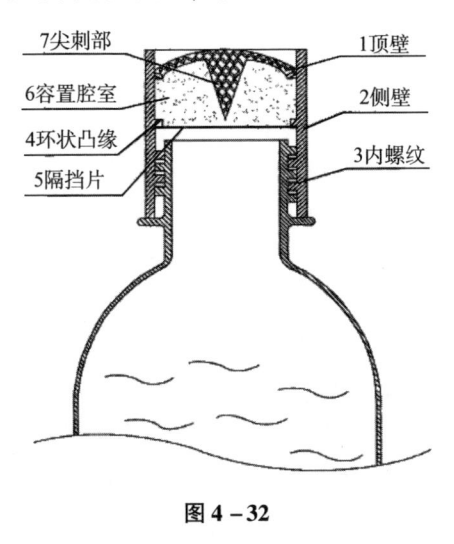

图 4-32

为解决上述技术问题，发明人在说明书中提供了两个实施例。其一是在瓶盖上方设置一盖栓2，盖栓2通过螺纹与瓶盖结合在一起（见图4-33）。饮用时旋转盖栓2即可使其下部的尖刺部刺穿隔挡片，但盖栓2受压时却不会导致尖刺部下移（可称为"内外螺纹机构"）。其二是在盖栓2的下方设置一可移除的卡环8（见图4-34），使用前只需将卡环8移除即可使盖栓2下移并刺穿隔挡片（可称为"可移除的环状部件"）。

为了满足"单一性"的要求，必须从两个实施例中找出一个两者共有的，而且能够区别于现有技术的"特定技术特征"，并将其写入权利要求1中。由于两个实施例采用的技术手段（"可移除的环状部件"和"内外螺纹机构"）不同，显然无法从结构特征入手概括出两者相同的"特定技术特征"。但由于"可移除的环状部件"和"内外螺纹机构"具有相同的功能——在瓶盖受压时可以限制瓶盖栓向隔挡片方向运动，故可以将"设有限制瓶盖栓受压时向隔挡片方向运动的机构"这一"功能性特征"作为这两个实施例区别于现有技术的"特定技术特征"。

图 4-33　　　　　　　　图 4-34

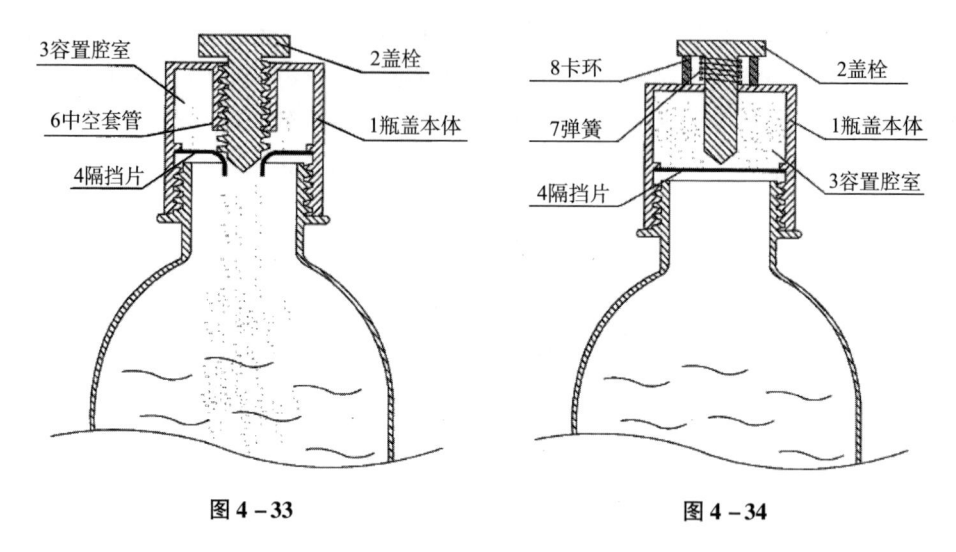

该试题的参考答案是：考生在撰写权利要求书时，可以将"设有**限制瓶盖栓受压时向隔挡片方向运动**的机构"这一"功能性特征"作为对两个实施例中的"可移除的环状部件"和"内外螺纹机构"的概括写入权利要求1中，以满足单一性的要求。该试题可以视为权利要求中"功能性特征"具体应用的一个诠释。该考题被当年的考生视为一道难题，得全分的不多。可见在权利要求中对于"功能性特征"的使用需要申请人具备一定知识和经验的积累。

3. 专利审查指南对"功能性特征"使用原因的说明

对于权利要求书中使用"功能性特征"的原因，在《中国专利法详解》一书中作了如下说明："申请人之所以采用功能性特征，一般是希望如此撰写的权利要求能够覆盖实现该功能的所有方式，从而使其权利要求具有更宽的保护范围。"❶

《专利审查指南2010》第二部分第二章第3.2.1节作出的规定是："对于权利要求中所包含的功能性限定的技术特征，应当理解为覆盖了所有能够实现所述功能的实施方式。"

上述两句话无疑是相互呼应的，即《专利审查指南2010》的上述规定对《中国专利法详解》中所述的申请人使用"功能性特征"的动机给予了确认。对此笔者并不认同，该规定有可能对社会公众产生误导。原因有以下几个方面。

"以公开换保护"是专利制度的基本原则，以"有限的公开"换取"无限的保护"不符合该原则。如上所述，"功能性特征"只不过为申请人提供了一

---

❶ 尹新天. 中国专利法详解 [M]. 北京：知识产权出版社，2012：587.

种权利要求书的撰写方式，便于申请人在权利要求书中对说明书所公开的多种实施方式（具有同一发明构思的多项发明）进行概括，以满足专利申请"单一性"的要求。其目的绝非让申请人借助"功能性特征""覆盖实现该功能的所有方式，从而使其权利要求具有更宽的保护范围"；

"功能性特征"也不应当理解为对覆盖实现该功能的所有方式的概括，而仅仅是对现有技术中本领域技术人员公知的或说明书所公开有限方式的概括。

以上述试题为例，其权利要求书中之所以使用"限制瓶盖栓受压时向隔挡片方向运动的机构"一语，目的仅在于以功能的形式对上述两种具有相同功能的实施方式进行概括，以便将这两种实施方式作为同一件专利申请提出，绝非借此将其说明书未公开的其他实施方式也纳入其内。

如果申请人"希望"以两个实施例的公开换取对所有实施方式的保护，这种"希望"显然是不合理的；将这种对两个实施例的概括"理解为覆盖了所有能够实现所述功能的实施方式"，也是不合法的，因为这种"希望"和"理解"都违背了"以公开换保护"的原则。

4. "功能性特征"的审查

发明专利授权之前，审查员对于权利要求中的"功能性特征"至少需要进行两方面的审查：一是审查其与现有技术之间的关系，即依据《专利法》第二十二条的规定，判断该"功能性特征"是否被现有技术公开；二是审查其与说明书之间的关系，即依据《专利法》第二十六条的规定，判断该"功能性特征"能否得到说明书的支持。

（1）关于能否得到说明书支持的审查

《专利审查指南2010》第二部分第二章第3.2.1节规定："对于含有功能性限定的特征的权利要求，应当审查该功能性限定是否得到说明书的支持"，"权利要求书中的每一项权利要求所要求保护的技术方案应当是所属技术领域的技术人员能够从说明书充分公开的内容中得到或概括得出的技术方案，并且不得超出说明书公开的范围"；同时又规定："对于权利要求中所包含的功能性限定的技术特征，应当理解为覆盖了所有能够实现所述功能的实施方式。"

按照上述要求，"功能性特征"要想"得到说明书的支持"，说明书必须公开"所有能够实现所述功能的实施方式"。然而这对于申请人来说显然是不可能做到的，审查员也不会按照这种标准进行审查。

现实中，被授权的权利要求使用了"功能性特征"，而说明书中仅公开了有限个（并非全部）实施例的情况比比皆是，却鲜有以"说明书未记载所有能够实现所述功能的实施方式，该功能性特征得不到说明书支持"为由而提出无效宣告请求的案件。这足以说明《专利审查指南2010》的上述规定既不能指导审查员的审查实践，也不为社会公众所认可，该规定形同虚设。

审查时只要说明书中公开了实现该功能的多种实施方式，或者只公开了一种特定的实施方式，但本领域技术人员由此可以联想到其他替代方式，审查员就允许在权利要求中使用"功能性特征"，并将该"功能性特征""视为"对说明书所公开多个实施例的"概括"，可以得到说明书的支持。

笔者认为，由于"功能性特征"是以其所具有的"特定含义"被使用于权利要求中的，故在审查"得到说明书支持"时将"功能性特征""视为""对说明书所公开多个实施例的概括"是合理的。但是基于"功能性特征"还具有其"一般含义"，为区别于"一般含义"，"功能性特征"的"特定含义"也应当清楚地体现在权利要求中。这就要求权利要求在使用"功能性特征"的同时，对其"特定含义"作出进一步说明。

就"功能性特征""得到说明书的支持"而言，所谓的"支持"可以通过两种方式实现：一是说明书公开实现该功能的所有方式，二是用说明书所公开的具体实施方式对"功能性特征"作进一步限定。前者无法实现，而后者却是可以做到，也是应当做到的。

《欧洲专利局审查指南》的要求就是："就功能性限定而言，确保其在权利要求中的保护内容清楚是最为重要的。因此，应当尽可能做到使本领域技术人员仅凭权利要求的措辞就可以清楚该用语的含义。"[1]

由于《专利审查指南2010》对"功能性特征"的使用并未作出具体规定，致使授权后权利要求中难免存在"功能性特征"含义不"清楚"的缺陷，以致人民法院在处理专利侵权案件时不得不对权利要求中的"功能性特征"作进一步"解释"。

(2) 关于是否被现有技术公开的审查

如上所述，为了满足单一性的要求，申请人将"功能性特征"作为一个未被现有技术公开的"特定技术特征"（发明点）写入权利要求中。故在审查该申请是否符合单一性规定时，审查员首先要对该"功能性特征"是否被现有技术公开进行审查。一旦发现现有技术中已经存在"可以实现该功能的某种实施方式"，所述的"功能性特征"就被现有技术公开了，该申请将失去单一性。

以上述"保温容器"为例。申请人之所以借助于"保温装置"这一功能性特征对"在容器开口处加盖"及"在容器的外部设置保温材料"这两项发明创

---

[1] 参见F部第4章第4.2节。

造进行概括,并作为一件发明创造予以保护,是以"对容器保温"这一构思未被现有技术公开为前提的,即"对容器保温"属于其"区别于现有技术的特定技术特征",从而符合单一性的要求。

故在作"新颖性"检索时,首先需要检索现有技术中是否存在具有保温功能的容器,即"对容器保温"是否属于申请人的一个"发明构思"。如果发现现有技术中已经存在任何一种具有保温功能的容器,例如一种通过"真空夹层"进行保温的容器,"容器带有保温装置"这一技术特征便属于现有技术,"对容器保温"也就不属于一个发明构思了。"保温功能"所概括的两个技术方案也因此失去了单一性。

由此可见,"功能性特征"的新颖性可以被现有技术中任何一种具有该功能的技术方案破坏。换种说法就是,在判断新颖性时可以将权利要求中的"功能性特征""理解为覆盖了所有能够实现所述功能的实施方式"。

上述结论也符合新颖性审查中"具体(下位)概念的公开使采用一般(上位)概念限定的发明或者实用新型丧失新颖性"的判断原则❶:

由于权利要求中的"功能性特征"是对具有该功能的若干具体实施方式的概括(相当于"金属"对"铜、铁、铝"等若干种具体材料的概括),故权利要求中的"功能性特征"相当于一个"一般(上位)概念",而其"具体实施方式"则相当于一个与之相关的"具体(下位)概念"。故在作新颖性审查时,如同"任何一种金属材料"都可以破坏"金属"的新颖性一样,现有技术中任何一种"设有保温装置"的容器都可以破坏权利要求中的"设有保温装置"这一"功能性特征"的新颖性。

综上不难看出,就专利审查而言,"对于权利要求中所包含的功能性特征的技术特征,应当理解为覆盖了所有能够实现所述功能的实施方式"这句话只适合对新颖性的审查,而不适合对"功能性限定是否得到说明书的支持"的审查。就专利侵权判断而言,这句话与最高人民法院的司法解释也存在冲突。

5. 最高人民法院对"功能性特征"的解释

(1) 2009年公布的《法释2009》第四条规定:"对于权利要求中以功能或者效果表述的技术特征,人民法院应当结合说明书和附图描述的该功能或者效果的具体实施方式及其等同的实施方式,确定该技术特征的内容。"

不难看出,最高人民法院并未采用《专利审查指南2010》"对于权利要求中所包含的功能性特征的技术特征,应当理解为覆盖了所有能够实现所述功能

---

❶ 参见《专利审查指南2010》第二部分第二章3.2.2节。

的实施方式"的说法,而是采用了美国专利法第 112 条对"功能性特征"的解释方式,将"功能性特征"解释为"说明书和附图描述的该功能或者效果的具体实施方式及其等同的实施方式"。

2014 年笔者曾就该司法解释发表过意见,笔者认为,将上述美国有关"功能性特征"解释的规定照搬进中国,难免带来"水土不服"的后果。

① 权利要求中的"功能性特征"固然是对说明书中具体实施例的概括,但是在判断专利侵权时"结合说明书和附图描述的该功能或者效果的具体实施方式及其等同的实施方式,确定该技术特征的内容"明显带有"中心限定"的色彩。这与 2008 年版《专利法》第五十九条"发明或者实用新型专利权的保护范围以其权利要求的内容为准"的规定并不一致。"权利要求的内容"即权利要求中的"技术特征"❶,故在我国判断专利侵权的依据应当是权利要求中记载的"技术特征",而并非说明书及附图公开的实施例。

②《法释 2009》第七条第二款明确规定:"被诉侵权技术方案包含与权利要求记载的全部技术特征相同或者等同的技术特征的,人民法院应当认定其落入专利权的保护范围;被诉侵权技术方案的技术特征与权利要求记载的全部技术特征相比,缺少权利要求记载的一个以上的技术特征,或者有一个以上技术特征不相同也不等同的,人民法院应当认定其没有落入专利权的保护范围。"

由此可见,人民法院在审理侵犯专利权纠纷案件时,通常以权利要求记载的"全部技术特征"作为判断相同侵权与等同侵权的对比依据。而"结合说明书和附图描述的该功能或者效果的具体实施方式及其等同的实施方式,确定该技术特征的内容"实际上就是将说明书实施例作为判断专利"相同侵权"与"等同侵权"的依据。

以"具体实施方式及其等同的实施方式"作为判断相同侵权与等同侵权的对比依据与以"技术特征"作为对比依据,显然涉及两个不同的法律概念,需要制定两种不同的判断标准。然而对于如何判断"实施例的相同与等同"尚缺少明确规定。❷

(2) 2020 年修正的《法释 2016》第八条对《法释 2009》第四条的上述内容进行了修改,修改后的内容为:"功能性特征,是指对于结构、组分、步骤、条件或其之间的关系等,通过其在发明创造中所起的功能或者效果进行限定的技术特征,但本领域普通技术人员仅通过阅读权利要求即可直接、明确地确定

---

❶ 参见:2010 年版《专利法实施细则》第十九条第一款规定,即"权利要求书应当记载发明或者实用新型的技术特征"。

❷ 张荣彦. 关于"功能性限定"(续):疑惑与建议 [J]. 中国专利与商标,2014 (2):33-41.

实现上述功能或者效果的具体实施方式的除外。与说明书及附图记载的实现前款所称功能或者效果不可缺少的技术特征相比，被诉侵权技术方案的相应技术特征是以基本相同的手段，实现相同的功能，达到相同的效果，且本领域普通技术人员在被诉侵权行为发生时无需经过创造性劳动就能够联想到的，人民法院应当认定该相应技术特征与功能性特征相同或者等同。"

该条文中，一是对"功能性特征"作出了明确定义，如同美国的定义方式一样，将"仅通过阅读权利要求即可直接、明确地确定实现上述功能或者效果的具体实施方式"排除在"功能性特征"之外。二是对于"功能性特征"的判断依据，将《法释2009》第四条中的"说明书和附图描述的该功能或者效果的具体实施方式及其等同的实施方式"修改为"说明书及附图记载的实现前款所称功能或者效果不可缺少的技术特征"，由此解决了"以说明书及附图作为专利侵权判断依据"所带来的困扰。

针对上述修改，笔者曾在2019年再次撰文发表了如下看法。

① 如果权利要求中只写明功能或效果，而未写明实现该功能或效果的具体方式，用我国《专利法》第二十六条的标准衡量，这种权利要求是否满足"清楚"的要求？

笔者认为，《专利法》第二十六条中的"清楚"，一是应当确保社会公众知晓权利要求的内容及其保护范围；二是人民法院在处理专利纠纷案件时，可以将该权利要求直接作为判断专利侵权的依据。

在理解权利要求中"功能性特征"的内容时，还需附加说明书及附图中所公开实施例的某些技术特征，这就意味着：

a. 社会公众在理解含有"功能性特征"的权利要求保护范围时还需要从说明书及附图中提取实现该功能或者效果的不可缺少的技术特征，这对于社会公众而言显然存在很大的不确定性；

b. 人民法院在审理专利纠纷案件时，权利要求中的"功能性特征"不足以作为判断专利侵权的依据，还需要补充实现该功能的必要技术特征。这就说明权利要求中的"功能性特征"不够清楚，不符合《专利法》第二十六条中有关"清楚"的要求。

② 判断专利侵权时，用"说明书及附图记载的实现前款所称功能或者效果不可缺少的技术特征"解释"功能性特征"即相当于将这些不可缺少的技术特征"纳入"权利要求的保护范围。将说明书中记载的某些"技术特征"以解释的名义纳入权利要求中，是否已经超出了2008年版《专利法》第五十九条所称的"解释"的范畴？

③ 专利权是权利人的一项私有财产权，从权利的请求、审查、修改以致放弃都是应权利人（申请人）的书面请求而启动的。《专利审查指南2010》中将其称作"请求原则"❶。

被授予专利权的权利要求是以权利人的请求为基础、经专利审查机关审查后确立的一项权利。人民法院可以依法宣告其权利无效，但是如果不存在权利人的书面请求，人民法院不可以随意改变其权利的内容。

在专利授权后，法官用"说明书及附图记载的实现前款所称功能或者效果不可缺少的技术特征"来解释其中的"功能性特征"，并将该技术特征作为专利侵权判断的依据，无异于将该不可缺少的技术特征补入授权后的权利要求中，由此改变了其权利要求的内容。况且所"补入的内容"也不一定符合权利人的主观意愿。

具体说，说明书及附图所公开的与"功能性特征"相关的一个实施例往往由若干技术特征（例如A、B、C、D、E等）组成，法官所认定的"不可缺少"的技术特征可能是A、B、C，而申请人想保护的技术方案可能是A、B、C、D。在专利申请及其审批过程中，将哪个技术特征写入权利要求中既取决于申请人的主观意愿，也受到现有技术的约束。在人民法院审理专利侵权纠纷时，法官所认定的"必要技术特征"并不一定符合权利人的主观意愿，也缺少与现有技术的对比。故该认定既有悖于"当事人请求原则"，也未必符合现有技术的状况。

④《法释2009》第五条明确规定："对于仅在说明书或者附图中描述而在权利要求中未记载的技术方案，权利人在侵犯专利权纠纷案件中将其纳入专利权保护范围的，人民法院不予支持。"在该规定中，所述的权利人将"仅在说明书或者附图中描述而在权利要求中未记载的技术方案"纳入专利权保护范围，无疑是以"技术特征"的形式纳入的。这与用"说明书及附图记载的实现前款所称功能或者效果不可缺少的技术特征"来解释"功能性特征"的法律后果是相同的，都是对权利要求保护范围的改动。

将2020年修正的《法释2016》第八条与《法释2009》第五条的规定对照——人民法院可以通过"解释"的方式将"仅在说明书或者附图中描述而在权利要求中未记载的技术方案"纳入专利权保护范围，而权利人则不可以。其间是否体现了两种不同的标准？

综上所述，不难看出，如果被授予专利权的权利要求中的"功能性特征"

---

❶ 参见《专利审查指南2010》第二部分第八章第2.2节；第四部分第一章第2.3节"请求原则"。

不清楚，授权后让人民法院通过"解释"的方式进行弥补，实际上是迫使人民法院采用"越俎代庖"的方式承担了审查机关授权不当的后果。换句话说，如果权利要求清楚了，人民法院也就无须作越权的"解释"了。

笔者认为，确保专利授权时权利要求中"功能性特征"满足清楚的要求才是解决问题的根本。为了确保权利要求中"功能性特征"及"结（效）果特征"满足清楚的要求，《欧洲专利局审查指南》中作出了若干具体规定。其中一项重要的规定是："就功能性特征而言，确保其在权利要求中的保护内容清楚是最为重要的。因此，必须做到使本领域技术人员仅凭权利要求的措辞就可以清楚权利要求中每一个特征的含义。"[1] 该规定显然与美国的规定相左，但与我国《专利法》的规定相容。

6.《欧洲专利局审查指南》中有关"功能性特征"的规定

基于上述思考，笔者于2018年研读了《欧洲专利局审查指南》（2017年版）中与"功能性特征"相关的章节（F部第4章），现将有关内容引述如下。笔者对这些规定的理解未必准确。为了更客观地反映《欧洲专利局审查指南》的观点，特附上原文及其出处供读者查证。

《欧洲专利局审查指南》F部涉及专利申请文件的撰写，其第4章涉及权利要求部分。该章系依据《欧洲专利公约》第84条（"权利要求书限定了寻求专利保护的范围，应当清楚、简明而且得到说明书的支持"）对权利要求书撰写提出的要求。

如前所述，在我国《专利审查指南2010》以及《法释2016》中，对"功能性特征"和"结（效）果特征"均未加区分，将它们捆绑在一起作为同一个概念作出了统一规定；而《欧洲专利局审查指南》则将"功能性特征"（functional features）与"结（效）果特征"（result to be achieved）进行了区分，并对其分别作出了相应规定。

（1）根据《欧洲专利公约》第84条的要求，任何一项权利要求必须满足"清楚及支持"的要求。故《欧洲专利局审查指南》F部第4章第4.5节首先针对所有的权利要求作出了如下规定："4.5 基本技术特征 权利要求所限定的保护范围必须清楚，这意味着一项权利要求不仅能够让人读懂其技术要点，而且必须清楚地限定该发明的全部基本技术特征，如果独立权利要求缺少基本技术特征则不符合清楚及支持的要求。"[4.5 Essential features The claims, which define the matter for which protection is sought, must be clear, meaning not only that

---

[1] 张荣彦. 从"功能性特征"的定义说起：由"法释〔2016〕1号"第八条想到的 [J]. 中国专利与商标, 2019 (1): 100–101.

a claim must be comprehensible from a technical point of view, but also that it must define clearly all the essential features of the invention. A lack of essential features in the independent claim(s) is therefore to be dealt with under the clarity and support requirements.]

何为"基本技术特征"？该章第4.5.2节作了如下解释："4.5.2 基本技术特征的定义　权利要求中的基本技术特征是指为解决说明书所述技术问题、实现所述技术效果必需的技术特征，因此独立权利要求应当包含说明书明确记载的、实现该发明所必需的所有的技术特征。"[4.5.2 Definition of essential features　Essential features of a claim are those necessary for achieving a technical effect underlying the solution of the technical problem with which the application is concerned, the problem usually being derived from the description. The independent claim(s) should therefore contain all features explicitly described in the description as being necessary to carry out the invention.]

将上述两项规定结合起来可知：独立权利要求必须清楚地限定该发明说明书明确记载、实现该发明所必需的所有的技术特征。这是对各类独立权利要求提出的一项基本要求。

《欧洲专利局审查指南》认为"功能性特征"与"结（效）果特征"属于两类不同的技术特征，故对其分别作出了不同的规定。

（2）关于"功能性特征"，有以下说明。

① 在该章第2.1节"技术特征"中规定："并非所有的技术特征都必须以结构特征的形式来描述。只要本领域技术人员无需创造性劳动就可以毫无困难地提供某些实现该功能的具体方式，便可以使用功能性特征（参见本章第6.5节）。"[It is not necessary that every feature should be expressed in terms of a structural limitation. Functional features maybe included provided that a skilled person would have no difficulty in providing some means of performing this function without exercising inventive skill (see F-IV, 6.5).]

该规定给出了功能性特征使用的条件，即只要能够确保"本领域技术人员无需创造性劳动就可以毫无困难地提供某些实现该功能的具体方式"，便可在权利要求中使用功能性特征。其中的"某些"意味着不止一个，故功能性特征应当与多种实施方式相关。

② 该章第6.5节"功能性特征的定义"对权利要求中功能性特征的定义作出了规定和说明。前文对其已经作过引用，在此仅作简要说明。其中将"功能性特征"定义为："权利要求可以采用功能性的术语，即以功能性特征的形式

对一个技术特征作概括性的限定";所概括的"技术特征"仅限于说明书给出的实施方式以及本领域技术人员由此可以想到的实施方式。

③ 对于功能性特征而言,确保其含义"清楚"是最为重要的。为了满足权利要求"清楚"的要求,在该章第 4.1 节"权利要求的清楚"中,针对功能性特征的使用又作了进一步规定:"就功能性限定而言,确保其在权利要求中的保护内容清楚是最为重要的。因此,应当尽可能做到使本领域技术人员仅凭权利要求的措辞就可以清楚该用语的含义。参见 F 部第 4 章第 4.2 节。"(The clarity of the claims is of the most importance in view of their function in defining the matter for which protection is sought. Therefore, the meaning of the terms of a claim should, as far as possible, be clear for the person skilled in the art from the wording of the claim alone, see also F – IV, 4.2.)

由此可见,在使用"功能性特征"时,必须确保其"清楚"。所谓"清楚"就是使本领域技术人员"仅凭权利要求的措辞就可以清楚该用语的含义",尤其是当其与"发明目的"有关时,应当写入实现该功能"所必需的所有的技术特征"。

④ 关于如何"解释"权利要求中的"功能性特征",笔者在《欧洲专利局审查指南》中未查到专门的规定。只是在该章第 4.2 节"权利要求的解释"中针对权利要求中的"用语"作了如下一般性的解释:"应当按照所属技术领域中通常的理解来确定权利要求中各用语的含义及其涵盖范围,除非在特殊情况下,说明书通过明确定义的方式或其他方式赋予该用语一个'特定的含义'。一旦这种'特定的含义'被采用,审查员应当尽可能要求对权利要求进行修改,从而做到仅通过权利要求本身即可清楚其含义。"(Each claim should be read giving the words the meaning and scope which they normally have in the relevant art, unless in particular cases the description gives the words a special meaning, by explicit definition or otherwise. Moreover, if such a special meaning applies, the examiner should, so far as possible, require the claim to be amended whereby the meaning is clear from the wording of the claim alone.)

这就意味着对权利要求中的用语存在两种解释方式:一是依据所属技术领域中通常的理解,二是依据说明书所赋予的"特殊含义"。

"功能性特征"也属于权利要求中的一种"用语",故应当按照上述规定进行解释。当功能性特征具有通常的含义(例如"终点位置探测装置")时,应当按照所属技术领域中通常的含义进行解释;当被用作对说明书所给出的实施方式以及本领域技术人员由此可以想到的实施方式进行概括(例如对说明书实施例进行概括的"功能性特征")时,该"功能性特征"便被赋予了特定的含义,此时应当按照其"特定含义"进行解释。

然而如果按照上述第③项要求,专利审查时能够确保"仅凭权利要求的措辞就可以清楚该用语的含义",这就意味着权利要求本身已经对"功能性特征"的"特定含义"作出了解释,无须再对其作进一步解释了。

(3) 关于"结(效)果特征",《欧洲专利局审查指南》中所使用的"functional features"(功能性特征)与"result to be achieved"[结(效)果特征]的英文含义存在明显区别。将"functional features"译为"功能"无疑是准确的;按照字典的解释,result 一词的直接含义应当是"结(效)果"。故"result to be achieved"一语的字面含义理解为"所实现的结(效)果"可能更为准确,意即"用结(效)果表达的技术特征"。

针对"结(效)果特征"(result to be achieved),《欧洲专利局审查指南》也作出了专门规定。该章第4.10节"所实现的结(效)果"规定如下。

① "权利要求所限定的范围必须如同发明所允许的范围一样精确。一般来说,在权利要求中试图用所实现的结(效)果来限定发明的保护范围是不允许的,尤其是当该结(效)果仅仅相当于对所述技术问题所提出的要求时。然而,当该发明只能采用该方式限定,或者采用其他方式不如该方式可以更准确地限定保护范围时,同时对于本领域技术人员来说,该结(效)果借助于试验或说明书的说明或公知常识,无须过度的实验即可以直接且明确得到证实时,才允许使用结(效)果限定的方式。"(The area defined by the claims must be as precise as the invention allows. As a general rule, claims which attempt to define the invention by a result to be achieved should not be allowed, in particular if they only amount to claiming the underlying technical problem. However, they may be allowed if the invention either can only be defined in such terms or cannot otherwise be defined more precisely without unduly restricting the scope of the claims and if the result is one which can be directly and positively verified by tests or procedures adequately specified in the description or known to the person skilled in the art and which do not require undue experimentation.)

② "然而,如果用结(效)果对产品进行限定,而该结(效)果又相当于该申请要解决的技术问题,则与上述情况有所不同。依据判例法,独立权利要求必须写明与发明主题有关的全部技术特征,以符合《欧洲专利公约》第84条的要求。以及

"……

"一项专利的技术贡献体现在为解决申请中所述技术问题而提供的技术特征组合上,因此,如果独立权利要求中采用了结(效)果的方式对产品进行限定,而且该结(效)果又对应于专利申请中所要解决的技术问题,则权利要求中必须记载实现该结(效)果所必需的基本技术特征。"

(However, these cases have to be distinguished from those in which the product is defined by the result to be achieved and the result amounts in essence to the problem underlying the application. It is established case law that an independent claim must indicate all the essential features of the object of the invention in order to comply with the requirements of Art. 84.

…

The technical contribution of a patent resides in the combination of features which solve the problem underlying the application. Therefore, if the independent claim defines the product by a result to be achieved and the result amounts in essence to the problem underlying the application, that claim must state the essential features necessary to achieve the result claimed.)

③ "功能性特征" 与 "结(效)果特征" 是两类不同的技术特征。通过上述分析不难看出,《欧洲专利局审查指南》对 "功能性特征" 与 "结(效)果特征" 的使用要求并不相同,它们属于两类不同性质的技术特征,不能混为一谈。为此,该章第4.10节 "所实现的结果" 对此作了进一步明确。

"应当注意,上述采用结(效)果方式进行限定与采用功能性特征进行限定的要求是不同的。"(It should be noted that the above-mentioned requirements for allowing a definition of subject-matter in terms of a result to be achieved differ from those for allowing a definition of subject-matter in terms of functional features.)

笔者曾试图在《欧洲专利局审查指南》中查找有关 "结(效)果特征" 的进一步解释和举例,未果。根据笔者的审查经验和体会,"功能性特征" 一般用于对产品的 "结构特征" 进行概括;而 "结(效)果特征" 往往用于对 "方法" (行为、步骤等) 的概括。

笔者在以往的专利审查实践中曾遇到过一类案例,似乎可以归类为 "结(效)果特征"。例如:"一种食品及其加工工艺" 的专利申请包含有关该食品及其加工方法两项独立权利要求。在该食品的权利要求中,限定了该食品是 "蓬松" 的。为了使该食品达到蓬松的状态(结果),说明书中公开了膨松剂的加入、发酵的温度和时间等有关的具体步骤和方式。

就"蓬松"这一技术特征而言,要想通过宏观结构或者微观结构(例如密度、空隙率等参数)的方式将其描述清楚可能都比较困难。而在权利要求中用"方法、步骤等"来限定"产品"又不是最佳选择。

按照《欧洲专利局审查指南》的上述规定,假如"蓬松"只是该食品的多个特征之一,而且并不属于该发明所要解决的主要问题,只要本领域技术人员借助于说明书所提供的制备方法,无需过度的劳动即可以实现该食品的"蓬松",在权利要求中使用"蓬松"这一"结(效)果特征"就属于"采用其他方式不如该方式可以更准确地限定保护范围"的情况;如果该发明的目的就是解决该食品的"蓬松"问题,则在权利要求中必须记载实现"蓬松"这一结(效)果所必需的条件及技术参数(必要技术特征)。

(4)笔者将《欧洲专利局审查指南》中有关"功能性特征"与"结(效)果特征"的规定归纳为以下几个要点。

①"功能性特征"属于以功能的形式对说明书所给出的具体实施方式以及本领域技术人员由此可以想到的实施方式的概括,并非"覆盖了所有能够实现所述功能的实施方式",其具有特定的含义。

②当权利要求中使用"功能性特征"时,必须满足"清楚"的要求,使本领域技术人员"仅凭权利要求的措辞就可以清楚该用语的含义":当功能性特征具有通常的含义时,应当按照所属技术领域中通常的理解进行解释;当被用作对说明书所给出的实施方式以及本领域技术人员由此可以想到的实施方式的概括时,则被赋予了"特定的含义",而该特定含义应当"仅通过权利要求本身即可清楚",即权利要求中一般应当记载实现所述功能及结果所必需的基本技术特征。

③"结(效)果特征"与"功能性特征"属于两类不同的技术特征。权利要求中可以采用"功能性特征"对若干具体实施方式进行概括;而在一般情况下,在权利要求中不允许用所产生的结(效)果来限定发明的保护范围,只有在特殊情况下(该发明只能采用该方式限定,或者采用其他方式不如该方式可以更准确地限定保护范围时,同时对于本领域技术人员来说,该结果借助于试验或说明书的说明或公知常识,无须过度的实验即可以直接且明确得到证实时)才被允许;如果独立权利要求中采用了结(效)果的方式对产品进行限定,而且该结(效)果又对应于专利申请中所要解决的技术问题,则权利要求中必须记载实现该结(效)果所必需的基本技术特征。

(5)与我国专利审查指南的对照。如上所述,我国《专利法》基本上是借鉴《欧洲专利公约》制定的。作为对《专利法》的解释,我国的《专利审查指南 2023》基本上也参照了《欧洲专利局审查指南》的相关规定。对于"功能性限定"所作的规定也不例外。

虽然《专利审查指南 2010》第二部分第二章对《欧洲专利局审查指南》的上述内容作了参考和部分引用,但通过仔细对比就会发现,《专利审查指南 2010》并未将《欧洲专利局审查指南》的上述内容完整、准确地引入,而只是引入了其中的只言片语,还掺杂了一些误解。

例如《专利审查指南 2010》第二部第二章中规定:"通常,对产品权利要求来说,应当尽量避免使用功能或者效果特征来限定发明。只有在某一技术特征无法用结构特征来限定,或者技术特征用结构特征限定不如用功能或效果特征来限定更为恰当,而且该功能或者效果能通过说明书中规定的实验或者操作或者所属技术领域的惯用手段直接和肯定地验证的情况下,使用功能或者效果特征来限定发明才可能是允许的。"

这段话的含义着实令人费解。仔细对照,其疑似源于《欧洲专利局审查指南》中的:"权利要求所限定的范围必须如同发明所允许的范围一样精确。一般来说,在权利要求中试图用所实现的结(效)果来限定发明的保护范围是不允许的,尤其是当该结(效)果仅仅相当于对所述技术问题所提出的要求时。然而,当该发明只能采用该方式限定,或者采用其他方式不如该方式可以更准确地限定保护范围时,同时对于本领域技术人员来说,该结(效)果借助于试验或说明书的说明或公知常识,无须过度的实验即可以直接且明确得到证实时,才允许使用结(效)果限定的方式。"

如上所述,《欧洲专利局审查指南》的上述规定显然是针对"结(效)果特征"作出,并不适用于"功能性特征"。"结(效)果"往往是借助于某些方法、步骤等抽象概念得以实现的,所述的"方法、步骤等"是否能够实现所述的"结(效)果",单凭文字描述往往是无法确认的,需要"借助于试验"才能予以证实,故《欧洲专利局审查指南》针对"结(效)果特征"作出了上述规定。而"功能性特征"所对应的往往是一些具体的结构,对于两者间的关系本领域技术人员一般凭借公知常识即可作出判断,无须"借助于试验"。

《专利审查指南 2010》将《欧洲专利局审查指南》中的上述规定用来约束"功能性限定"无异于张冠李戴。

《专利审查指南 2010》中的"对于权利要求中所包含的功能性限定的技术特征,应当理解为覆盖了所有能够实现所述功能的实施方式"这句话,与《欧洲专利局审查指南》中的"权利要求采用这种(功能性限定)方式撰写,以便将实现该功能的其他方式或者所有方式都包括在内是不允许的"以及"权利要求所限定的范围必须如同发明所允许的范围一样，一般来说，在权利要求中试图用所实现的结（效）果来限定发明的保护范围是不允许的，尤其是当该结果仅仅相当于对所述技术问题所提出的要求时"这两句话的含义则完全背道而驰。

特别需要指出的是：在《欧洲专利局审查指南》中，"一般来说，如果整个说明书给人的印象是一种功能是通过一种特定的方式来实现的，由此**不会联想到**使用其他替代方式，权利要求采用这种方式撰写，以便将实现该功能的其他方式或者所有方式都包括在内**是不允许的**"这句话并非意味着"**如果可以联想到……都包括在内是允许的**"。

《专利审查指南 2010》中"应当理解为覆盖了所有能够实现所述功能的实施方式"这句话显然是对《欧洲专利局审查指南》上述内容的**忽视或误读**。

最为重要的是：《欧洲专利公约》第 84 条（亦即我国《专利法》第二十六条）"权利要求应当清楚和简明，并得到说明书的支持"是《专利法》中一个十分重要的条款。为了确保"功能性特征"的使用符合该规定，《欧洲专利局审查指南》特别强调"就功能性限定而言，确保其在权利要求中的**保护内容清楚是最为重要的**"，并且在多个章节中对如何确保其"清楚"作出具体规定。而在《专利审查指南 2010》中却未对该"最为重要"的内容作任何引用和借鉴，也未就如何确保权利要求中"功能性特征"的"清楚"及"得到说明书的支持"作出任何规定。

既然"功能性特征"可以通过"说明书及附图记载的实现前款所称功能或者结果不可缺少的技术特征"解释清楚，《专利审查指南 2010》为何在专利授权前不要求申请人按照自己的意愿选择"实现该功能或者结果不可缺少的技术特征"并将其写入权利要求书中，而留待后续程序由审案人员按照其个人的理解对所述"必要技术特征"作出认定，并用来对"功能性特征"进行解释？

7. 从"电池外壳"案看功能性特征的定义与解释

（1）案情简介

2003 年 12 月 3 日一位请求人就一件发明专利向专利复审委员会提出无效宣告请求（以下简称"电池外壳"案）。该专利涉及一种电池外壳的制造方法，其授权的权利要求 1 为：

1. 一种电池外壳的制造方法，其特征在于，包括以下步骤：制备预定长度的管通；用模具把所述管通向两边拉伸成所要求形状的筒体；在筒体的两端部通过焊接、粘接或机械变形方法加上两底板形成一筒形密封电池外壳，所述模具包括斜楔形上模和下模，所述下模主要由斜楔形滑块和限位装置组成。

关于权利要求 1 中的"限位装置"，其说明书中仅记载有一句话："如图 3

所示,在本发明的实施例中,所用的模具包括上模 301 和下模,上模 301 为一斜楔,下模主要由斜楔形滑块 302 和限位装置 303 组成。"说明书附图 3 示出了限位装置 303 的结构(参见图 4-35)。

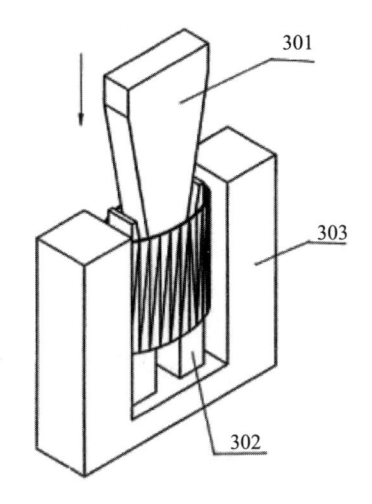

图 4-35 "电池外壳的制造方法"无效宣告案

请求人的无效宣告理由是权利要求 1 不具备新颖性和创造性。该案在审理过程中遇到的一个问题是:在与对比文件进行对比时,应当如何理解权利要求 1 中"限位装置"的含义。请求人认为该限位装置应当理解为"用于限定电池外壳尺寸的装置",并提交了对比文件 B2(特开平 6-333541A,见图 4-36),其中的滑动凸轮 25 对冲压模具起到了限位作用。被请求人认为该限位装置应当理解为"用于限定下滑块极限位置的装置"。

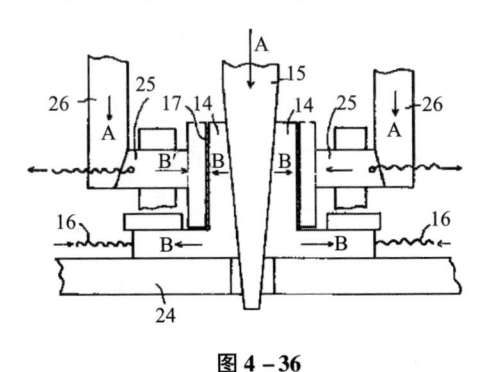

图 4-36

合议组则认为:"根据专利法❶第56条,发明或者实用新型专利权的保护范围以其权利要求书的内容为准,说明书及附图可以用于解释权利要求书";"从说明书中有关发明目的描述中可以看出,其目的之一即在于'通过模具精度来保证电池外壳的精度'。……而本专利是通过模具本身来保证产品精度的","对权利要求中所述的限位装置的合理解释应当是一个用于限定下滑块向两侧运动的极限位置的模具的固定部件。由于滑块运动的对称性,该固定部件也应当设计成对称的结构,例如一个U形块""合议组认为本专利权利要求1中所述的'限位装置'应当解释为'具有U形结构的固定结构,该U形结构的两臂的内壁可以限制斜楔形滑块的运动极限位置'"。

2005年3月15日专利复审委员会作出了第6990号无效宣告审查决定,维持该专利权有效。请求人不服提起行政诉讼。经人民法院二审审理驳回请求人的诉讼请求,维持该专利权有效。[参见本章第三部分"(十五)从一件美国专利纠纷看权利要求中的'功能性限定'"一节。]

由于在以往的无效宣告请求审查案件中很少遇到"功能性特征"的问题,专利复审委员会组成了五人扩大合议组对此案进行审理,可见此案的典型性以及专利复审委员会对此案的重视。

阅读该专利的说明书不难看出:审查决定中的三个认定("保证电池外壳的精度"是该发明要解决的技术问题;该技术问题是"通过模具精度"来实现的;以及权利要求1中的"限位装置"应当被理解为"具有U形结构的固定结构,该U形结构的两臂的内壁可以限制斜楔形滑块的运动极限位置")是合议组以该专利的说明书及其附图为依据作出的,其法律依据是2000年修改的《专利法》第五十六条。然而,专利复审委员会的上述审查决定却引起社会的争议,并由此引发了业界对"功能性限定解释"问题的讨论。笔者也曾就此发表过一些意见。❷

继上述无效宣告请求案之后,又有两位请求人先后于2005年9月27日和2009年12月28日就此案向专利复审委员会再次提出无效宣告请求。对于权利要求1中的"限位装置",两个合议组均采纳了第一次无效宣告请求决定中的解释意见,并在此基础上维持该专利有效。从时间顺序看,最高人民法院《法释2009》正是在此背景下颁布的。从内容上看,《法释2009》确立了用说明书及其附图解释"功能性特征"的原则;《法释2016》第八条则进一步明确了用"说明书及附图记载的实现所称功能或者效果不可缺少的技术特征"来"解释"

---

❶ 此为2008年版《专利法》。
❷ 张荣彦. 关于"功能性限定"(续):疑惑与建议 [J]. 中国专利与商标, 2014 (2): 33-41.

权利要求中"功能性特征"的原则。

尽管我国审查指南对"功能性特征"的解释是"对于权利要求中的功能性特征，应当理解为覆盖了所有能够实现所述功能的实施方式"❶，但在该案中该解释既未被双方当事人作为争辩的依据，也未被合议组用来解释权利要求中的"限位装置"。

《欧洲专利局审查指南》针对权利要求中"功能性特征"的使用也作出了若干具体规定。基于我国《专利法》（及审查指南）与《欧洲专利公约》（及审查指南）的渊源关系，我们不妨以《专利法》为依据，参考我国审查指南及《欧洲专利局审查指南》的有关规定对该案作一下全面分析。

（2）用我国《专利法》进行分析

除了该案所涉及的上述问题，笔者感觉还可以结合《专利法》及《专利审查指南2010》对该专利作进一步思考和分析。

①《专利法》第二十六条第四款规定："权利要求书应当以说明书为依据，清楚、简要地限定要求专利保护的范围。""限位装置"是权利要求1要求保护的一个重要内容，仅双方当事人及合议组就对其作出三种不同的解读，这本身是否就意味着权利要求1尚不够"清楚"。

②《专利法实施细则》第二十三条第二款规定："独立权利要求应当从整体上反映发明或者实用新型的技术方案，记载解决技术问题的必要技术特征。"如上所述，"保证电池外壳的精度"是该专利要解决的技术问题，该技术问题是通过"具有U形结构的固定结构，该U形结构的两臂的内壁可以限制斜楔形滑块的运动极限位置"的"限位装置"解决的，故该技术特征应当属于"解决技术问题的必要技术特征"。权利要求1中缺少该技术特征是否符合《专利法实施细则》第二十三条第二款的规定。

③《专利审查指南2010》将"功能性特征"解释为"覆盖了所有能够实现所述功能的实施方式"，笔者对该解释不完全认同。如前所述，在与现有技术进行对比时作上述解释还是合理的❷——由于在权利要求1中缺少具体限定，故该"限位装置"应当属于一个"一般概念"，即属于对所有具有限位功能装置（"具体概念"）的概括。按照审查指南针对"具体（下位）概念与一般（上位）概念"制订的审查原则，现有技术中任何一种具有限位功能的装置都会影响"限位装置"的"新颖性"。如果按照此标准进行审查，对比文件B2是否会影响权利要求1的新颖性。

---

❶ 参见：《审查指南2001》第二部分第二章第3.2.1节。
❷ 参见：张荣彦《机械领域专利申请文件的撰写与审查》（第四版）"功能性特征的使用与解释"一节。

④ 权利要求"清楚"和"记载解决技术问题的必要技术特征"是授予其专利权的必备条件。如果该专利的权利要求1不符合该条件，就不应当被授予专利权，授权后应当被宣告无效。在无效宣告程序中，专利复审委员会对"限位装置"的"解释"相当于将上述必要技术特征"纳入"权利要求1中，从而对其进行了"隐性"修复，客观上使该权利要求"起死回生"。这在程序上并不合法。

⑤ 依据说明书及附图，除了将"必要技术特征"解释为"具有U形结构的固定结构，该U形结构的两臂的内壁可以限制斜楔形滑块的运动极限位置"，显然还存在其他选项。例如可以将上述解释中的"U形结构"这一技术特征删除，将"限位装置"仅解释为"固定下模具有两个垂直内壁，该内壁可以限制斜楔形滑块的运动极限位置"。

从技术角度考虑，"U形结构"虽然是从附图中可以解读出来的，但并非解决技术问题所必需的（由"U形结构"本领域技术人员很容易想到其他形状的结构），或者说未必是专利权人希望保护的内容。

如前所述，专利权属于权利人的民事权利。根据《民法典》第五条的规定，该权利的"设立、变更、终止"均"应当遵循自愿原则"，即权利要求书的撰写、修改均应当出自专利权人（代理人）之手。授权前审查员有权依法对申请人的权利要求予以驳回，也可以提出修改建议，但申请文本及其修改文本必须由申请人（代理人）提供，审查员不可为其代劳，这是一个常识。授权后，专利复审委员会及人民法院有权依法宣告专利权无效，但无权对其权利要求进行修改或授权。如果专利复审委员会对权利要求内容所作的"解释"相当于对其权利要求内容的"修改"，该修改有违"当事人自愿原则"。

(3) 用《欧洲专利局审查指南》的规定进行分析

我们不妨再按照《欧洲专利局审查指南》的有关规定（引号内内容）对该案略作分析：

① 该专利申请"整个说明书给人的印象是一种功能是通过一种特定的方式来实现的，由此不会联想到使用其他替代方式，权利要求采用这种方式撰写，以便将实现该功能的其他方式或者所有的方式都包括在内是不允许的"。

② 由于权利要求1中未提供实现"限位"功能的具体方式，不满足"就功能性限定而言，确保其在权利要求中的保护内容清楚是最为重要的。因此，应当尽可能做到使本领域技术人员仅凭权利要求的措辞就可以清楚该用语的含义"这一要求，故权利要求1存在"不清楚"的缺陷。

③ "独立权利要求应当包含说明书明确记载的、实现该发明所必需的所有

的技术特征"。"具有 U 形结构的固定结构，该 U 形结构的两臂的内壁可以限制斜楔形滑块的运动极限位置"是该专利"说明书明确记载的、实现该发明所必需的"技术特征。由于权利要求 1 中缺少该必要技术特征，故"不符合清楚及支持的要求"。

④ 由于在该专利申请中"限位装置"不具有一般的含义，而具有其附图所示的"特定含义"，授权前"审查员应当尽可能要求对权利要求进行修改，从而做到仅通过权利要求本身即可清楚其含义"。

故按照《欧洲专利局审查指南》的上述规定，❶ 上述权利要求 1 不符合《欧洲专利公约》第 84 条（即我国《专利法》第二十六条第四款）有关"清楚"的规定，在未作必要的修改之前，不能被授予专利权。

（4）关于 2020 年最高人民法院的《法释 2020（一）》

根据我国的专利体系，人民法院借助于行政诉讼程序可以对行政机关的决定及其部门规章进行监督和纠正。2020 年最高人民法院颁布的《最高人民法院关于审理专利授权确权行政案件适用法律若干问题的规定（一）》（法释〔2020〕8 号）（以下简称《法释 2020（一）》），不仅适用于人民法院对专利授权确权行政案件的审理，而且可以对行政机关部门规章（《专利审查指南（2010）》）的制定和修改起到指导作用。其中也包括"功能性特征"的使用和解释。

《法释 2020（一）》中有三条与权利要求中的"功能性特征"直接有关：

① 关于权利要求中"功能性特征"的解释

在《法释 2020（一）》中并未采用《法释 2009》或《法释 2016》的方式将"功能性特征"解释为"说明书和附图描述的该功能或者效果的具体实施方式及其等同的实施方式"，或"说明书及附图记载的实现前款所称功能或者效果不可缺少的技术特征"。更未采用《专利审查指南 2010》中的规定，将其"理解为覆盖了所有能够实现所述功能的实施方式"。但是在其第二条中对"权利要求的用语"（words）作了一般性解释："人民法院应当以所属技术领域的技术人员在阅读权利要求书、说明书及附图后所理解的通常含义，界定权利要求的**用语**。权利要求的用语在说明书及附图中有明确定义或者说明的，按照其界定。依照前款规定不能界定的，可以结合所属技术领域的技术人员通常采用的技术词典、技术手册、工具书、教科书、国家或者行业技术标准等界定。""功能性特征"属于权利要求中"用语"的一种，自然应当受该条款的约束。

---

❶ 参见 2017 年《欧洲专利局审查指南》F 部第四章。

以上内容疑似借鉴了《欧洲专利局审查指南》针对权利要求中的"用语"所作的规定:"应当按照所属技术领域中通常的理解来确定权利要求中各用语(words)的含义及其涵盖范围,除非在特殊情况下,说明书通过明确定义的方式或其他方式赋予该用语一个特定的含义。**一旦这种特定的含义被采用,审查员应当尽可能要求对权利要求进行修改,从而做到仅通过权利要求本身即可清楚其含义。**"

所不同的是上述第二条中将《欧洲专利局审查指南》中"其他方式赋予该用语一个特定的含义"以及"一旦这种特定的含义被采用,审查员应当尽可能要求对权利要求进行修改,从而做到仅通过权利要求本身即可清楚其含义"这句话省略了。这显然是为了避免与其第九条(对"功能性特征"的定义)发生冲突。

② 关于"功能性特征"的定义

在《法释2020(一)》第九条中对"功能性特征"作出了如下定义:"以功能或者效果限定的技术特征,是指对于结构、组分、步骤、条件等技术特征或者技术特征之间的相互关系等,**仅通过其在发明创造中所起的功能或者效果进行限定的技术特征,但所属技术领域的技术人员通过阅读权利要求即可直接、明确地确定实现该功能或者效果的具体实施方式的除外**。"

该定义与《法释2016》第八条对"功能性特征"所作的定义保持了一致,明确将"通过阅读权利要求即可直接、明确地确定实现该功能或者效果的具体实施方式的""功能性特征"排除于"功能性特征"之外。这样与其第二条的规定就可以自洽了。

然而,上述"排除"意味着权利要求中使用"功能性特征"时不可以写明"实现该功能或者效果的具体实施方式"。这显然与《欧洲专利局审查指南》有关"功能性特征"的规定相冲突。2019年笔者曾就两者间的冲突进行过分析,❶认为这体现了"中心限定"与"折中限定"的区别。现今这种冲突在《法释2020(一)》第九条与第七条中也彰显了出来。

③ 关于权利要求中技术特征的"清楚"问题

《法释2020(一)》第七条的内容是:

"所属技术领域的技术人员根据说明书及附图,认为权利要求有下列情形之一的,人民法院应当认定该权利要求不符合专利法第二十六条第四款关于清楚地限定要求专利保护的范围的规定:

---

❶ 张荣彦. 从"功能性特征"的定义说起 [J]. 中国专利与商标, 2019 (1).

"（一）限定的发明主题类型不明确的；
"（二）不能合理确定权利要求中技术特征的含义的；
（三）技术特征之间存在明显矛盾且无法合理解释的。"

上述第（二）项中虽然没有具体指明"功能性特征"，但是应当包括"功能性特征"；虽然没有对"清楚"作出具体说明，但至少对"清楚"的问题作了原则性规定。故"功能性特征"应当满足"合理确定权利要求中技术特征的含义""清楚地限定要求专利保护的范围"的要求。

如果不允许将"实现该功能或者效果的具体实施方式"写入权利要求中，该"功能性特征"显然难以满足"合理确定权利要求中技术特征的含义"的要求。之所以产生上述冲突，显然是由于上述第九条采用了美国专利法对"功能性特征"所作的定义，即实现该功能或者效果的具体实施方式不能够写入权利要求中，而只能由法官依据说明书中所公开的内容进行解释。《法释2020（一）》第七条与第九条之间的矛盾，通过下述虚拟的案例可能更容易体现出来。

④虚拟案例分析

假如有人针对上述"电池外壳"的专利再次向专利复审委员会提出无效宣告请求。其具体理由是：所述模具包括斜楔形上模和下模，所述下模主要由斜楔形滑块和限位装置组成。该专利要解决的技术问题是"保证电池外壳的精度"。该技术问题是依靠下模中设置的斜楔形滑块、"限位装置"以及它们之间的配合关系解决的。权利要求1中虽然记载了斜楔形滑块及"限位装置"这两个技术特征，但缺少对"限位装置"具体结构及其与滑块之间配合关系的描述。虽然权利要求1中记载了"限位装置"这一技术特征，但显然不是现有技术中的任何"限位装置"都可以解决所述技术问题。故权利要求1中缺少"记载解决技术问题的必要技术特征"，不符合2010年版《专利法实施细则》第二十条第二款的规定。

无论专利复审委员会对此作出任何决定，对之不利的一方当事人都可能向人民法院提起行政诉讼。审理中，假如人民法院认可无效宣告请求人的该无效宣告理由，将面临一种尴尬——按照上述第九条的规定，权利要求中使用"功能性特征"时不可以写入"实现该功能或者效果的具体实施方式"，故权利要求1仅写入"限位装置"而不对其作具体限定是合法的；而根据2010年版《专利法实施细则》第二十条第二款的规定，由于缺少对具体实施方式的限定，权利要求1应当被宣告无效。

这种尴尬既体现了《法释2020（一）》第九条与第七条之间的矛盾，也说明第九条对"功能性特征"的定义方式与我国《专利法》的有关规定并不相容。

虽然《法释2020（一）》第七条中就权利要求的"清楚"作出了规定，但目前我国的专利审查指南中尚缺少对"功能性特征"的"清楚"作出具体规定。基于现状，如果在《法释2020（一）》第七条中参照《欧洲专利局审查指南》对"合理确定权利要求中技术特征的含义"作出进一步说明，或者在其第二条中将被删除的《欧洲专利局审查指南》中的第二句话"一旦这种特定的含义被采用，审查员应当尽可能要求对权利要求进行修改，从而做到仅通过权利要求本身即可清楚其含义"并入其中，可能更有助于确保权利要求中"功能性特征"的"清楚"。

8. 关于"功能性特征"的使用

如果以上问题都梳理清楚了，如何使用"功能性特征"便不言自明了。概括起来说，笔者建议申请人在权利要求中使用"功能性特征"时务必注意以下几点：

（1）使用"功能性特征"的目的是对说明书公开的多项技术方案（方式）进行概括，以满足"单一性"的要求。切勿指望借助"功能性特征"覆盖实现该功能的所有方式，从而使其权利要求具有更宽的保护范围。

（2）如果说明书只公开了一种技术方案，而且本领域技术人员不能由此联想到其他替代方案，不适合采用"功能性特征"进行概括，而应当在权利要求中通过结构特征的形式将该技术方案限定清楚。

（3）如果说明书公开了具有相同功能的多种技术方案，则根据需要可以在权利要求书中借用"功能性特征"予以概括。但在权利要求书（包括从属权利要求）中务必将该"功能性特征"所概括的各种实施方式描述清楚，使本领域技术人员"仅凭权利要求的措辞就可以清楚该用语的含义"。当其与"发明目的"有关时，应当写入实现该功能"所必需的所有的技术特征"。

9. 笔者的一己之见

综上，笔者对"功能性特征"的观点是：

（1）"名不正则言不顺"。正确定义"功能性特征"是其使用和解释的基础。通过上述分析不难看出《法释2020（一）》对其所作的定义并不完全适合我国国情。如果将其前半句话中的"仅"字移至后半句话，并将之稍作修改，便可使该定义不仅符合《专利法》第二十六条"权利要求书应当以说明书为依据"以及"清楚"的要求，而且可以与该司法解释第二条所引用《欧洲专利局审查指南》的完整含义自洽。例如，将其定义为："以功能或者效果限定的技术特征，是指对于结构、组分、步骤、条件等技术特征或者技术特征之间的相互关系等，通过其在发明创造中所起的功能或者效果进行概括的技术特征。所属技术领域的技术人员仅通过阅读权利要求即可直接、明确地确定实现该功能或者效果的具体实施方式。"

"名正则言顺"。如果采用上述方式定义"功能性特征"，则人民法院无须再对"功能性特征"作多余的司法解释，合议组和审案法官也不必越俎代庖替专利权人去寻找"必要技术特征"了。

（2）通过上述分析还可以看出，《专利审查指南 2010》中所称的"对于权利要求中所包含的功能性限定的技术特征，应当理解为覆盖了所有能够实现所述功能的实施方式"这一解释既不适用于"功能性特征"能否得到说明书支持的审查，也不适用于专利侵权中对"功能性特征"的解释，而仅仅适用于"新颖性"审查。如果在这句话的前面加上"审查新颖性时"这一前提，并将其从第二部分第二章第 3.2.1 节（有关"以说明书为依据"的规定）移至第二部分第三章（有关"新颖性"的规定），这样既表达了这句话的初衷，又避免了与其他环节的冲突。例如，将"功能性特征"解释为"审查新颖性时，对于权利要求中所包含的功能性限定的技术特征，应当理解为覆盖了所有能够实现所述功能的实施方式"。

（3）基于《专利法》第二十六条"清楚"的要求，使用"功能性特征"时确保权利要求中"功能性特征"的"清楚"是最为重要的。应当使本领域技术人员仅通过权利要求本身即可清楚其含义。

确保权利要求中"功能性特征"的"清楚"，首先需要《专利审查指南 2010》对其作出相关规定。基于现状，《专利审查指南 2010》有必要参照《欧洲专利局审查指南》作进一步完善。人民法院负有对国家行政机关的行政行为进行监督的责任。最高人民法院以《专利法》为依据、针对"专利授权确权程序"作出的司法解释，无疑可以对国家知识产权局《专利审查指南 2010》的进一步完善起到指导和推动作用。

（4）2008 年版《专利法》第五十九条第一款规定："发明或者实用新型专利权的保护范围以其权利要求的内容为准，说明书及附图可以用于解释权利要求的内容。"这显然借鉴了《欧洲专利公约》第 69 条的规定——"欧洲专利或者欧洲专利申请的保护范围由权利要求书确定。但是，说明书和附图可以用来解释权利要求"。(The extent of the protection conferred by a European patent or a European patent application shall be determined by the claims. Nevertheless, the description and drawings shall be used to interpret the claims.)

上述条款言简意赅，是"折中原则"的具体体现。然而"折中"并不意味着"半斤八两"。2008年版《专利法》第五十九条中的前后两句话从字面上看似乎是对等的。《欧洲专利公约》第69条中前后两句话之间"Nevertheless"（然而、不过）一词的使用显然打破了两者的平衡。"为准"与"解释"也显示了两者间孰轻孰重。

实践中，当事人经常采用实用主义的方式对上述两句话进行"各取所需"的引用和解读，显然偏离了立法的本意。对该条款笔者持有以下几点看法：

① 如何解读"权利要求中的内容为准"？2010年版《专利法实施细则》第十九条第一款规定："权利要求书应当记载发明或者实用新型的技术特征。"即所述**"权利要求的内容"**是指权利要求中的**"技术特征"**。故**"以其权利要求的内容为准"**应当理解为**"以其权利要求的技术特征为准"**。

② 如何解读"说明书及附图可以用于解释权利要求的内容"？**特别需要注意的是这句话中的"内容"两个字是2008年修改《专利法》时加入的**。修改前这句话为"说明书及附图可以用于解释权利要求"。

"权利要求"与**"权利要求的内容"**显然不是一个概念。"解释"的对象由"权利要求"修改为"权利要求的内容"意味着对解释对象的进一步限缩和明确。即**"解释的对象"仅限于权利要求中所存在的"技术特征"，而并非权利要求本身**。

如果说在"权利要求"中增加某个"技术特征"尚可以被视为对权利要求的**"解释"**，但通过增加"技术特征"来"解释"权利要求中的"技术特征"显然不合逻辑，这种"解释"实为对技术特征的**"替代"**。

③ 基于上述理解，2008年版《专利法》第五十九条中的前后两句话有主次之分："为准"一语意味着权利要求中的"技术特征"是判断专利保护范围的唯一依据；"解释"的含义是"分析阐明"[1]。故"说明书及附图可以用于解释权利要求的内容"这句话中的"解释"一语应当理解为以说明书及附图为依据，对权利要求中某技术特征的含义所作的"分析阐明"。这种"分析阐明"不应当取代该"技术特征"的存在。

在"电池外壳"案中，合议组认为：由于"本专利是通过模具本身来保证产品精度的"，故"对权利要求中所述的限位装置的合理解释应当是一个用于限定下滑块向两侧运动的极限位置的模具的固定部件"，而且该固定部件是"具有U形结构的固定结构，该U形结构的两臂的内壁可以限制斜楔形滑块的

---

[1] 参见《现代汉语词典》。

运动极限位置"。

不难看出，合议组的上述"解释"并非如同双方当事人对"限位装置"含义所作的"分析阐明"（将"限位装置"解释为"用于限定电池外壳尺寸的装置"或"用于限定下滑块极限位置的装置"），而是借用说明书实施例的具体结构对"限位装置"进行解释。这种"解释"所表述的是"限位装置"如何实现"限位"功能的，而并非对"限位装置"含义所作的"分析阐明"。

如果将权利要求中的"限位装置"理解为一个"上位概念"，该实施例即相当于从属于该"上位概念"的一个"下位概念"。就概念而言，用"下位概念"解释"上位概念"显然不合逻辑。就内容而言，用说明书中的一个具体实施例解释权利要求中的"限位装置"，相当于对"限位装置"这一"功能性特征"所作的进一步限定。广而言之，用"说明书实施例"解释权利要求中的"功能性特征"，无异于用一"具体实施方式"取代了权利要求中的"功能性特征"，使"功能性特征"名存实亡，有违"以其权利要求的技术特征为准"这一前提。

④ "可以"解释并不意味着解释不受约束。从上述案例分析中不难看出至少以下两种情况是"不可以"的。

一是"解释"不能违反《专利法》的有关规定和原则。授予专利权的"权利要求"应当符合《专利法》的各项要求。授权后，存在实质性缺陷的权利要求只能被宣告无效，而不可以通过后续程序的"解释"使之合法化。在专利确权程序中，专利复审委员会借用"解释"的方式增加了权利要求中不存在的技术特征，实际上相当于对权利要求的"修改"。这种使本不符合《专利法》要求的权利要求合法化的"修改"，既得不到《专利法》相关规定的支持，也有悖于"当事人自愿"的原则。

二是"解释"不能违背"部门规章"中制定的有关法律原则。在无效宣告程序中，"一般不得增加未包含在授权的权利要求书中的技术特征"[1]；在专利侵权诉讼程序中，"对于仅在说明书或者附图中描述而在权利要求中未记载的技术方案，权利人在侵犯专利权纠纷案件中将其纳入专利权保护范围的，人民法院不予支持"[2]。它们分别是国家行政机关和最高人民法院在其部门规章和司法解释中对专利权人提出的要求。这是基于维护权利要求保护范围稳定性而制定的一项原则。该原则适用于专利权人，同样也应当适用于规则的制定者。

专利复审委员会针对"限位装置"所作的"解释"，以及人民法院将权利

---

[1] 参见：《专利审查指南2010》第四部分第三章第4.6.1节。
[2] 参见：《法释2009》第五条。

要求中的"功能性特征""解释"为"所称功能或者效果不可缺少的技术特征"显然与上述部门规章和司法解释中的既定原则相背离。给人以"只许州官放火不许百姓点灯"的感觉。

如果对权利要求中"功能性特征"解释过度，则法律后果便是："专利权的保护范围**以其权利要求的内容为准**"变成了"专利权的保护范围**以说明书及附图为准**"；对权利要求内容的"**解释**"无异于对权利要求内容的"**修改**"、对**技术特征的"补充"或"替代"**。该后果如果用"折中原则"和"中心限定原则"两把尺子进行衡量，似乎更接近于后者。

(二十) 关于"克服技术偏见"的疑问及其思考

1. 案情简介

《中国知识产权》杂志 2020 年第 12 期刊载了国家知识产权局专利局专利审查协作江苏中心孙茜、卢晓萍两位审查员合写的《浅谈发明专利实审中对于是否克服技术偏见的判断》一文。读过之后，有所感想。

该文结合一具体案例（以下简称"案例一"）对"克服技术偏见"在创造性判断中的使用问题进行了讨论。该案涉及一种电子烟，在现有技术中，"该烟不经燃烧，而是通过电加热的方式使卷烟中的香味成分等物质释放出来，从而避免了因高温裂解产生大量的有害成分"。"由于不燃烧卷烟的烟气中尼古丁含量偏低"，为了满足吸烟者的需求，该专利申请"在滤嘴设置于前后膜之间的香珠中添加尼古丁，以使烟气浓烈"。

在该申请的审查阶段，审查员之间存在意见分歧。有人认为："众所周知，滤嘴的主要作用是滤去、减少对人体有害的物质，现有技术中对于滤嘴的改进方向也大都是如何替代尼古丁的口感，如何更好地过滤焦油、尼古丁等有害物质等。而该发明在低温加热不燃烧卷烟的滤嘴中加入了行业内普遍要滤除的对人体有危害的尼古丁，与本领域现有技术的发展方向相悖，这种添加方式不能被简单地认为是本领域技术人员容易想到的，故本发明克服了技术偏见"，具有创造性。

在观点不能统一的情况下，审查员进行了补充检索。所检索到的对比文件 2 "公开了一种加热型模拟香烟，其滤嘴部分滤膜间的滤芯填充物质可以是尼古丁制品，选用尼古丁是为了满足吸烟快感"。由于现有技术中存在在滤嘴的前后滤膜之间添加尼古丁的方案，故本发明不属于"克服了技术偏见"的情形。

针对上述案例，笔者的疑问是：什么是电子烟领域中的"技术偏见"？如果对比文件 2 不存在，是否就意味着该申请"克服了技术偏见"，具有创造性？

无独有偶。该文发表后不久，笔者又读到一篇微信推文，即由北京超凡知识产权研究院张琦撰写的《创造性判断的辅助因素（二）》。该文讨论的重点是"发明克服了技术偏见"在发明创造性判断中的使用问题。文中列举了三个案例。第一个案例（以下简称"案例二"）涉及申请号为200980136477.X、发明名称为"用于治疗丛集性头痛症的方法和试剂盒"的发明专利申请，其复审决定号为70685。该申请的技术方案是使用2－溴麦角酰二乙胺（2－溴LSD）治疗复发性丛集性头痛症。对比文件1公开了麦角酰二乙胺（LSD）对于治疗丛集性头痛有效。驳回决定和前置审查意见认为："2－溴LSD是LSD的溴取代衍生物，两者具有相同的基本核心部分是本领域的公知常识，故本领域技术人员有动机通过采用溴麦角酰二乙胺替代麦角酰二乙胺以寻求具有更好治疗效果的化合物。"

复审请求人则认为："现有技术教导了LSD和2－溴LSD尽管在结构上具有相似性，但却表现出显著不同的药理学活性，本领域技术人员不会想到用2－溴LSD代替对比文件1的LSD以得到本发明"，并提供了相应的证据。

复审决定认为："如果现有技术中已显示这种化学修饰后的化合物与已知化合物的药理学性质完全不同或相差很大，则本领域技术人员无法预期经上述化学修饰获得的化合物也具有已知化合物相同的用途，换言之，对于该用途权利要求而言，可以认为是采用了人们由于技术偏见而舍弃的技术手段解决了技术问题，从而所述发明具备创造性。"据此，撤销了驳回决定。

笔者的问题是：因"化合物具有本领域技术人员无法预期的用途"而采用了"本领域技术人员不会想到的"方案是否就意味着"克服了技术偏见"？

第二个案例（以下简称"案例三"）涉及申请号为201010271343.3、发明名称为"混合动力车辆的发动机起动控制装置和方法"的发明专利授权，其复审决定号为94815。

针对该专利申请权利要求1与对比文件1的区别——在阻尼器打开的情况下消除发动机扭矩脉动，驳回决定和前置审查意见认为："对于阻尼器打开和关闭的两种状态，本领域技术人员通过简单的实验对比即可得到哪种方式能更好的启动发动机，这是本领域的公知常识。"

复审决定则认为："现有技术教导本领域技术人员在消除发动机的扭矩脉动时，需要关闭阻尼器防止其参与共振，因而本领域技术人员无法从现有技术中得到可在阻尼器打开的情况消除发动机的扭矩脉动这样相反的技术启示，因而上述区别技术特征并非本领域的常用技术或公知常识，而应看作是克服了现有技术的偏见。"据此，撤销了驳回决定。

笔者的问题是："本领域技术人员无法从现有技术中得到相反的技术启示"与"现有技术给出了相反的教导"是否为一个概念？"区别技术特征并非本领域的常用技术或公知常识"与"克服了现有技术的偏见"有何关系？

其中的第三个案例（以下简称"案例四"）系最高人民法院的一个再审案件。该案的专利申请号为99811707.2，发明名称为"以取代的苯基磺酰基氨基羰基三唑啉酮为基础的选择性除草剂"，复审决定号为FS11964，再审裁定号为（2013）知行字第31号。该专利申请涉及一种使用单一化合物作为除草剂的技术方案。对比文件2公开了一种除草组合物，该组合物含有式（I）化合物或其盐以及另一种除草剂以及表面活性剂和/或常规扩充剂。对比文件2公开了"化合物组合的除草活性比单一化合物效果的总和明显要高。这表示，不仅存在互补效应，也存在不可预知的协同效应"。

再审申请人认为，对比文件2通过反例明确教导或暗示不要单独使用式（I）化合物来去除杂草。涉案专利申请与现对比文件2的教导完全相反，故涉案专利申请克服了技术偏见。

最高人民法院则认为："现有技术中是否存在技术偏见，应当结合现有技术的整体内容来进行判断"；"虽然对比文件2表A-2的数据表明，单独使用与本专利申请完全相同的式（I）化合物的钠盐（I-2，Na盐），与其和赛克津组合使用的协同作用效果相比，显示的效果差。但对比文件2并没有披露式（I）化合物的钠盐（I-2，Na盐）不能用于对比文件2所述的施用作物范围和除草范围。相反，对比文件2表A-2的数据表明，单独使用式（I）化合物的钠盐（I-2，Na盐）时，针对风草和狗尾草的药效百分比分别达到了60%和90%。阿瑞斯塔公司主张本专利申请克服了技术偏见而具备创造性前提必须是其能够证明这种技术偏见是客观存在的，由于其提交的证据尚不能证明单独选择使用单一化合物式（I）化合物（I-2，Na盐）作为谷类作物选择性的控制杂草是本领域技术人员舍弃的技术方案。因此，对于阿瑞斯塔公司关于本专利申请克服了技术偏见的主张，本院不予支持"。

笔者的问题是：再审申请人所称的"一篇对比文件通过反例明确教导或暗示不要采用"的技术方案是否构成法律意义上的"技术偏见"？

2. 案例评析

笔者从事专利审查、专利复审及专利无效的审查工作若干年，印象中从未遇到过因"克服技术偏见"而具有创造性的案件。上述案例的不断出现，不由得引起笔者的关注和思考。

《专利审查指南2010》中所称的"克服技术偏见"这一概念引自《欧洲专

利局审查指南》。追根溯源，要想正确理解"克服技术偏见"这一概念的法律含义，最好的方式莫过于认真研读一下《欧洲专利局审查指南》中所作的有关规定。

《欧洲专利局审查指南》G 部第七章涉及对发明创造性的审查。为了便于对创造性的理解，在该章的末尾还以附件（Annex）的形式列举了一些属于"显而易见"及"非显而易见"的典型情形。"克服技术偏见"便是其中之一。❶

《欧洲专利局审查指南》对"克服技术偏见"（Overcoming a technical prejudice）的规定如下：作为一般规则，如果现有技术对本领域技术人员的引导与发明所建议的方式**相背离（if the prior art leads the person skilled in the art away from the procedure proposed by the invention）**，则体现了创造性的存在。这尤其适用于本领域的技术人员**甚至不会考虑通过试验来确定是否可以用该方式来替代已经克服了真实的或想象的技术障碍的现有方式的情形（the skilled person would not even consider carrying out experiments to determine whether these were alternatives to the known way of overcoming a real or imagined technical obstacle）**。并举例作了如下说明："含二氧化碳的饮料，经过消毒后，要在热的情况下装进消毒过的瓶子里。**普遍的观点（the general opinion）**是，当瓶子从灌装装置中取出后，瓶装饮料必须即刻自动与外界空气隔离，以防止瓶装饮料喷溅出来。采用同样的工艺步骤但不采取任何措施来实现饮料与外界空气隔绝（因为实际上完全没有必要）的工艺将是一种创新。"

为了解释"克服技术偏见"的含义，在申诉委员会的《判例法》（Case law）❷中又结合若干具体案例对其作了进一步说明。现将有关部分的内容引述如下：

（1）"如果能够证明发明需要克服一种偏见，即对技术事实普遍持有的**不正确的观点**，则其创造性是存在的。在这种情况下，专利权人（或专利申请人）**负有举证责任**，例如引用合适的技术文献证明所谓的偏见确实存在。证明偏见的存在需要**高标准的证据**"。

（2）"一般来说，**仅在一项专利说明书中所陈述的内容不能作为偏见的证明**，因为在一项专利说明书或一篇科学文章中所披露的技术信息可能基于特殊的前提或作者的个人观点。然而，这一原则并不适用于代表相关领域的普通专家知识的标准著作或教科书中的解释"。

（3）"任何特定领域的偏见都是指该领域的专家**广泛或普遍持有的观点或**

---

❶ Guidelines for Examination in the EPO, November 2019, Part G – Chapter VII – 23.
❷ P264 – 266, Case Law of the Boards of Appeal of the European Patent Office, Ninth Edition July 2019.

预期的想法。这种偏见的存在通常通过引用优先权日之前出版的文献或百科全书来证明"。

（4）"一般来说，上诉委员会判例法在承认偏见的存在时是**非常严格的**。作为克服偏见而提出的解决方案必须与该领域专家的主流教导，即他们一致的经验和观念相冲突，而并非仅仅引用个别专家或团体（firms）的反面意见"。

（5）"**缺点被接受**、或**偏见被忽视**并不意味着偏见已经被克服"。

（6）"上诉委员会曾指出，**证明（技术偏见存在）的标准几乎与该技术领域的一般常识所要求的标准一样高**。例如，一个观点或想法只被有限的个人所认可，或者在一个给定的团体（firms）中流行是不够的，不管这个团体有多大"。

根据《欧洲专利局审查指南》的上述规定，所谓的"技术偏见"是指某技术领域的一种**"普遍的"**（widely held）观点，**并非"个别人"**的观点；该观点与所述的技术方案是**"相背离"**（away from）的，并非（仅）"不相同"的；而且实践证明所述的观点是**错误的**（incorrect opinion）。简言之，"技术偏见"就是存在于某技术领域中被证明是错误的普遍观点（the general opinion）。

由于"克服了技术偏见"无论就其"技术方案"的提出还是就其所产生的"技术效果"，相对于现有技术都体现了一种"非显而易见性"，故从法理上说"克服了技术偏见"的技术方案必定具有创造性。

众所周知，一项技术方案在与现有技术进行对比时可能出现以下几种不同的情形：

（1）新提出的技术方案已经被现有技术公开（所述的技术方案不具备新颖性）。

（2）所述的技术方案虽然未被现有技术公开，但根据现有技术给出的教导或启示，本领域技术人员无须经过创造性劳动即可想到，故所述技术方案的提出相对于现有技术是"显而易见"的（所述的技术方案不具备创造性）。

（3）现有技术未给出任何教导及启示，或者虽然**给出了某些技术教导及启示**，但本领域技术人员还需要付出创造性劳动才能够想到所述的技术方案，即所述的技术方案的提出相对于现有技术是"非显而易见"的（所述的技术方案具有创造性）。

（4）现有技术给出了教导，但**该教导与所述的技术方案是相背离的**，以致本领域技术人员**甚至不会去考虑使用该技术方案**，该情形即属于**"克服技术偏见"**的情形（所述的技术方案具有创造性）。

上述第（3）种和第（4）种情形虽然都体现了"非显而易见性"，但两者之间显然也存在区别——如果说第（3）种情况尚缺少某些技术启示，第（4）

种情况则不仅没给出技术启示,反而给出了相背离的教导(或称"误导"),增加了所述的技术方案提出的难度。第(4)种情形更加彰显了发明的"非显而易见性",故在《欧洲专利局审查指南》中将"克服了技术偏见"看作发明具有创造性的**典型和"标志"**(indicator)。

我们不妨借助《欧洲专利局审查指南》的上述原则对前述四个案例作简要分析。

案例一涉及一种电子烟。电子烟虽然也被称为烟,但与传统燃烧式香烟完全不同,两者分属不同的产品和技术领域,犹如香烟与鸦片烟的区别。什么是与该申请相关的"技术偏见"?

(1)如果按照逻辑进行倒推——将"在低温加热不燃烧卷烟的滤嘴中加入了尼古丁"视为"克服了技术偏见",则所谓的"技术偏见"应当是与之相背离的教导——"在卷烟的滤嘴中**不可以加入尼古丁**"。"不可以加入尼古丁"对于传统香烟或许可以视为一种普遍的观点,但却未必适用于电子烟,因为电子烟不经过燃烧,其成分与传统香烟完全不同。故"在电子烟的滤嘴中不可以加入尼古丁"这一"技术偏见"的存在尚需要证据的支持。

(2)"尼古丁对人体有害"可以视为一种普遍的观点。但如果将其作为一种"偏见"用于电子烟,则必须证明就电子烟而言"尼古丁对人体有害"这一观点是错误的。如果尼古丁的加入并未改变对人体有害的后果,则属于尼古丁的"缺点被接受,或偏见(尼古丁对人体有害)被忽视"的情形,这"并不意味着技术偏见已经被克服"。故案例一不属于"克服了技术偏见"的情形。

案例二中,"本领域技术人员不会想到的"及"化合物具有本领域技术人员无法预期的用途"与"克服了技术偏见"显然是两个概念。前者属于"现有技术未给出相关的教导和启示",即上述第3种情形;而后者则涉及"现有技术给出了相背离的教导",即上述第4种情形。由于该案中并不存在"与发明所提出的方案相背离"(使用2-溴LSD不可以治疗复发性丛集性头痛症)的教导,故"克服了技术偏见"也就无从谈起。

案例三中,"本领域技术人员无法从现有技术中得到可在阻尼器打开的情况消除发动机的扭矩脉动的技术启示"并不意味着给出了相反的启示;"区别技术特征并非本领域的常用技术或公知常识"属于"现有技术未给出相应的教导",将其"看作是克服了现有技术的偏见"也属于对"克服了技术偏见"的误解。本质是混淆了"没给出教导"或"给出了不同的教导"与"给出了相背离的教导"之间的区别。

案例四中,专利复审委员会认为"对比文件2通过反例明确教导或暗示不要单独使用式（I）化合物来去除杂草。涉案专利申请与现有技术（特别是对比文件2）的教导完全相反，故涉案专利申请克服了技术偏见"。然而最高人民法院在其再审裁定中对"阿瑞斯塔公司关于本专利申请克服了技术偏见的主张不予支持"。其理由是：

（1）"主张本专利申请克服了技术偏见而具备创造性前提必须是其能够证明这种技术偏见是客观存在的"。"现有技术中是否存在技术偏见，应当结合现有技术的整体内容来进行判断"，即仅在一项专利说明书中所陈述的内容不能作为偏见的证明。

（2）判断是否"克服了技术偏见"时，不仅要考虑技术方案的构成，还应当考虑该技术方案所产生的技术效果。

笔者认为最高人民法院的上述观点符合发明创造性判断的法理，与《欧洲专利局审查指南》的有关规定不谋而合。或者说其关于"克服了技术偏见"的理解和运用与这一概念制定者的本意相契合。

通过上述案例可以看出，对"克服了技术偏见"这一概念的误解不仅存在于专利代理师、专利审查员中，而且存在于专利复审机构中，具有一定的普遍性。这与《专利审查指南2010》的规定不无关系。

"克服技术偏见"属于一个外来的法律概念，具有特定的含义。在引入这一概念时应当准确理解其含义，将其法律要点全面引入，否则难免让人望文生义——只要与"偏见"沾边，不管是"普遍的观点"还是"个别人"的观点，也不管所给出的教导是"相背离"的还是"不相同"的，均视为"克服了技术偏见"——这显然是对"克服技术偏见"的误解和滥用。

就《欧洲专利局审查指南》的研读和引入问题，笔者还想谈几点看法：

（1）《欧洲专利局审查指南》的规定固然不能作为我们进行专利审查工作的依据，但学习这些规定至少可以帮助我们从法理上理解"克服技术偏见"的本意，实践中不至于作出太离谱的判断。

（2）引入《欧洲专利局审查指南》的规定时不一定完全照抄，要考虑现状和国情。例如，随着信息技术的发展，当今网络已经成为技术人员获取技术信息的一条重要渠道。是否可以考虑将有资质网站发布的技术信息，尤其是技术综述类的技术信息视为该领域"普遍持有的观点"，如同教科书和百科全书一样用作"技术偏见"的证据？

（3）法律注重严谨，翻译讲究"信达雅"。引入外来规定时，在文字的表述上可以有所不同，但要忠实于其本意，至少要求内容不偏离、要点不丢失。

最高人民法院的上述裁定中用不同的语言方式表达了相同的法理，为"克服技术偏见"的理解和使用起到了拨乱反正的作用，值得我们学习和称赞。

(二十一)"专业思维"与"专利思维"

1. **前　言**

20世纪80年代末，《专利法》刚刚实施不久，笔者在专利局曾审查过一份来自国内某大学的专利申请，其代理人是该校的第一批专职代理人。该申请涉及对现有阶梯轴的改进。为了解决现有阶梯轴应力集中的问题，发明人设计了一种新型的阶梯轴，在轴的阶梯过渡部分采用一种流线型过渡曲线替代了现有技术中的圆弧形过渡曲线。

在提交专利申请时，代理人将其保护主题定为"阶梯轴过渡曲线的设计方法"，其权利要求1为：

1. 阶梯轴过渡曲线的设计方法，其特征是过渡曲线采用流线型，其方程为：

$x = 2a\pi + a(V - \tanh V)$

$r = a2\pi + 2(\operatorname{sech} V + \pi 2), 120 \leqslant V < \infty$

其中：a——切点坐标；

V——计算参数（流速）；

x、r——轴的轴向、径向坐标。

如此撰写的权利要求的保护主题是一种设计方法。"设计方法"不同于加工方法或制造方法，"设计"本身是脑力劳动，属于一种智力活动。将该发明的技术主题限定为"设计方法"，其后果一是因涉嫌违反《专利法》第二十五条而会被排除在专利保护范围之外，二是即使获得专利授权，"设计方法"也难以实现有效的保护。这种权利要求在日后的专利侵权纠纷中只会带来一系列争议和麻烦，以致专利权的保护变得毫无意义。

将上述发明主题定为"设计方法"，究其原因显然是发明人职业或专业的影响。笔者揣测该发明人或专利代理人可能是一位机械设计人员。按照设计人员的思路，该发明是为阶梯轴提供了**一种新的设计方案**。从设计专业的角度出发，将保护对象设定为一种新的设计方法，似乎也说得过去。然而这种专业性的思维及其表达方式并不适用于专利文件的撰写。

为了便于讨论，我们不妨将这种专业性的思维及其表达方式简称为**专业思维**；与之相对应的是**专利思维**，即从专业和专利法的角度进行思考和表达。

在撰写申请文件的过程中，专利代理人应当尽量避免来自发明人专业思维的影响。在了解了申请人的发明内容之后，应将思维方式调整为专利思维。

在该案审查过程中，申请人采纳了审查员的建议，将发明的主题修改为"阶梯轴"，其权利要求 1 为：

1. 一种具有过渡曲线的阶梯轴，其特征在于其过渡曲线为流线型，该曲线的数学方程式为：

$x = 2a\pi + a(V - \tanh V)$

$r = a2\pi + 2(\text{sech} V + \pi 2), 120 \leq V < \infty$

通过该案可以看出专利申请过程中发明人或申请人的专业思维与专利思维之间的差异。在专利申请文件的撰写过程中，尤其是在撰写权利要求书时，如果对这种差异不予以注意并加以调整，将对专利申请的授权及授权之后的维权带来不利的影响。

上述情况发生在《专利法》实施的初期，具有技术背景的专利代理人受专业思维的影响很深，又缺少对《专利法》的了解，尚未完成角色的转换，出现上述问题情有可原。

无独有偶。30 年后的今天，笔者又接触到一件来自国外的发明专利。阅读其权利要求书，仿佛又看到了上述"阶梯轴设计方法"的影子，专业思维对权利要求书撰写的影响也彰显了出来。以下以专业思维和专利思维为切入点，对该权利要求书中技术主题的选择及技术特征的限定问题作些简单分析，供读者参考。

2. 案情简介

该专利的专利权人是国外一家研制和销售各类化学制剂的公司。该专利涉及一种用于聚合物生产的添加剂。现有技术中，为了改变聚合物产品的性能，会在聚合物的制备过程中加入一些添加剂，例如澄清剂、着色剂等。通常澄清剂是为了提高产品的透明度，着色剂则是为了改变产品的颜色。为了便于添加，商家往往将一定比例的澄清剂和着色剂等添加剂预先混合在一起，制成一种商品进行销售，称为"添加剂组合物"。

通过阅读说明书可以得知：发明人意外发现，当较少量的着色剂与澄清剂相配合时，与不添加着色剂、只添加澄清剂相比，可以使聚合物产品更具视觉吸引力。基于上述发现，申请人提出了该专利申请。

该专利被定名为"**添加剂组合物及包含其的热塑性聚合物组合物**"。从其发明名称中不难看出，该专利想保护的对象是"添加剂组合物"以及"含有该添加剂组合物的热塑性聚合物"。然而，其权利要求书中仅包含"添加剂组合物"（权利要求 19）及"制备热塑性聚合物组合物的方法"两个技术主题（权利要求 1 和权利要求 10），未见有关"热塑性聚合物组合物"的技术主题。其

三个独立权利要求分别是:

19. 一种添加剂组合物,其基本由以下组成:

选自下组的澄清剂:

(名称及结构式从略);

着色剂:

(着色剂种类及其与澄清剂的重量比从略)。

1. 一种制备**热塑性聚合物组合物的方法**,所述方法包括以下步骤:

(a) 提供热塑性聚合物;

(b) **提供包括以下的添加剂组合物**:

(i) 至少一种选自下组的澄清剂:(名称及结构式从略),

(ii) 着色剂;和

(c) **混合所述热塑性聚合物和所述添加剂组合物**以制备热塑性聚合物组合物,其中所述热塑性聚合物和所述添加剂组合物分别提供;其中基于所述热塑性聚合物组合物的总重,所述热塑性聚合物组合物中澄清剂的量为100ppm至5,000ppm;其中存在于所述热塑性聚合物组合物中的着色剂的量足以制备显示满足以下每个不等式的Δa*值和Δb*值的热塑性聚合物组合物:(从略)。

10. 一种**制备热塑性聚合物组合物的方法**,所述方法包括以下步骤:

(a) **提供热塑性聚合物**;

(b) **提供选自下组的澄清剂**:(名称及结构式从略);

(c) **提供着色剂**;

(d) 混合所述热塑性聚合物、所述澄清剂和所述着色剂以制备热塑性聚合物组合物,其中所述热塑性聚合物、所述澄清剂和所述着色剂各自独立提供;其中基于所述热塑性聚合物组合物的总重,所述热塑性聚合物组合物中存在的澄清剂的量为100ppm至5,000ppm;其中所述热塑性聚合物组合物中着色剂的量足以制备显示满足以下每个不等式的Δa*值和Δb*值的热塑性聚合物组合物:(从略)。

权利要求1和10属于"聚合物制备方法"的两项并列独立权利要求,**其差别仅在于添加剂、着色剂与聚合物的混合方式有所不同**。阅读其说明书可以得知以下三个要点:

(1) **该发明的目的**是提供一种含有澄清剂和着色剂的**添加剂组合物**;(2) 该发明的**发明点在于澄清剂与着色剂的种类及其重量比的选取范围**;(3) 该添加剂组合物将**用于聚合物的制备**。

说明书在公开了该添加剂组合物的同时,还借助实施例公开了制备该热塑性聚合物的两种方法。在所公开的方法中，除涉及所述的聚合物、澄清剂、着色剂的种类及其比例关系之外，其他制备方法（例如混合方法）均采用常规方法。换句话说，除添加剂有所不同之外，聚合物的制备方法本身并未作任何改进。所以该发明的**发明点是添加剂的选择，而并非聚合物的制备方法**。

基于上述认知，笔者对其权利要求书的撰写存在以下困惑。

（1）既然该专利的发明名称为"添加剂组合物及包含其的热塑性聚合物组合物"，为何在其权利要求书中，要求保护的技术主题仅涉及"添加剂组合物"和"热塑性聚合物组合物的制备方法"，而未对"**热塑性聚合物组合物**"这一技术主题予以保护？

（2）在聚合物的制备方法中，除着色剂和澄清剂的添加量不同于现有技术之外，其他制备步骤均属于现有技术。既然如此，为何在权利要求书中专门写入了两项有关"热塑性聚合物组合物制备方法"的独立权利要求（权利要求1和10）？

笔者根据以往的经验揣测，该权利要求书的撰写很可能也是受到申请人或发明人专业思维的影响。申请人是一家销售化学制剂的公司，按照其专业思维方式：

（1）添加剂组合物是其所直接经营的产品——与其专业相关。

（2）仅仅对添加剂组合物进行保护是不充分的——因为该添加剂组合物最终要用于聚合物的制备，而在聚合物的制备过程中他人有可能不使用该添加剂组合物，而将类似比例的澄清剂和着色剂分别加入聚合物中（如权利要求10所述），从而规避专利侵权。该添加剂的添加方式涉及聚合物的制备过程，与聚合物的制备方法有关。出于专业思维，自然会想到如何再从"热塑性聚合物组合物制备方法"的角度对该发明进行保护，于是便产生了权利要求1和权利要求10。

众所周知，一份好的权利要求书，一方面应当为发明人**提供尽可能大的保护范围**；另一方面要考虑在专利授权之后其权利**可以得到有效的保护**。而这两方面都与权利要求书中技术主题的选择以及技术方案的限定密切相关。我们不妨从上述两个方面对该专利权利要求书的撰写作些简单的对比分析。

3. "产品"与"方法"

在专利申请文件中，"产品"与"方法"属于两类不同的技术主题。尽管两者都可以得到专利保护，但考虑到在专利维权过程中"方法侵权"的取证比"产品侵权"的取证要困难得多，所以当一项发明与"产品"有关时，应当首先考虑对"产品"本身进行保护，必要时再考虑对其制备方法进行保护。

该发明涉及两种产品（添加剂组合物及含有该组合物的聚合物），上述专利的权利要求书中包含了两个技术主题，一个是"添加剂组合物"（权利要求19），另一个是"制备热塑性聚合物组合物的方法"（权利要求1和权利要求10），而唯独没有对该聚合物产品进行保护。

添加剂组合物虽然也是一种产品，但并非聚合物本身，保护对象不同。添加剂组合物受到保护并不意味着聚合物产品必然受到保护。而欲证明该聚合物在制备过程中使用了该添加剂组合物又会面临"制备方法"取证的问题。由此可见，试图通过"聚合物制备方法"来扩展对"添加剂组合物"的保护并非上策。

换一种思路，如果在权利要求书中用"含有所述添加剂的聚合物"（产品）这一技术主题替代"聚合物的制备方法"（方法）的技术主题，情况将会怎样？

例如，将权利要求1和权利要求10合并改写为：

1. 一种含有澄清剂和着色剂的聚合物，其特征在于：

其中所述的聚合物为（种类从略）；

所述的澄清剂为（种类从略）；

所述的着色剂为（种类从略）；

澄清剂与着色剂的重量比为（从略）。

很显然，这一权利要求的保护范围足够大——凡触及该专利的发明点（澄清剂与着色剂的种类及其重量比）的相应聚合物，不管其制备方法如何，均落入其保护范围内；在授权后的专利侵权诉讼中，专利权人只要提供涉嫌侵权的聚合物产品及其检验分析结果，证明该聚合物的组分落入上述权利要求的保护范围内即可。

可见，在该案的权利要求书中，选择"含有澄清剂和着色剂的聚合物"（产品）作为技术主题比"聚合物制备方法"（方法）的技术主题不仅可以获得更大的保护范围，而且便于专利权人在专利侵权纠纷中取证和操作。这种选择源于专利代理师的专利思维。

4. 技术方案的限定

在专业思维的影响下，发明人往往将其保护的目标定位到一个具体的技术方案上，即一个"点"上；专利思维则不同，需要考虑如何将发明人的发明创造由一个具体的技术方案扩展为一组方案，从而形成**对一种发明构思的保护**。所要求保护的不仅是一个"点"，而可能是一个"面"，甚至是多个"面"（包含属于同一发明构思的多个技术主题，例如"产品"与"方法"、"产品"与"设备"等）。

众所周知，一项权利要求要想获得较大的保护范围，一是尽量减少技术特征的数量，二是用上位概念替代下位概念。这是一个"去伪存真"、由点及面、从具体到抽象的过程。如上所述，该专利的发明点在于选择澄清剂与着色剂种类及其重量比。按照申请人的专业思维：

（1）其保护目标是一种添加剂组合物以及含有该添加剂的聚合物的制备方法。

（2）在聚合物的制备过程中，如何将添加剂加入聚合物中是其制备方法中一个必不可少的步骤。

然而，按照专利思维：

（1）该发明需要保护的是聚合物添加剂，该添加剂中包括澄清剂和着色剂，澄清剂与着色剂具有特定的种类及重量百分比。而所述的添加剂组合物只不过是该聚合物添加剂的一种存在形式，属于聚合物添加剂的**下位概念**。

（2）如何将该添加剂加入聚合物中（以添加剂组合物的形式还是各自独立的形式添加）并不是该发明的要点，不属于实现其发明的**必要技术特征**。

这就是专业思维与专利思维之间的差别。在"产品"的权利要求书中，受专业思维的影响，其权利要求 19 的主题直奔"添加剂组合物"；而采用专利思维中的上位概念进行限定，该权利要求 19 可以写作：

19. 用于聚合物中的**添加剂**，所述的添加剂包括澄清剂和着色剂，其特征在于：

其中的澄清剂为……，着色剂为……，两者的重量比为……。

如果需要对"**添加剂组合物**"专门进行保护，可以以从属权利要求的形式将其写作：

20. 如权利要求 19 所述的添加剂，其特征在于该添加剂被制成一种添加剂组合物。

或者将上述权利要求 20 写作另一项独立权利要求：

20′. 一种添加剂组合物，其特征在于该组合物由权利要求 19 所述的添加剂组成。

这样，在制备聚合物组合物时无论采用何种方式添加澄清剂和着色剂，只要添加剂的种类和重量比落入权利要求 1（配方）的范围内均构成专利侵权。此时添加剂组合物只不过是实现该添加剂的一种优选实施方式。

就"方法"而言，该案的权利要求 1 和权利要求 10 所限定的只不过是按一定比例向聚合物中加入澄清剂和着色剂的两种特定方式。这两种方式也均属于一种下位概念，同样也可以用上位概念的方式对该两种方式进行概括。按照专利思维，由于所述的两种添加剂的添加方式均属于现有技术，不构成实现其发明目的的**必要技术特征**,故不必将其写入权利要求 1 和权利要求 10 中。基于上述两点考虑,其权利要求 1 和权利要求 10 可以合并改写作:

1. 一种制备热塑性聚合物组合物的方法,所述方法包括以下步骤:

(a) 提供热塑性聚合物;

(b) 提供以下的添加剂:

(i) 至少一种选自下组的澄清剂:(名称及结构式从略),

(ii) 着色剂;和

(c) **混合**所述热塑性聚合物和所述添加剂以制备热塑性聚合物组合物,其中基于所述热塑性聚合物组合物的总重,所述热塑性聚合物组合物中澄清剂的量为 100ppm 至 5,000ppm;其中存在于所述热塑性聚合物组合物中的着色剂的量足以制备显示满足以下每个不等式的 $\Delta a*$ 值和 $\Delta b*$ 值的热塑性聚合物组合物:(从略)。

2. 如权利要求 1 所述的方法,其特征在于将所述的澄清剂和着色剂**先制成添加剂组合物**,然后再与聚合物相混合。

3. 如权利要求 1 所述的方法,其特征在于将所述的澄清剂和着色剂**各自独立地加入聚合物中**。

其中的"**混合**"属于一个上位概念,包括了各种混合方式。其好处之一是去除了"聚合物制备方法"中的非必要技术特征(添加剂的添加方式);好处之二是采用"混合"这一上位概念包罗了现有技术中所有的混合方式,由此**扩大了该"聚合物制备方法"的保护范围**。

可见,即使未对"聚合物产品"进行保护,依据上述改写后的"方法"权利要求 1,专利权人在进行侵权举证时,只要能够证明涉嫌侵权的聚合物中含有权利要求 1 所述的组分就行了——因为在权利要求 1 中并未对三种物质的混合方式作出具体限定,所以涉嫌侵权产品只要含有(混合有)所述的添加剂,都将落入权利要求 1 的保护范围。虽然这属于一种推论,但这种推论是合乎逻辑的,因此也是合法的。

5. 结　语

以上两个案例告诉我们,在专利申请中专利代理师仅仅充当一个"二传手"的角色是不够的。专利保护既涉及专业技术问题,又涉及法律问题,要求从业人员对《专利法》有深刻的理解。一般从事技术研究的人员很难触及这一层面。正因为如此,发明人才会寻求一个**既懂技术又懂法律**的专利代理人的帮助。

从专业思维到专利思维不仅仅是一种思维方式的转变,更是一个跨行业的升华,是对一项发明创造的重塑或再创造。这种转变体现了专利代理人(师)的价值,或许也正是将"专利代理人"的称谓修改为"专利代理师"的原因。

在撰写权利要求书时尽量**避免用方法来限定产品**;独立权利要求尽量**避免写入非必要技术特征**;并且在合法的前提下,尽量用上位概念对若干下位概念进行概括——这些都是专利代理师熟知的基本规则,但是如何将其恰到好处地应用到具体的撰写实践中则不是一件容易的事情。

30 年前笔者在欧洲专利局接受培训时,一位年迈的审查员在讲授专利检索课程时说过,专利检索是一门"艺术"(art)而非一项"技术"(technology)。针对同一主题、利用相同的数据库,不同的审查员会得到不同的检索结果。就如同绘画一样,使用同样的颜料人人都可以绘画,但不是所有的人都可以成为毕加索。

笔者认为此话同样适用于专利代理,尤其是权利要求书的撰写。条条大路通罗马。针对一项发明创造,不同的专利代理师可以撰写出不同的权利要求书。撰写出一份可以被授予专利权的权利要求书也并非难事。然而,要想使所撰写的权利要求书既为申请人提供最大的保护范围,又为专利权人日后的维权扫除障碍,提供方便,却并非易事。这需要专利代理师多年工作经验的积累,更需要一种如履薄冰的责任感和精益求精的工匠精神。

最后说点题外话。上文借助上述案例旨在说明专业思维对权利要求书中技术主题选定及技术特征限定产生的影响。虽然评述中对其"制备方法"权利要求的撰写提出了一些不同的看法,但这并不意味着该专利"制备方法"的权利要求将得不到有效保护。

出于公平原则,《专利法》针对"方法"专利的举证给出了相应的救济——《专利法》第六十六条规定对于新产品的制造方法,涉嫌侵权方应当承担举证责任。据此,上述案例中的"方法"专利在遇到侵权纠纷时,人民法院会酌情将举证责任交由被告承担。虽然该专利的权利要求 1 和权利要求 10 仅写入了两种添加剂的加入方法,但基本上覆盖了该技术领域常规的添加方法。如果他人采用其他添加方法,但与权利要求 1 和权利要求 10 相比,仍属于以"基本相同的手段,实现相同的功能,达到相同的效果",将被视为"等同侵权"——这无疑也对权利要求 1 和权利要求 10 的保护范围进行了一种合理的扩大。

然而,与上文所主张的撰写方式相比,该专利的撰写方式无疑增加了其维权的难度。

(二十二)对"同样的发明创造"的几点看法

《专利法》第九条的第一句话是:"同样的发明创造只能授予一项专利权。"

如何理解这句话中"同样的发明创造"这一概念始终是业内一个关注的话题。

早在《专利法》实施的初期,在专利局内部的《审查业务通讯》中,审查员就曾围绕这一概念从不同角度进行过多次讨论,笔者也结合审查实践发表过一些看法。❶

2000年,针对舒学章"一种高效节能双层炉排反烧锅炉"发明专利提起的无效宣告请求案件更是引起了业内对该问题的普遍关注。专利复审委员会针对此案所作的"审查决定"和人民法院的三份"判决书"集中反映了专利复审委员会、北京市中级人民法院、北京市高级人民法院以及最高人民法院对"同样的发明创造"所持的不同观点。

8年后,最高人民法院对此案作出了终审判决。❷ 判决书认定,二审法院将《专利法》第九条中"只能授予一项专利"解释为"**只能授予一次专利权**"是错误的,应当将其解释为"**同样的发明创造不能同时有两项或两项以上处于有效状态的授权专利存在**";依据《专利审查指南》所规定的原则,以"**涉案两个专利的保护范围并不相同**"为由,判定两者不属于"同样的发明创造"。

其后,对于"同样的发明创造"的讨论一直持续不断,例如2013年发表的《重复授权中以"技术方案"为最小单位进行比较的探讨》❸,以及2022年初发表的《关于重复授权的案例浅析》❹。前者的作者为某专利审查协作中心的审查员,后者为某专利事务所的专利代理师。前者文中所列举的一个案例分析给笔者留下了较深印象。

所述案例涉及一种梯子。其申请1的权利要求是:一种用于从高处取下物体的梯子,所述梯子具有伸缩可折叠的支腿以便于调整梯子的高度,所述支腿为3个、4个或5个。申请2的权利要求是:一种用于从高处取下物体的梯子,所述梯子具有伸缩可折叠的支腿以便于调整梯子的高度,所述支腿个数选自为3~5个。

作者认为:上述申请1的权利要求中以离散的数值方式分别限定了三个并列的技术方案,即"3个、4个或5个"。而申请2的权利要求却以"选自为3~5个"的范围的方式限定了一个连续数值范围的技术方案。因此,如果以"技术方案"为最小单位判断的话,这三个并列的技术方案与申请2中的连续

---

❶ 张荣彦. 机械领域专利申请文件的撰写与审查 [M]. 4版. 北京:知识产权出版社,2019:128,155,190.

❷ 参见:最高人民法院行政判决书(2007)行提字第4号.

❸ 沈嘉琦,徐趁肖,邓学欣. 重复授权中以"技术方案"为最小单位进行比较的探讨 [J]. 中国发明与专利,2013(7):106-108.

❹ 徐丽华,李小爽. 关于重复授权的案例浅析 [J]. 中国知识产权,2022(1).

数值范围的技术方案均属于不同的技术方案,因此属于不同的发明创造。

众所周知,梯子支腿的个数只能是整数。笔者看不出"所述支腿为3个、4个或5个"与"所述支腿个数选自为3~5个"这两个技术特征究竟存在什么区别,权利要求中文字的描述方式是否也可以成为判断"同样的发明创造"的依据?

2021年初发生的一个专利案件再次引起了笔者对该问题的关注。北京某专利代理公司代理了一件来自国外的专利申请,该案的案情如下:欧洲的一家企业就一项发明创造向国家知识产权局同时提交了一份实用新型专利申请和一份发明专利申请。该实用新型专利申请在先获得授权,其后该发明专利申请也被授予了专利权。在其发明专利申请被授权之后,国外专利代理人向负责该案的中国专利代理师提出了疑问:参照《专利法》第九条的规定("同样的发明创造只能授予一项专利权"),这是否意味着中国国家知识产权局专利局认定其实用新型专利与发明专利不属于"同样的发明创造"?

该案涉及一种机械加工设备,为了减少技术内容的干扰,笔者将该两项专利的权利要求改写如下:

其发明专利的权利要求1为:

1. 一种机械加工设备,该设备由部件A、B、C组成,其中的C部件为部件**C1 或者部件 C2**。

其实用新型的相关权利要求1和2分别为:

1. 一种机械加工设备,该设备由部件A、B、C组成,其特征在于C部件为C1。

2. 一种机械加工设备,该设备由部件A、B、C组成,其特征在于C部件为C2。

即将发明专利的独立权利要求1拆分为实用新型专利的两个并列独立权利要求1和独立权利要求2。为了给国外专利代理人一个准确的答复,该代理师与中国国家知识产权局专利局的几位审查员分别进行了沟通,发现审查员中对此也存在两种不同的观点。

一种观点认为:《专利审查指南2010》规定:"两件专利申请或专利说明书的内容相同,但其权利要求保护范围不同的,应当认为所要求保护的发明创造不同。"由于上述两项专利权利要求的保护范围各不相同,故不属于《专利法》第九条所称的"同样的发明创造"。

另一种观点则认为:在判断时不应当以权利要求的保护范围为准,而应当以权利要求中的"技术方案"为准。其依据是**《审查操作规程 实质审查分册》**

第三章第4.2.1节中所列举的案例5及对该案例的分析：

【案例5】

申请1的权利要求1：一种托盘，由托板和支撑立柱组成，托板为夹层板，其表面为**薄木板或玻璃板**，中间夹层为蜂窝芯。

申请2的权利要求1：一种托盘，由托板和支撑立柱组成，托板为夹层板，其表面为**玻璃板**，中间夹层为蜂窝芯。

【案例分析】

申请1的权利要求记载了两个并列的技术方案，申请2的权利要求记载了其中的一个技术方案，因此申请1的权利要求与申请2的权利要求属于同样的发明创造。

由于该案与《审查操作规程 实质审查分册》中所列举的案情完全相同，依据该规程给出的判断原则，所述的实用新型专利与发明专利应当属于"同样的发明创造"。由此可见，如何理解《专利法》第九条所述的"同样的发明创造"至今在专利局内部仍然存在分歧（有人将上述两种观点分别称为"保护范围说"及"技术方案说"）。这种分歧业已引起国外专利界的关注。

上述情况促使笔者对"同样的发明创造"这一概念作进一步探讨，并以专利法的具体条文为依据对其作如下的分析。

1. "同样的发明创造"的含义及其判断

《专利法》第九条中虽然使用了"同样的发明创造"这一概念，但并未对其作专门的解释，故其并非一个成文的概念，而应当是一个由"同样的"和"发明创造"组合而成的概念。故在讨论"同样的发明创造"之前，首先应当弄清楚"同样的"以及"发明创造"在专利法中的含义。

在《专利法》第二条中，用四句话对专利法所称的"发明创造"作出了定义。如果用"等同替换"的方式对这四句话作一下替换和整合，则《专利法》第二条可以用一句话表述为："本法所称的发明创造是指对产品、方法或者其改进所提出的新的技术方案，对产品的形状、构造或者其结合所提出的适于实用的新的技术方案，以及对产品的整体或者局部的形状、图案或者其结合以及色彩与形状、图案的结合所作出的富有美感并适于工业应用的新设计"。

按照汉语语法进行分析，这句话中"发明创造"是主语；"新的技术方案"和"新设计"是宾语，表达了发明创造的内容；其余的词语则分别是谓语及相应宾语的定语，它们涉及发明创造的主题。

着眼于汉语语法，"发明创造"的主题和内容是构成"发明创造"的两个要素。故在判断"同样的发明创造"时，应当分别对这两个要素进行对比，只有当两件发明创造的主题和内容都同样时,才构成"同样的发明创造"。

(1) 判断发明创造的主题是否"同样"比较简单,本领域技术人员依据公知常识即可作出判断。例如:自行车外观/自行车结构、自行车结构/自行车的制造方法、自行车车把/自行车车座,两两相比均属于不同的主题。不同的主题之间不具备可比性,故不同主题的"发明创造"不属于"同样的发明创造"。

(2) 根据《专利法》第二条的定义,"发明"和"实用新型"的内容都是指其"技术方案",故在判断"发明和实用新型"的内容是否"同样"时,应当以其"技术方案"作为判断的依据。对于"发明"和"实用新型"来说,其说明书和权利要求书都与发明创造的"技术方案"有关。由于《专利法》第九条涉及专利权的授予,而发明和实用新型的专利权是以其权利要求书为表征的,故《专利法》第九条所对比的依据应当是权利要求所述的"技术方案",并非说明书记载的"技术方案"。

据此,在判断两件发明和/或实用新型是否属于《专利法》第九条"同样的发明创造"时,应当以其权利要求作为对比的对象、以"同样的"为标准,对权利要求所涉及的"主题"和"技术方案"分别进行对比,即"同样的发明创造"不仅涉及"同样的主题",而且涉及"同样的技术方案"。

如上所述,在判断发明创造的主题是否"同样"时,"同样"一词可以采用其一般含义;但是在判断"技术方案"是否"同样"时,则不能采用"同样"一语的文学含义(**相同,没有差别**),否则在实践中会带来若干矛盾。[1] 为了解决新颖性审查中所遇到的问题,在2008年制定的《专利审查指南》中首次对《专利法》第二十二条中所称的"同样的发明或者实用新型"作出了解释,并在2010年的版本中将其修改为:

与"发明或者实用新型的相关内容相比,如果其**技术领域、所解决的技术问题、技术方案和预期效果实质上相同**,则认为两者为同样的发明或者实用新型"。即将"同样的"解释为"实质上相同"。

《专利法》第九条以及第二十二条第二款都与"防止重复授权"有关,只不过在审查实践中两者对比的对象不同:前者涉及同一申请日的多件专利,而后者则涉及申请日之前的多件专利申请。两者对"同样的"这一概念的解释应当相同。即在《专利法》第九条中"同样的发明创造"一语在不包括外观设计专利的情况下,"同样的发明创造"即指"同样的发明或者实用新型",故也应当被理解为"其技术领域、所解决的技术问题、技术方案和预期效果实

---

[1] 张荣彦. 机械领域专利申请文件的撰写与审查 [M]. 4 版. 北京: 知识产权出版社, 2019: 128, 155, 190.

质上相同"。

然而仅凭权利要求的文字无法对该"技术方案"所解决的技术问题和预期效果等作出判断，故在判断权利要求所述的"技术方案"是否"实质上相同"时，不应当脱离说明书的解释。针对说明书对权利要求的解释作用，《专利法》第五十九条第一款也明确作了如下规定："发明或者实用新型专利权的保护范围以其权利要求的内容为准，**说明书及附图可以用于解释权利要求的内容。**"

2. 说明书对权利要求所述技术方案的解释

我们不妨设想一个案例，该案例与温度范围有关。根据说明书记载的内容，其温度可以是 30~50℃，实施例表明在该温度范围内其技术效果基本相同。假设撰写的权利要求出现如下情况。

（1）撰写了两项权利要求，其区别仅在于温度的选择范围不同，一个是"30~39℃"，另一个是"40~50℃"（正常的专利申请一般不会如此撰写，除非另有原因）。由于这两个温度范围都在 30~50℃ 的范围内，而且其技术效果"实质上相同"。故尽管两项权利要求的保护范围不同，但均源自说明书中同一个技术方案，两者的技术效果"实质上相同"，故两项权利要求应当属于"同样的发明创造"。

（2）撰写了两项权利要求，其区别仅在于温度范围一个是"30~45℃"，另一个是"35~50℃"，尽管两个温度范围"部分重叠"，或称"权利要求保护范围仅部分重叠"，但如果两者的技术效果"实质上相同"，则两项权利要求也应当属于"同样的发明创造"。

反之，如果在一件专利说明书中公开了两个实施例，一个实施例的温度范围为 30~50℃，另一个实施例的温度为 42~45℃。根据说明书公开的内容，温度在 42~45℃ 时其技术效果发生突变，其技术效果与 30~50℃ 这个大范围相比并非可以"预期"的，而是本领域普通技术人员意想不到的。如果依据该两个实施例撰写两项权利要求，由于两者所述技术方案的技术效果"实质上不相同"，故它们不应当属于"同样的发明创造"，尽管它们的保护范围有所重叠。

以上例子表明：**在说明书记载的内容相同的情况下，保护范围不相同的两项权利要求并不一定不属于"同样的发明创造"；权利要求内容"部分重叠"的两项权利要求也有可能属于"同样的发明创造"。**

笔者认为脱离了说明书的解释，仅以权利要求表观上的"保护范围"是否相同作为判断"同样的发明创造"的标准欠妥。以上借助于说明书的解释，具体分析两项权利要求所涉及的"技术方案"是否"实质上相同"，进而判断两者是否属于"同样的发明创造"这种判断方式是以《专利法》第九条为依据，并借助于《专利审查指南2010》对"同样的"一语所作的解释而推论出来的。

3. "同样的发明创造"的判断与"非正常申请"

在撰写权利要求时，申请人经常借助"或"字将多个等同的技术特征并列于一项权利要求中，或者通过从属权利要求对独立权利要求作进一步限定或附加其他技术特征也是惯用的撰写方式。

如果仅以权利要求表观上的"保护范围"作为判断"同样的发明创造"的标准，上述两种情况均无疑会分化出若干个"保护范围不同"的独立权利要求（"发明创造"）。如果该分化是针对**同一项发明创造**进行的（不涉及**改进发明**），则该分化并不符合专利制度的初衷，属于一种不正常的现象。

正常的情况下，从专利保护的目的出发，或称为出于"**法律利益**"（legitimate interest）的考虑，申请人都试图借助于一项专利申请保护尽可能多的发明创造（例如"合案申请"），以降低专利申请的成本，不会试图借助一项发明创造获得更多的专利权。这在《欧洲专利局专利审查指南》中被表述为"禁止重复授权的原则是基于这样一种概念，即如果申请人已经就某一主题拥有了一项专利权，那么他就没有法律利益就该主题获得第二项专利权"。❶

"非正常申请"是在我国特定环境下出现的一个不正常现象。在前述设想的"温度范围"案例中，根据说明书的内容，出于法律保护的目的，其权利要求中将温度范围限定为30~50℃是正常的。如果受到某种利益的诱导，申请人为了追求专利申请的数量（非"法律利益"），有可能将其温度范围切割成若干小范围，并各提出一项专利申请。如果以《专利审查指南2010》的上述判断原则进行判断，它们无疑属于不同的发明创造，这也为这一类"非正常申请"披上了合法化的外衣；而以"技术方案是否实质上相同"作为判断依据，则需要对这一类申请是否属于"实质上相同"的发明创造进行审查，从而避免这类"非正常申请"的合法化，当然这只是杜绝"非正常申请"的一个方面。

4. 对《**专利审查指南2010**》有关判断原则的讨论

《专利审查指南2010》第二部分第三章第6节对《专利法》第九条中"同样的发明创造"的判断原则作出了具体规定。为了便于分析，笔者将其中的三段内容摘录如下并予以编号。

（1）"专利法第九条规定，同样的发明创造只能授予一项专利权。……上述条款规定了不能重复授予专利权的原则。禁止对同样的发明创造授予多项专利权，是为了防止权利之间存在冲突"。

---

❶ Guidelines for Examination in the EPO, November 2019, Part G chapter IV – 7.

（2）"两件专利申请或专利说明书的内容相同，但其权利要求保护范围不同的，应当认为所要求保护的发明创造不同"。

（3）"权利要求保护范围仅部分重叠的，不属于同样的发明创造。例如，权利要求中存在以连续的数值范围限定的技术特征的，其连续的数值范围与另一件发明或者实用新型专利申请或专利权利要求中的数值范围不完全相同的，不属于同样的发明创造"。

上述第（1）项提出了一个"观点"——《专利法》第九条"**禁止对同样的发明创造授予多项专利权，是为了防止权利之间存在冲突**"。上述第（2）项和第（3）项则是以"防止权利之间冲突"为依据制定了判断是否属于"同样的发明创造"的标准。将该两项归纳为一句话就是：**只要权利要求保护范围有所不同，就不会产生权利冲突，便不属于同样的发明创造**。

针对上述三项内容，笔者提出以下几点看法。

（1）笔者认为上述第（1）项中"禁止对同样的发明创造授予多项专利权，是为了防止权利之间存在冲突"这一观点不具备合法性与合理性。

上述观点是《专利审查指南2010》提出的一种全新观点，但无法从《专利法》有关条文中"演绎推论"出来，也无法从审查实践中通过"归纳"得到。该观点既缺乏法律支持，又与专利审查实践不符，应当属于一种主观臆断。

更重要的是"防止""权利之间存在冲突"这种说法本身就不具合法性。众所周知，在专利保护体系中，**"权利之间存在冲突"是一种正常现象，故不存在"防止"的问题**。当今的发明创造中"改进型发明"居多，而"改进发明"或者"选择发明"往往是对在先专利技术的改进，改进后的技术方案有可能落入在先专利的保护范围内。当改进的技术方案被授予专利权后，其与在先专利之间就有可能存在权利冲突。故"权利之间存在冲突"是客观存在的，也是专利制度所允许的。权利冲突是无法防止，也无须防止的。"交叉许可""强制许可"等正是调处这类"权利冲突"的措施。

故将《专利法》第九条"禁止重复授权"的目的认作"防止权利之间存在冲突"，是对《专利法》第九条的误解。笔者认为上述第（1）项的"观点"应当予以纠正。

（2）上述第（2）项和第（3）项显然是以上述第（1）项（"禁止对同样的发明创造授予多项专利权，是为了防止权利之间存在冲突"）的观点为基础制定的判断标准。其内在的逻辑关系是：权利要求中只要有一个技术特征不相同，权利要求的保护范围就不相同；只要专利保护范围不相同就不会造成权利之间存在冲突，只要权利之间不存在冲突就符合《专利法》第九条的规定，即属于不同的发明创造。由于这一标准是在一种错误的"观点"的基础上提出的，必然缺乏合理性和可操作性。

前述"温度范围"案例的分析结论——保护范围不相同的两项权利要求并不一定属于不相同的发明创造；权利要求内容"部分重叠"的两项权利要求也有可能属于"同样的发明创造"就足以证明将"权利要求保护范围不同"作为判断"同样的发明创造"的标准与审查实践中判断的结果并不相符。

5. 结 语

（1）笔者认为"发明创造"与"专利保护范围"属于专利法中两个不同维度的概念。一项"发明创造"体现在技术方案与其技术效果两个方面。判断两项"发明创造"是否相同时，固然离不开对其技术方案构成（例如权利要求中由技术特征构成的保护范围）的对比，同时也要考虑该技术方案所产生的技术效果。（参见本章"对'新颖性'问题的再思考"一节。）故在判断两项权利要求是否属于同样的发明创造时，不仅要考虑权利要求的保护范围是否相同，而且要考虑说明书中所记载的技术效果是否相同。仅以保护范围作为判断"同样的发明创造"的唯一标准并不全面。

（2）通过以上分析不难看出，业内对《专利法》第九条"同样的发明创造只能授予一项专利权"的争执主要源于其中"同样的"这三个字。即"同样的"究竟是指**同样的保护范围**还是**同样的技术方案**，以及什么是"同样的"？

《专利法》第九条之所以采用"同样的"一语，显然是为了与《专利法》第二十二条"新颖性"中的用语（"同样的发明或者实用新型"）保持一致。笔者认为将"同样的"这三个字用于"新颖性"的表达并不恰当。（详见本章"对'新颖性'问题的再思考"一节。）将其用于表达"禁止重复授权"的原则也欠妥。"禁止重复授权"的原则在《欧洲专利局审查指南》中被表达为**"一项专利申请不能被授予两项专利权"**。如果参照该表达方式将《专利法》第九条中的"**同样的发明创造**只能授予一项专利权"修改为"**一项发明创造**只能授予一项专利权"可能更为恰当。

如前所述，"同样的发明创造"一语是由"同样的"与"发明创造"两个独立概念组合而成的，而"一项发明创造"仅涉及其中的一个概念。"同样的"一词含义模糊，而"发明创造"一词在《专利法》中有明确定义。故在《专利法》第九条中用"一项发明创造"替代"同样的发明创造"，无论就概念的解释还是就其判断的标准无疑都是一种简化。这样既体现了"禁止重复授权"的原则，也避免了由"同样的"一语所带来的困扰和争执。

至于判断两项权利要求是否涉及"**一项发明创造**"，只要**依据相关发明创**

造权利要求的内容（技术特征），结合说明书及其附图对该权利要求所作的解释，尤其是对其技术效果的说明和解释进行对比就可以了。这也是以上所表述的基本观点。如果《专利法》第九条能够作上述修改，相信业内对该问题的争议会平息很多。笔者以上的笔墨也就是多余的了。

(二十三) 权利要求中技术特征的"解读"与"解释"

正确理解权利要求的内容是人民法院审理专利侵权诉讼案件和专利确权案件的基础。在理解一项权利要求的内容时，既离不开对权利要求**自身内容的解读**，也需要借助于专利说明书的解释；既要重视对权利要求中每一个技术特征的理解，也要注意**技术特征之间的相互关系和影响**。

最高人民法院 2020 年公布的《法释 2020（一）》，针对当前人民法院审理专利授权、确权案件中所存在的一些问题作了相关规定，其中包括第二条和第九条中的以下内容：

"人民法院应当以所属技术领域的技术人员在**阅读权利要求书**、说明书及附图后所理解的通常含义，界定权利要求的用语。"

"**以功能或者效果限定的技术特征**，是指对于结构、组分、步骤、条件等技术特征或者**技术特征之间的相互关系**等，仅通过其在发明创造中所起的**功能或者效果进行限定的技术特征……**"

上述规定中"**阅读权利要求书**、说明书及附图后所理解的通常含义，界定权利要求的用语"，以及**可以"以功能或者效果"的方式限定"技术特征之间的相互关系**"很有针对性，具有现实意义。以下拟结合一具体案例，对权利要求中技术特征的解读及解释问题谈点看法。

1. 案情简介

某专利涉及一种双轮自平衡电动车（如图 4-37、图 4-38 所示）。从其说明书背景技术部分可以得知，单轮自平衡电动车已属于现有技术，行进时骑行者可以通过踏脚板（或/和）靠腿板的运动来带动轮架的移动，从而改变单轮电动车的前进、后退及转向。

该专利涉及一种双轮自平衡电动车，在左右两轮的上方各设置了一个轮架 (112, 412)，骑行者通过多种控制方式使轮架沿车轮前后移动。轮架移动时将其位置信号传递给电动车的控制系统，从而控制车轮的转动方向和行进速度。其说明书公开了六个实施例，它们均带有轮架，其区别在于控制轮架运动的方式有所不同。实施例中重点描述了如何通过手控杆（图 4-37 中的 152）、踏脚板（图 4-38 中的 442）以及靠腿板（图 4-38 中的 470）等对轮架进行控制。

除此之外，说明书中还公开了踏脚板与轮架之间的两种连接方式。第一个实施例中踏脚板与轮架采用悬挂式连接（见图4-37）。采用悬挂式连接时，行进过程中踏脚板由于重力的关系始终处于水平状态，由此可以提高骑行者的舒适性和安全性。

由于踏脚板与轮架是悬挂式连接，仅起到供操作者站立的作用，操作者需要通过手控杆（图4-37中的152）对轮架进行控制，进而实现对车轮的控制（参见说明书第［0019］~［0023］段）。其他实施例中踏脚板与轮架均采用固定连接，踏脚板与轮架构成一个整体（见图4-38）。

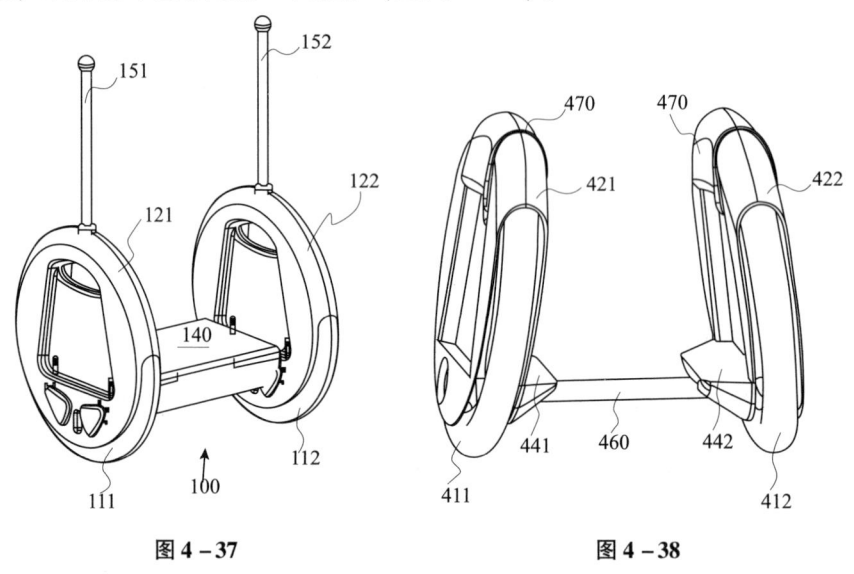

图4-37

图4-38

该专利被授权的权利要求2是一个独立权利要求，具体如下：

2. 一种自平衡式两轮电动车，它是由如下部件所构成：

第一车轮与第二车轮，它们是彼此基本对称地左右设置的，它们设有共同的车轴，能独立地转动；

第一轮架与第二轮架，第一轮架连接所述的第一车轮，第二轮架连接所述的第二车轮，第一轮架与第二轮架之间连接且独立转动；

第一电动机与第二电动机，第一电动机驱动所述的第一车轮，第二电动机驱动所述的第二车轮；

至少一个自平衡电子控制系统，操控所述的第一电动机与所述的第二电动机，控制所述第一轮架与第二轮架各自独立地实现自平衡；

第一踏脚板与第二踏脚板，第一踏脚板连接所述的第一轮架、第二踏脚板连接所述的第二轮架，供操作者两脚分别站立；

骑行时，操作者站立在所述踏脚板上，通过所述踏脚板分别改变轮架的前后倾斜度，当第一轮架与第二轮架向前倾侧，自平衡电子控制系统会指令第一电动机与第二电动机使车子前进；当第一轮架与第二轮架向后倾侧，自平衡电子控制系统会指令第一电动机与第二电动机使车子后退；若第一轮架与第二轮架倾侧的角度不同，第一车轮与第二车轮的速度不同，车子就会转向，从而操控两轮电动车的向前、朝后与转向。

针对上述专利，一位无效宣告请求人（以下简称"请求人"）向专利复审委员会提出无效宣告请求，除了"不具有创造性"的无效理由，请求人还认为："**本专利权利要求1-5超出原说明书和权利要求书记载的范围，不符合专利法第三十三条的规定**。"

针对权利要求2，请求人认为其不符合《专利法》第三十三条的具体理由之一是：权利要求2中的特征"**通过所述踏脚板分别改变轮架的前后倾斜度**"的修改超出了原说明书和权利要求书记载的范围。

经审理，专利复审委员会认为请求人的无效宣告理由不能成立，维持该专利权有效。无效宣告决定认为：说明书中记载了踏脚板与轮架固定为一体，两个轮架可转动地连接，根据轮架的位置变化来操控车的转向；而权利要求2中，轮架的转动显然系由操作者前后重心转移使踏脚板前倾和后倾来驱动，因此权利要求2符合《专利法》第三十三条的规定。请求人对专利复审委员会的审查决定不服，提起行政诉讼。

一审过程中，原告（请求人）认为：该专利权利要求2中**轮架与踏脚板之间的"连接"**"既可以**固定连接**，也可以**悬挂连接**。在采用**悬挂连接**的情况下，用腿来操控轮架，并不必然引起踏脚板的前倾、后倾"，而说明书中并未公开踏脚板与轮架悬挂连接时如何通过踏脚板的前后翘动控制轮架移动的技术内容，故**权利要求2的修改超出了原说明书和权利要求书记载的范围**。

被告（专利复审委员会）坚持无效决定的意见。第三人（专利权人）认为："若踏脚板与轮架悬挂连接，使得踏脚板在轮架转动时始终保持水平的状态，无法实现所述踏脚板分别改变轮架的前后倾斜度，可见悬挂连接显然并不在权利要求2的保护范围之内。"

经审理，一审法院撤销了专利复审委员会的审查决定［(2017)京73行初7964号］，其主要理由是：

(1) 权利要求2中记载的第一踏脚板连接所述的第一轮架，第二踏脚板连接所述的第二轮架，**并未明确限定连接方式**，对本领域技术人员而言**连接既包括固定连接，也包括悬挂连接**是显而易见的。该专利权利要求2的技术方案，既不是对原权利要求的合并修改所得出，亦不能从原权利要求书中直接毫无疑义的得出。

（2）本案当事人就此争执的实质在于能否将说明书中的**固定连接**解释为权利要求 2 中的**连接**的问题，在判断权利要求 2 的修改是否超范围时，应当是基于该专利原说明书记载的内容能否得出权利要求 2 的技术方案，而不是用说明书记载的内容来限缩解释修改后权利要求 2 技术方案中的某一技术特征的含义。

（3）在判断权利要求的修改是否超范围之时，**不允许也无法将说明书及附图中记载的具体技术内容补充限缩解释到权利要求书中**。允许说明书或附图中记载的具体技术内容**随意补充解释**到权利要求书中，会造成**专利权边界前后不一，保护范围缺乏稳定性的后果**。

由于权利要求 2 中的"连接"包含"活动连接"，而说明书中未记载"活动连接"时踏脚板是如何带动轮架移动的，故权利要求 2 的修改超出了原权利要求书和说明书记载的范围，不符合《专利法》第三十三条的规定。

被告不服一审判决，提起上诉。二审法院维持了一审法院的判决。但二审判决（[2018]京行终 5840 号）的理由不同于一审判决，其理由是："根据专利说明书上述记载的内容以及实施例附图可以看出，手控杆和靠腿板的作用是相同的，技术手段是可替换的，即手控杆或靠腿板与轮架固定连接，通过手控杆或靠腿板改变轮架的变化，因此，在本专利权利要求 2 的方案中靠腿板是不可缺少的技术特征，即所有的操控都不是通过踏脚板直接控制两轮电动车的转向。而授权文本的权利要求 2 所述'通过所述踏脚板分别改变轮架的前后倾斜度'，本领域技术人员则会理解为该技术方案包含了无需腿改变轮架位置变化的技术方案，即操作者的腿不与轮架直接接触，**不必设置靠腿板的情形**，该技术方案是一种新的技术方案，是**不能够直接地、毫无疑义地从原说明书中得出的**，不符合专利法第 33 条的规定。"二审判决之后，专利权人不服，经最高人民法院裁定，对该案不予再审。

该案一、二审的判决意见让笔者颇感意外，进而引起了笔者对该案件的思考。以下是笔者在分析该案时想到的几个问题，提出来供大家思考。

2. 对人民法院判决意见的讨论

（1）就权利要求 2 自身的内容如何解读所述的"连接"？

一审法院认为："权利要求 2 中记载的第一踏脚板连接所述的第一轮架，第二踏脚板连接所述的第二轮架，**并未明确限定连接方式**，对本领域技术人员而言**连接既包括固定连接，也包括悬挂连接**是显而易见的。"笔者认为一审法院的上述认定并不客观。

为叙述方便，以下将权利要求2中的"第一踏脚板连接所述的第一轮架、第二踏脚板连接所述的第二轮架，供操作者两脚分别站立"简称为"特征1"；将"骑行时，操作者站立在所述踏脚板上，……从而操控两轮电动车的向前、朝后与转向"简称为"特征2"。

仔细阅读权利要求2就不难看出，在特征1之后，紧跟着的是特征2。两者之间在技术上是相互关联的，即**特征2是对特征1的进一步限定，只不过这种限定是以功能及效果的方式进行的**。特征2即最高人民法院2020年颁布的《法释2020（一）》中所称的：对技术特征之间的相互关系，通过其在发明创造中所起的功能或者效果进行限定的技术特征。

通过特征2的进一步限定，特征1中的"连接"应当被解读为"所述的连接可以带动轮架移动"。由于该专利中的"悬挂连接"不具有"带动轮架移动"的功能，故不属于权利要求2中"连接"的范畴。因此，权利要求2本身已经对"连接"作出了"明确限定"，"对本领域技术人员而言所述的连接只包括固定连接，不包括悬挂连接是显而易见的"。

该案中，无论在无效宣告请求的审查过程中，还是人民法院的一审及二审程序中，各方当事人及审案人员都忽视了对权利要求2整体内容的理解，即忽视了权利要求2中特征2对特征1进一步限定的关系，仅仅从说明书对权利要求"解释"的角度进行了争辩和审查（判）。之所以出现上述结果，笔者认为首先是由于权利要求2的特殊性：

① 特征2是一个**功能性特征**，混迹于若干个结构特征当中，容易被混淆。

② 该功能性特征不是一个独立的技术特征（如同权利要求2中的"自平衡电子控制系统"），而是**对在先的两个技术特征（踏脚板与轮架）之间的关系（连接）所作的进一步限定**，这一点容易被忽视。而对于如何使用功能性限定，在专利审查指南中又缺少如同《法释2020（一）》第九条的具体规定，尤其是缺少**可以用功能性特征对技术特征之间的相互关系进行限定**的说明。正因为如此，功能性的特征2对特征1所起到的进一步限定的作用容易被忽视。

③ 与请求人的误认和误导有关：请求人首先将权利要求2中的特征1和特征2割裂开来，然后将说明书中所公开的"悬挂连接"纳入权利要求2中"连接"的范畴，进而将特征1和特征2作为**并列技术特征**进行了**叠加**，由此得出权利要求2"修改"超范围的结论。其实质是避开特征2的存在，以"连接"的字面含义为依据进行的一番演绎。

（2）通过专利说明书如何"解释"权利要求2中所述的"连接"？

一审法院认为："本案当事人就此争执的实质在于能否将说明书中的**固定连**

接解释为权利要求 2 中的连接的问题。"如上所述,由于权利要求 2 中的"连接"与特征 2 相关联,故在解释"连接"一词时离不开对特征 2 的解释。由于特征 2 属于一个功能性特征,故应当按照最高人民法院的有关规定进行解释。如何解读权利要求中的功能性特征,《法释 2020(一)》中未作针对性规定,但参照《法释 2009》第四条的规定,即:"对于权利要求中以功能或者效果表述的技术特征,人民法院应当结合说明书和附图描述的该功能或者效果的具体实施方式及其等同的实施方式,确定该技术特征的内容。"

在该案说明书附图 2、4、5 所示的三个实施例中,手控杆、踏脚板、靠腿板分别具有控制轮架移动的功能,它们与轮架之间的连接关系在说明书中都作了说明。如:第 [0026] 段记载的"踏脚板 241、手控杆 251 与轮架 221 是**固定为一体**的,所以它们是**联在一起运动的**";说明书第 [0034]~[0035] 段记载的"两个踏脚板 441 与 442,各自分别**固定在轮架** 421 与 422 **的内侧**,所以它们是**一起联动**的",以及"**在轮架上专门**设置了供腿接触的**靠腿板** 470"等。

由此可见,该专利中凡是可以控制轮架移动的部件(包括踏脚板、手控杆以及靠腿板)与轮架之间均采用**固定连接**的方式;反之,如果踏脚板与轮架之间采用悬挂连接,则无法带动轮架的移动(见说明书第 [0021] 段记载的"踏脚板 140 的悬挂结构是利用重力的关系,使踏脚板 140 在轮架转动时也能保持基本水平的状态,可以让操作者稳定地站立在踏脚板 140 上操控车子。踏脚板 140 通常保持着水平的位置,对骑车人来说,增加了安全性与舒适性")。故结合说明书和附图描述的该功能或者效果的具体实施方式,应当将说明书中的**固定连接解释为**权利要求 2 中的**连接**。

如上所述,请求人首先将权利要求 2 中的特征 1 和特征 2 割裂开来,然后将说明书中所公开的"悬挂连接"纳入权利要求 2 的"连接"的范畴,进而将特征 1 和特征 2 以并列技术特征的方式进行叠加,由此得出权利要求 2"修改"超范围的结论。

人民法院之所以接受了请求人的上述观点,其原因之一是对权利要求 2 自身内容的"**解读**"有误,即在请求人的误导下,忽视了权利要求 2 中特征 2 这一功能性特征的存在及其对特征 1 所起的限定作用;其二是排除了以说明书为依据对权利要求 2 所作的"**解释**"。

一审法院认为:"在判断权利要求的修改是否超范围之时,不允许也无法将说明书及附图中记载的具体技术内容补充**限缩解释**到权利要求书中",其理由是"允许说明书或附图中记载的具体技术内容随意补充**解释**到权利要求书中,会造成**专利权边界前后不一,保护范围缺乏稳定性的后果**"。

2008 年版《专利法》第五十九条所规定的"说明书及附图可以用于解释权利要求的内容"是专利制度中的一个普适原则,"在判断权利要求的修改是否超范围之时"也应当适用。所谓**"不允许将说明书及附图中记载的具体技术内容""限缩解释到权利要求书中"**缺乏法律依据;而**"无法将"**其**"补充到权利要求书中"**倒是事实。因为"解释"属于当事人主观认识的表达,并不影响权利要求的客观存在。

人民法院有权依法对当事人所"解释"的内容是否合理、合法作出评判,即当事人所作的"解释"是否与本领域技术人员的理解相背离,而不应当以造成**"专利权边界的改变"**为由对当事人的解释予以拒绝。

该案中,当事人用说明书记载的内容解释权利要求 2 中"连接"一词的含义,并未违反 2008 年版《专利法》第五十九条的规定。**当事人所作的解释,并不意味着对其技术特征的修改,而是属于本领域技术人员对权利要求内容的理解**。这种解释并未导致权利要求内容的变化,故权利要求的保护范围也未发生改变。

(3) 关于该案的无效请求的法律依据

该案涉及专利权利要求与说明书之间的关系。该案请求专利权无效的法律依据是违反《专利法》第三十三条。在《专利法》中,与该案内容相关的除了第三十三条还有第二十六条。《专利法》第三十三条中的"修改不得超出原说明书和权利要求书记载的范围"与《专利法》第二十六条中的"权利要求书应当以说明书为依据"秉承相同的法律原则,其区别在于:《专利法》第三十三条是针对权利要求的**"修改"**提出的要求;而《专利法》第二十六条则是对权利要求书与说明书之间的关系作出的规定。《专利法》第二十六条不仅适用于权利要求的"修改",还适用于权利要求的"撰写"、"授权"和"确权",具有普遍的适用性。虽然两者的法律原则相同,但在无效宣告请求中选择哪一条作为其法律依据,对审判人员的思路会产生不同的影响。

该案中请求人以《专利法》第三十三条作为无效宣告请求的法律依据,但请求人陈述的意见与**"权利要求的修改"**毫无关系。其后果是使**"权利要求的修改"**成为人民法院审理该案件的前提。

从判决书中也不难看出,一审法院的审判是以权利要求 2 的**"修改"**为前提展开的。一审判决中为了与《专利法》第三十三条挂钩,在不存在**文字修改**的情况下,将当事人的**口头"解释"**视为对权利要求的**"修改"**,这与《专利法》第三十三条的引入不无关系;除此之外,判决书中所述的**"既不是对原权利要求的合并修改所得出,亦不能从原权利要求书中直接毫无疑义的得出"**这段文字，显然属于《专利审查指南》针对无效宣告程序中权利要求**修改**所作的规定，该规定适用于**专利授权之后的修改**，并不适用于该案。一审法院将无效宣告程序中有关**修改**的规定引入该案，想必也与《专利法》第三十三条中的"修改"这一前提有关。

反之，假如请求人以《专利法》第二十六条作为其法律依据，人民法院脱离了"修改"这一前提的干扰和束缚，直接分析评述权利要求2是否**以说明书为依据**，不见得会将当事人的"解释"视为对权利要求的"修改"，也不会在评述"以说明书为依据"时引入无效宣告程序中的"修改"作为其判断标准。请求人以《专利法》第三十三条作为其法律依据，其逻辑关系为："由于说明书中并未公开踏脚板与轮架悬挂连接时如何通过踏脚板的前后翘动控制轮架移动的技术内容，**故权利要求2的修改超出了说明书公开的范围**"；如果以《专利法》第二十六条作为其法律依据，其无效理由则为："由于说明书中并未公开踏脚板与轮架悬挂连接时如何通过踏脚板的前后翘动控制轮架移动的技术内容，**故权利要求2不符合《专利法》第二十六条以说明书为依据**的要求"。

仅就无效理由而言，在请求人未对"修改"作任何具体说明的情况下，上述第一种表述是否存在逻辑上的缺陷？基于上述理由，笔者认为请求人以《专利法》第三十三条作为其无效宣告请求的法律依据并不恰当。这种不恰当的无效宣告理由的选择对人民法院后续的审理起到误导作用。

概括起来说，一审判决的要点及其思路为：①认同原告的主张——该案涉及权利要求**修改**的问题，适用《专利法》第三十三条；②认同原告所确认的权利要求2中的"连接"包括悬挂连接和固定连接两种方式；③被告以说明书为依据对权利要求2中"连接"所作的解释属于对权利要求2的修改；④被告的"解释"缩小了权利要求2的保护范围，从而导致了"专利权边界前后不一，保护范围缺乏稳定性的后果"，故不符合《专利法》第三十三条的规定。笔者对以上四点均存在疑问，故对一审判决持有异议。

（4）关于二审判决

二审法院对一审法院的判决理由未提出反对意见，但提出了新的判决理由。即"在本专利权利要求2的方案中**靠腿板是不可缺少的技术特征**，即所有的操控都不是通过踏脚板直接控制两轮电动车的转向"。**通过踏脚板控制的技术方案"是一种新的技术方案，是不能够直接地、毫无疑义地从原说明书中得出的，不符合专利法第33条的规定"。**

阅读该专利的说明书不难看出，通过踏脚板和轮架的固定连接对电动车进行控制的技术已经属于现有技术，而且该技术在该发明实施例中得到了具体应用。由于踏脚板与轮架固定连接,两者之间必然是联动的。在一些附图所示的实施例中,其踏脚板都是可以带动轮架移动的。故通过踏脚板控制的技术方案已经明确记载在说明书中。二审法院的判决理由显然缺乏事实依据。由于二审判决的理由涉及对说明书的理解,不是本文讨论的重点,故不再作展开讨论。

3. 两个相关问题的讨论

除了上述与该无效宣告请求案件直接相关的问题,笔者还想到两个与该案相关的"功能性限定"的问题,不妨在此一并讨论。

(1)采用"悬挂连接"的产品是否会构成专利侵权?

设想某生产商生产了一种与该专利相类似的两轮自平衡电动车。除特征2之外,该产品覆盖了权利要求2中的所有技术特征,只不过其踏脚板与轮架之间的"连接"为"悬挂式连接"。

该产品是否会构成对权利要求2的侵权?《法释2009》第七条第一款明确规定:"人民法院判定被诉侵权技术方案是否落入专利权的保护范围,应当审查权利人主张的权利要求所记载的全部技术特征。"

《法释2016》第八条进一步规定:"**功能性特征**,是指对于结构、组分、步骤、条件或**其之间的关系**等,通过其在发明创造中所起的功能或者效果进行限定的技术特征",……"与说明书及附图记载的实现前款所称功能或者效果**不可缺少的技术特征**相比,被诉侵权技术方案的相应技术特征是以基本相同的手段,实现相同的功能,达到相同的效果,且本领域普通技术人员在被诉侵权行为发生时无须经过创造性劳动就能够联想到的,人民法院应当认定该相应技术特征与功能性特征**相同或者等同**。"

根据上述规定,人民法院在审理上述涉嫌侵权产品是否构成对权利要求2的侵权时,首先需要将之与权利要求2中的全部技术特征进行对比,其中也包括特征2这一**功能性特征**。由于涉嫌侵权产品采用的是悬挂式连接,其踏脚板**不具有带动轮架移动的功能**;该"悬挂连接"与说明书中记载的、实现特征2这一功能或者效果**不可缺少的技术特征**(固定连接)相比,两者的功能及效果(能否带动轮架移动)**既不相同,也不等同**。故该产品并未覆盖权利要求2中的特征2,根据最高人民法院上述的司法解释,人民法院想必不会将其判定为专利侵权。

这就意味着在专利侵权诉讼中,涉嫌侵权产品中的"悬挂连接"并不属于该专利权利要求中所述"连接"的范畴。该结果是否将与人民法院在专利确权程序中所作出的判决意见(权利要求2中的"连接"包括"悬挂连接")相冲突?对于同一项专利的同一项权利要求在不同的司法程序中,如果作出不同的认定，是否合理？

(2) 权利要求中"功能性限定"的使用

该专利权利要求 2 中的特征 2 属于一个功能性特征。根据说明书记载的内容，在踏脚板与轮架之间采用"固定连接"的技术方案是实现特征 2 这一功能的唯一技术方案，故在权利要求中不存在借助功能性特征对与之相关的多种技术方案进行概括的需求。特征 2 完全可以采用结构特征的形式与特征 1 合并写作**"所述踏脚板与轮架之间的连接为固定连接"**。这样更符合《专利法》第二十六条"清楚、简要"的要求。

该专利中申请人之所以采用功能性特征进行限定，其目的无非试图将实现该功能的所有方式都包括在内。然而，人民法院在审理专利侵权案件时，并不以专利审查指南所规定的"对于权利要求中所包含的功能性限定的技术特征，应当理解为覆盖了所有能够实现所述功能的实施方式"作为解释功能性特征的依据。

如上所述，根据《法释 2009》第四条以及《法释 2016》第八条的规定，在处理专利侵权纠纷时，对于权利要求中以功能或者效果表述的技术特征，功能性特征将被解释为"说明书和附图描述的该功能或者效果的具体实施方式及其等同的实施方式"，并以"说明书及附图记载的实现所称功能或者效果**不可缺少的技术特征**"与被诉侵权技术方案进行比较。

就该案而言，在人民法院处理专利侵权纠纷时，特征 2 也将依据"说明书和附图描述的该功能或者效果的具体实施方式及其等同的实施方式"被解释为"固定连接"及其等同物。与采用结构特征的写法相比，功能性特征 2 的写入并不会给专利权人带来保护范围的扩大。

恰恰相反，权利要求 2 中不必要地使用了功能性特征，同时又缺少对其相应结构特征的明确限定，从而导致请求人以似是而非的理由提起无效宣告请求，最终反倒被宣告专利权的无效，实为得不偿失。

权利要求中使用功能性特征，其目的是对说明书中功能相同而结构不同的多个实施方式进行概括，这种概括应当是合理的，不能超出说明书公开的范围。试图借助功能性特征"覆盖所有能够实现所述功能的实施方式"显然是受到某些相关规定的误导。

在撰写权利要求书时，申请人如果需要使用"功能性限定"对多个实施例进行概括，为了确保权利要求保护范围的"清楚"，笔者建议：在撰写权利要求书时一定要将与该功能有关的结构特征（除公知常识外）描述清楚，使公众**仅借助于权利要求书即可以理解实现该功能的技术方案**。

对于权利要求中功能性限定的使用及解释，在本书中有专门的论述，在此不再赘述。笔者由该案想到培根的一句话：一次犯罪不过是污染了水流，而一次不公正的司法判决却是污染水源。知识产权案件不能与刑事案件相提并论，该案也不涉及犯罪问题，但两者司法审判的影响力是相类似的。水源的清洁离不开民众的参与和维护。正是基于此，笔者表述了以上的观点。

（二十四）对"新颖性"问题的再思考

"新颖性是三性判断中最简单的问题，也是最复杂的问题。"——这是笔者1993年在欧洲专利局接受培训时指导老师告诫的一句话。笔者当时对此话不甚理解，以为只是小题大做。现在想想此话确有道理——与"创造性"相比，"新颖性"的判断并不复杂，然而正确理解"新颖性"的含义并作出一个准确定义却并非易事。

1997年，笔者曾结合审查实践中遇到的具体案件撰文对"新颖性"进行过探讨，认为《专利法》第二十二条以"没有同样的发明或者实用新型被公开"作为"新颖性"的定义欠妥。❶ 2003年，笔者又在《新颖性问题的探讨》一文中进一步发表了一些意见。❷

2022年，在撰写《对"同样的发明创造"的几点看法》❸ 一文的过程中，笔者又结合禁止重复授权问题对新颖性的定义作了进一步思考，有了一些新的感悟。本文将围绕新颖性问题再谈点看法。

1. "新颖性"的设置

《专利法》第二十二条第一款规定："授予专利权的发明和实用新型，应当具备新颖性、创造性和实用性。"新颖性要求一项技术方案与现有技术相比必须是"新的"；而创造性则要求一件被授予专利权的发明创造不仅是"新的"，而且与现有技术相比必须具有"发明的高度"，即对于本领域技术人员来说是"非显而易见"的。就概念而言，"新的"未必是"非显而易见"的，而"非显而易见"的显然必须是"新的"。

在专利审查实践中，一件专利申请具有新颖性未必具有创造性，而具有创造性必然具有新颖性。新颖性是创造性的基础，故新颖性的审查可以被创造性的审查所"吸收"。既然如此，为何在《专利法》中还要专门设置一个新颖性条款并对其作专门的审查？

---

❶ 张荣彦. 有关"新颖性"的两点看法［J］. 中国专利与商标，1997（4）：27-33.
❷ 张荣彦. 新颖性问题的探讨［J］. 中国专利与商标，2003（1）：15-21.
❸ 张荣彦. 对"同样的发明创造"的几点看法［J］. 中国知识产权杂志，2022（2）：26-29.

对于在《专利法》中设置新颖性条款的初衷，笔者未作考证，但不妨借助反证法对该条款设置及审查的必要性略作分析——如果《专利法》中不设新颖性的条款，将会出现什么问题？并借此从法理上对新颖性的本质略作探讨。

众所周知，创造性是以申请日之前的现有技术作为评价对象的。如果一份对比文件的公开日晚于某专利申请的申请日，则该文件便不能用来评价该申请的创造性。审查员在检索时经常会检索到一份专利文件，该专利文件的申请日早于该在审专利的申请日，但其公开日却晚于在审专利的申请日。此时，该专利文件将不能用来评价在审专利的创造性。

举例来说：甲在2000年1月1日就一项发明创造提交了一件专利申请A，其公开日是2000年12月30日；2000年6月1日，乙就同一项发明创造也提交了一件专利申请B，此时A便构成了B的抵触申请。在审查B时，由于A的公开日晚于B的申请日，故A不属于B的现有技术，不可以用来评价B的创造性。如果仅以创造性作为专利授权的标准，抵触申请A的存在将对B的授权不构成任何障碍，只要A与B相对于各自申请日之前的现有技术都具有创造性，二者便都可被授予专利权，这将导致同一项发明创造被授予两项专利权，违反一项发明创造"不得重复授予专利权"的基本原则。[1][2]

鉴于抵触申请的存在，为了避免重复授权，就必须为B的授权设置一个不同于创造性的门槛——B与A相比不能属于同一项发明创造，即B应属于一项新的发明创造。该门槛实际上业已被设置在《专利法》中。《专利法》第二条对"发明和实用新型"所作出的定义是："发明，是指对产品、方法或者其改进所提出的新的技术方案。实用新型，是指对产品的形状、构造或者其结合所提出的适于实用的新的技术方案。"B作为一项发明或实用新型，首先要符合《专利法》对其所作的定义，即应当属于一项新的技术方案。故新的技术方案既是构成专利法意义上的发明或实用新型的必要条件，也是防止重复授权的最低门槛。所谓"新颖性"只不过是将发明或实用新型定义中"新的技术方案"这一要素提取出来并作了进一步解释，组成一个与创造性相并列的法律概念。笔者猜想，这或许是《专利法》中设置新颖性条款的初衷。这种猜想在《欧洲专利公约》中似乎也可以得到印证。

---

[1] 尹新天. 中国专利法详释 [M]. 北京：知识产权出版社，2010：96.
[2] Guidelines for Examination in the EPO, November 2019, Part G chapter IV – 6.

2. "新颖性"的定义

（1）国外专利法中的定义

"新颖性"（novelty）一词的文学含义是"新颖、新鲜"（new，unusual）[1]当其被用于专利法中时，又被赋予了法律含义。以《欧洲专利公约》（EPC）为例，其第52条首先对专利的"三性"作出了如下规定："Novelty：An invention shall be considered to be new if it does not form part of the state of the art."（新颖性：一项发明创造如果不构成现有技术的一部分，应被认为是新的。）其中将"新的"视为授予专利权的首要条件，与创造性及实用性相并列构成专利"三性"中的"一性"。

由于"新的"属于一种日常用语，虽然能够表达事物的属性，但缺少法律上的准确含义。《欧洲专利公约》第54条进而对第52条中"新的"一语作了进一步解释，赋予其专利法的含义，并冠之以"新颖性"的名称（以下简称"欧洲定义"）："European patents shall be granted for any inventions, in all fields of technology, provided that they are new, involve an inventive step and are susceptible of industrial application."（所有技术领域的任何发明都可以授予欧洲专利，只要这些发明是新的、具有创造性及工业实用性。）

将《欧洲专利公约》第52条与第54条相结合就不难看出，新颖性的基本含义是"新的"（new），只不过是从专利法层面上对"新的"一词所作的解释。故在《欧洲专利公约》中，所述"新的"一语意即"不构成现有技术的一部分"。通过这种定义方式，不仅表明了"新颖性"（novelty）的本质就是"新的"（new），而且使"新的"一语具有了明确的法律含义。

（2）我国《专利法》中的定义

我国《专利法》的第二条即相当于《欧洲专利公约》的第52条，都规定了授予专利权的发明创造首先必须是"新的"；我国专利法第二十二条第二款即相当于《欧洲专利公约》的第54条，都引入了"新颖性"的定义，并对其作了进一步解释。

不同的是我国《专利法》对"新颖性"的定义并不是从第二条中"新的"这一概念出发所作的解释，而是引入"同样的"一语取代了"新的"这一概念，由此隔断了"新颖性"与"新的"之间的联系，使之形成了两个相对独立的法律概念。

1984年制定的《专利法》中对"新颖性"的定义（以下简称"中国定

---

[1] 参见《牛津双解字典》。

义")是:"新颖性,是指申请日以前没有同样的发明或者实用新型在国内外出版物上公开发表过、在国内公开使用过或者以其它方式为公众所知,也没有同样的发明或者实用新型由他人向专利局提出过申请并且记载在申请日以后公布的专利申请文件中。"❶ 上述定义中引入了"同样的发明创造"这一概念,并用"同样的"作为判断新颖性的标准。

相比之下不难看出,欧洲定义表述的是发明创造与现有技术之间的关系——该发明创造是"新的",即不属于现有技术;而中国定义表述的则是两项发明创造之间的关系——该发明创造与现有技术所公开的发明创造不属于"同样的发明创造"。

(3)"新的"与"同样的"的内涵

《现代汉语词典》对"新的"一词的解释是"新而别致",对"同样"一词的解释是"相同;一样;没有差别"。就其文学含义而言,是否是"同样的"与是否是"新的"显然属于两个不同的概念。"同样的"一语仅仅表示了对比双方属于"相同;一样;没有差别"的关系,例如,说A与B相同,B与A必然也相同;说A与B不相同,B与A必然也不相同。而"新的"一语除了表示对比双方的不相同,还体现了一种先后关系。例如,说A与B相比是"新的",不能反过来说B与A相比也是"新的"。

"没有同样的"与"新的"应当属于两个不同的概念。围绕着"没有同样的"与"新的"这两个不同的概念对新颖性作出的定义,其法律含义势必有所不同,其判断标准也难免存在差异。

3."新颖性"的判断

(1)"新颖性"的判断原则

《欧洲专利局审查指南》及我国《专利审查指南2010》都为"新颖性"审查制定了具体的判断原则。

《欧洲专利局审查指南》规定:"在考虑新颖性时,审查员应当牢记(it is to be borne in mind):一般性公开通常不会破坏其范围内任何特定实施方式(any specific example)的新颖性,但某一特定实施方式的公开可以破坏包含该特定实施方式的一般性权利要求的新颖性。例如,铜的披露破坏了金属作为一般概念的新颖性,但并不破坏铜以外的任何金属的新颖性;铆钉的披露破坏了紧固件作为一般概念的新颖性,但并不破坏铆钉以外的任何紧固件的新颖

---

❶ 我国《专利法》中所称的"发明创造"包括发明、实用新型和外观设计,由于本文不涉及外观设计,故下文中用"发明创造"概括"发明和实用新型"。

性。"❶ 上述内容既为新颖性的审查制定了一项判断原则，同时也借助具体实例对定义中是否"构成现有技术的一部分"作了进一步诠释："铜"与"金属"虽然涉及两种不同的材料，但由于"铜"属于"金属"的下位概念，"铜"具有"金属"的全部性能，它既可以被称作"铜"，亦可以被称作"金属"。故"铜"的披露意味着"金属"亦被披露，即"铜的披露破坏了金属作为一般概念的新颖性"；"铜"与"其他金属"之间的替换、"铆钉"与"其他紧固件"之间的替换，均属于化学领域及机械领域"公知等同物"（well-known equivalents）之间的替换，两两相比，虽然功能相同，但结构及性能均存在差异。故"铜"的披露并不意味着"其他金属"被披露，"铆钉"的披露也不意味着"其他紧固件"被披露。

针对"公知等同物"之间的替换，《欧洲专利局审查指南》中又以附件（Annex）的方式作了进一步说明（indicators）："一件发明与现有技术的区别仅仅在于（机械、电气或化学）公知等同物的替换……例如：发明涉及一种泵，它与已知泵的唯一区别在于它的驱动装置由液压马达替代了电动马达，不具有创造性。"❷ 由此可见，《欧洲专利局审查指南》中将"公知等同物的替换"（"铜替代其他金属"、"铆钉替代其他紧固件"以及"液压马达替代电动马达"）视为具有新颖性而不具备创造性。

《专利审查指南2010》借用了《欧洲专利局审查指南》的上述内容。其区别仅在于：一是将《欧洲专利局审查指南》中的"铆钉替代紧固件"改为"螺钉替代螺栓"，命名为"惯用手段的直接置换"，认为该替换不具有"新颖性"；二是将《欧洲专利局审查指南》中的由"液压马达替代电动马达"（公知等同物的替换）命名为"相同功能的已知手段的等效替代"，但结论未变。

将上述内容进行对照，笔者存在以下几点困惑。

第一，按照我国《专利法》对新颖性的定义，"用铜制成的产品"与"用金属制成的产品"是否属于"同样的技术方案"？如果两者属于同样的技术方案，为何"用金属制成的产品"不破坏"用铜制成的产品"的新颖性？如果两者不属于同样的技术方案，为何"用铜制成的产品"却可以破坏"用金属制成的产品"的新颖性？

第二，《专利审查指南2010》中所称的"惯用手段的直接置换"、"相同功能的已知手段的等效替代"以及《欧洲专利局审查指南》中所称的"公知等同物的替换"三者之间有何区别？《欧洲专利局审查指南》中将"公知等同物的

---

❶ Guidelines for Examination in the EPO, November 2019, Part G chapter VI-2.
❷ Guidelines for Examination in the EPO, November 2019, Part G chapter VII.

替换"均视为具有新颖性但不具有创造性；我国《专利审查指南2010》中却将其进行区分，"铜与其他金属"之间的替换视为具有新颖性，"螺钉固定方式改换为螺栓"冠名"惯用手段的替换"而不具备新颖性，"液压马达替代电机"冠名"已知手段的等效替代"而不具有创造性。此时，应如何区分"惯用手段的替换"与"已知手段的等效替代"？《专利审查指南2010》对此并未作任何说明。

第三，《专利审查指南2010》第二部分第三章第3.2节"审查基准"一节共给出了五种"新颖性判断中常见的情形"，其中有三种情形［具体（下位）概念与一般（上位）概念、惯用手段的直接置换、数值和数值范围］均包含"技术方案不同"、但被视为不具备新颖性的情况。这种结论显然得不到我国定义的支持，但却与欧洲定义相吻合。或者说，欧洲专利局依据欧洲定义制定的判断原则，并不适合我国的新颖性定义。

（2）审查实践中遇到的问题

在专利审查实践中，往往会遇到若干《专利审查指南2010》中未作规定的情形。如何依据我国的"新颖性"定义对案件作出判断，在1990年前后（专利审查的初期）也曾困扰过笔者。

俗话说，世上没有两片相同的树叶。在作"新颖性"检索时，往往会发现与待审的技术方案完全相同的现有技术并不多，而内容相互交错、部分相同的技术方案却经常出现。例如，待审技术方案由A、B、C三个技术特征组成，现有技术中公开的技术方案包括A、B、C、D四个技术特征。两者相比虽然不属于"同样的技术方案"，但在很多情况下，随着后者的公开，前者也被公开了。举例来说，某专利申请要求保护的是一种杯子；现有技术公开的是一种带盖的杯子，其与在审专利相比，除盖子之外的其他结构都相同。不带盖的杯子与带盖的杯子显然不属于"同样的"技术方案，但是后者的公开却使前者被公开，即后者已经属于现有技术，或称作构成了现有技术的一部分。如果依据新颖性的定义进行判断，中、欧两种不同的定义显然将导致不同的结论。

（3）"同样的发明或者实用新型"的解释

针对新颖性审查中所遇到的问题，《专利审查指南2010》对定义中"同样的发明或者实用新型"一语作了如下解释："发明或者实用新型的相关内容相比，如果其技术领域、所解决的技术问题、技术方案和预期效果实质上相同，则认为两者为同样的发明或者实用新型。"

一项发明创造是以其技术方案的构成及其技术效果为表征的，故将技术方案及其技术效果等作为判断发明创造是否相同的依据，无疑是合理的；将"同样的"解释为"实质上相同",意味着将"同样的"这一概念扩大化或模糊化了,从而为新颖性审查提供了更大的操作空间,解决了新颖性判断中涉及的某些问题。例如,可以将"螺钉"与"螺栓"、"ABC"与"ABCD"等以两者"实质上相同"为由而视之不具有新颖性,但这仍解释不了"铜"与"金属"之间的新颖性判断问题——如果"铜"与"金属"相比属于"实质上相同","金属"与"铜"相比是否也应当属于"实质上相同"?

除此之外,"实质上相同"这一概念的引入也带来了新的问题:"实质"这两个字不由让人联想到《专利法》第二十二条中"创造性"的定义:"该实用新型具有实质性特点和进步。"上述两个"实质"有何区别?如果不存在区别,"实质上相同"就意味着"不具有实质性特点"。此时,该如何区分实用新型的新颖性与创造性?

《专利审查指南2010》中将螺钉替代螺栓视为不具有新颖性(实质上相同),而将液压马达替代电机视为不具有创造性(不具有实质性特点),该规定便体现了新颖性与创造性两个概念的混淆。

就本质而言,新颖性评价的是一项技术方案"本身"是否是"新的";而创造性则是以具备新颖性为基础,进而评价该新技术方案的"形成过程"是否"显而易见"。"惯用手段的替换"——"替换"后必然形成一个"新的"技术方案,故具有新颖性;由于该替换采用的是惯用手段,是"显而易见"的,故不具备创造性。

《专利审查指南2010》的上述混淆显然是由于"实质性"这一概念的共用造成的。

如果在《专利审查指南2010》的上述解释中将"实质上"一语删除,《专利法》中"同样的发明创造(发明或者实用新型)"即可被解释为"技术领域、所解决的技术问题、技术方案和预期效果"均相同的发明创造。这正是笔者在《对"同样的发明创造"的几点看法》一文中所表述的观点。❶

4. "新颖性"定义的修改

基于专利审查实践中遇到的种种问题,在听取内部意见的基础上,2008年对《专利法》第二十二条中"新颖性"的定义作了如下修改:"新颖性,是指该发明或者实用新型不属于现有技术;也没有任何单位或者个人就同样的发明或者实用新型在申请日以前向国务院专利行政部门提出过申请,并记载在申请日以后公布的专利申请文件或者公告的专利文件中。"

---

❶ 张荣彦. 对"同样的发明创造"的几点看法 [J]. 中国知识产权杂志,2022 (2): 26-29.

该款的前半句中用"该"替代了原先"同样的"一语,用"现有技术"一语对原先的各类现有技术进行了概括,将前半句简化为"该发明或者实用新型不属于现有技术"。前半句显然采用了欧洲定义的方式("一项发明不构成现有技术的一部分"),只是表达方式略有不同。这显然是一种进步。

令人遗憾和费解的是,其后半句("抵触申请")中依然保留了原有的定义方式。后半句为何要保留原定义方式?据参与过《专利法》修改的专家称:国务院法制办公室和全国人大常委会法制工作委员会都认为本条第二款后半部分表述方式不甚理想,让人难以理解,试图进行调整……然而在提出几种表述方式之后,却发现总是存在这样那样的问题,反而不如原有条文准确,最后放弃了所作努力。[1]

笔者认为,上述修改之所以困难,其根源在于未放弃"同样的"这一用语,即未改变原来句子的主语及其表达方式。如果套用前半句的修改方式,将"同样的"改为"该",将"记载在"改为"未被公开",则后半句可以被表达为:"**该**发明或者实用新型也**未被**申请日以前向国务院专利行政部门提出过申请、在申请日以后公布的专利申请文件或者公告的专利文件**所公开**。"这样,前后两句话的主语都是"该发明或者实用新型",后半句中的"未被……公开"与前半句中的"不属于现有技术"具有相同的含义,类似于美国[2]、日本[3]等国家采用"一项发明未在出版物中被公开"对新颖性所作的定义。如此修改后,前后两句话不仅定义模式相同,判断的标准也相同,区别仅在于两者所涉及的对象不同——前者为现有技术,后者为抵触申请。

上述修改方式固然可以更准确地表达新颖性的本质,但与EPC第54条相比仍然存在差别。如前所述,《欧洲专利公约》第54条中首先引入了第52条中"新的"一语,进而对"新的"作出了解释,这样其第52条中的新的与第54条中的新颖性这两个概念就具有了同样的法律含义。由于我国《专利法》对新颖性的定义中并未采用"新的"这一概念,致使其第二条中所称的"新的"一语缺少明确的法律含义。

笔者在复审委员会工作期间曾多次遇到过以下情形:请求人针对某技术方案被现有技术公开的事实,不是以不具备新颖性为由,而是以不符合《专利法》第二条(不属于"新的技术方案")为由(该条款也属于无效宣告请求的理由)提出无效宣告请求。由于《专利法》中对"新的"一语缺少明确的法律

---

[1] 尹新天. 中国专利法详释 [M]. 北京:知识产权出版社,2011:259。

[2] 参见美国专利法第102条。

[3] 参见日本专利法第29条。

解释，而且国家知识产权局将"新的"与"新颖性"解释为两个不同的法律概念❶，故在评价是否"新的"时就面临一个难题——如果将其按照新颖性进行审查，缺乏具体法律依据；如果将其按照"新的"进行审查，则缺乏具体的审查标准。上述尴尬至少反映出我国《专利法》中的某些规定尚缺乏足够的法律严谨性。

如果参照《欧洲专利公约》第54条的规定，在新颖性定义中首先引入"新的"这一概念，不仅有利于阐明"新颖性"的本质，而且"新的"这一用语的法律含义也清楚了。例如：**"新颖性，指该发明或者实用新型是一项新的技术方案，它既不属于现有技术，也未被申请日以前向国务院专利行政部门提出过申请、在申请日以后公布的专利申请文件或者公告的专利文件所公开。"**

5. "新颖性"与"禁止重复授权"

如前所述，笔者对新颖性问题的再思考起因于对《专利法》第九条"禁止重复授权"问题的思考。具体说是由于两者都涉及"一项发明创造只能授予一项专利权"这一基本原则。新颖性的设置解决了一件新申请与在先申请之间发生重复授权的问题，但未解决"同一申请人同日就同样的发明创造提出两份以上专利申请"中存在重复授权的问题❷。《专利法》第九条第一款可以视为对第二十二条所作的补充。两者的区别仅在于对比的对象有所不同——前者是将一项专利申请的权利要求与申请日在先的现有技术和抵触申请所公开的内容进行对比，而后者则是申请日相同的两项权利要求之间的对比。

根据《专利法》第六十四条规定，说明书和附图可以用于解释权利要求的内容。尽管《专利法》第九条对比的内容是权利要求而不是说明书，但在判断两项权利要求是否属于同样的发明创造时，不仅要对比其技术方案的构成，还要借助说明书对该技术方案所产生的技术效果进行对比。因此，《专利审查指南2010》针对《专利法》第二十二条中"同样的发明或者实用新型"一语所作的解释，同样应当适用于第九条所称的"同样的发明创造"的解释——在判断两项权利要求是否属于同样的发明创造时，应当兼顾技术方案及技术效果进行判断，而与权利要求的保护范围无关。笔者在《对"同样的发明创造"的几点看法》一文中，对以权利要求的保护范围作为判断"同样的发明创造"的依据的不合理性作了详细评述，在此不再重复。

基于本文的分析，笔者进一步认为将"同样的"这三个字用于《专利法》第九条"禁止重复授权"的原则也欠妥。"禁止重复授权"的原则在《欧洲专

---

❶ 尹新天. 中国专利法详释 [M]. 北京：知识产权出版社，2011：22.
❷ 尹新天. 中国专利法详释 [M]. 北京：知识产权出版社，2011：97.

利局审查指南》中被表达为"一项专利申请不能被授予两项专利权"[1]。如果参照该表达方式将《专利法》第九条中的"**同样的发明创造**只能授予一项专利权"修改为"**一项发明创造**只能授予一项专利权"可能更为恰当。

6. 结　语

毋庸讳言，我国《专利法》基本上是借鉴国外专利法制定的，且更多的是借用了《欧洲专利公约》的有关规定。我国20世纪80年代初制定《专利法》时缺少实践经验，加之又处在突出中国特色的历史背景下，制定出的《专利法》出现一些偏差是难免的。历经30多年的实践，在积累了一定经验后，对《专利法》不断作出修改也是正常的。

针对国外法的引入，已故北大教授沈宗灵先生在《比较法研究》一书中认为：要"按照外国法的原样认识外国法……研究外国法要求人们对该国语言流畅，对该国法有基本知识，特别是他们的法律渊源、基本法律概念、法律用语……对外国法的翻译一般都采取直译方式。法律用语与日常用语有联系，但也不能等同。"[2] 本文正是遵照沈先生的上述意见，对"新颖性"的渊源、定义及判断作了进一步思考，并据此对我国《专利法》与《欧洲专利公约》的相应规定进行了比较。

（二十五）关于"效果特征"的思考——对《专利审查指南2023》有关规定的讨论

在我国的《专利审查指南2023》中引入了"效果特征"这一概念，但对于其具体含义并未作进一步说明和解释。其第二部分第二章第3.2.1节中规定：

通常，对产品权利要求来说，应当尽量避免使用功能或者效果特征来限定发明。只有在某一技术特征无法用结构特征来限定，或者技术特征用结构特征限定不如用功能或效果特征来限定更为恰当，而且该功能或者效果能通过说明书中规定的实验或者操作或者所属技术领域的惯用手段直接和肯定地验证的情况下，使用功能或者效果特征来限定发明才可能是允许的。

对于权利要求中所包含的功能性特征的技术特征，应当理解为覆盖了所有能够实现所述功能的实施方式。

虽然其中引入了"效果特征"这一概念，但长期以来业内对"效果特征"及其与"功能性特征"之间的关系却很少予以关注。之前，笔者一直将"效果特征"与"功能性特征"视为同一个概念，即"效果特征"是"功能性特征"

---

[1] Guidelines for Examination in the EPO, November 2019, Part G chapter IV-6.
[2] 沈宗灵. 比较法研究[M]. 北京：北京大学出版社，1998.

的另一种表达方式，或者说属于"功能性特征"中的一类，误认为两者的属性及使用规则是相同的。

但对于上述规定中的某些内容笔者多年来却始终存在一些不解和困惑，例如：上述第一项规定中，对于产品的权利要求来说，为何要"尽量避免使用功能或者效果特征来限定"？什么情况下"某一技术特征无法用结构特征来限定"？为何"功能还需要通过说明书中规定的实验或者操作进行验证"？

上述第二项中将"功能性特征""理解为覆盖了所有能够实现所述功能的实施方式"这一规定业内一直存在争议。该内容显然与专利制度中"以公开换保护"的基本原则不符，与人民法院的司法解释也存在冲突。该规定究竟出自何处？

鉴于《专利审查指南2023》基本上是参照《欧洲专利局审查指南》制定的这一历史背景，为了消除上述疑问，笔者再次查找了《欧洲专利局审查指南》中与"功能性特征"（functional features）及"结果特征"（result to be achieved）有关的规定，并将之与《专利审查指南2023》的上述规定进行了对比。需要说明的是，《专利审查指南2023》中所称的"效果特征"疑似源自《欧洲专利局审查指南》中的"result to be achieved"这一概念，笔者认为将其译作"结果特征"可能更符合《欧洲专利局审查指南》的原意，也便于与"功能性特征"相区分。

通过对比分析，发现《专利审查指南2023》上述两项规定的语句在《欧洲专利局审查指南》中均可以找到其踪影，然而由于概念的混淆，所表达的内容产生了异化。笔者上述的不解和困惑正是产生于此。以下是《专利审查指南2023》与《欧洲专利局审查指南》中相关内容的对比与分析。

1. "效果特征"与"功能性特征"不属于同一个概念

众所周知，方法发明和产品发明分属于两类不同的发明创造。"方法"的发明创造一般采用"行为、步骤、参数"等抽象的技术特征予以描述，并且可以借助于"所产生的结果"对产生该"结果"的多种行为方式进行概括。例如，在聚乙烯醇纤维的制备过程中，可以通过调整纤维的热处理温度和/或拉伸倍数提高其强度，某发明公开了采用多种不同的参数使其强度达到10克/丹尼尔以上。在其权利要求中便可以用"使该纤维具有10克/丹尼尔以上的强度"这一"结果"对其专利说明书中公开的多种制备方法进行概括，从而使权利要求更为简明。

由于"方法、步骤、参数"等属于抽象的技术特征，是否能够实现所述的"结果"，有时单凭文字描述和想象无法予以确认。例如，上述"使该纤维具有

10 克/丹尼尔以上的强度"这一"结果"是否可以由所述的工艺参数实现，有可能并非本领域技术人员仅凭借公知常识就可以确认的，而需要通过实验进行验证。

与方法的发明不同，产品的发明创造通常是借助"产品的结构、材料"等具象的技术特征予以限定，并可以借助"产品的功能"（function）对具有该功能的多种不同结构、材料予以概括。例如，现有技术中的水杯都是不保温的。一件发明采用了真空隔层或者附加保温材料等结构使水杯具有了保温的功能，在权利要求中便可以用"保温结构"这一"功能性用语"对所公开的多种保温结构进行概括。将"保温结构"作为与现有技术相区别的特定技术特征使用，不仅可以使权利要求更为简明，而且可以满足单一性的要求。

由于产品的"结构、材料"等均属于具象的特征，一般情况下产品的"结构、材料"特征都可以通过文字限定清楚，不存在"无法用结构特征来限定的技术特征"，除非属于一种不涉及任何结构的纯功能特征。

产品的结构、材料等与其功能之间一般存在可以预测的关联性。对于本领域技术人员来说，借助公知常识及专利说明书的内容，通过产品的结构均可以判断其功能能否实现。例如，机械领域的技术人员都知道，"一气缸通过气缸杆与曲轴相互连接"这一结构特征必然具有"将往复运动转换为旋转运动"的功能，而无须通过实验进行直接和肯定地验证。

虽然"功能性特征"与"结果特征"均属于对若干实施方式的概括，但由于两者所概括的对象不同，其属性及其在权利要求中的使用也存在区别，故"效（结）果特征"与"功能性特征"并不属于同一个概念。

由于《专利审查指南 2023》的上述两项规定中将"效果特征"与"功能性特征"以"或者"的形式组合在一起使用，并未作任何区分，给人的印象是两者属于同一个概念，即所述的规定既适用于"功能性特征"，也适用于"效果特征"。

而《欧洲专利局审查指南》则对两者作了明确的区分，明确规定在权利要求中"用结果方式（result to be achieved）进行限定与采用功能性特征（functional features）进行限定的要求是不同的"❶。进而对"功能性特征"及"结果特征"的使用分别作出了不同的规定。

由于《专利审查指南 2023》未对"效果特征"与"功能性特征"作明确区分，同时又误将《欧洲专利局审查指南》中仅用于"结果特征"的规定用来

---

❶ Guidelines for Examination in the EPO, November 2017, Part F – Chapter IV – 19.

限制"功能性特征"的使用,致使其整体内容与《欧洲专利局审查指南》相比发生了改变。

2、关于"功能性特征"及"效(结)果特征"的使用

(1) 关于"功能性特征"

按照《专利审查指南2023》的上述规定,"功能性特征"的使用受到严格限制——在权利要求中"**应当尽量避免使用功能或者效果特征来限定发明**。只有在某一技术特征无法用结构特征来限定,或者技术特征用结构特征限定不如用功能或效果特征来限定更为恰当,而且该功能或者效果能通过说明书中规定的**实验或者操作或者所属技术领域的惯用手段直接和肯定地验证的情况下**,使用**功能或者效果特征来限定发明才可能是允许的**"。

上述语句在《欧洲专利局审查指南》中的确可以寻觅到其踪影——"一般来说,在权利要求中试图**用所实现的结果来限定发明的保护范围是不允许的**",只有"当该发明只能采用该方式限定,或者采用其他方式不如该方式可以更准确地限定保护范围时,同时对于本领域技术人员来说,该结果借助于**试验或说明书的说明或公知常识**,无须过度的实验即可以直接且明确得到证实时,才允许使用**结果限定的方式**"❶。然而这段话显然是针对**"结果特征"**(result to be achieved)作出的规定,并不适合**"功能性特征"**。《专利审查指南2023》中将之用于**"功能或者效果特征"**无异于"眉毛胡子一把抓"、"张冠李戴"。

针对"功能性特征"的使用,《欧洲专利局审查指南》作出的规定是:在权利要求中只要本领域技术人员无需创造性劳动就可以毫无困难地提供某些实现该功能的具体方式,即使说明书中仅给出了一个实施例,但只要本领域技术人员由此可以想到实现该功能的其他替代方式,就可以使用功能性限定;反之,如果一种功能是通过一种特定的方式来实现的,由此不会联想到使用其他替代方式或如果说明书仅仅以含糊的方式宣称还可以用其他方式来实现,但未足够清楚地说明具体是如何实现的,则试图借助功能性特征将实现该功能的其他方式或者所有方式都包括在内都是不允许的❷。

《欧洲专利局审查指南》的上述规定显然是基于权利要求应当"以说明书为依据"(得到说明书支持)这一重要的法律原则对"功能性特征"的使用提出的具体要求。对比之下不难看出,《专利审查指南2023》将《欧洲专利局审查指南》对"结果特征"的规定用于"功能性特征"显然属于一种错位;而缺失对"功能性特征"使用的限制则无法体现权利要求应当"以说明书为依据"

---

❶ Guidelines for Examination in the EPO, November 2017, Part F - Chapter IV - 18.

❷ Guidelines for Examination in the EPO, November 2017, Part F - Chapter IV - 30.

这一重要的法律原则。

(2) 关于"效果特征"

《专利审查指南2023》未针对"效果特征"作任何具体规定。如上所述，《欧洲专利局审查指南》则针对"结果特征"作了如下专门规定："应当注意，**上述采用结果方式进行限定与采用功能性特征进行限定的要求是不同的**"❶。

"一般来说，在权利要求中试图用所实现的结果来限定发明的保护范围是不允许的，尤其是当该结果仅仅相当于对所述技术问题所提出的要求时。然而，当该发明只能采用该方式限定，或者采用其他方式不如该方式可以更准确地限定保护范围时，同时对于本领域技术人员来说，该结果借助于试验或说明书的说明或公知常识，无须过度的实验即可以直接且明确得到证实时，才允许使用结果限定的方式"❷。以及"如果用结果对产品进行限定，而该结果又相当于该申请要解决的技术问题时，依据判例法，独立权利要求必须写明与发明主题有关的全部技术特征，以符合欧洲专利公约第84条的要求"❸。

对于什么是"结果特征"（result to be achieved），在《欧洲专利局审查指南》中并未作具体的说明和解释。根据笔者的审查实践，以下案例似乎可以作为对"结果特征"及其使用原则的诠释。"一种食品及其加工工艺"的专利申请包含有关该食品及其加工方法两项独立权利要求。在该食品的权利要求中，限定了该食品是蓬松的。为了使该食品达到蓬松的状态（结果），说明书中公开了发酵剂的加入、发酵的温度、时间等有关的具体步骤和参数，且涉及多种实施方式。

就食品中的"蓬松"这一技术特征而言，由于食品的蓬松属于现有技术，该发明对该食品的蓬松程度没有特定的要求，要想通过食品的结构（例如密度、空隙率等参数）的方式对其进行限定比较困难，而且难以将说明书中公开的多个实施方式均概括在内。

按照《欧洲专利局审查指南》的上述规定，如果蓬松只是该食品的多个特征之一，且不属于该发明所要解决的主要问题，即不是其发明点，只要本领域技术人员借助于说明书所提供的步骤和参数，无须过度的劳动即可以实现该食品的蓬松，在权利要求中使用蓬松这一"结果特征"就属于"采用其他方式不如该方式可以更准确地限定保护范围"的情况。

如果针对现有技术该发明的目的就是解决该食品的蓬松问题，或者使该食品达到特定的蓬松状态，则在权利要求中必须记载实现该食品蓬松所必需的方

---

❶ Guidelines for Examination in the EPO, November 2017, Part F – Chapter IV – 19.

❷❸ Guidelines for Examination in the EPO, November 2017, Part F – Chapter IV – 18.

法步骤及技术参数（必要技术特征）。

在上述例子中，说明书所给出的工艺参数是否能够实现所述蓬松的结果，一般需要本领域技术人员借助于公知常识或试验予以判断。故《欧洲专利局审查指南》针对"结果特征"提出了"借助于试验"这一特殊要求，即作出了"对于本领域技术人员来说，该结果借助于试验或说明书的说明或公知常识，无须过度的实验即可以直接且明确得到证实时，才允许使用结果限定的方式"的这一特殊规定。

如上所述，由于《专利审查指南2023》中未将"功能性特征"与"效果特征"相区分，误将《欧洲专利局审查指南》中针对"所产生的结果"所作的规定用于"功能性特征"的使用前提属于一种误解和错位；而对"效果特征"未作任何具体规定，显然属于一项重要内容的遗漏。

3. 关于"功能性特征"的"解释"

《专利审查指南2023》上述第二项规定"对于权利要求中所包含的功能性限定的技术特征，应当理解为覆盖了所有能够实现所述功能的实施方式"这句话显然与《欧洲专利局审查指南》中"权利要求采用这种（功能性限定）方式撰写，以便将实现该功能的其他方式或者所有方式都包括在内是不允许的"，以及"权利要求所限定的范围必须如同发明所允许的范围一样"的规定相背离。

需要澄清的是：《欧洲专利局审查指南》中上述"如果说明书仅仅以含糊的方式宣称还可以用其他方式来实现，但未足够清楚地说明具体是如何实现的，则试图借助功能性特征将实现该功能的其他方式或者所有方式都包括在内都是不允许的"**这句话并不意味着如果说明书足够清楚地说明其他方式是如何实现的时，便可以采用功能性特征将实现该功能的其他方式或者所有方式都包括在内。因为权利要求所限定的范围必须如同发明所允许的范围一样精确**[1]。

《专利审查指南2023》中的上述第二项规定显然是对《欧洲专利局审查指南》上述内容的忽视或误读。况且针对"权利要求以说明书为依据"的问题，在《专利审查指南2023》第二部分第二章第3.2.1节已经明确规定："权利要求书中的每一项权利要求所要求保护的技术方案应当是所属技术领域的技术人员能够从说明书充分公开的内容中得到或概括得出的技术方案，并且不得超出说明书公开的范围。权利要求通常由说明书记载的一个或者多个实施方式或实施例概括而成。权利要求的概括应当不超出说明书公开的范围。"

《专利审查指南2023》中的上述第二项规定显然与之存在矛盾。至于《专

---

[1] Guidelines for Examination in the EPO, November 2017, Part F – Chapter IV – 18.

利审查指南 2023》中为何作出上述第二项规定，以及如何理解该规定欲表达的审查原则，在前文中作了进一步分析，在此不再赘述。

4. 关于权利要求应当"清楚"的要求

我国《专利法》第二十六条第四款规定："权利要求书应当**以说明书为依据，清楚、简要地**限定要求专利保护的范围。"《欧洲专利公约》第 84 条规定："权利要求书应当限定要求专利保护的范围，应当**清楚、简要而且以说明书为依据**。"需要说明的是，在 1984 年制定的《专利法》第二十六条第四款的内容是："权利要求书应当**以说明书为依据**，说明要求专利保护的范围。"2008 年修改《专利法》时才加入了"清楚、简要"这一重要内容（原存在于《专利法实施细则》中），即采用了《欧洲专利公约》的规定。

相比之下不难看出我国的《专利法》也在不断参照《欧洲专利公约》进行修正。故无论在我国《专利法》中还是在《欧洲专利公约》中，确保权利要求的"清楚"都是一个重要内容。

为了满足"清楚"的要求，《欧洲专利局审查指南》针对"功能性特征"及"结果特征"的使用作出了具体规定：

"就**功能性限定**而言，确保其在权利要求中的**保护内容清楚是最为重要的**。因此，应当尽可能做到使本领域技术人员**仅凭权利要求的措辞就可以清楚该用语的含义**。"[1]

"如果**用结果对产品进行限定**，而该结果又相当于该申请要解决的技术问题时，……独立权利要求**必须写明与发明主题有关的全部技术特征，以符合欧洲专利公约第 84 条的要求**"[2]。

相比之下，在《专利审查指南 2023》中虽然对权利要求的"清楚"作了**一般性规定**："权利要求书是否清楚，对于确定发明或者实用新型要求保护的范围是极为重要的。"然而却未就如何确保"功能或者效果特征"的清楚及得到说明书的支持作出**具体规定**。

由于缺少具体的规定，故难以确保其（功能或者效果特征）在权利要求中的保护内容清楚，使本领域技术人员仅凭权利要求的措辞就可以清楚该用语的含义，致使授权后人民法院在处理专利侵权纠纷时不得不对"功能性特征"作进一步解释，并将其解释为"说明书及附图记载的实现前款所称功能或者效果不可缺少的技术特征"[3]。

---

[1] Guidelines for Examination in the EPO, November 2017, Part F – Chapter IV – 12.
[2] Guidelines for Examination in the EPO, November 2017, Part F – Chapter IV – 18.
[3] 参见《法释 2016》第八条。

既然功能性特征可以通过"说明书及附图记载的实现所称功能或者结果不可缺少的技术特征"解释清楚，为何在专利授权前不要求申请人按照自愿原则将实现该功能或者结果不可缺少的技术特征写入权利要求书中，使本领域技术人员仅凭权利要求的措辞就可以清楚该用语的含义，而留待后续程序由审案人员按照其个人的理解对所述必要技术特征作出认定，并用来对"功能性特征"进行解释？

如果《专利审查指南2023》能够借鉴《欧洲专利局审查指南》，针对"功能性特征"及"效果特征"的清楚问题作出明确规定，用于指导和约束审查员的审查工作，使本领域技术人员仅凭权利要求的措辞就可以清楚"功能性特征"及"结果特征"的含义，无疑会对社会公众确认专利的保护范围以及人民法院审理专利侵权纠纷案件提供方便。

5. 结　语

从1474年威尼斯专利法颁布算起，专利制度在欧洲已经有500多年的历史。1973年制定的《欧洲专利公约》是欧洲诸国500多年实践经验的积累，当今在国际上也有广泛影响。例如，1979年修正的《专利合作条约》（我国是其签约国之一）基本上就是按照《欧洲专利公约》的原则和内容修订的。

我国《专利法》是在1984年制定的。在当时的历史背景下，学习和借鉴《欧洲专利公约》便成了不二的选择。毋庸讳言，我国的《专利法》及其实施细则基本上是借鉴《欧洲专利公约》及其实施细则制定的，而专利审查指南也是以《欧洲专利局审查指南》为蓝本制定的。

我国第一部《专利法》是由国内的法律专家制定的。由于缺少对专利制度、专业知识的了解以及实践经验缺失，加之当时又处于强调"中国特色"的历史环境中，我国1984年颁布的《专利法》中难免存在一些缺陷。在以后的这些年里，随着我们对专利制度理解的深入和实践经验的积累，不断对《专利法》作出修改，使之日趋完善。

《专利审查指南》是对《专利法》及其细则的细化，其制定和修改更是离不开专利审查实践。了解专利局内部工作的人都知道，专利审查指南的编写和修改工作基本上是由在职的专利审查员承担的。

1985年《专利法》实施初期，审查员的编写工作与接受欧洲专利局和德国专利局的培训，以及从事专利审查工作基本上是同步进行的。在承担编写工作的审查员既缺乏实践经验，又没有法律背景且缺少对专利制度全面理解的情况下，1985年制定的《审查指南》中更是难免存在一些误解或错误。30多年来专利局也不断以各种方式对专利审查指南的内容进行调整和修改。这些修改既融合了我们自己的审查经验，也始终未脱离对《欧洲专利局审查指南》的参照。

"有比较才有鉴别"。通过上述对比分析不难看出，与《欧洲专利局审查指南》针对《欧洲专利公约》第 84 条所作的规定相比，《专利审查指南 2023》第二部分第二章第 3.2.1 节针对我国《专利法》第二十六条第三款所作的规定尚存在一些值得进一步推敲的内容。概括起来说，就是所作的规定应当能够确保权利要求中使用"功能性特征"及"结果特征"时满足"清楚"和"以说明书为依据"的要求。

以上笔者对《欧洲专利局审查指南》的相关内容进行了若干引述，并对《专利审查指南 2023》中的不足之处表述了个人的观点。同时将《欧洲专利局审查指南》的以上内容提供给读者，供读者作出自己的理解和判断。

笔者以上的引述和分析绝非意味着"唯欧洲指南"是从。笔者既不排除采用更符合我们习惯的方式对其进行引用，也不排除依据我国的法律规定和审查实践对其内容作出修改。但是无论是引用还是修改都应当以**正确理解**《欧洲专利局审查指南》的有关内容为前提。在此，笔者想再次援引已故北大教授沈宗灵先生在《比较法研究》一书中所表达的观点："研究外国法要求人们对该国语言流畅，对该国法有基本知识，特别是他们的法律渊源、基本法律概念、法律用语；"以及"要按照外国法的原样认识外国法"，"对外国法的翻译一般都采取直译方式"❶。沈先生的话对于《专利审查指南 2023》的修改无疑也具有参考价值。

（二十六）关于"创造性"的讨论——兼议《专利法》第二十二条第三款❷

1. "创造性"的引入

专利制度的建立已经有 500 多年的历史了，但"创造性"这一概念的引入距今还不到 80 年。随着经济和科技的迅速发展，人们逐渐认识到，对于专利权的授予，除了"新颖性"还应当设置一个更加严格的标准。

美国专利法颁布于 1790 年，但在 162 年后的 1952 年，"创造性"这一概念才被率先写入美国专利法。1890 年美国反垄断法（《谢尔曼反托拉斯法》）的颁布促成了"创造性"概念的引入。美国联邦最高法院曾在一份推翻下级法院认定某专利权有效的判决结论中指出：（具有专利权的）"装置不仅必须是新的和有用的，而且必须是一项发明或者发现。如果一项改进要获得专利的特权地位，

---

❶ 沈宗灵. 比较法研究 [M]. 北京：北京大学出版社，1998.

❷ 请参照本章第一部分"关于创造性"，观点差异之处，请以本节内容为准。

则必须涉及**独创性**（ingenuity），而并非本领域技术熟练的机械师所能够胜任的。完美的改进即使增加了便利性，扩大使用范围或减少费用，也都不能获得专利权。一个新的装置无论多么有用，都必须显露出**创造性天才的光辉**，而不仅仅是一种技能的施展。如果不是这样，就不能在公共领域中为私人提供**独占权**。"❶ 这一判决意见为"创造性"的设立提供了一个雏形，它既阐明了在专利授权中引入"创造性"的法理依据，又概述了"创造性"的本质和判断标准：专利权作为一项独占权，必须具有独创性；独创性是指获得专利权的发明创造必须显露出"创造性"天才的光辉，"并非本领域技术熟练的机械师所能够胜任的"。

在上述背景下，美国国会于1952年重新修改了专利法，在第102条（新颖性）的基础上增加了第103条。该条款规定：即使一项发明如同本法第102条所规定的那样未曾被在先披露或描述，但是对于**所述主题所属领域中具有一般技能的人**（person having ordinary skill in the art to which said subject matter pertains）来说，如果希望获得专利的主题与现有技术之间的差异使得**在发明完成时**其整体内容是**显而易见的**（obvious），也不能获得专利权。❷

该条款提出了"所属领域中具有一般技能的人"及"显而易见"这两个基本概念，并借用这两个概念阐明了"显露出创造性天才的光辉"这句话的法律含义，即"创造性"是指该发明的提出对于"所属领域中具有一般技能的人"来说是"非显而易见"的。"非显而易见"（not obvious）这一概念将所谓的"独创性"（ingenuity）概念诠释得更为具体。

美国于1952年所创立的上述原则及标准，为专利权的授予划出了一条底线，为独占权的获得给出了一个底价，现今已被世界上大多数国家和组织所采用。例如，《欧洲专利公约》第52条第（1）款规定："任何技术领域中凡具备新颖性、创造性（Inventive step）和工业实用性的发明都可以获得欧洲专利权。"其第56条又对"创造性"作了进一步明确："考虑到现有技术（regard to

---

❶ *Cuno Engineering Corp. v. Automatic Device Corp.* 314 U.S 84, 91 (1941). The device must not only be new and useful, it must also be an invention or discovery. If an improvement is to obtain the privileged position of a patent are ingenuity must be involved than the work of a mechanic skilled in the art. Perfection of workmanship, however such it may increase the convenience, extend the use, or diminish expense, is not patentable. The new device, however useful it may be, must reveal the flash of creative genius, not merely the skill of the calling. If it fails, it has not established its right to a private grant on the public domain.

❷ A patent may not be obtained though the invention is not identically disclosed or described as set forth in section 102 of this title, if the differences between the subject matter sought to be patented and the prior art are such that the subject matter as a whole would have been obvious at the time the invention was made to a person having ordinary skill in the art to which said subject matter pertains.

the state of the art），如果一项发明对于**技术人员**（person skilled in the art）来说是**非显而易见**的（not obvious），则该发明具有创造性。"

作为对《欧洲专利公约》第56条的解释，《欧洲专利局审查指南》首先对其中的"**技术人员**"这一概念作出了新的定义，❶即"技术人员"是其**技术领域（field of technology）**的一般技术人员，不仅知晓**技术领域（in the art）**中的一般常识，而且依据需要解决的技术问题（problem）有能力在现有技术（state of the art）中寻求解决方案（solution）。由于"技术人员"不仅知晓（aware）技术领域中所有的公知常识，而且**可以获得（have had access）**现有技术中的所有知识，故所述的"技术人员"属于一个现实中并不存在的"假想（considered as）人"。

《欧洲专利局审查指南》同时还针对"非显而易见性"的判断制定了"问题—方案判断方法"（Problem - solution approach）❷，其主要内容是：首先确定与所要求保护的技术方案最接近的对比文件，并找出其权利要求中未被该对比文件公开的所有区别技术特征；其次客观评价每一个（组）区别技术特征在所述技术方案中所解决的技术问题或产生的技术效果，即确定"问题"与"方案"之间的关系；最后针对每一个（组）区别技术特征，以"问题—方案"为依据判断现有技术中是否给出了相应的教导或启示；如果不存在相关的教导或启示，则对于技术人员来说该技术方案的提出是"非显而易见"的，即具有"创造性"。

上述两项规定既为创造性的判断确定了一个明确的判断主体，又为其制定了一种具体的判断方法，使其判断更具可操作性。笔者认为，依据《欧洲专利公约》及《欧洲专利局审查指南》的规定，"创造性"（"非显而易见性"）是指：一项发明创造的提出对于技术人员这一"假想人"来说是不容易想到的，即现有技术对于该技术方案的形成未给出相关的教导或启示。

新颖性是对一项发明创造形成后状态的评价，而创造性则是对形成过程的评价。故创造性与新颖性是对一项发明创造从不同维度进行的评价，创造性的引入使对发明创造的评价更加全面。

2. 我国关于"创造性"的规定

我国的专利制度始于1984年。我国《专利法》中的主要条款是参照《欧洲专利公约》制定的。《专利法》第二十二条第三款规定："创造性是指与现有技术相比，该发明具有突出的实质性特点和显著的进步，该实用新型具有实质

---

❶ Guidelines for Examination in the EPO, November 2019, Part G - Chapter VII - 1.
❷ Guidelines for Examination in the EPO, November 2019, Part G - Chapter VII - 2.

性特点和进步。"

我国《专利法》中虽然引入了"创造性"这一概念，但并未采用"非显而易见"的表述，而是采用"突出的实质性特点和显著的进步"以及"实质性特点和进步"分别对发明和实用新型的"创造性"作出了定义。《专利法》之所以作出上述与众不同的规定，笔者认为与以下三方面背景有关。

（1）"旧制度"的影响

众所周知，在实施专利制度之前，我国的发明创造是以"技术革新、技术革命"以及"合理化建议"等形式，由各级政府的主管部门科委进行管理的。在当时的制度下，一项技术改革方案只要是"新的"而且有"积极的效果"，便被认定为发明创造。这与美国1952年之前的专利授权标准（一项发明创造只要是"新的和有用的"，都属于发明创造）有相似之处，只不过在评价技术方案是否属于"新的"时，不是以对现有技术的全面检索为依据，而是凭借评审人员有限的认知来确定的。

对一项发明创造作出评价时，除了必须是"新的"，还会考虑一项技术改革方案与现有技术方案之间的区别及其对社会作出的贡献（亦即具有"实质性特点和进步"），并依据其区别及贡献的大小（亦即区别是否是突出的、显著的）划分出省部级、国家级等不同级别的发明创造。这种对发明创造的理解及其评价方式根深蒂固，影响了几代人。

在我国当时的制度下，不存在知识产权私有的问题，民众对任何已有的技术都可以自由使用。发明人在研发新技术的过程中无须考虑侵权问题；评审人员在对一项技术革新方案作出评价时，也无须考虑其是否借助了现有技术的教导或启示，只需考虑其发明创造是否属于"新的和有用的"。这种制度延续了近40年，国家科委既是"旧制度"中发明创造的管理者，又是《专利法》制定的主持部门，在制定《专利法》时对发明创造以及创造性的理解及其定义难免受到前期理念的影响。

（2）时代的要求

我国《专利法》是在1984年刚刚引入市场经济的背景下制定的。当时，知识产权及其独占性对国人来说是个全新的概念。由于既缺少知识产权制度的相关经验，又欠缺对创造性产生的历史渊源及其本质的理解，立法者对创造性这一概念的表达难免会与欧美有所不同。加之我国当年制定《专利法》时正值改革开放的初期，"制定一部具有中国特色的专利法"是当时政府对制定者提出的明确要求，因此，《专利法》对创造性作出独树一帜的定义也就顺理成章了。

（3）"发明创造"种类的影响

我国《专利法》所称的"发明创造"除了发明专利还包括实用新型专利。

《专利法》为两者制定了两种不同的创造性标准。

作为一个法律概念,"非显而易见"属于一个定性的概念,非此即彼。如果对一个定性的概念再作定量的区分,例如采用"非显而易见"和"显著的非显而易见"来表达两种不同程度的创造性,显然欠妥。而"特点和进步"的含义则比较模糊,"特点"有多少之分,"进步"有大小之别,对其作进一步量化,至少从文学层面上是可以接受的。采用"实质性特点和进步"的表述,相较于采用"非显而易见"的表述,可能更有利于对两种"创造性"的表达。

3. "突出的实质性特点和显著的进步"与"非显而易见"的比较

（1）以《专利审查指南2023》的解释为依据的比较

《专利法》第二十二条第三款中"创造性"的定义,虽然文学含义清楚,但法律含义模糊。为了便于创造性的审查,我国《专利审查指南2023》第二部分第四章第3.2.1节针对《专利法》中所称的"发明具有突出的实质性特点"作了如下解释:"判断发明是否具有突出的实质性特点,就是要判断对所属领域的技术人员来说,要求保护的发明相对于现有技术是否显而易见。如果要求保护的发明相对于现有技术是显而易见的,则不具有突出的实质性特点;反之,如果对比的结果表明要求保护的发明相对于现有技术是非显而易见的,则具有突出的实质性特点。"

与此同时,《专利审查指南2023》第二部分第四章还完整引入了《欧洲专利局审查指南》对"技术人员"所作的定义以及"问题—方案判断方法",其内容与《欧洲专利局审查指南》的内容基本相同,只不过将"**技术人员**"改称为"**所属领域技术人员**",其所知晓的常识仅限于其"**所属技术领域**"（field of technology）,而"技术人员"则涉及整个"**技术领域**"（art）,前者的知识水平显然要略低于后者。

借助《专利审查指南2023》的解释,我国《专利法》第二十二条第三款的内容与《欧洲专利公约》第56条的规定基本相符,所不同的是:由于《专利审查指南2023》中"非显而易见性"仅仅用作对"突出的实质性特点"的解释,并不包括"显著的进步",故在判断一项技术方案的创造性时,除了要求其具有"非显而易见性",还要求其"与现有技术相比能够产生有益的效果",即创造性中包含了"**进步性**"的内容。这一区别的存在一方面是受"旧制度"的影响,另一方面也残存一些国外专利法的影子。例如,德国早期的专利法也曾将"进步性"（progresse）作为专利授权的标准,只不过将其与创造性、新颖性相并列;但后来,进步性被从专利法中移除,并被认为进步性与专利性无关。

(2) 以《专利法》为依据的比较

如果排除《专利审查指南 2023》的上述"解释",《专利法》中"突出的实质性特点和显著进步"与"非显而易见"相比,存在以下三个方面的区别。

① 判断的内容不同

"非显而易见"是对一项技术方案**形成过程**的评判,即现有技术未给出形成该技术方案的教导或启示,并不涉及该技术方案所产生的**结果**。而"(突出的)实质性特点和(显著)进步"则是对一项技术方案所产生结果的评价,仅仅体现了其形成后与现有技术之间的区别,不涉及形成过程中是否受到现有技术的教导或启示。一项新的技术方案具有"突出的实质性特点和显著进步",并不意味着具有"非显而易见性"。

例如,发明人依据教科书的教导对一台设备作了改进并取得了积极效果。这种改进可以被称为"完美的改进"或一项"技术革新",也可以说与原有的设备相比具有"(突出的)实质性特点和(显著)进步"。但是,由于其改进是借鉴公知常识完成的,属于本领域技术熟练的机械师能够胜任的,该技术方案的形成过程体现不出"创造性天才的光辉",故不具备"非显而易见性"。

② 判断的主体不同

与新颖性及实用性的判断不同,"非显而易见性"的判断结论受判断主体的影响。为了统一标准,欧美专利法在有关创造性的条款中特别设立了"技术人员"这一判断主体——一位具有特定能力的、并不存在于现实生活中的"**假想人**"。而我国《专利法》第二十二条中并未设置"技术人员"这一"假想人"的概念,故创造性的判断主体应当是一个不确定的"**自然人**"。

在评价一项发明创造的创造性时,"自然人"与"假想人"存在明显区别。由于"假想人"的知识和能力是明确、唯一的,故其得出的结论也是唯一的;而对于"自然人"来说,由于判断的知识和能力参差不齐,其判断结论势必会存在差异。

③ 定性与定量的不同

"非显而易见性"属于一个定性的概念,非此即彼,无法量化;而"特点"和"进步"都是可以量化的,《专利法》中"突出的实质性特点和显著的进步"与"实质性特点和进步"的并存,正是其"创造性"量化的体现。如果不考虑《专利审查指南 2023》的解释,就《专利法》本身而言,"非显而易见性"与"突出的实质性特点和显著的进步"这两种定义方式,不仅文学含义不同,而且判断主体及判断内容完全不同,应当属于两个不同的法律概念。

4. 关于"实用新型"的"创造性"

《专利审查指南 2023》只是对"发明的创造性"(即突出的实质性特点和显

著进步）作出了解释，但对什么是实用新型的创造性（即实质性特点和进步）并未作出直接的解释，只是规定："实用新型专利创造性审查的有关内容，包括创造性的概念、创造性的审查原则、审查基准以及不同类型发明的创造性判断等内容，参照本指南第二部分第四章的规定。"

同时规定，"实用新型专利创造性的标准应当低于发明专利创造性的标准"，具体体现在判断创造性时，发明与实用新型在对比文件的技术领域与对比文件的数量两个方面有所不同。简言之：一方面，对于发明专利而言，对比文件的技术领域涉及现有技术中**所有的技术领域**；对于实用新型专利而言，一般着重于考虑**所属的技术领域**，当现有技术中给出明确的启示时，可以考虑其**相近或者相关的技术领域**。另一方面，对于发明专利而言，可以用**多项**现有技术评价其创造性；而对于实用新型专利，一般情况下只可以引用**一项或者两项**现有技术。

对此，笔者认为，上述两方面的差异固然可以使实用新型专利创造性的标准低于发明专利创造性的标准，但这与《专利审查指南2023》第二部分第四章中的内容并不一致。所谓的"参照"仅仅存在于形式上，而内容已经完全改变了，故此"创造性"非彼"创造性"。具体说：

首先，《专利审查指南2023》第二部分第四章明确规定："发明是否具备创造性，应当基于'所属技术领域的技术人员'的知识和能力进行评价。"还对"所属领域技术人员"的知识和能力作了唯一的规定，同时写明："设定这一概念的目的，在于统一审查标准，尽量避免审查员主观因素的影响。"笔者认为，"对比文件的技术领域"即为判断主体可以从中获取知识的技术领域。将"对比文件的技术领域"进行区分，意味着在判断发明与实用新型的创造性时，其判断主体的知识和能力是不同的：对于发明来说，其判断主体的知识和能力相当于"所属领域技术人员"的知识和能力；而对于实用新型来说，其判断主体的知识和能力显然要低于"所属领域的技术人员"的知识和能力。为发明和实用新型分别设置不同的判断主体，必然破坏了创造性审查标准的统一。

其次，《专利审查指南2023》第二部分第四章中"三步法"的判断原则与《欧洲专利局审查指南》基本相同。根据该方法，在判断一项技术方案的创造性时，无须考虑其区别技术特征的数量；即使存在多个（组）区别技术特征，如果每个（组）区别技术特征的引入都来自现有技术的教导或启发，即意味着"在发明完成时其整体内容是显而易见的"❶，体现不出该技术方案的形成存在

---

❶ 参见美国专利法第102条。

"独创性"（ingenuity），按照欧洲专利局的说法就是"零乘以任何数都等于零"。故上述通过对比文件的数量来区分发明和实用新型创造性的做法，也背离了"三步法"的判断原则。

《专利审查指南2023》的上述两点规定实为对"所属领域技术人员"及"三步法"这两个重要概念的修改，即为实用新型设立了另一个"非显而易见性"的判断标准。之所以作出如此规定，显然是迫于《专利法》对发明和实用新型创造性所作的区分。

对于实用新型是否要提出创造性的要求，以及如何将其与发明的创造性相区分，国际上也存在不同的观点。早在1995年6月25日，在加拿大蒙特利尔召开的国际保护工业产权协会（AIPPI）第36届年会上就曾对"实用新型授权标准"问题作了专门研究。在其后于丹麦哥本哈根召开的执行委员会议上，曾出现过不同的意见：瑞士和奥地利分会建议采用"非寻常技术效果"作为"实用新型"的授权条件；澳大利亚、英国、爱尔兰和日本分会建议采用"降低的非显而易见性"的标准；而有的分会则认为，"非显而易见性"不可能有几个等级，况且确定发明专利是否具备创造性已很困难，如果建立非显而易见性的两级标准，将会使创造性的判定进一步复杂化。

至今，国际上仍在探索"实用新型"的保护方式及其授权标准。例如，澳大利亚于1990年建立专利制度时，曾将实用新型专利称为"小专利"（Petty Patent），对其也提出创造性的要求；为了解决其与发明专利创造性的冲突，2001年，澳大利亚将"小专利"的**创造性（Inventive Step）**修改为**"革新性"（Innovative Step）**，并改称为**"创新专利"（Innovation Patent）**。但在2020年，"新修订的澳大利亚《专利法》规定，自2021年8月起澳大利亚知识产权局将不再授予'创新专利'。"[1]

5. 对《专利法》第二十二条第三款的看法

在以上讨论的基础上，笔者想就《专利法》第二十二条第三款再发表几点看法。

第一，通过上述分析不难看出，借助于《专利审查指南2023》的解释，《专利法》第二十二条第三款中"突出的实质性特点"这一概念，实际上已经被"非显而易见性"所取代。《专利审查指南2023》作为国家知识产权局的部门规章，其职能仅限于对《专利法》及其实施细则进行解释。鉴于"突出的实质性特点"和"非显而易见性"两个概念的法律含义完全不同，《专利审查指

---

[1] 尹锋林，杨国帆. 澳大利亚专利申请、审查及复审程序［EB/OL］.［2024-05-08］. https://weibo.com/ttarticle/P/show?id=2309405012162505474136.

南 2023》中的上述"解释"实为对《专利法》的"修改",已经超出了其职能范围。如果立法者认可创造性的实质就是"非显而易见性",与其通过《专利审查指南》作越权"解释",不如在《专利法》第二十二条第三款中直接采用"非显而易见"的概念,从而直抵"创造性"的实质。

第二,如前所述,"创造性"("非显而易见性")属于对一项技术方案形成过程的评价,与其所产生的结果无关。"进步性"属于对结果的评价,与"创造性"无关,故不宜将其混入"创造性"的定义中。

第三,"非显而易见"这一概念在日常生活中有时可以作程度上的区分。例如,**不同的人**在对一件事情的完成作出评价时,可能会得出"不容易""容易""非常容易"等不同的结论,这是由于不同人的认知水平及能力不同或者所持的标准不同而造成的;但是对于**同一个人**来说,结论只能是唯一的,不可能同时作出不同的结论。故在判断主体("所属领域的技术人员")及判断原则("三步法")固定不变的前提下,《专利法》中的创造性应当属于一个定性概念,《专利审查指南 2023》中对发明与实用新型创造性所作的区分,实际上就是对判断主体及判断原则统一性的改变。底线只能有一条,底价只能有一个,可以修改,但不能分级。故笔者认为,如果《专利法》认可"所属领域技术人员"及"三步法"这两个法律概念的唯一性,则《专利法》第二十二条第三款对发明专利与实用新型专利的创造性不应当进行区分。

第四,实践中对发明和实用新型创造性的判断基本上是按照《专利审查指南 2023》所作的解释进行的,即使《专利法》作出上述修改,也不会对专利审查及专利权案件的审判带来影响,只会使《专利法》第二十二条第三款的规定更能体现创造性的本质。名正则言顺,如果参照《欧洲专利公约》对我国《专利法》第二十二条第三款进行修改,其解释及执行将会更加顺畅。

附 录

一、"一种长金属管局部扩径装置"说明书

说 明 书

一种长金属管局部扩径装置

本发明的装置适合较长金属管局部扩径，特别适合薄壁金属管的局部扩径，例如核电站使用的导向管。这种管子有一个以上的部位需要扩径，扩径部位一般说比较短，可以在管子中间或两端，不仅对扩径部位之间的间距精度要求高，而且对管子内径公差也有极高的要求。

金属管材扩径方法和使用的装置早已为人们所知。可以把要扩径的两端塞上塞子后放在一个模子里，然后通入有一定压力的流体，使管壁变形压向模壁而实现扩径，它不适合于长管局部扩径。

美国4418556专利文献提出一种长金属管的扩径装置。它由一个可拆式的管状模子和套筒式的夹紧器组成。模子由一个扩径腔和设置在扩径腔两侧的左右两个圆柱形支撑孔组成。一根芯杆装在金属管内，芯杆有一个内通孔可将外部的高压流体引入管内达到扩径的目的。使用这种装置扩径需要克服管子和模子间的摩擦力和管子与密封件间的摩擦力才能使管子向扩径腔收缩滑动顺利地完成扩径变形，这必然要提高流体压力或限制形变速度，容易造成扩径段的壁厚变薄而超公差或管外壁严重划伤和破裂而报废。这种装置只适合在直径不变管子的小扩径量和短扩径段的情况下扩径用。

在 GB 1351929 和 GB 1349456 文献中报道的管端头扩径用装置为一种多重可滑动的组合模具。压力源直接通入管子内腔，管子在受压扩径过程中沿长度方向收缩并带动组合滑动模具移动。这种模具不适用于长管任意部位地扩径，否则要根据管子长度加大装置长度，这显然会提高生产费用和增加加工的困难。该种装置一套模子只成型一种扩径规格，模具结构复杂，有较长的高压油腔，在扩径过程中，模子和活塞都要相对于环形凸块移动而且密封点多。

本发明的目的要设计和提出一种长金属管的局部扩径装置，在扩径过程中可以较显著降低模子和管子间的摩擦力，使管子在扩径时容易往扩径区滑动，减小扩径时所需要的流体压力、提高成型精度、保证管子的等壁厚、提高形变速度、提高成品率。

本发明的另一个目的是要设计和提出一种长金属管的局部扩径装置，适合较大变形量的扩径。

本发明的第三个目的是要提出一种结构简单、操作方便、成本低的长金属管的局部扩径装置。

本发明的第四个目的是要设计一种扩径装置，可以在一定范围内任意调整扩径区的长度。

最后一个目的是设计一种该装置用的芯杆，可适用于具有两种以上不同直径管坯的扩径及长扩径区的扩径。

本发明的扩径装置包括一套径向剖分的管状组合模、一根芯杆和一套夹紧器。管状组合模由变径模、直段模和移动模组成。变径模包括左（或右）支撑孔和左（或右）变径区。支撑孔的内径稍大于管子的原始外径，变径区的大直径端的尺寸等于和/或小于直段区的直径。直段模有圆柱形内孔作为扩径腔的直段区和移动模的插入区，其内径稍大于管子扩径后的外径，它的一端与变径模的大直径端相配合。移动模包括右（或左）支撑孔和右（或左）变径区，它的部分长度以动配合插入直段模内。使移动模的变径区、直段模的直段区和变径模的变径区构成所需的扩径腔。调节移动模插入直段模内的长度，可得到不同的扩径区长度。变径模、直段模和移动模的内孔是同心的。芯杆的直径稍小于管子原始内径，长度根据扩径区长短选定。芯杆有一内通孔，通孔由连通的水平部分和垂直部分组成。水平通孔的一端与外压力源相联，垂直通孔的一端与芯杆和管子之间的环形空间相通，并把压力流体引入该环形空间。芯杆的两侧有装密封件的环形槽位于扩径腔两侧之外。为了达到较好的密封效果，每侧最好有两个环形槽。

为使本发明适用于具有两种不同直径管坯的扩径，芯杆设计成组合式。组合芯杆由主杆和副杆组成，主杆和副杆的外径分别小于管子相应部分的原始内径。副杆上有环形槽，主杆上有内通孔和环形槽，两者采用可拆式连接，如螺纹连接、销钉连接等。根据管子直径可方便地选择各种直径的主、副杆组成所需的芯杆。

采用由上压块、卡子、V型导轨和螺钉组成的夹紧器位置可变，松紧可调，装拆方便，缩短操作时间，适合批量生产。

本发明的扩径装置中，由于采用有移动模的组合模，可明显地减小在扩径时管子向扩径区滑动所需克服的摩擦力。管子在扩径时，尤其是扩径量较大时，管子向扩径区收缩移动量也较大。用固定式模具管子向里收缩移动须同时克服密封件与管子内壁及模子内壁与管子外壁之间的摩擦力。而带移动模的组合模具中的管子外壁与移动模间是相对静止的，移动模和直段模之间又为动配合，其间摩擦力很小，可忽略不计，故只需克服密封件与管子内壁间的摩擦力，从而可提高形变速度、减小成型压力，避免因移动不及时管子补充不足而导致管子破裂的现象，保证成型精度，可适合较大变形量的扩径加工。延伸率为 25%～30%，抗拉强度为 47～50kg/mm^2 的金属管材最大扩径量可达 10～12mm。以 Zr 合金管为例可将 Φ10mm 的管坯顺利扩至 Φ20mm。

本发明的扩径装置的另一优点是一副模具可用于扩不同扩径区长度的管子。调整移动模中的插入长度即可方便地实现在 10～500mm 范围内不同长度的扩径，并可在长管的任意部位上进行扩径。

在本发明的扩径装置中选用组合芯杆就可适用于具有两种不同直径管坯的扩径。

本发明的扩径装置结构简单，操作方便，成本低，采用上压块式的夹紧器更是装拆方便，缩短更换管坯的时间，适合批量生产。

本发明的扩径装置特别适用于核电站 Zr 合金管的成型，也可用于 Cu 和 Cu 合金，Ti 和 Ti 合金，不锈钢及软态 Nb、Ta 合金或者其他金属或合金管。

通过下列附图，可更好地了解本发明装置的特点。

图 1 为本发明装置中组合模具和芯杆的组合体的剖面图。

图 2 为本发明装置的组合模具和夹紧器的装配图。

图 3 为本发明装置中的组合芯杆。

图 4 为本发明装置中组合模具和组合芯杆的组合体的剖面图。

下面是根据附图来解释发明的实施例。

一、一种金属直圆管的变径装置如图 1 所示。组合模具包括变径模（1）、直段模（2）、移动模（3）。移动模部分插入直段模中，变径模中的变径区

(9)、直段模中的直段区（11）和移动模中的变径区（10）构成变径腔（14）。芯杆（4）插入管子（6）要扩径的部位。位于芯杆两侧凹槽（15，16）中的 O 型密封件（5，24）分别位于变径模和移动模的支撑孔（12，13）上，限定了芯杆和管子间的环形空间。按图 2 所示的相对位置用夹紧器将模具两端固紧，夹紧器包括上压块（17）、卡子（19）、V 型导轨（20）和螺钉（18）。压力流体从芯杆的水平通孔（8）的一端（21）经垂直通孔（7）的端部引入环形空间，将管壁压向扩径腔壁而完成扩径工序。一种 Φ12×0.4mm 的 Zr 合金管，要求在 30mm 长度上扩径到 Φ16×0.4mm。利用该装置扩径成型时，使用压力为 500kg/cm^2，而 US 4418556 报道的固定式模具将 Φ11mm 的管子扩径到 Φ13mm 使用的压力为 800kg/cm^2 左右。四十多根 Zr 合金管扩径表明，没有发生管子破裂现象，无损超声探伤合格，扩径后管子内径公差小于 ±0.03mm。

二、使用例一的同样装置，将移动模固定在一定位置上，对一种 Φ12×0.4mm 的 Zr 合金管扩径到 Φ16×0.4×200mm，可得到同样的效果。

三、要对具有 Φ14 和 Φ10mm 两种直径的管坯在变径段扩径到 Φ16mm，可使用图 3 所示的组合芯杆。组合芯杆包括主杆（22）和副杆（23）。选用 Φ13mm 的副杆和 Φ9mm 的主杆，主、副杆之间用螺纹连接。按图 4 所示的位置将装有芯杆的管坯放在模子内，通入压力流体即可顺利地达到扩径目的。

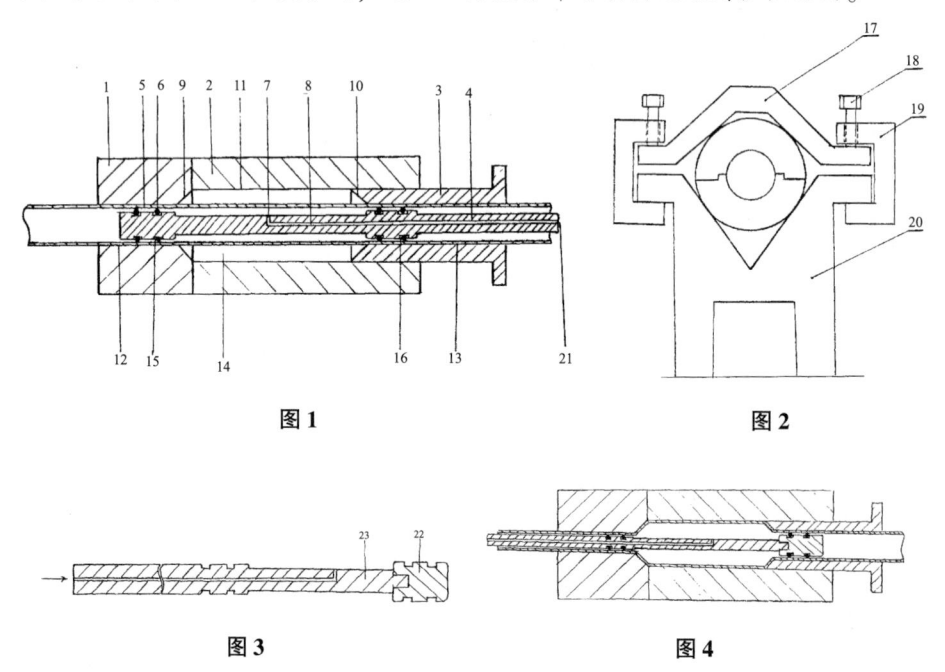

图 1

图 2

图 3

图 4

二、"汽缸串联四冲程往复式活塞内燃机"说明书

说 明 书

汽缸串联四冲程往复式活塞内燃机

该内燃机名称为汽缸串联四冲程往复式活塞内燃机。它属于内燃机领域。现行的四冲程往复式活塞内燃机为汽缸并联式,这种内燃机各汽缸是按曲轴并列的,它的特征是每一个汽缸有相应的一段曲轴和一个连杆以及相应部分的曲轴箱。这样就使内燃机体积大、重量大、用料多、磨损大,以及能量利用率小寿命短。而我发明的汽缸串联四冲程往复式活塞内燃机是把两个或两个以上汽缸串联而成。这若干个汽缸除连接连杆的一个汽缸外,每一个汽缸的作用相当于并联式内燃机的两个汽缸,并且这若干个串联的汽缸只需一个连杆和一段相应曲轴与曲轴箱。这样就成倍地减少内燃机体积、重量、用料量。同时由于串联的各汽缸在各冲程间的作用力通过活塞和活塞连杆相互抵消,从而大大改善了内燃机的工作性能,降低了连杆、曲轴的承受力,减少轴与轴承间的磨损,延长内燃机的使用寿命和提高能量利用率。另外将此机造成对置式的、可生产出无振动(振动极小)的内燃机。汽缸串联四冲程往复式活塞内燃机推广后,在生产相同功率的条件下将减少用料50%以上,使用内燃机的各种机动车辆、船只将获得体积小、重量小、功率大、寿命长、振动小、能量利用大的动力源,这将给整个社会带来巨大的经济利益,是内燃机的一次革命。

汽缸串联四冲程往复式活塞内燃机结构工作原理如下:

(一)结构参见附图《汽缸串联四冲程往复式活塞内燃机结构示意图》

(二)工作原理(参照示意图论述)以右汽缸室吸气为始。活塞向右运动,右汽缸室处于吸气冲程,左汽缸右室处于压缩冲程,左汽缸左室处于做功冲程。此冲程完成后,活塞向左运动,右汽缸室处于压缩冲程,左汽缸右室处于做功冲程,左汽缸左室处于排气冲程。此冲程完成后,活塞再向右运动,右汽缸室处于做功冲程,左汽缸右室处于排气冲程,左汽缸左室处于吸气冲程。此冲程完成后,活塞再向左运动,右汽缸室处于排气冲程,左汽缸右室处于吸气冲程,左汽缸左室处于压缩冲程。此冲程完成后,各缸室进入下一工作周期循环,往复运动进行正常工作。

附图注释 1、曲轴 2、连杆 3,12、缸套 4,13、机体 5、活塞 6,10,14、进气门 7,9,15、缸盖 8、活塞连杆 11、双向功活塞 16,17,18、排气门 A、左汽缸左室 B、左汽缸右室 C、右汽缸室

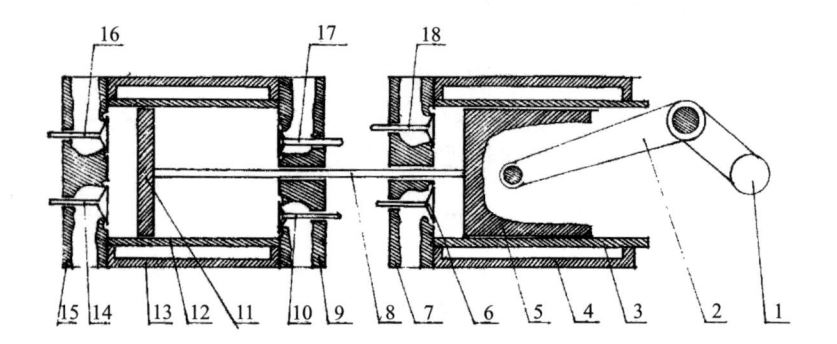

三、"眼药水溶液和使该溶液防腐的方法"说明书

说　明　书

眼药水溶液和使该溶液防腐的方法

本发明涉及具有防腐作用的眼药水，具体涉及采用稳定二氧化氯对眼药水进行防腐。本发明还涉及用于眼科器械消毒的组合物，这类组合物至少包含0.02%（重量/体积）的稳定二氧化氯。

鉴于佩带者要改善视力，或由于美观等因此，接触眼镜已越来越广泛地代替了传统的眼镜。接触眼镜会积聚来自眼睛的微生物和细胞碎屑。因此，必须定期地取下眼镜进行清洗，以防止眼睛发炎或受感染，必须通过某些措施对保护眼镜用的溶液进行防腐，以阻止微生物杂质夹带在接触眼镜或眼睛上。消毒制剂是保护接触眼镜措施的一个组成部分。

迄今为止，已有众多的眼药水可用于眼镜的保护。眼药水组合物通常由用于制造接触眼镜的聚合材料决定。由于大多数眼药水中存在化学成分，必须对曾在这类溶液中清洗和浸泡过的接触眼镜进行冲洗，然后才能将其安放于眼内，这样可避免眼睛受刺激。

美国专利第4,696,811号和4,689,215号公开了将稳定二氧化氯用于治疗和预防口腔疾病，（例如，降低口臭），用作抗菌斑剂、抗龈炎和抗牙周炎以及用作假牙浸泡液和接触眼镜浸泡液。也就是说，前述两篇对照专利公开了将0.005%至0.02%稳定二氧化氯作为接触眼镜浸泡液成分溶解在无菌水中。然而，上述文献未提及可将稳定二氧化氯加到眼药水生理盐水溶液中作为这类溶液的防腐剂。

因此，虽然先有技术组合物（包括美国专利第4,696,811号和4,689,215号中公开的组合物）具有一定可取之处，但这类先有技术组合物清洗或浸泡接触眼镜的效果通常是有限的，或这类组合物仅限于用来清洗或浸泡由特殊聚合成分制造的接触眼镜。

将先有技术地眼药水用于清洗和浸泡接触眼镜时所遇到的其他问题是：当暴露在大气下时，含这类溶液的容器的密封性遭到破坏，因而溶液常常受到污染或变质。微生物或其他杂质通常污染溶液，必须将这类被污染的溶液废弃。于是，需要一种具有持久使用寿命的眼药水，即：将具有防腐或消毒作用的成分掺和到上述眼药水中所得的眼药水。本发明正是针对这样一种溶液以及对眼药水生理盐水溶液进行防腐的方法。

广义地说，本发明涉及含有可对眼药水进行有效防腐的低剂量稳定二氧化氯的眼药水。

本发明的一个方面涉及如下眼药水，它包含作为载体的净化水，0.0002%至0.02%（重量/体积）稳定二氧化氯以及有效低剂量眼科上可接受的无机盐，这类盐可使眼药水基本上与眼内流体等渗。为使眼药水的pH稳定，还可在眼药水中掺入有效低剂量的缓冲剂。为使眼药水的pH基本上相当于眼流体的pH，并省去在将接触眼镜放入眼睛前漂洗眼镜，必要时可通过加酸或加碱调整眼药水的pH，这样就使眼药水具有理想的生理pH（即pH在6.8至8之间）。

本发明的第二个方面涉及用于眼科器械的消毒剂组合物，该组合物包含至少0.02%（重量/体积）稳定二氧化氯。

本发明的目的之一是提供眼药水防腐剂。

本发明的目的之二是：在实现前述目的的同时，提供一种眼药水，其中溶液的pH和渗透压基本上相当于人眼流体的pH和渗透压。

本发明的目的之三是：在实现前述目的的同时，提供眼药水生理盐水溶液，其中含有防腐剂，因此可维持该生理盐水溶液的完整性。

本发明的目的之四是：在实现前述目的的同时，提供可用作眼科器械消毒剂的改良组合物。

通过以下详细描述，并结合权利要求书，可清楚地理解本发明的其他目的、优点和特征。

已发现，加到眼药水组合物中的防腐有效量的稳定二氧化氯是一种有效的眼药水防腐剂。该稳定二氧化氯的用量（即防止该组合物中微生物生长的防腐有效量）可在较宽范围内变化，但通常为足以保持组合物完整性的量。

将防腐有效量的稳定二氧化氯加到眼药水中后，使镜片与溶液接触，而根本不会损伤镜片。可将清洗和浸泡过的镜片直接放入眼睛，无需另外冲洗除去镜片上的残余液。这样，在放入眼睛前，镜片上的污物基本上被除去了。

此外，可形成有效的消毒剂，借以有效地杀死存在于眼科器械上的微生物。该消毒剂包含至少0.02%（重量/体积）作为消毒剂成分的稳定二氧化氯。

"稳定二氧化氯"是专业上公知的。美国专利第2271242号公开了一种稳定二氧化氯及其生产方法。这种稳定二氧化氯可用作眼药水的防腐剂，或用作眼科器械消毒剂。可用于本发明的市售稳定二氧化氯是Bio-Cide International, Inc. of Norman, OKlahoma独家出品的稳定二氧化氯。

本文中所用"眼药水水溶液"一词应理解为以灭菌水为载体，并含至少一种其他成分（例如眼科上可接受的无机盐）的溶液，这种溶液可用于或置于眼内,且不具毒性或不对眼组织产生有害影响。也就是说,在正常使用情况下,这类溶液不对眼睛造成刺痛或不适,充血或其他有害反应。

本文中所用"眼科上可接受的无机盐"应理解为具有下述性质的盐,即这种盐能够提供具有理想等渗值的眼药水,并且不会使眼睛发炎,或不会对眼组织造成损害。

如上所述,本发明的一个方面在于:将防腐有效量的稳定二氧化氯用于眼药水制剂,特别是用于生理盐水溶液;或将其作为活性成分用于眼药水配方,特别是用于生理盐水。已发现,在上述两种情况下,与含防腐有效量稳定二氧化氯的眼药水接触过的眼科器械无需在使用前冲洗除去残余液。同样,将这类溶液用于接触眼镜后,可在不冲洗的情况下将接触眼镜放入眼睛,而不致使眼组织发炎或对其产生有害影响,并且没有不适的感觉。

作为防腐剂加到眼药水组合物中的稳定二氧化氯的用量可在较宽范围内变化,只要该用量能有效抑止组合物中微生物生长即可。一般而言,当加到组合物中的稳定二氧化氯量大约占溶液的0.0002至0.02%(重量/体积)、更理想的是大约0.004%至0.01%(重量/体积)时,就能阻止微生物在眼药水组合物中的生长。

为确保该含有防腐有效量稳定二氧化氯的眼药水水溶液不刺激眼睛,较理想的做法是使眼药水的pH达6.8至8,从而使眼药水的pH基本上相当于眼内流体的pH,或使该眼药水能够被眼睛所耐受,而不致造成任何不适或刺激。

为使眼药水稳定在理想的pH,可将有效低剂量的缓冲剂加到眼药水中。用于缓冲该溶液(使其pH达6.8至8.0)的缓冲剂的有效低剂量可在较宽范围内变化,很大程度上取决于所用特定缓冲剂和眼药水的化学成分。然而,当加到眼药水溶液中的缓冲剂的量大约占溶液的0.05%至1%(重量/体积)时,就能使溶液稳定在理想的生理pH,从而得到令人满意的效果。

可采用任何适宜的缓冲剂,只要它能与眼药水的其他成分配伍,且不具损伤眼睛的有害或有毒性质即可。适宜缓冲剂的例子是:硼酸、硼酸钠、磷酸钠(包括单、二和三碱基磷酸盐,例如磷酸二氢钠单水合物、磷酸氢二钠七水合物以及它们的混合物)。应该注意的是,可采用其他任何适宜缓冲剂,使眼药水的pH稳定,从而使眼药水具有理想的生理上可接受的pH,上述缓冲剂仅是这类缓冲剂的例子而已。此外,由于缓冲剂是专业上公知的,因此无需进一步列举可用于本发明眼药水的这类缓冲剂。

当确定经过缓冲的眼药水的pH不在约6.8至8时,可根据具体情况,通过加有效量的碱或酸,调整眼药水缓冲水溶液的pH。可采用任何适宜的碱或酸调节缓冲眼药水水溶液的 pH。所用的碱或酸应不使眼药水带有损害眼科器械或眼睛的毒性或有害性质。可用来调节眼药水缓冲水溶液 pH 的碱的例子是 1N 氢氧化钠；可用来调节眼药水缓冲水溶液 pH 的酸的例子是 1N 盐酸。

如上所述，可通过加 0.0002% 至 0.02%（重量/体积）稳定二氧化氯来增强眼药水的完整性。这就是说，在眼药水中加入稳定二氧化氯可大大增强眼药水的效力或搁置寿命。

按本发明方法配制眼药水水溶液时，将稳定二氧化氯和眼科学上可接受的无机盐或其他适宜的等渗剂与无菌水混合，形成与眼流体等渗的眼药水。眼药水中用作载体的水的用量取决于组合物中稳定二氯化氯、眼科学上可接受的无机盐和/或其他适宜等渗剂的用量。

所述眼科学上可接受的无机盐的用量可在较宽范围内变化，只要该无机盐的用量足以形成具理想等渗值的眼药水即可。一般而言，当眼药水组合物中所用的眼科学上可接受的无机盐的量占 0.5% 至 0.9%（重量/体积）时，眼药水就具有理想的等渗值。

这类眼科学上可接受的无机盐的例子是碱金属氯化物和碱土金属氯化物，例如氯化钠、氯化钾、氯化钙和氯化镁。由于如下要求，即：接触镜经过浸泡和清洗之后，使用时无需除去其上的眼药水残余液，因此应使眼药水的 pH 基本上相当于眼内流体的 pH。当断定眼药水的 pH 不在可接受的生理 pH 范围（即 pH 达 6.8 至 8）时，可通过加碱或加酸（例如 1N 盐酸或 1N 氢氧化钠），调节眼药水的 pH，使溶液具有生理可接受的 pH。

如上所述，还可将稳定二氧化氯用作消毒剂组合物中的消毒剂成分。在配制这类消毒剂组合物时，可采用诸如无菌水之类的适宜载体，并且掺入至少 0.02%（重量/体积）稳定二氧化氯作为消毒剂。虽然，作为消毒剂成分的稳定二氧化氯的用量可在较宽范围内变化，但当该用量占消毒剂组合物的大约 0.02% 至 2%（重量/体积）、理想的是大约 0.04% 至 0.1%（重量/体积）、更理想的是大约 0.05% 至 0.08%（重量/体积）时，才可取得令人满意的效果。

当利用含稳定二氧化氯的眼药水水溶液清洗接触眼镜时，建议按下述方法进行。将接触眼镜置于含眼药水生理盐水的适宜容器中，使所述生理盐水基本上覆盖接触眼镜。接触眼镜与溶液保持接触至少十五分钟，以便该眼镜充分浸泡于溶液中。由于稳定二氧化氯的独特性质，接触镜可在溶液中维持较长时间，甚至数天，而不致使制成接触透镜的聚合材料降解。此外，当消毒剂组合物含上述量的稳定二氧化氯时，该稳定二氧化氯还可作为其他眼科器械的消毒剂，这些眼科器械包括透镜盒和容器、仪器（即用于手术操作的器械）、植入物等。

通过下述实施例来更全面地描述本发明。当然，这些实施例仅用以说明，而不是限定权利要求书所述的发明构思。

实施例 1

进行一系列实验，以确定用稳定二氧化氯防腐的硼酸盐缓冲生理盐水的抗微生物性质。所用稳定二氧化氯为 Bio-Cide International, Inc. of Norman, OKlahoma 独家生产的稳定二氧化氯。加到硼酸盐缓冲生理盐水中的稳定二氧化氯浓度是可变的。

该硼酸盐缓冲生理盐水溶液具有下列成分：

成分	百分比（重量/体积）
氯化钠 USP	0.85
硼酸 NF	0.10
净化水 USP	至 100ml

＊加至形成 100ml 的溶液

通过加盐酸 NF 或氢氧化钠 NF 调节缓冲液的 pH，使该生理盐水的 pH 在大约 7.7 至 7.9 的范围内。

按下列浓度将稳定二氧化氯加到硼酸盐缓冲生理盐水溶液中。

百分比（重量/体积）

0.005

0.004

0.003

0.002

具有以上各浓度的稳定二氧化氯均使硼酸盐缓冲生理盐水溶液显示出理想的防腐性质。此外，在上述四种浓度下，稳定二氧化氯均显示良好的抗微生物活性，其中三种最高浓度的稳定二氧化氯在 24 小时后可将全部细菌杀死。试验表明，采用含 0.002%（重量/体积）稳定二氧化氯的溶液，可在七天后将细菌全部杀死。

实施例 2

为比较稳定二氧化氯对硼酸盐缓冲眼药水的防腐效力，将防腐量的、原料寿命为 54 个月的稳定二氧化氯用于第一个试样；将相同防腐量的、原料寿命为 2 个月的稳定二氧化氯用于第二个试样。所用稳定二氧化氯试样均为 Bio-Cide International, Inc of Norman, OKlahoma 以商标 Purogene 独家销售的稳定二氧化氯。这两个试样用作硼酸盐缓冲生理盐水的防腐剂时，未检测到其老化作用。然而，寿命较长的稳定二氧化氯（寿命为 54 个月）抗 C. albicans 酵母菌的活性略优。

实施例 3

就硼酸盐缓冲生理盐水进行防腐效力试验。该试验溶液所含成分与实施例 1 的相同。将 0.005%（重量/体积）稳定二氧化氯加到硼酸盐缓冲液中，将所得混合物于 45℃下保藏 90 天。保藏期结束时，检查试样，确定稳定二氧化氯是硼酸盐缓冲生理盐水的有效防腐剂。

实施例 4

进行试验，以确定含 0.005%（重量/体积）稳定二氧化氯的硼酸盐缓冲生理盐水溶液是否符合美国药典（USPXXI, 1985）规定的用于眼药水的效力标准。所用的稳定二氧化氯是 Bio－Cide International, InC. of Norman, OKlahoma 独家销售的稳定二氧化氯。防腐剂标准要求：在该防腐剂与受试产物接触的 14 天内，应减少 99.9% 的微生物；且不生长酵母菌和真菌。

所述含 0.005%（重量/体积）稳定二氧化氯的硼酸盐缓冲生理盐水溶液符合上述防腐剂标准，而不含稳定二氧化氯的硼酸盐缓冲盐水溶液对照液不符合上述用于眼药水的美国药典效力标准。

实施例 5

采用硼酸盐缓冲生理盐水溶液［含 0.005%（重量/体积）稳定二氧化氯］，对患亚急性眼中毒的兔子进行 21 天试验。所述含稳定二氧化氯的硼酸盐缓冲生理盐水溶液含有以下成分：

成分	百分比（重量/体积）
稳定二氧化氯	0.005
氯化钠 USP	0.85
硼酸 NF	0.10
净化水 USP* 至 100ml	

*加至形成 100ml 的溶液。

调节上述缓冲生理盐水溶液的 pH，使溶液的 pH 为 7.7 至 7.9。

在戴有 Permalens 软性接触镜的兔眼中评估含 0.005%（重量/体积）稳定二氧化氯的缓冲生理盐水溶液的视觉效果。每天清洗，冲洗试验眼镜，并用含有稳定二氧化氯的硼酸盐缓冲生理盐水浸泡过夜。采用防腐的标准生理盐水，按相同步骤处理对照眼镜。将镜片直接放入眼睛，连续 21 天每天至少戴八小时。

每天观察眼睛，即观察镜片放入眼睛时的不适性和取下眼镜后的总体视觉反应。每周进行裂隙灯活组织显微镜检查。在试验结束时，进行厚度测量和四碘四氯荧光素染色。就三只动物的眼睛进行病理组织学评估。未发现显著的视觉反应。

下面归纳了上述试验的结果：

A. 不适性：在整个试验期间，未发现在放入镜片的眼睛有不适现象。

B. 肉眼观察：于第 17 天，取下镜片时，在其中一个对照眼睛上观察到 +1 充血。

C. 裂隙灯检查（第 7 天，第 14 天和第 21 天）：在任何一只兔上均未发现视觉反应。

D. 角膜代谢（第 7 天，第 14 天和第 21 天）：在整个试验期间，未观察到与试验有关的角膜代谢的变化（通过角膜厚度测定）。

E. 细胞毒性（第 21 天）：对所有兔子两眼进行的四碘四氯荧光素染色均显示正常，表明角膜上皮细胞生命力未受试验溶液影响。

F. 病理组织学评估：在所检查的眼睛和眼外组织中，与试验方案特别相关的显微变化不明显。当将试验眼睛和眼外组织与对照眼睛和眼外组织比较时，未发现可预测的显微差异。

上述资料表明，经过连续 21 天试验，用于 Permalen 软性接触眼镜时，含 0.005%（重量/体积）稳定二氧化氯的硼酸盐缓冲生理盐水溶液没有对兔子眼睛造成不适、刺激、中毒或细胞中毒。

实施例 6

采用含 0.005%（重量/体积）稳定二氧化氯的硼酸盐缓冲生理盐水溶液，对兔子进行 1 天急性眼毒性和细胞毒性试验。所述含稳定二氧化氯的硼酸盐缓冲盐水溶液具有以下成分：

成分	百分比（重量/体积）
稳定二氧化氯	0.005
氯化钠 USP	0.85
硼酸 NF	0.10
净化水 USP* 至 100ml	

*加至形成 100ml 的溶液。

调节上述缓冲生理盐水溶液的 pH，使溶液的 pH 达 7.7 至 7.9。

给兔子戴上 Permalens 软性接触眼镜并进行多倍位局部滴注，就此评估所述含 0.005%（重量/体积）稳定二氧化氯的缓冲生理盐水溶液的视觉效果。使试验镜片在含 0.005%（重量/体积）稳定二氧化氯的硼酸盐缓冲生理盐水中浸泡过夜，随后直接将其放在眼睛上，以每半小时一滴的速率局部滴注试验液。观察眼睛的不适性和/或放入透镜、每次滴注和取下透镜时的总体视觉反应观察眼睛。取下透镜后，进行裂隙灯活组织显微镜检查。采用防腐标准生理盐水，按相同的方法观察对照眼睛，未在任何兔子上观察到视觉反应。

上述试验结果归纳如下：

A. 不适性：在整个试验期间，未发现放入镜片或滴注后眼睛有不适现象。

B. 肉眼观察：在滴注期间或取下透镜后，未发现其他视觉反应。

C. 裂隙灯检查：未在任何兔子上发现视觉反应。

D. 细胞毒性：对所有兔子两眼进行的四碘四氯荧光素染色均显示正常，表明角膜上皮细胞生命力未受试验溶液影响。

上述资料表明，利用 Permalens 软性接触眼镜，按这种超常方法试验时，所述含 0.005%（重量/体积）稳定二氧化氯的硼酸盐缓冲生理盐水不对兔子眼睛造成不适、刺激、中毒或细胞中毒。

实施例 7

采用含 0.005%（重量/体积）稳定二氧化氯的硼酸盐缓冲生理盐水，对兔子进行 1 天急性眼毒性和细胞毒性试验。所述含稳定二氧化氯的硼酸盐缓冲生理盐水溶液具有以下成分：

成分	百分比（重量/体积）
稳定二氧化氯	0.005
氯化钠 USP	0.85
硼酸 NF	0.10
净化水 USP＊至 100ml	

＊加至形成 100ml 的溶液

调节上述缓冲生理盐水溶液的 pH，使溶液的 pH 达 7.7 至 7.9。

以每半小时 1 滴的速率进行多倍局部滴注 8 小时后，就兔子眼睛评估所述含 0.005%（重量/体积）稳定二氧化氯的缓冲生理盐水溶液的视觉效果。用含有 0.005%（重量/体积）稳定二氧化氯的硼酸盐缓冲生理盐水溶液处理试验眼睛，用防腐的标准生理盐水液处理对照眼睛。

每次滴注后，观察眼睛的不适性和/或总体视觉反应。完成滴注后，进行裂隙灯活组织显微镜检查。未在试验眼睛上发现视觉反应。

上述试验结果归纳如下：

A. 不适性：48 次滴注中有 3 次在三只兔子的其中两只的对照眼睛上发现持续多达 30 秒钟的 +1 不适。

B. 肉眼观察：在任何滴注期间，均未发现视觉反应。

C. 裂隙灯检查：未在任何兔上发现视觉反应。

D. 细胞毒性：对所有兔子两眼进行的四碘四氯荧光素染色均显示正常，表明角膜上皮细胞生命力未受试验溶液影响。

上述资料表明，在按这种超常方法试验时，含0.005%（重量/体积）稳定三氧化氯的硼酸盐缓冲生理盐水液不对兔子眼睛造成不适、刺激、中毒或细胞中毒。

从以上的说明和实施例可清楚地看出，本发明适于实施，其发明目的和优点可以达到。虽然，为便于公开，说明了本发明的优选实施例，但对专业人员来说，可对此作出众多变换，而不脱离说明书和权利要求书的精神。

作品列表

1.《中国专利与商标》，共33篇

序号	期号	文章题目
1	1993.2	是挑战，也是机遇——中国与专利合作条约
2	1994.1	也谈"充分公开"及其他（本领域技术人员及其在专利审查中的作用）❶
3	1994.3	说明书对权利要求的解释作用（笔名：艾文）
4	1995.3	关于实用新型专利创造性的判断
5	1996.1	也谈"多余限定"问题（笔名：艾文）
6	1997.2	实用新型的立法及审批
7	1997.4	有关"新颖性"的两点看法
8	1998.2	权利要求书中否定式用语的使用问题
9	1998.3	"区别特征"、"特定特征"及"相应特征"（笔名：艾文）
10	1999.1	权利要求书中"技术特征"的认定
11	1999.2	再谈"同样的发明"
12	2000.2	合同与技术公开
13	2001.4	关于"出版物公开"的几个问题
14	2003.1	"新颖性"问题的探讨
15	2003.2	权利要求书中"技术特征"的解释
16	2003.4	关于"二次授权"——由一起司法判决引起的思考
17	2004.3	对专利复审及无效宣告程序中两个法律问题的讨论
18	2005.2	探讨和建议：外观设计与其它权利冲突的合理解决
19	2005.3	专利案件中当事人的"自认"
20	2006.2	谈权利要求中的"必要技术特征"
21	2006.3	"车把手"专利侵权案剖析
22	2006.4	对完善我国实用新型制度的思考
23	2007.4	也谈现有技术抗辩的认定
24	2008.2	专利复审程序中的"举证原则"

❶ 此文获得中国知识产权研究会举办的"1994年度知识产权征文比赛"一等奖。

续表

序号	期号	文章题目
25	2011.2	从一案例看专利申请文件的撰写、审批及其对相关程序的影响（李雪春、张荣彦）❶
26	2013.1	为"专利无效程序中的创造性判断"一文纠错
27	2013.2	关于"功能性限定"
28	2014.1	"一案两请"有关问题的讨论
29	2014.2	关于"功能性限定"（续）——疑惑与建议
30	2015.3	"功能性限定"的使用与解释
31	2018.2	关于独立权利要求的引用问题
32	2019.1	从"功能性特征"的定义说起——由"法释〔2016〕1号"第八条想到的
33	2021.1	权利要求中技术特征的"解读"与"解释"

2.《中国知识产权》，共9篇

序号	期号	文章题目
1	2018.7	EPO审查指南中的"功能性特征"及其对我们的启示
2	2020.11	"功能性特征"对权利要求用语的"界定"
3	2020.12	再谈"功能性特征"的使用与解释——学习《法释2020》有感
4	2021.1	关于"克服技术偏见"的疑问及其思考
5	2022.2	对"同样的发明创造"的几点看法
6	2022.8	对"新颖性"问题的再思考
7	2023.8	从"电池外壳"案看"功能性特征"的定义及解释
8	2024.1	关于"效果特征"的思考
9	2024.5	关于"创造性"的讨论

---

❶ 此文获得"中华全国专利代理人协会2011年举办的第二届知识产权论坛征文评选"优秀论文。